人工智能技术丛书

OpenCV

计算机视觉开发实践

基于Qt C++

朱文伟 李建英 著

U0274508

清华大学出版社

北京

内 容 简 介

OpenCV 是计算机视觉领域的开发者必须掌握的技术。本书基于 OpenCV 4.10 与 Qt C++进行编写，全面系统地介绍 OpenCV 的使用及实战案例，并配套提供全书示例源码、PPT 课件与作者 QQ 答疑服务。

本书共分 19 章，主要内容包括数字图像视觉概述、搭建 OpenCV 开发环境、核心模块 Core、图像处理模块基础、灰度变换和直方图修正、图像平滑、几何变换、图像边缘检测、图像分割、图像金字塔、图像形态学、视频处理、机器学习、数字水印、图像加解密、物体计数、图像轮廓、手势识别以及停车场车牌识别系统等。

本书既适合 OpenCV 初学者、计算机视觉与图像处理的开发人员、人工智能图像处理开发人员阅读，也适合作为高等院校或者高职高专院校计算机视觉与图像处理相关专业的教材。

图书在版编目（CIP）数据

OpenCV 计算机视觉开发实践：基于 Qt C++ / 朱文伟，李建英著.

北京：清华大学出版社，2025. 3. --（人工智能技术丛书）.

ISBN 978-7-302-68479-4

Ⅰ．TP391．413

中国国家版本馆 CIP 数据核字第 2025F3R071 号

责任编辑：夏毓彦
封面设计：王　翔
责任校对：闫秀华
责任印制：刘海龙

出版发行：清华大学出版社
　　　　　网　　　址：https://www.tup.com.cn，https://www.wqxuetang.com
　　　　　地　　　址：北京清华大学学研大厦 A 座　　　　　邮　　编：100084
　　　　　社 总 机：010-83470000　　　　　　　　　　　邮　　购：010-62786544
　　　　　投稿与读者服务：010-62776969，c-service@tup.tsinghua.edu.cn
　　　　　质 量 反 馈：010-62772015，zhiliang@tup.tsinghua.edu.cn

印 装 者：三河市科茂嘉荣印务有限公司
经　　销：全国新华书店
开　　本：190mm×260mm　　　　　印　　张：29.25　　　　字　　数：789 千字
版　　次：2025 年 4 月第 1 版　　　　　　　　　　　　印　　次：2025 年 4 月第 1 次印刷
定　　价：138.00 元

产品编号：110359-01

前　　言

如今，计算机视觉算法的应用已经渗透到我们生活的方方面面。机器人、无人机、增强现实、虚拟现实、医学影像分析等，无一不涉及计算机视觉算法。OpenCV 是计算机视觉领域的一个图形与图像算法库，在学术界和工业界都得到了广泛的使用。无论是初学者、开发人员还是研究人员，都可以在其中找到得心应手的"武器"，帮助你在开发与研究的道路上披荆斩棘。

关于本书

近年来，在入侵检测、特定目标跟踪、人脸识别等领域，OpenCV 可谓大显身手。OpenCV 内容之丰富，是目前开源视觉算法库中罕见的。市场上有很多关于 OpenCV 的图书，但是随着 OpenCV 版本的迭代，部分学习资料已经过时。本书基于 OpenCV 4.10 版本和 Qt C++进行编写，面向初学者和专业人士，涵盖传统的图形、图像算法，以及相关实战案例，并配以示例代码，内容丰富，行文通俗。

- 本书不仅剖析了大量 OpenCV 函数的调用细节，而且对原理解释得清晰明了，让读者不仅知其然，而且知其所以然。
- 本书介绍了 OpenCV 4.10 中 220 多个函数、100 多个示例程序，帮助读者熟练掌握基于 Qt C++的 OpenCV 编程方法。
- 本书在介绍 OpenCV 4.10 技术的同时，也力求讲解一些背后的原理和公式，为读者以后成为专业的图像开发者铺垫前进的道路。记住，只会调用函数而不知原理和公式，永远不会成为一个专业人士！

资源下载与技术支持

本书提供配套示例源码、PPT 课件、作者 QQ 答疑服务，读者需要用微信扫描下面二维码下载，也可按扫描出来的页面提示把下载链接转发到自己的邮箱中下载。如果阅读中发现问题或存在疑问，请联系下载资源中提供的相关电子邮箱或微信号。

本书适合的读者

阅读本书需要有 Qt C++编程基础，适合的读者如下：

- OpenCV 开发初学者
- 计算机视觉领域的初学者
- 人工智能图像处理算法开发人员
- 高等院校计算机视觉课程的学生
- 高职高专院校计算机视觉课程的学生

作者与鸣谢

本书作者是朱文伟和李建英。虽然作者已尽最大努力编写本书，但书中难免存在疏漏之处，敬请读者提出宝贵意见和建议。

本书的顺利出版，离不开清华大学出版社的老师们的支持和帮助，在此表示衷心感谢。

作　者
2025 年 1 月

目　　录

第1章

数字图像视觉概述

计算机视觉处理是当今信息科学中发展最快的热点研究方向，涉及光学、电子和计算机科学等多个学科。计算机科学中的数字图像处理是其重要基础。本章将阐述数字图像处理的重要基础以及计算机视觉的基本概念。这些理论概念虽然重要，但是如果全面展开来讲，不但内容繁多（至少一本书），而且读者会在有限的时间内由于对抽象理论感到枯燥而逐渐失去学习兴趣。因此，本书将这些理论知识浓缩为一章，为后面章节做一个理论铺垫。在后续学习过程中，一旦看到理论术语，只需翻阅第 1 章即可，以此方便读者阅读本书。如果是从来没有接触过 OpenCV 开发的读者，更要学习一下本章内容，从而对图像处理有感性认识。理论的东西，不能一开始就贪多，贪多肯定会感到枯燥，从而放弃；但也不能完全没有，否则就是沙滩筑高楼。

1.1　图像的基本概念

1.1.1　图像和图形

图像是对客观世界的反映。"图"是指物体透射光或反射光的分布，"像"是人的视觉对"图"的认识。"图像"是两者的结合。图像既是一种光的分布，又包含人的视觉心理因素。图像的最初取得是通过对物体和背景的"摄取"。这里的"摄取"意味着一种"记录"的过程，如照相、摄影、扫描等，这是图像与图形的主要区别。

图形是用数学规则产生的或具有一定规则的图案。图形往往用一组符号或线条来表示性质，例如房屋设计图，我们用线条来表现房屋的结构。图像和图形在一定条件下可向另一方转化。

1.1.2　什么是数字图像

数字图像又称数码图像或数位图像，是一种以二维数组（矩阵）形式表示的图像。数字图像是由模拟图像数字化得到、以像素为基本元素、可以用数字计算机或数字电路存储和处理的图像。

数字图像可以从许多不同的输入设备和技术生成，例如数码相机、扫描仪、坐标测量机等，也可以从任意的非图像数据合成得到，例如数学函数或者三维几何模型。三维几何模型是计算机图形学的一个主要分支，数字图像处理领域主要研究它们的变换算法。

1.1.3　数字图像的特点

数字图像有如下特点：

1）信息量大

以数目较少的电视图像为例，一幅电视图像一般由 512×512 像素、8bit 组成，其总数据量为 512×512×8bit=2097152bit=262144B=256KB。这么大的数据量必须由计算机处理，且计算机内存容量要大。

2）占用频率的带宽大

一般语言信息（如电话、传真、电传、电报等）的带宽仅 4kHz 左右，而图像信息所占用频率的带宽要大 3 个数量级。例如普通电视的标准带宽是 6.5MHz，等于语言带宽的 14 倍。因此，在摄影、传输、存储、处理、显示等各环节的实现上技术难度大，这使得对频带的压缩技术的要求变得迫切。

3）相关性大

每幅图像中相邻像素之间不独立，具有很大的相关性，有时大片大片的像素间具有相同或接近的灰度。例如电视画面，前后两幅图像的相关系数往往在 0.95 以上。因此，压缩图像信息的潜力很大。

4）非客观性

图像信息最终的接收器是人的视觉系统。图像信息和视觉系统都十分复杂，与环境条件、视觉特性、情绪、精神状态、知识水平都有关，例如航空照片判读。因此，要求图像系统与视觉系统有良好的"匹配"，必须研究图像的统计规律和视觉特征。

1.1.4　图像单位（像素）

任意一幅数字图像粗看起来似乎是连续的，实际上是不连续的，它由许多密集的色点组成。就像任意物质一样，肉眼看上去是连续的，但实质上都是由分子组成的。这些色点是构成一幅图像的基本单元，被称为像素（或像素点、像元，Pixel）。例如，一幅图片由 30 万个色点组成，那这幅图片的像素就是 30 万。像素是数字图像的基本元素。显然，像素越多，画面就越清晰。

像素是感光元件记录光信号的基本单位，通常来说 1 个像素对应 1 个光电二极管。我们常说相机是多少像素，这个像素就是说这款相机的感光元件有多少个，有 100 万个感光元件的相机就是 100 万像素的相机，有 4000 万个感光元件的相机就是 4000 万像素的相机，以此类推。一台 100 万像素的相机拍摄的照片洗成 5 寸比洗成 6 寸清晰一点。像素高并不意味着画质一定好。一款相机的画质是由感光元件尺寸、像素数量、图像处理算法、镜头等共同决定的。同时，画质本身就是分辨率、动态范围、色彩深度、色彩准确性、噪点等诸多指标的集合。像素高低只对分辨率这个单一指标影响较大。

　　像素是在模拟图像数字化时对连续空间进行离散化得到的。每个像素具有整数行（高）和列（宽）位置坐标，同时每个像素都具有整数灰度值或颜色值。

　　示例图像及其信息如图 1-1 和图 1-2 所示。

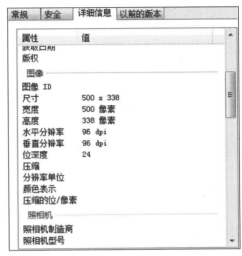

图 1-1　　　　　　　　　　　　　　　　　　　　图 1-2

　　可以看到图 1-1 的尺寸是 500×338，表示图片由一个 500×338 的像素点矩阵构成，这幅图片的宽度是 500 像素，高度是 338 像素，共有 500×338 像素 ＝ 149000 像素。

　　又如，屏幕分辨率是 1024×768，也就是说设备屏幕的水平方向上有 1024 个像素点，垂直方向上有 768 个像素点。像素的大小是没有固定长度的，不同设备上每个单位像素色块的大小是不一样的。例如，尺寸面积大小相同的两块屏幕，分辨率可以是不一样的，分辨率高的屏幕上的像素点（色块）就多，单个色块面积也更小，所以屏幕内显示的画面就更细致。而分辨率低的屏幕上的像素点（色块）较少，单个像素面积更大，显示的画面就没那么细致。

1.1.5　图像分辨率

　　图像分辨率是指每英寸图像内的像素点数。图像分辨率是有单位的，叫作像素每英寸。分辨率越高，像素点密度越高，图像就越逼真（做大幅喷绘时，要求图片分辨率要高，就是为了保证每英寸的画面上拥有更多的像素点）。

1.1.6　屏幕分辨率

　　屏幕分辨率是指屏幕在纵横方向上的像素点数，单位为像素（px）。每个屏幕都有其特定的分辨率。屏幕分辨率越高，所呈现的色彩数量和清晰度也就越高。分辨率决定了计算机屏幕上能够显示的信息量，通常用水平和垂直像素的数量来衡量。

　　在相同大小的屏幕上，较低的分辨率（例如 640×480）意味着屏幕上显示的像素较少，单个像素的尺寸较大。而较高的分辨率（例如 1600×1200）则意味着屏幕上显示的像素较多，单个像素的尺寸相对较小。这种差异影响了图像的清晰度和细节表现。

1.1.7　图像的灰度

灰度是指将白色与黑色之间按对数关系划分为若干等级的一个概念。通常，灰度分为 256 个等级，其中 0 表示黑色。灰度实际上是没有色彩的表现形式，RGB 色彩分量在这种情况下全部相等。

例如，在一个二值灰度图像中，像素值只能为 0 或 1，因此其灰度级为 2。而对于一个 256 级灰度的图像，当 RGB 三个分量相等时，例如 RGB(100, 100, 100)，则表示灰度值为 100；同理，RGB(50, 50, 50)则表示灰度值为 50。

一幅图像中不同位置的亮度是不一样的，可用 $f(x,y)$ 来表示点(x,y)上的亮度。由于光是一种能量形式，故亮度是非负有限的（$0 \leqslant f(x,y) < \infty$）。在图像处理中常用的灰度，其含义是：单色图像中，坐标点(x,y)的亮度称为该点的灰度。设灰度为 L，则 $L_{min} \leqslant L \leqslant L_{max}$，区间$[L_{min}, L_{max}]$称为灰度范围。

在室内处理图像时，一般 $L_{min} \approx 0.005 Lux$，$L_{max} \approx 100 Lux$，其中 Lux 是勒克斯（照明单位）。实际使用时，把这个区间规格化为$[0, L_{max}]$，其中 $L_{min}=0$ 为黑色，L_{max} 为白色，而所有在白色和黑色之间的值代表连续变化的灰度。图像灰度化处理可以作为图像处理的预处理步骤，为之后的图像分割、图像识别和图像分析等上层操作做准备。

1.1.8　灰度级

灰度级表明图像中不同灰度值的最大数量。灰度级越大，图像的亮度范围就越大。灰度级有时候会与灰度混淆。首先应该明确，灰度（值）是针对单个像素而言的，表示灰度图像单个像素点的亮度值，值越大，像素点就越亮，反之越暗。灰度级表示灰度图像的亮度层次，比如第 1 级、第 2 级……第 255 级等，如图 1-3 所示。

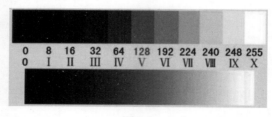

图 1-3

在图 1-3 中，第 0 级的灰度是 0，第 1 级的灰度是 8，第 2 级的灰度是 16，等等。每个等级对应着一个灰度值。级数越多，图像的亮度范围越大，层次就越丰富。有时，把最大级数称为一幅图像的灰度级数。

1.1.9　图像深度

图像深度是指存储每个像素所用的位数，也用于度量图像的色彩分辨率。图像深度确定彩色图像每个像素可能有的颜色数，或者确定灰度图像每个像素可能有的灰度级数。比如一幅单色图像，若每个像素有 8 位，则最大灰度数目为 2 的 8 次方，即 256。一幅彩色图像 RGB 三个分量的像素位数分别为 4、4、2，则最大颜色数目为 2 的 4+4+2 次方，即 1024，也就是说图像深度为 10 位，每个像素可以是 1024 种颜色中的一种。

例如，一幅画的尺寸为 1024×768 像素，深度为 16，则它的数据量为 1.5MB。计算如下：

$$1024×768×16\text{bit} = (1024×768×16)/8B = [(1024×768×16)/8]/1024\text{KB} = \{[(1024×768×16)/8]/1024\}/1024\text{MB}=1.5\text{MB}$$

1.1.10 二值图像

二值图像（Binary Image）是指图像上的每一个像素只有两种可能的取值或灰度等级状态，常用黑白、B&W、单色图像表示二值图像。二值图像一般用来描述字符图像，其优点是占用空间少；缺点是当表示人物、风景的图像时，只能展示其边缘信息，图像内部的纹理特征表现不明显。这时候要使用纹理特征更为丰富的灰度图像。

二值图像中，每个像素只用 1bit 表示，只有黑白两种颜色。二值图像按名字来理解只有两个值，即 0 和 1，0 代表黑，1 代表白，或者说 0 表示背景，而 1 表示前景。其保存也相对简单，每个像素只需要 1bit 就可以完整存储信息。如果把每个像素看成随机变量，一共有 N 个像素，那么二值图像有 2 的 N 次方种变化，8 位灰度图有 255 的 N 次方种变化，8 位三通道 RGB 图像有 16777216^N 种变化，注意：16777216=256（红）×256（绿）×256（蓝）。也就是说，同样尺寸的图像，二值图像保存的信息更少。

1.1.11 灰度图

灰度图又称灰阶图，是用灰度表示的图像。除了常见的卫星图像、航空照片外，许多地球物理观测数据也以灰度图表示。我们平时看到的灰度图由 0~255 个像素组成。

灰度图是二值图像的进化版本，是彩色图像的退化版，也就是灰度图保存的信息比彩色图像少，但比二值图像多。灰度图只包含一个通道的信息，而彩色图通常包含三个通道的信息。单一通道可以理解为单一波长的电磁波，所以红外遥感、X 断层成像等单一通道电磁波产生的图像都为灰度图。另外，灰度图在实际应用中具有易于采集和传输等特性，使得基于灰度图开发的算法非常丰富。

灰度图的每个像素只有一个采样颜色，这类图像通常显示为从最暗的黑色到最亮的白色的灰度。灰度图与黑白图像不同，在计算机图像领域，黑白图像只有黑色与白色两种颜色，但是灰度图在黑色与白色之间还有许多级的颜色深度。灰度图经常是在单个电磁波频谱（如可见光）内测量每个像素的亮度得到的，用于显示的灰度图通常用每个采样像素 8 位的非线性尺度来保存，这样可以有 256 级灰度（如果用 16 位，就有 65536 级）。

1.1.12 彩色图像

彩色图像也就是 RGB 图像，每个像素通常由红（R）、绿（G）、蓝（B）三个分量来表示，分量值为 0~255。我们日常获得的通常是彩色图像，很多时候我们需要将彩色图像转换成灰度图像，也就是将 3 个通道（RGB）转换成 1 个通道。

1.1.13　通道

通道把图像分解成一个或多个颜色成分，通常可以分为单通道、三通道和四通道。

- 单通道：一个像素点只需一个数值表示。单通道只能表示灰度，0 为黑色。单通道图像就是图像中每个像素点只需用一个数值表示。
- 三通道：把图像分为红、绿、蓝三个通道。三通道可以表示彩色，全 0 表示黑色。
- 四通道：在 RGB 的基础上增加了 Alpha 通道，Alpha 通道表示透明度，Alpha=0 表示全透明。

1.1.14　图像存储

在计算机中，用 $M \times N$ 的矩阵表示一幅尺寸大小为 $M \times N$ 的数字图像，矩阵元素的值就是该图像对应位置上的像素值。三通道图像数据在内存中的存储是连续的，每个通道的元素按照矩阵行列顺序进行排列。通常计算机按照 RGB 方式存储三通道图像格式，而图像采集设备输出图像格式一般是 BGR 方式。

1.2　图像噪声

1.2.1　图像噪声的定义

图像噪声可以理解为妨碍人的视觉器官或系统传感器对所接收的图像源信息进行理解或分析的各种因素。一般图像噪声是不可预测的随机信号，只能用概率统计的方法去认识。噪声作用于图像处理的输入、采集、处理以及输出的全过程，特别是图像在输入、采集的过程中引入的噪声，会影响图像处理的全过程，以至于影响输出结果。噪声对图像的影响无法避免，因此一个良好的图像处理系统，无论是模拟处理还是计算机处理，无一不将最前一级的噪声减小到最低作为主攻目标。因此，滤除图像中的噪声就成为图像处理中极为重要的步骤，对图像处理有着重要的意义。

数字图像的噪声主要来源于图像获取的数字化过程。图像传感器的工作状态受各种因素的影响，如环境条件、传感器元件质量等。在图像传输的过程中，所用的传输信道受到干扰，也会产生噪声污染。例如，通过无线网络传输的图像可能会因为光或其他大气因素的干扰而受到噪声污染。图像噪声的种类有多种，包括高斯噪声、瑞利噪声、伽马噪声、指数噪声、均匀噪声以及脉冲噪声（又称为椒盐噪声或双极性噪声）等。其中，脉冲噪声在图像噪声中最为常见。在图像生成和传输的过程中，经常会产生脉冲噪声，主要表现在成像的短暂停留中。脉冲噪声对图像质量有较大的影响，需要采用图像滤波方法给予滤除。

1.2.2　图像噪声的来源

外部噪声是指系统外部干扰以电磁波的方式或经电源串进系统内部而引起的噪声，例如电气设备、天体放电现象等引起的噪声。

内部噪声一般可分为以下 4 种：

（1）由光和电的基本性质引起的噪声。例如，电流是由电子或空穴粒子的集合定向运动形成的，而这些粒子运动的随机性会形成散粒噪声；导体中自由电子的无规则热运动会形成热噪声；根据光的粒子性，图像是由光量子传输的，而光量子密度随时间和空间变化会形成光量子噪声等。

（2）电器的机械运动产生的噪声。例如，各种接头因抖动而引起电流变化所产生的噪声，如磁头、磁带等抖动或一起的抖动等。

（3）器材材料本身引起的噪声。例如，正片和负片的表面颗粒性以及磁带、磁盘表面缺陷所产生的噪声。随着材料科学的发展，这些噪声在不断减少，但目前来讲，还是不可避免。

（4）系统内部设备电路所引起的噪声。例如，电源引入的交流噪声，偏转系统和箝位电路所引起的噪声等。

1.2.3　图像噪声的滤除

通过平滑图像，可以有效减少和消除图像中的噪声，从而改善图像质量，这对于提取对象特征以进行分析非常有利。经典的平滑技术通常使用局部算子对噪声图像进行处理。在对某个像素进行平滑处理时，仅对其局部小邻域内的其他像素进行操作。这种方法的优点在于计算效率高，并且能够实现多个像素的并行处理。近年来，出现了一些新的图像平滑处理技术，这些技术结合了人眼的视觉特性，运用了模糊数学理论、小波分析、数学形态学和粗糙集理论等新方法，取得了良好的效果。

灰度图像常用的滤波方法主要分为线性和非线性两大类。线性滤波方法一般通过取模板做离散卷积来实现。这种方法在平滑脉冲噪声点的同时，也会导致图像模糊，从而损失图像细节信息。非线性滤波方法中应用最多的是中值滤波，中值滤波可以有效地滤除脉冲噪声，具有相对好的边缘保持特性，并易于实现，因此被公认为一种有效的方法。然而，中值滤波同时也会改变未受噪声污染的像素的灰度值，使图像变得模糊。随着滤波窗口长度的增加和噪声污染的加重，中值滤波效果明显下降。

针对中值滤波方法的缺陷，目前科学家已经提出了一些改进方法，但这些方法都是无条件地对所有的输入样本进行滤波处理。然而，对于一幅噪声图像来说，只有一部分像素受到了噪声的干扰，其余的像素仍保持原值。无条件地对每个像素进行滤波处理必然会损失图像的某些原始信息。因此，人们提出在滤波处理中加入判断的过程，即首先检测图像的每个像素是否为噪声，然后根据噪声检测结果进行切换，输出结果在原像素灰度和中值滤波或其他的滤波器计算结果之间切换。由于是有选择地进行滤波处理，避免了不必要的滤波操作和图像的模糊，因此滤波效果得到了进一步的提高。但这些方法在判断和滤除脉冲噪声的过程中还存在一定的缺陷，比如对于较亮或较暗的图像会产生较多的噪声误判和漏判，甚至无法进行噪声检测，同时算法的计算量也明显增加，从而影响了滤波效果和速度。

既然图像有时不可避免地会产生噪声，那就需要对图像进行处理。

1.3　图像处理

信息是自然界物质运动的一个重要方面，人们认识和改造世界需要各种信息图像。这些信息是人类获取外界知识的主要来源，其中约 80%的信息通过人眼获得。在现代科学研究、生产活动等各个领域，越来越多地使用图像信息来认识和判断事物，以解决实际问题。获取图像信息固然重要，但我们的主要目的是对这些信息进行处理，以便从大量复杂的图像数据中提取出感兴趣的信息。图像处理是指对图像信息进行加工和处理，以满足视觉或应用上的需求。因此，从某种意义上来说，对图像信息的处理比图像本身更为重要。

21 世纪是一个充满信息的时代，图像作为人类感知世界的视觉基础，是获取、表达和传递信息的重要手段。计算机时代所说的图像处理通常指的是数字图像处理，即利用计算机对图像进行处理。这一技术的发展历史并不悠久，数字图像处理技术的起源可以追溯到 20 世纪 20 年代，当时通过海底电缆对从英国伦敦传输到美国纽约的一幅照片采用了数字压缩技术。

数字图像处理技术首先帮助人们以更客观、准确的方式认识世界。人的视觉系统能够帮助人类获取超过 3/4 的信息，而图像和图形则是所有视觉信息的载体。尽管人眼的辨识能力很高，可以识别上千种颜色，但在很多情况下，图像对于人眼而言是模糊的，甚至是不可见的。通过图像增强技术，可以使这些模糊或不可见的图像变得清晰明亮。

在计算机视觉这一领域诞生的初期，一种普遍的研究范式是将图像看作二维的数字信号，然后借用数字信号处理中的方法进行处理，这就是图像处理。

图像处理又称为影像处理，是用计算机对图像进行分析，以获得所需结果的技术，一般包括图像压缩、增强和复原、匹配和识别 3 个部分。目前所说的图像处理一般指数字图像处理（Digital Image Processing）。计算机视觉与图像处理的区别主要在于：计算机视觉的侧重点在于使用计算机来模拟人的视觉，对客观事物进行"感知"；而图像处理的侧重点则在于"处理"，提取所需要的有效信息，两者相辅相成。

1.3.1　图像处理的分类

图像处理通常可以分为 3 类：光学模拟处理、电学模拟处理和计算机数字处理。

1）光学模拟处理

光学模拟处理也称光信息处理。它建立在傅里叶光学的基础上，进行光学滤波、相关运算、频谱分析等，可以实现图像像质的改善、图像识别、图像的几何畸变和光度的校正、光信息的编码和存储、图像的伪彩色化、三维图像显示、对非光学信号进行光学处理等。

2）电学模拟处理

电学模拟处理是指把光强度信号转换成电信号，然后用电子学的方法对信号进行加、减、乘、除，进行浓度分割、反差放大、彩色合成、光谱对比等。在电视视频信号处理中常应用它。近期发展较快的 CCD（电荷耦合器件）模拟处理方法有 3 种处理功能：

● 模拟延迟，改变时钟脉冲频率就能实现模拟延迟。

● 多路调制，把并列输入的信号转换成串行的时序信号，或者建立它们的反变换，可实现数据信息的重新排列。

● 做成各种相应的滤波器，而滤波器就是一个信号处理装置。

CCD 在设备和成本方面有优点，滤波较计算机易实现。

3）计算机数字处理

图像的计算机数字处理是在以计算机为中心的、包括各种输入/输出及显示设备在内的数字图像处理系统上进行的。它将连续的模拟图像变换成离散的数字图像后，使用由特定的物理模型和数学模型编制而成的程序进行控制，并实现各种要求的处理。

1.3.2 数字图像处理

数字图像处理技术，通俗地讲是指应用计算机以及数字设备对图像进行加工处理的技术。通常包括如下几个过程。

1）图像信息的获取

为了在计算机上进行图像处理，必须把作为处理对象的模拟图像转换成数字图像信息。图像信息的获取一般包括图像的摄取、转换及数字化等几个步骤。这部分主要由处理系统硬件实现。

一般情况下，由于图像处理的设备比较大，不易在室外使用，因此通常输入图像分两步进行：首先在室外通过摄影机、照相机、数码相机等设备将图像记录下来，然后在室内利用输入设备进行输入。一般用磁带记录的是视频信号，通过 AN 口、1394 口输入视频采集卡；用胶片记录的是照片，可通过扫描仪扫描输入；电子照片可直接通过串口、并口或 USB 口输入。

2）图像信息的存储与交换

由于数字图像中的信息量庞大，在处理过程中必须对数据进行存储和交换。为了有效解决大数据量与交换和传输时间之间的矛盾，通常除了采用大容量内存存储器进行并行传输和直接存储访问外，还需要利用外部磁盘、光盘和磁带等存储方式，以提高处理效率。这部分主要功能通常由硬件完成。

3）具体的图像处理

数字图像处理是指将空间上离散的、在幅度上量化分层的数字图像经过特定的数学模式进行加工处理，以获得人眼视觉或某种接收系统所需的图像。自 20 世纪 80 年代以来，计算机技术和超大规模集成电路技术的迅猛发展，极大地推动了通信技术（包括语言数据、图像）的飞速发展。因为图像通信具有形象直观、可靠、高效率等一系列优点，尤其是数字图像通信比模拟图像通信更具抗干扰性，便于进行压缩编码处理且易于加密，因此数字处理技术在图像通信工程中获得了广泛应用。

4）图像的输出和显示

数字图像处理的最终目的是提供便于人眼或接收系统解释和识别的图像，因此图像的输出和显示十分重要。一般图像输出的方式可分为硬拷贝（如照相、打印、扫描等）和软拷贝（如 CRT 监视器及各种新型的平板监视器等）。

1.3.3 数字图像处理常用的方法

数字图像处理常用的方法有图像变换、图像增强、图像分割、图像描述、图像分类（识别）

和图像重建等。

1. 图像变换

由于图像阵列很大，直接在空间域中进行处理涉及的计算量很大，因此往往采用各种图像变换的方法，如傅里叶变换、沃尔什变换、离散余弦变换等间接处理技术，将空间域的处理转换为变换域的处理。这样不仅可以减少计算量，而且能获得更有效的处理（如傅里叶变换可在频域中进行数字滤波处理）。目前新兴研究的小波变换在时域和频域中都具有良好的局部化特性，在图像处理中也有着广泛且有效的应用。

图像编码压缩技术可减少描述图像的数据量（比特数），以便节省图像传输和处理的时间，以及减少所占用的存储器容量。压缩可以在不失真的前提下获得，也可以在允许失真的条件下进行。编码是压缩技术中重要的方法，它在图像处理技术中是发展最早且比较成熟的技术。

2. 图像增强

对于一个数字图像处理系统来说，一般可以将处理流程分为 3 个阶段：首先是图像预处理阶段，其次是特征抽取阶段，最后是识别分析阶段。图像预处理阶段尤为重要，如果这个阶段处理不好，会直接导致后面的工作无法展开。图像增强是图像预处理阶段的重要步骤。

在采集图像时，由于光照的稳定性与均匀性等噪声的影响，灰尘对 CCD 摄影机镜头的影响，以及图像传输过程中由于硬件设备而获得的噪声，使得获取的图像不够理想，往往存在噪声、对比度不够、目标不清晰、有其他物体干扰等缺点。这就需要用图像增强技术来改善图像效果。

图像增强就是增强图像中用户感兴趣的信息，其主要目的有两个：一是改善图像的视觉效果，提高图像成分的清晰度；二是使图像变得更有利于计算机处理。

图像增强不是以图像保真原则为基点来处理图像的，而是根据图像质量变坏的一般情况提出一些改善方法。例如，在图像处理中，可以采用图像均衡的方法来缩小图像灰度差别，采用平滑滤波的方法去除图像存在的噪声，采用边缘增强的方法改善图像轮廓的不明显。

图像增强主要应用在图像特别暗时，或者因为曝光太亮而无法让目标突出时，这个时候就需要把目标的亮度提高一点，然后把不必要的障碍（俗称噪声）调暗，以利于目标清晰度最大化。

图像增强的方法通过一定手段对原图像附加一些信息或变换数据，有选择地突出图像中感兴趣的特征或者抑制（掩盖）图像中某些不需要的特征，使图像与视觉响应特性相匹配。

在图像增强过程中，不分析图像降质的原因，处理后的图像不一定逼近原始图像。

通过各种手段来获得清晰图像的方法就是图像增强。根据增强的信息不同，图像增强可以分为边缘增强、灰度增强、色彩饱和度增强等。其中，灰度增强又可以根据增强处理过程所在的空间不同，分为空间域增强和频率域增强两大类，分别简称空域法和频域法。

1）空域法

空域法主要是直接在空间域内对图像进行运算处理，分为点运算算法和邻域去噪算法（也称邻域增强算法）。

点运算通常包括灰度变换和直方图修正等，目的或使图像成像均匀，或扩大图像动态范围，扩展对比度。

邻域去噪算法分为图像平滑和锐化两种。平滑一般用于消除图像噪声，但是也容易引起图像边缘的模糊，常用算法有均值滤波、中值滤波。锐化的目的在于突出物体的边缘轮廓，便于目标识别，常用算法有梯度法、算子、高通滤波、掩码匹配法、统计差值法等。

2）频域法

频域法是利用图像变换方法将原来的图像空间中的图像以某种形式转换到其他空间中，然后利用该空间的特有性质进行图像处理，最后转换回原来的图像空间中，从而得到处理后的图像。

频域法增强技术的基础是卷积理论。其中，频域变换可以是傅里叶变换、小波变换、DCT 变换、Walsh 变换等。

我们可以用一幅图来表示图像增强所用的具体方法分类，如图 1-4 所示。

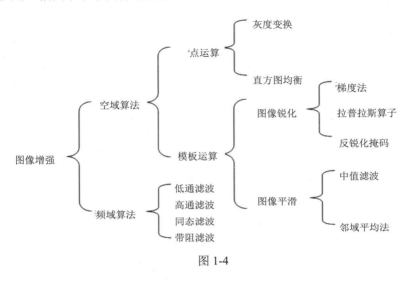

图 1-4

当然，作为初学者，我们不需要面面俱到、全部掌握，可以先选择掌握重点的几项。

3. 图像分割

图像分割是数字图像处理中的关键技术之一，它将图像中有意义的特征部分提取出来。有意义的特征有图像中的边缘、区域等，这是进一步进行图像识别、分析和理解的基础。虽然目前已研究出不少边缘提取、区域分割的方法，但还没有一种普遍适用于各种图像的有效方法。因此，对图像分割的研究还在不断深入之中，是目前图像处理研究的热点之一。

4. 图像描述

图像描述是图像识别和理解的必要前提。作为简单的二值图像，可采用其几何特性描述物体的特性。一般图像的描述方法采用二维形状描述，可分为有边界描述和区域描述两类。对于特殊的纹理图像，可采用二维形状描述。随着图像处理研究的深入发展，已经开始进行三维物体描述的研究，提出了体积描述、表面描述、广义圆柱体描述等方法。

5. 图像分类（识别）

图像分类（识别）属于模式识别的范畴，其主要内容是对经过某些预处理（增强、复原、压缩）的图像进行分割和特征提取，从而进行判决分类。图像分类常采用经典的模式识别方法，有统计模式分类和句法（结构）模式分类。近年来新发展起来的模糊模式识别和人工神经网络模式分类在图像识别中越来越受重视。

6. 图像重建

图像重建是指对一些三维物体，应用 X 射线、超声波等物理方法取得物体内部结构数据，再将这些数据进行运算处理而构成物体内部某些部位的图像。目前图像重建成功的例子是 CT 技术（计算机断层扫描成像技术）、彩色超声波等。这是图像处理的另一个发展方向。

1.3.4 图像处理的应用

图像处理的应用十分广泛，大大促进了现代社会的发展。例如，日常生活中的人脸支付就用到了图像处理，出入停车场时的车牌识别也用到了图像处理。下面用一张表格来简明扼要地说明图像处理的常见应用，如表 1-1 所示。

表 1-1 图像处理的常见应用

领　域	应用内容
物理化学	结晶分析、谱分析
生物医学	细胞分析、染色体分类、血球分类、X 光、CT
环境保护	水质及大气污染调查
地质	资源勘探、地图绘制
农林	植被分布调查、农作物估产
海洋	鱼群探察
水利	河流分布、水利及水害调查
气象	云图分析、灾害性检测等
通信	传真、电视、可视电话图像通信
工业	工业探伤、计算机视觉、自动控制、机器人
法律	公安指纹识别、人像鉴定
交通	铁路选定、交通指挥、汽车识别
军事	侦察、成像融合、成像制导
宇航	星际探险照片处理
文化	多媒体、动画特技

1.4　图像信号处理层次

图像信号的处理分为以下 3 个层次：

（1）图像处理：图像采集、存储，图像重建，图像变换、增强、恢复、校正，图像（视频）压缩编码。

（2）图像分析：边缘检测，图像分割，目标表达、描述，目标颜色、形状、纹理、空间和运动分析，目标检测、识别。

（3）图像理解：图像配准（Image registration）、融合，3-D 表示、建模、场景恢复，图像感知、解释、推理，基于内容的图像和视频检索。图像配准就是将不同时间、不同传感器（成像设备）或不同条件（天气、温度、摄像位置和角度等）下获取的两幅或多幅图像进行匹配、叠加的过程，它已经被广泛地应用于遥感数据分析、计算机视觉、图像处理等领域。

1.5　计算机视觉

1.5.1　计算机视觉的概念

计算机视觉是人工智能的一个重要分支，旨在让计算机能够"看见"并理解图像和视频内容。随着计算能力的提升和深度学习技术的发展，计算机视觉在近年来取得了飞速的进展，并在多个领域实现了广泛应用。

计算机视觉就是使用光学非接触式感应设备自动接收并解释真实场景的图像，以获得信息并控制机器或流程。计算机视觉技术是一门涉及人工智能、神经生物学、心理物理学、计算机科学、图像处理、模式识别等诸多领域的交叉学科。它主要通过计算机来模拟人的视觉功能，从客观事物的图像中提取信息，进行处理并加以理解，最终用于实际检测、测量和控制。计算机视觉技术最大的特点是速度快、信息量大和功能多。

人类在生产实践的过程中，针对自身能力的局限性，发明和创造了许多智能机器来辅助或代替人类完成任务。智能机器能模拟人类的功能，感知外部世界并有效地解决人所不能解决的问题。人类感知外部世界主要通过视觉、触觉、听觉和嗅觉等感觉器官，其中约 80% 的信息是由视觉获取的。因此，对智能机器来说，赋予机器以人类视觉功能是极其重要的。

在现代工业自动化生产中，涉及各种各样的检查、测量和零件识别应用，例如汽车零配件尺寸检查和自动装配的完整性检查、电子装配线的元件自动定位、饮料瓶盖的印刷质量检查、产品包装上的条码和字符识别等。这类应用的共同特点是连续大批量生产，对外观质量的要求非常高。通常这种带有高度重复性和智能性的工作只能靠人工检测来完成，我们经常在一些工厂的现代化流水线后面看到数以百计甚至逾千的检测工人来执行这道工序，但这在给工厂增加巨大的人工成本和管理成本的同时，仍然不能保证 100% 的检验合格率（"零缺陷"），而当今企业之间的竞争已经不允许哪怕是 0.1% 的缺陷存在。有些时候，如微小尺寸的精确快速测量、形状匹配、颜色辨识等，用人眼根本无法连续稳定地进行，其他物理量传感器也难有用武之地。这时，人们开始考虑把计算机的快速性和可靠性、结果的可重复性与人类视觉的高度智能化和抽象能力相结合，由此逐渐形成了一门新学科——计算机视觉。

计算机视觉是研究如何使用计算机模拟生物宏观视觉功能的科学与技术。通俗地说，它是用计算机代替人眼进行测量和判断。首先，通过 CCD 照相机将被摄取的目标转换为图像信号，并将其传送至专用的图像处理系统。这些信号根据像素分布、亮度和颜色等信息转变为数字化信号。接着，图像系统对这些信号进行各种运算，以提取目标的特征，如面积、长度、数量和位置等。最后，根据预设的容许度和其他条件输出结果，如尺寸、角度、偏移量、个数、合格/不合格、有/无等。计算机视觉的特点包括自动化、客观性、非接触性和高精度。与一般的图像处理系统相比，计算机视觉更加强调精度和速度，并且在工业现场环境下具有更高的可靠性。

计算机视觉是一个相当新且发展十分迅速的研究领域。人们从 20 世纪 50 年代开始研究二维图像的统计模式识别；60 年代 Roberts 开始进行三维计算机视觉的研究；70 年代中期，MIT 人工智能实验室正式开设"计算机视觉"课程；80 年代，开始了全球性的研究热潮，计算机视觉获得了蓬勃发展，新概念、新理论不断涌现。现在，计算机视觉仍然是一个非常活跃的研究领域，与之相关的学科涉及图像处理、计算机图形学、模式识别、人工智能、人工神经元网络等。

1.5.2　计算机视觉系统的构成和分类

典型的视觉系统一般由以下 3 部分构成：

（1）图像获取：光源、镜头、相机、采集卡、机械平台。

（2）图像处理与分析：工控主机、图像处理分析软件、图形交互界面。

（3）判决执行：电传单元、机械单元。

视觉系统输出的并非图像视频信号，而是经过运算处理之后的检测结果，如尺寸数据。上位机如 PC 和 PLC 实时获得检测结果后，指挥运动系统或 I/O 系统执行相应的控制动作，如定位和分选。

机器视觉系统通常可以分为三大类：基于智能相机、基于嵌入式和基于 PC。

1.5.3　机器视觉的优势

虽然人类视觉擅长对复杂、非结构化的场景进行定性解释，但机器视觉凭借速度、精度和可重复性等优势，擅长对结构化场景进行定量测量。举例来说，在生产线上，机器视觉系统每分钟能够对数百个甚至数千个元件进行检测。配备适当分辨率的相机和光学元件后，机器视觉系统能够轻松检验小到人眼无法看到的物品的细节特征。

另外，由于消除了检验系统与被检验元件之间的直接接触，机器视觉还能够防止元件损坏，也避免了机械部件磨损的维护时间和成本投入。通过减少制造过程中的人工参与，机器视觉还带来了额外的安全性和操作优势。此外，机器视觉还能够防止洁净室受到人为污染，也能让工人免受危险环境的威胁。

1.5.4　机器视觉系统的应用

目前，国际上视觉系统的应用方兴未艾，而在中国，工业视觉系统尚处于概念导入期，各行业的领先企业在解决了生产自动化的问题以后，已开始将目光转向测量自动化方面。机器视觉极适用于大批量生产过程中的测量、检查和辨识，如零件装配完整性、装配尺寸精度、零件加工精度、位置/角度测量、零件识别、特性/字符识别等。其最大的应用行业为汽车、制药、电子与电气、制造、包装/食品/饮料、医学。例如对汽车仪表盘加工精度的检查，高速贴片机上对电子元件的快速定位，对管脚数目的检查，对 IC（集成电路芯片）表面印的字符的辨识，胶囊生产中对胶囊壁厚和外观缺陷的检查，轴承生产中对滚珠数量和破损情况的检查，食品包装上面对生产日期的辨识，对标签贴放位置的检查，等等。

1.5.5　计算机视觉与相关学科的关系

计算机视觉与相关学科的关系如下：

- 计算机图形学（Computer Graphics）：通过几何基元（如线、圆和自由曲面等）来生成图像，属于图像综合，它在可视化（Visualization）和虚拟现实（Virtual Reality）中起着很重要的作用。计算机视觉正好用于解决相反的问题，即从图像中估计几何基元和其他特征，属于图像分析。
- 模式识别（Pattern Recognition）：研究分类问题，确定符号、图画、物体等输入对象的类别，强调一类事物区别于其他事物所具有的共同特征，一般不关心三维世界的恢复问题。
- 人工智能（Artificial Intelligence）：涉及智能系统的设计和智能计算的研究，在经过图像处理和图像特征提取过程后，要用人工智能方法对场景特征进行表示，并分析和理解场景。
- 媒体计算（Multimedia Computing）：文字、图形、图像、动画、视频、音频等各类感觉媒体的共性的基础计算理论、计算方法，以及媒体系统实现技术，以实现下一代计算机能听、能看、会说、会学习为目标。
- 认知科学与神经科学（Cognitive science and Neuroscience）：将人类视觉作为主要的研究对象。计算机视觉中已有的许多方法与人类视觉极为相似，许多计算机视觉研究者对研究人类视觉计算模型比研究计算机视觉系统更感兴趣，希望计算机视觉更加自然化，更加接近生物视觉。

1.6　OpenCV 概述

OpenCV 是一个基于 BSD 许可（开源）发行的跨平台计算机视觉和机器学习软件库，可以运行在 Linux、Windows、Android 和 Mac OS 操作系统上。

OpenCV 用 C++语言编写，它具有 C++、Python、Java 和 MATLAB 接口，并支持 Windows、Linux、Android 和 Mac OS。OpenCV 主要倾向于实时视觉应用，并在可用时使用 MMX 和 SSE 指令，如今也提供对于 C#、Ch、Ruby、GO 的支持。

OpenCV 提供的视觉处理算法非常丰富，并且其部分以 C 语言编写，加上开源特性，如果处理得当，不需要添加新的外部支持也可以完整地编译链接生成执行程序，所以很多人用它来做算法的移植。OpenCV 的代码经过适当改写，可以正常地运行在 DSP 系统和 ARM 嵌入式系统中。

OpenCV 是一个开放源码的计算机视觉应用平台，由英特尔公司下属研发中心俄罗斯团队发起该项目，开源 BSD 证书。OpenCV 的目标是实现实时计算机视觉，也就是用摄影机和计算机代替人眼对目标进行识别、跟踪以及测量等，并进一步进行图像处理。

OpenCV 由于其开源特性以及强大的社区支持，发展极其迅速。OpenCV 1.0 正式版本于 2006 年发布，可以运行在 Mac OS 以及 Linux 平台上，但是主要提供 C 的接口；2009 年发布了 OpenCV 2.0 版本，其代码已显著优化，带来了全新的 C++函数的接口，将 OpenCV 的能级无限放大，使开发者使用起来更加方便。同时，增加了新的平台支持，包括 iOS 和 Android，通过 CUDA 和 OpenGL 实现了 GPU 加速；在编程语言方面，为 Python 和 Java 用户提供了接口。2014 年 8 月，OpenCV 3.0

Alpha 发布，其最重大的革新之处在于 OpenCV 3.0 改变了项目架构的方式。之前的 OpenCV 是一个相对整体的项目，各个模块都以整体的形式构建，然后组合在一起，而 OpenCV 3 抛弃了整体架构，使用内核+插件的架构形式，使 OpenCV 更加轻量化。当前，OpenCV 随着工业 4.0 与机器人无人机的发展，已经在应用领域得到了广泛的应用，越来越多从事机器视觉与图像处理的开发者选择 OpenCV 作为开发工具实现应用开发。

计算机视觉市场巨大且持续增长，但这方面没有标准 API，如今的计算机视觉软件大概有以下 3 种：

（1）研究派代码（慢，不稳定，独立，与其他库不兼容）。

（2）耗费很高的商业化工具（比如 Halcon、MATLAB+Simulink）。

（3）依赖硬件的一些特别的解决方案（比如视频监控、制造控制系统、医疗设备）。

这是如今的现状，而标准的 API 将简化计算机视觉程序和解决方案的开发，OpenCV 致力于成为这样的标准 API。

OpenCV 致力于真实世界的实时应用，通过优化 C 代码的编写对其执行速度带来了可观的提升，并且可以通过购买 Intel 的 IPP（Integrated Performance Primitive，集成性能原语）高性能多媒体函数库得到更快的处理速度。

OpenCV 的应用领域非常广泛，比如人机互动、物体识别、图像分割、人脸识别、动作识别、运动跟踪、机器人、运动分析、机器视觉、结构分析、汽车安全驾驶、军工、卫星导航等。可以说学好了 OpenCV，就业和职业发展前景广阔！

编写本书时，OpenCV 的新版本为 4.10，本书采用该版本，它发布于 2024 年 6 月，如图 1-5 所示。

图 1-5

OpenCV 最显著的优化是从 4.10 开始对 JPEG 图像的读取和解码有了 77% 的速度提升，超过了 scikit-image、imageio、pillow。其他改进点如下：

（1）dnn 模块的改进，包括：

● 改善内存消耗。

● 增加了将模型转储为与 Netron 工具兼容的 pbtxt 格式的功能。

● 支持多个新的 TFlite、ONNX 和 OpenVINO 层。

● 改进了现代 Yolo 探测器支持。

● 添加了 CuDNN 9+和 OpenVINO 2024 支持。

（2）core 模块的改进，包括：

- 为 cv::Mat 添加了 CV_FP16 数据类型。
- 扩展了 HAL API，用于 minMaxIdx、LUT、meanStdDev 和其他函数。

（3）imgproc 模块的改进，包括：

- 为 cv::remap 添加了相对位移场选项。
- 重构了 findContours 和 EMD。
- 扩展了 HAL API，用于 projectPoints、equalizeHist、Otsu 阈值和其他功能。
- 添加了针对现代 ARMv8 和 ARMv9 平台优化的新底层 HAL 库（KleidiCV）。

（4）支持 CUDA 12.4+。

（5）添加了 zlib-ng 作为经典 zlib 的替代品。

（6）对 Wayland、Apple VisionOS 和 Windows ARM64 的实验性支持。

（7）OpenCV Model Zoo 提供跨平台的预训练深度学习模型。其新增功能包括：

- 支持更多的模型结构，例如新的卷积架构或者神经网络架构。
- 提升模型的性能，可能通过模型优化或者使用更高效的实现方式。
- 提供更多的预处理和后处理的选项，以便用户可以更灵活地使用这些模型。
- 增加对新硬件或者新框架的支持，例如新版的 TensorRT 或是 ONNX Runtime。

1.7　Qt 简介

Qt 是 1991 年由 Haavard Nord 和 Eirik Chambe-Eng 开发的跨平台 C++图形用户界面应用程序开发框架。发展至今，它既可以开发 GUI 程序，也可以开发非 GUI 程序，比如控制台工具和服务器。Qt 同 Linux 上的 Motif、Openwin、GTK 等图形界面库和 Windows 平台上的 MFC、OWL、VCL、ATL 是同类型的。与其他用户开发界面的软件相比，Qt 更容易使用和学习。

Qt 是一个跨平台的 C++应用程序框架，支持 Windows、Linux、Mac OS X、Android、iOS、Windows Phone、嵌入式系统等。也就是说，Qt 可以同时支持桌面应用程序开发、嵌入式开发和移动开发，覆盖了现有的所有主流平台。开发者只需要编写一次代码，而后在发布到不同平台之前重新编译即可。

Qt 不仅仅是一个 GUI 库，它除了可以创建漂亮的界面之外，还有很多其他组件。例如，开发者不再需要研究 STL（Standard Template Library，标准模板库），不再需要 C++的头文件，也不再需要去找解析 XML、连接数据库和 Socket 的各种第三方库，因为这些组件已经内置在 Qt 中了。

Qt 是应用程序开发的一站式解决方案！Qt 虽然庞大，封装层次较深，但其速度并不慢。它虽不及 MFC，但比 Java、C#要快。Qt 程序在运行前最终会编译成本地计算机的可执行代码，而不是依托虚拟机来运行。Qt 的工具家族丰富，目前包括 Qt Creator、QtEmbedded、Qt Designer 快速开发工具、Qt Linguist 国际化工具等。

Qt 非常适合跨平台开发领域，是国内 C++程序员要掌握的第二主流开发工具（第一要掌握的主流开发工具是 Visual C++）。Qt 的最新版本可以从其官网（https://www.qt.io/）上下载，笔者在编写本书时的最新版本是 Qt 6，但使用 Qt6 还是 Qt5，笔者考虑了很久。

由于 Qt 6 不支持 Windows 7，而国内很多人还在使用着 Windows 7，因此笔者决定使用 Qt5 来开发 OpenCV。毕竟，本书不是主要介绍 Qt 本身，所以即使使用 Qt5 来开发 OpenCV，使用 Qt6 的读者也完全可以学习本书，并且本书源码也是能够在 Qt6 上运行的。

另外，Qt6 还更改了授权方式，对于开发商业应用比较不友好。如果还在使用 QtWidgets，可以说完全没有必要升级到 Qt6，因为 Qt6 已经基本放弃了 QtWidgets。而如果是使用 QML 开发，那就必须升级到 Qt6 了，不然很多功能都是缺失的。当然，这些功能对于我们学习 OpenCV 来说根本没影响。

随着我国对软件自主可控要求的不断提高，使用 Qt 开发 C++ 应用变得越来越流行，尤其是在高新技术领域。而 OpenCV 作为常用的图形图像处理库，广泛应用于软件开发的高尖技术领域。因此，学习使用 Qt C++ 来开发 OpenCV 应用显得尤为重要。使用 Qt C++ 开发 OpenCV 应用还有一个显著的优势，即具备跨平台特性，这已成为当今商业软件的标准配置。

第 2 章

搭建 OpenCV 开发环境

工欲善其事，必先利其器。本章将搭建基于 Qt 的 OpenCV 开发环境。由于 Qt 和 OpenCV 的跨平台特性，因此将分别在 Windows 和 Linux 下进行环境搭建。建议读者在两种环境下都尝试搭建，因为本书后面有一些实例是在 Linux 下运行的，这也是笔者有意为之。毕竟视觉处理软件很大一部分是在嵌入式设备中运行是，比如无人机系统，因此我们也要重视 Linux 下的 OpenCV 开发。

2.1 Windows 下搭建 OpenCV 开发环境

2.1.1 下载和安装 Qt

对于图像视觉编程来说，如果所有事情都要从头开始写，那结果将是灾难性的。幸运的是国际开源界已经为我们提供了一个强大的视觉函数库——OpenCV。

本书使用 Qt 5.14.2，这是最后一个由官方提供安装包文件的版本了，从 Qt 5.15 开始要自己进行源码编译才能使用。下载 Qt 5.14 的官方网址如下：

```
https:// download.qt.io/archive/qt/5.14/5.14.2/qt-opensource-windows-
x86-5.14.2.exe
```

如果直接把这个网址输入浏览器中，会得到这样的提示：

```
Download from your IP address is not allowed
```

因为 Qt 官方禁止我们下载了，可以把这个网址放到迅雷中下载。如果这个下载地址失效了，也可以向笔者求助。

下载下来的文件名是 qt-opensource-windows-x86-5.14.2，直接双击就可以开始安装，但安装过程需要连接互联网，因为要在线验证账号。具体安装步骤如下：

步骤 **01** 直接双击 qt-opensource- windows-x86-5.14.2.exe 文件，显示欢迎安装界面，如图 2-1 所示。

步骤 **02** 单击 Next 按钮，出现 Qt Account 对话框，此时提示输入 Qt 账号（可以到官网上去注册）。输入账号后，一直单击 Next 按钮，直到出现"安装文件夹"对话框，在该对话框中设置 Qt 安装路径，这里安装在 C:\Qt\Qt5.14.2，如图 2-2 所示。需要注意的是，安装路径中不要有空格或中文。

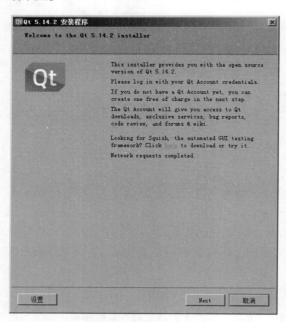
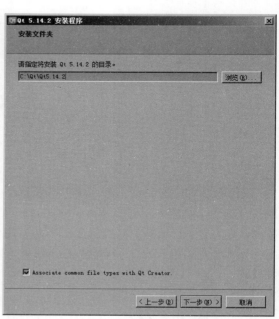

图 2-1   图 2-2

在安装 Qt 5.14 时会自动安装 Qt Creator（开发 Qt 程序的 IDE），如果要将 Qt 开发对应的常见文件类型关联到 Qt Creator（即用 Qt Creator 打开文件），那么在图 2-2 所示的窗口中就要勾选左下角的复选框。

步骤 **03** 继续单击"下一步"按钮，此时出现"选择组件"对话框，主要是选择开发时所需要的编译器，包含调试器的集成开发环境，如图 2-3 所示。我们需要勾选 Qt 5.14.2 下的 Sources 和 MinGW7.3.0 64-bit，以及 Developer and Designer Tools 下的 Qt Creator4.11.1 CDB Debug....。

（1）Sources 表示 Qt 的源码，因为我们要编译源码，所以要勾选该选项。

（2）MinGW 即 Minimalist GNU For Windows，是一些头文件和库的集合，该集合允许人们在没有第三方动态链接库的情况下使用 gcc 编译器产生 Win32 程序。通俗地讲，它就是开源的 C 语言编译器 gcc 的 Windows 版本，可以将我们的应用程序源码编译为可在 Windows 中运行的可执行程序，即在 Windows 平台上使用的 gcc 编译器。7.3.0 是 MinGW 的版本号，64-bit 表示这个 MinGW 可以编译生成 64 位或 32 位可执行程序。而 32-bit 只能编译生成 32 位可执行程序。

> 🎮⊕**注意**　必须勾选 Qt 5.14.2 下的 MinGW 7.3.0 64-bit，虽然 Developer and Designer Tools 下也有 MinGW 7.3.0 64-bit，但两者含义是不同的。勾选 Qt 5.14.2 下的 MinGW 7.3.0 64-bit 后，会在安装目录（这里是 C:\Qt\Qt 5.14.2）下生成子文件夹 "5.14.2\mingw73_64" 和 "Tools\mingw730_64"，前者存放开发 Qt 所需的且是 MinGW 编译的库和头文件，以及一些和 Qt 相关的工具程序；后者存放 gnu/gcc 工具链和有限的一些库和头文件，且这些库和头文件不是 Qt 库和 Qt 头文件，和 Qt 无关。因此，"5.14.2\mingw73_64" 文件夹中的 mingw73_64 的含义是该文件夹下的 Qt 相关的库文件和工具程序都是 MinGW 编译生成的；而 "Tools\mingw730_64" 文件夹中的 mingw730_64 的含义是这个文件夹包含的是 MinGW 本身这个 GNU 工具链。

如果我们只勾选 Developer and Designer Tools 下的 MinGW 7.3.0 64-bit，那么只会在安装目录下生成子文件夹 "Tools\mingw730_64"，里面仅包含 gnu/gcc 等工具链和有限的一些库和头文件。显然，仅凭这些东西无法直接开发 Qt 应用程序，因为没有 Qt 库和头文件给我们使用。

因此，要开发 Qt 应用程序，就必须勾选 Qt 5.14.2 下的 MinGW 7.3.0 64-bit，否则无法使用 Qt 中的函数和头文件。通常也把子文件夹所包含的内容叫作构建套件（kit），也就是一个开发包。

另外，如果读者不喜欢用 MinGW，那可以勾选 MSVC，这也是微软出品的编译器，一般配合 VC++ 这个 IDE 时才用这款编译器。这里我们用 Qt Creator 这个 IDE。

步骤 04　Qt Creator4.11.1 CDB Debug 是带有 CDB 调试器的 Qt 集成开发环境。

步骤 05　接着一直单击 "下一步" 按钮，然后就开始正式安装，稍等片刻即可安装完成，如图 2-4 所示。如果在图 2-4 中勾选 Launch Qt Creator 复选框，那么该对话框关闭后会启动 Qt Creator。保持默认选中状态，然后单击 "完成" 按钮，此时将启动 Qt Creator，如图 2-5 所示。

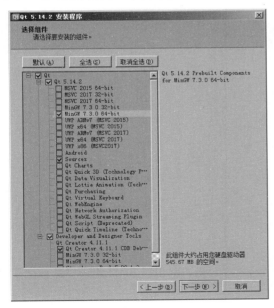

图 2-3

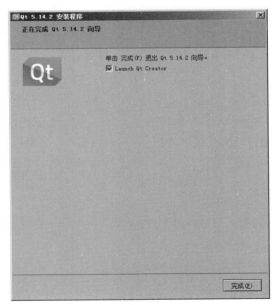

图 2-4

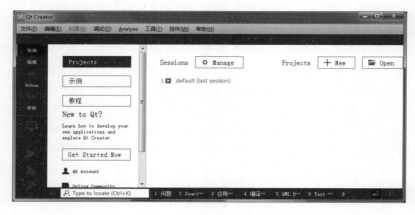

图 2-5

至此，Qt 5.14 安装成功。以前用过 Qt 的读者应该知道，Qt Creator 是老牌的 Qt 开发环境了，功能也日趋强大。下面我们用 Qt Creator 新建一个 Qt 图形界面程序，以此来测试 Qt 是否工作正常。

【例 2.1】第一个 Qt 程序

1）启动 Qt Creator

步骤 01 依次单击主菜单栏中的"文件→新建文件或项目"或直接按 Ctrl+N 快捷键，打开"新建项目"对话框，然后在左侧选择 Application，在右侧选择 Qt Widgets Application，如图 2-6 所示。Widgets 是小部件的意思，或者说是控件，因此 Qt Widgets Application 称为 Qt 控件程序。它提供了一组 UI 元素，用于创建经典的桌面风格的用户界面。

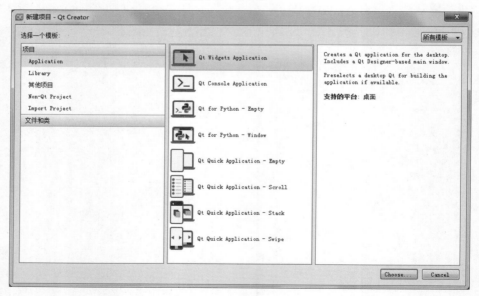

图 2-6

步骤 02 单击 Choose…按钮，在新出现的 Location 对话框上设置项目名称和路径，如图 2-7 所示。

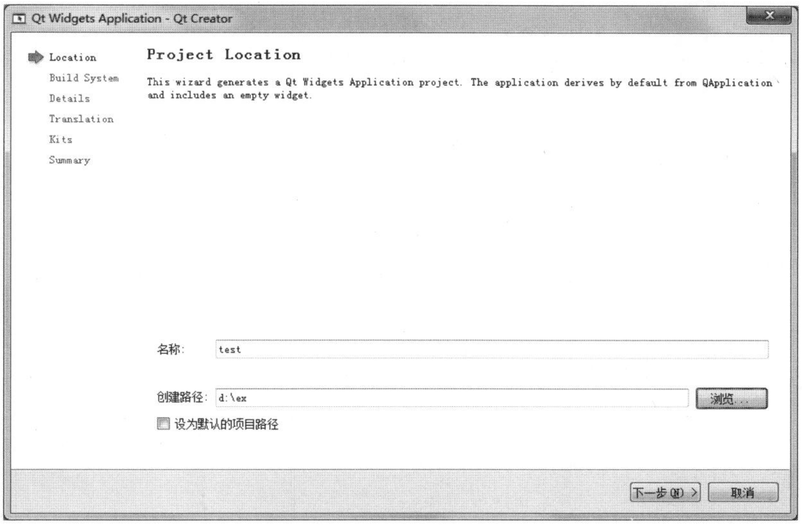

图 2-7

这个路径和目录必须预先创建好，否则不能进行下一步操作，这也是 Qt Creator 不够智能的地方，不会自动帮我们创建目录。

步骤 **03** 单击"下一步"按钮，在新出现的 Build System 对话框中显示构建工具（qmake），且已经自动探测到了，我们不需要去选择，保持默认即可。

步骤 **04** 继续单击"下一步"按钮，在新出现的 Details 对话框中显示类信息（比如类名、基类等），如图 2-8 所示。

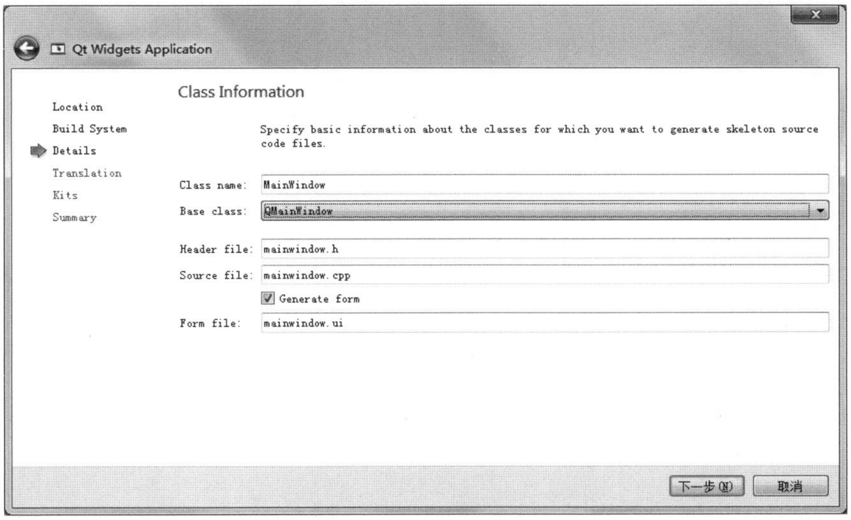

图 2-8

Qt 程序一般由头文件、cpp 源文件和.ui 界面文件组成，前两者就是存放代码的文件，.ui 界面文件则是用于可视化界面设计的，比如拖放控件等。

步骤 05 继续单击"下一步"按钮，出现 Translation 对话框，在该对话框上可以选择应用程序的语言，比如英文，这里保持默认。

步骤 06 再单击"下一步"按钮，出现 Kits 对话框，该对话框显示了当前可用的开发包，因为我们安装 Qt 的时候选择了基于 MinGW 的 64 位开发包，所以现在自动探测出来了，如图 2-9 所示。

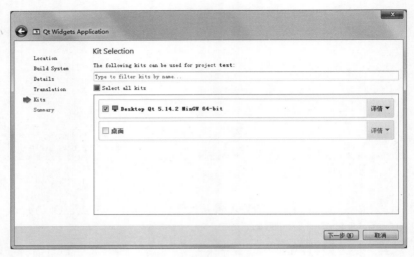

图 2-9

步骤 07 再单击"下一步"按钮，出现 Summary 对话框，如图 2-10 所示。

图 2-10

注意该对话框下方显示的要向 d:\ex\test 这个目录添加的文件。其中：

- main.cpp 是包含 main 函数的 C++源文件。
- mainwindow.cpp 是绘制主窗口的 C++源文件。
- mainwindow.h 是对应的头文件。

- mainwindow.ui 是主窗口的描述文件。Qt 中的 UI 文件是一种特殊的 XML 格式文件,包含了界面上各种控件的信息,如按钮、文本框、下拉菜单等,以及它们的布局和属性设置,用于描述应用程序的用户界面。这些文件可以使用 Qt 的可视化设计工具 Qt Designer 来创建和编辑。Qt Designer 提供了直观的界面,允许用户通过拖放和配置界面元素的方式来设计应用程序的图形用户界面(GUI)。UI 文件可以在 Qt 应用程序中通过 Qt User Interface Compiler(uic)工具转换为 C++代码,供应用程序使用。
- test.pro 是项目(描述)文件。在 Qt 中,.pro 文件(也称为项目文件)是 Qt 项目管理系统(qmake)所使用的配置文件。这个文件定义了如何构建 Qt 应用程序或库,它使用简单的键值对语法,允许我们指定源文件、头文件、库依赖、配置选项等。qmake 是 Qt 工具包中自带的一个非常方便的工具,用于读取.pro 文件,并生成一个标准的 Makefile(在 Unix-like 系统上),还可以生成 Microsoft Visual Studio 可以使用的项目文件等,以便可以使用相应的构建工具(如 make 或 IDE)来构建项目。最关键的是它可以自动解决依赖关系,不用手写 Makefile,而且是跨平台的。

步骤 08　最后单击"完成"按钮,完成 Qt 的安装,编辑代码窗口会自动打开 main.cpp 文件,并显示了 main.cpp 中自动生成了代码。我们来看一下 main 函数:

```
01#include "mainwindow.h"
02#include <QApplication>
03
04int main(int argc, char *argv[])
05{
06    QApplication a(argc, argv);
07    MainWindow w;
08    w.show();
09    return a.exec();
10}
```

代码解释如下:

- 第 02 行代码引入所有 Qt 程序都要包含的头文件 QApplication。
- 第 06 行代码创建一个 QApplication 对象,用于管理应用程序的资源,这对于运行任何使用 Qt Widgets(控件)的 Qt 程序都是必需的;对于不使用 Qt 控件的 GUI 应用程序,可以改用 QGuiApplication。
- 第 07 行代码创建主窗口对象。类 MainWindow 是安装向导为我们生成的,该类封装一个主窗口,在主窗口上可以添加各类控件。常见的控件包括文本编辑、滚动条、标签和按钮等。
- 第 08 行代码调用 show 这个成员函数在屏幕上显示主窗口。
- 第 09 行代码使 QApplication 对象进入其事件循环。当 Qt 应用程序运行时,会生成事件并将事件发送到应用程序的控件。常见的事件有鼠标按下和键盘按键。

其他源文件中的内容就不叙述了,毕竟我们的主要目标不是 Qt 本身。

2)运行项目

步骤 01　按快捷键 Ctrl+R 或依次单击主菜单栏中的"构建→运行"选项,也可以单击 Qt Creator

左下角的三角形按钮，该按钮是运行的快捷键，功能和 Ctrl+R 一样，如图 2-11 所示。

步骤02 如果修改过代码，那么第一次运行时，会弹出对话框提示保存修改，如图 2-12 所示。

图 2-11   图 2-12

勾选"构建之前总是先保存文件"复选框，这样以后如果修改了代码，运行前就可以自动保存文件，而不需要我们手动去保存了。

步骤03 最后单击 Save All 按钮。

运行结果如图 2-13 所示。

图 2-13

此时，在 d:\ex 下新生成了两个文件夹，test 和 build-test-Desktop_Qt_5_14_2_MinGW_64_bit-Debug。

test 文件夹下存放的是工程源码，比如 main.cpp、mainwindow.cpp，还存放有工程文件 test.pro。双击 test.pro 就可以直接通过 Qt Creator 来打开整个工程；也可以先打开 Qt Creator，然后在 Qt Creator 中打开 test.pro。

build-test-Desktop_Qt_5_14_2_MinGW_64_bit-Debug 文件夹中存放的是编译生成的可执行文件和其他临时文件，这个文件夹在 Qt Creator 重新编译运行工程的时候会被清空。我们可以在 build-test-Desktop_Qt_5_14_2_MinGW_64_bit-Debug\debug\下找到 test.exe 这个可执行文件。

上面的例子比较简单，我们没有写代码，也没有拖放控件到窗口上。该实例的主要目的是测试刚安装好的 Qt 的开发功能是否工作正常。

2.1.2 下载和解压 OpenCV

Qt Creator 这个 IDE 准备好了后，就可以准备 OpenCV 了。OpenCV 可以到其官网（https://opencv.org/releases/）下载，打开首页后就可以找到 OpenCV – 4.10.0，如图 2-14 所示。

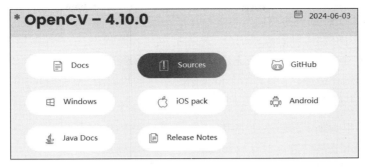

图 2-14

其中:

- Docs: 一些英文文档，比较晦涩难懂。
- Sources: 是当前版本的 OpenCV 源码。
- Windows: Windows 环境下编译好的文件（build）+源码。
- iOS pack: iOS 环境下编译好的文件（build）+源码。
- Android: Android 环境下编译好的文件（build）+源码。

在 OpenCV– 4.10.0 下，单击 Sources，等 3 秒后开始下载。下载下来的文件是 4.10.0.zip，这是个压缩包文件。如果读者不想下载，可以到随书源码的 somesofts 文件夹中找到 4.10.0.zip 文件。

笔者的计算机上已经安装了 WinRAR 软件，准备用它来解压 opencv-4.10.0.zip 文件。把 4.10.0.zip 复制到 D:\，然后对其右击，在弹出的快捷菜单中选择"解压到当前文件夹"，解压后的目录为 D:\opencv-4.10.0。进入这个文件夹，就可以看到各个不同的文件夹和文件了。

我们需要通过源码编译出 MinGW 能识别的 OpenCV 库，从而让程序可以调用这些库，因为程序也将由 MinGW 来编译。

2.1.3　了解构建工具

相信读者都学过 C/C++语言了，对编译链接过程已经很熟悉了，也就是"编译预处理→编译→链接"。然而，编译 OpenCV 可不是这么简单，因为它是源码文件很多，依赖关系复杂。因此我们需要一个能有效管理编译过程的工具。这个工具就叫作构建工具，比较著名的构建工具是 make 程序。

与构建相关联的是编译，编译是将一个源文件转换成一个二进制文件，而构建就是对于编译的安排。在一个大的工程（比如 OpenCV 源码）中，通常包含很多源文件，其中可能还包含复杂的依赖关系，构建就是对于多个源文件进行编译的合理安排。

为什么需要构建工具呢？大多数工程师在学习编程时都使用非常简单的例子，而这个例子可能就只有一个源文件，因此大多数工程师开始都是直接调用 gcc 或 javac 等工具，或者使用 IDE 中提供的便捷的编译工具，例如以下例子就是将同一目录的源码转换为二进制文件:

```
gcc *.c -o test
```

gcc 非常智能，可以在当前目录的子目录中查找要导入的代码，但是它找不到文件系统的其他部分中存储的代码（或由多个项目共享的库）。它还只知道如何构建 C 代码。大型系统通常使用各种编程语言编写不同部分，并且这些部分之间具有网络，这意味着单一编译器无法构建整个系统。当工程日趋复杂，一个简单的编译命令无法满足要求而需要多个编译命令的组合时，可能会想到使用 Shell 脚本来组织编译命令，这些脚本会按正确的顺序构建应用。然而，随着工程的进一步膨胀，Shell 脚本也显得力不从心，会遇到很多问题：

（1）构建变得很烦琐。随着系统变得越来越复杂，在构建脚本上花费的时间几乎与编写代码一样。调试 Shell 脚本非常痛苦，并且越来越多的技巧层层叠加。

（2）速度很慢。为了确保应用不会意外依赖过时的库，需要让构建脚本在每次运行时按顺序构建每个依赖项。因此需要考虑添加一些逻辑来检测哪些部分需要重新构建。这听起来非常复杂，并且对于脚本来说也很容易出错，脚本会变得越来越复杂，导致难以管理。

笔者的理解是从最初的 gcc、shell 脚本到现在完善的构建工具，都是对于编译过程的进一步抽象，以使编译与构建更加易于理解和维护。底层做的事情都是一样的，是为了让人更好理解和维护。

Make 是一个命令行工具和构建自动化工具，用于管理和构建软件项目。它通过一个 Makefile 脚本文件来定义构建任务和依赖关系，然后根据这些规则自动执行任务，以生成最终的目标文件。Make 可以自动化构建、任务并行执行、控制环境变量，并可以在多种操作系统上运行。它具有依赖管理功能，确保任务的正确构建顺序。

Make 的作用就是一个自动化的构建工具，它告知编译器正确的处理顺序，保证每个依赖都能得到处理，最后生成相应的工程。而 Makefile 的作用相当于一张图纸，它用来告诉 Make 具体怎样处理编译过程。

如果只是一个小型的工程，比如就几个源码文件，那么不使用 Make 只依靠编译器并添加几个指令也完全可以处理。但是，如果是一个较大的项目，里面有复杂的依赖关系，此时只依靠靠编译器并添加几个处理指令的方式已经不太现实了，使用 Make 和 Makefile 来进行自动化构建才是正确的选择。

那么 MinGW 提供构建工具了吗？答案当然是肯定的，在路径 C:\Qt\Qt5.14.2\Tools\mingw730_64\bin\下可以看到 mingw32-make.exe 程序，它就是 MinGW 提供的构建工具。

2.1.4　下载和安装 CMake

2.1.3 节提到了 Make 是用来处理编译顺序和依赖关系并构建最终项目的工具，但是问题来了，不同的平台会有不同的构建方式，例如，Linux 生成最终的二进制程序和.so 动态链接，而 Windows 生成.exe 程序和 dll 动态链接；同时两者的依赖也可能不同。如果在不同的平台上写不同的 Makefile，会相当麻烦；而且 Makefile 文件本身的写法也很复杂，在大型工程中较难阅读和理解。此时 CMake 就派上用场了。

CMake 是"cross platform make"的缩写。虽然名字中含有"make"，但是 CMake 和 UNIX 上常见的 make 系统是分开的，而且更为高阶。CMake 本身不执行 Make 过程，而是根据不同平台的特性生成对应的 Makefile，这样每个工程只要写一个 CMake 文件即可，其余的交给不同平台的处理器来产生不同的 Makefile 文件；而且 CMake 的语法也更加简洁，适合阅读。

Make 和 CMake 的关系如图 2-15 所示。

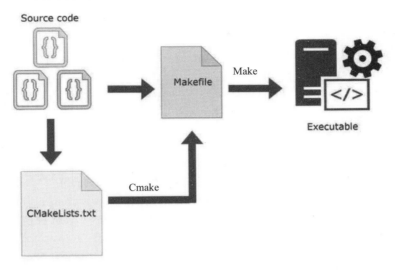

图 2-15

总之，Cmake 是生成 Makefile 文件的工具，Make 则是根据 Makefile 执行构建的工具。在使用 CMake 生成构建文件后，可以使用相应的构建工具（如 Make、Visual Studio 等）执行实际的编译过程，将源码编译为可执行文件或库。

在 Window 上使用 CMake 比较方便，因为有图形界面版本的 CMake，一般称为 CMake GUI。我们可以到 CMake 官网（https://cmake.org/download/）下载 CMake GUI。下载下来的是一个安装包文件 cmake-3.30.2-windows-x86_64.msi。如果读者不想下载，也可以在随时源码的 somesofts 文件夹下找到该安装包。安装过程很简单，直接双击安装包即可开始安装。需要注意的是，要在 Install Options 对话框上勾选 Add CMake shortcut to the Desktop 复选框，如图 2-16 所示。这样，安装后可以在桌面上生成一个快捷方式。

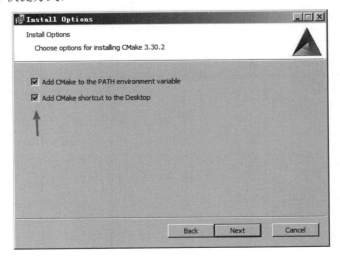

图 2-16

安装完成后，要配置环境变量，将 QT 的 mingw32 编译器的路径添加到 Path 环境变量中（注意：QT 有两个路径），如下所示：

```
C:\Qt\Qt5.14.2\5.14.2\mingw73_64\bin
C:\Qt\Qt5.14.2\Tools\mingw730_64\bin
```

添加完毕后，重启计算机使之生效。

2.1.5 生成 Makefile 文件

在用 CMake 生成 Makefile 文件之前，我们要做一项重要的工作。CMake 在配置阶段会到国外一些网站下载一些文件放到一个名为 ".cache" 的文件夹中，这个文件夹是 CMake 在 OpenCV 源码根目录下自动新建的。但由于国内下载文件比较慢，所以经常会出现 CMake 卡死的情况。解决的方法是通过下载日志文件 CMakeDownloadLog.txt 把下载失败的文件下载地址记录下来，然后复制到迅雷中下载；下载完毕后，将文件名改为 "md5-filename" 的形式，然后放到 ".cache" 文件夹中的相应位置。再次启动 CMake 配置时，CMake 看到相应位置已经有文件了，就不会再去下载了，从而让 CMake 能继续工作下去。

我们可以在 somesofts 文件夹中找到 .cache 文件夹，然后把它复制到 D:\opencv-4.10.0 下。

现在可以使用 CMake 生成 Makefile 文件了。

步骤 **01** 在桌面上双击 CMake (cmake-gui)，打开 cmake-gui 界面，单击 Where is the source code 右端的 Browse Source...按钮，选择 opencv 源码的文件夹，这里是 D:\opencv-4.10.0。再单击 Where to build the binaries 右端的 Browse Build...按钮，选择一个新建的文件夹，用于保存编译后的文件和编译过程中产生的中间文件。笔者在 D 盘下新建了一个文件夹 opencvBuild。最终选择后的界面如图 2-17 所示。

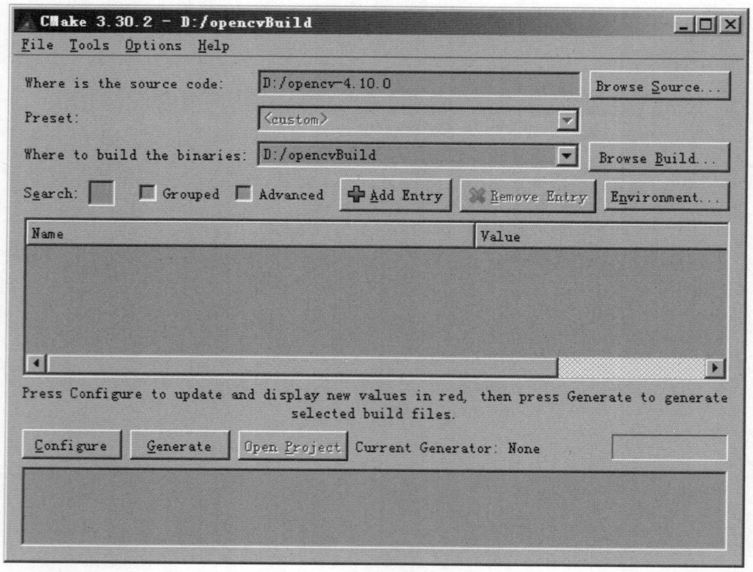

图 2-17

步骤 02　单击左下方的 Configure 按钮，在出现的 CMakeSetup 对话框上做如图 2-18 所示的选择。

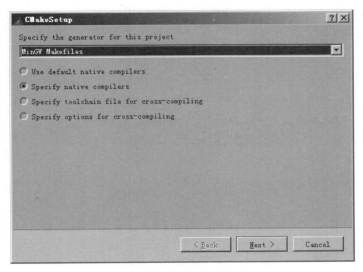

图 2-18

步骤 03　单击 Next 按钮，在新的对话框中选择 gcc 和 g++的路径，分别是：

```
C:/Qt/Qt5.14.2/Tools/mingw730_64/bin/gcc.exe
C:/Qt/Qt5.14.2/Tools/mingw730_64/bin/g++.exe
```

如图 2-19 所示。

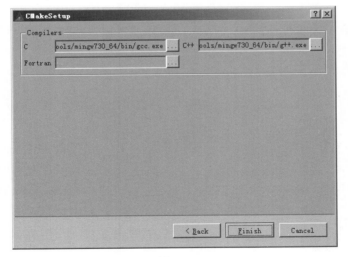

图 2-19

步骤 04　最后单击 Finish 按钮，就可以 CMake 在工作了，如图 2-20 所示。

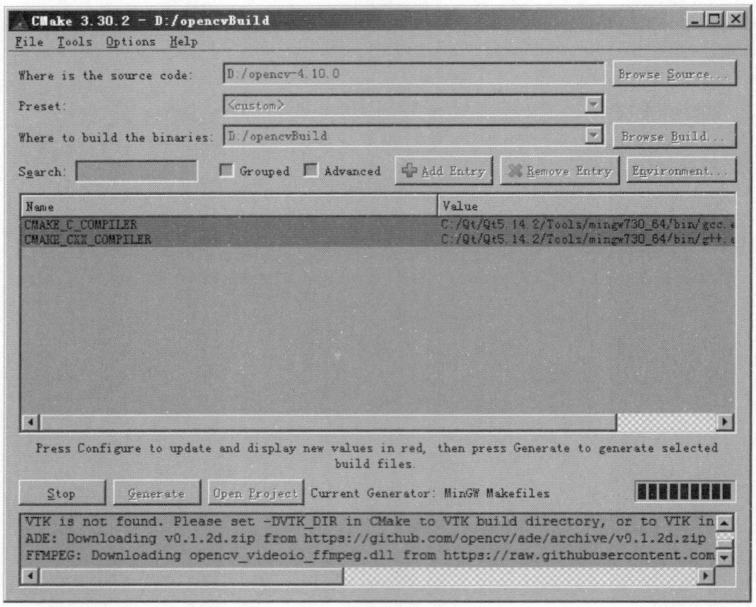

图 2-20

经过 100 多秒后，配置结束，如图 2-21 所示。

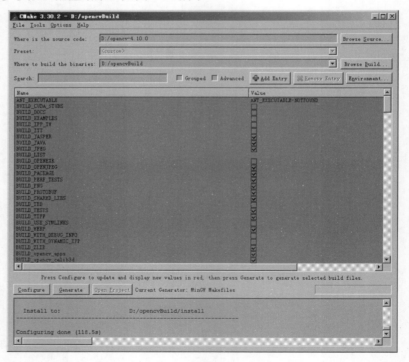

图 2-21

步骤 **05** 下面修改一些配置，以便将来编译时对不需要的组件就不用去编译了。具体修改如表 2-1 所示。

表 2-1　修改配置

配置项	值
JAVA	BUILD JAVA（不选） BUILD_opencv_java_bindings_generator（不选）
WITH	WITH_OPENGL（选中）
WITH	WITH_QT（选中）
WITH	WITH_IPP（不选）
BUILD_PROTOBUF	不选
WITH_PROTOBUF	不选
OPENCV_GENERATE_SETUPVARS	不选

步骤 06　再次单击 Configure 按钮进行配置，配置完毕后，单击 Generate 按钮，当出现 Generating done 时说明 Makefile 生成成功了，该文件可以在 D:\opencvBuild 下找到。关闭 CMake。

2.1.6　开始编译 OpenCV

下面准备编译 OpenCV。

步骤 01　打开命令行窗口，进入 D:\opencvBuild，开始执行编译命令：

```
mingw32-make -j 8
```

-j 这个选项用来指定线程数，这里指定 8 个线程进行编译，这样可以快一点。这个命令耗时有点长，稍等片刻，编译完成，如图 2-22 所示。

图 2-22

步骤 02　编译完成之后，输入如下命令进行安装：

```
mingw32-make install
```

稍等片刻，安装完成，我们可以在 D:\opencvBuild\install\x64\mingw 下看到 bin 和 lib 两个文件夹，这两个文件夹下的内容是我们稍后编程需要用到的。其中 bin 下的主要是.dll 文件，这些文件是程序运行时所要链接的动态链接库；lib 下的主要是.a 静态库文件，这些文件是程序编译时需要用到的文件。

2.1.7　Qt 开发的第一个 OpenCV 程序

准备工作终于完成了，现在可以开始用 Qt 编写 OpenCV 程序了。

【例 2.2】Qt 开发的第一个 OpenCV 程序

1）运行 Qt 项目

步骤 01　在桌面上找到 Qt Creator 4.11.1 (Community)，双击打开 Qt Creator，新建一个控制台项目，项目名是 hello。在 Qt Creator 主界面的 Projects 旁单击 New 按钮，如图 2-23 所示。

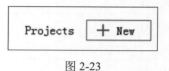

图 2-23

步骤 02　在出现的"新建项目"对话框中选中 Qt Console Application，如图 2-24 所示。

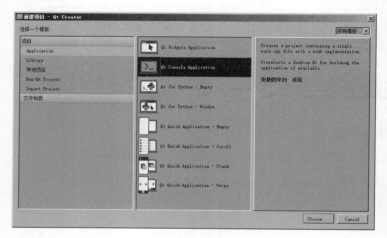

图 2-24

步骤 03　单击 Choose 按钮，在新的对话框中输入项目名称和路径，建议用全英文路径，如图 2-25 所示。

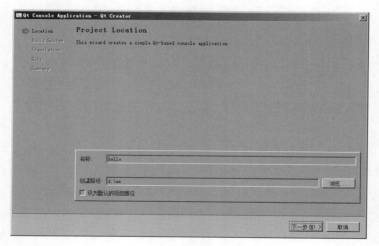

图 2-25

步骤 04 随后连续单击"下一步"按钮，直到向导结束出现编辑窗口，此时可以看到自动生成了一个 main 函数。我们来简单修改一下程序，使之既能输出图形对话框，又能在命令窗口中输出字符串，如下代码：

```cpp
#include <QApplication>
#include <QMessageBox>

int main(int argc, char *argv[])
{
    QApplication a(argc, argv);          // 定义应用程序对象
    QString text = "helloworld";         // 定义一个字符串并赋值
    // 创建并显示消息对话框
    QMessageBox::information(nullptr, "hi", text);
    puts("helloworld");                  // 在控制台窗口输出字符串
    return a.exec();                     // 进入事件循环
}
```

QApplication 是 Qt 应用程序中必不可少的一部分，它负责管理应用程序的生命周期，处理事件循环，设置应用的整体样式等。QString 是 Qt 框架中处理文本数据的核心类之一。它提供了强大的字符串处理能力，支持多种文本编码和操作。在这个示例中，我们定义了字符串"text"，并通过 QMessageBox::information 将其在消息对话框上输出；然后，用 C 函数 puts 在控制台上输出字符串"helloworld"。

步骤 05 由于这个项目原本是控制台项目，因此如果要输出图形消息框，还需要在项目配置文件中进行一些修改。打开 hello.pro，在文件开头添加如下代码：

```
QT+=widgets
```

widgets 是在 Qt 中创建用户界面的主要元素，它可以显示数据和状态信息，接收用户输入，并为应该组合在一起的其他小部件提供容器。QT+的意思是加上 widgets 模块。如果此时运行程序，则可以出现消息对话框并可以在控制台上输出字符串"helloworld"。

2）添加 OpenCV 代码

Qt 项目能运行了，但还不是一个 OpenCV 程序，下面加上 OpenCV 代码。

步骤 01 在工程配置文件中添加 OpenCV 库和头文件的路径，在 hello.pro 的末尾添加如下代码：

```
INCLUDEPATH += D:/opencvBuild/install/include/
LIBS += -L D:/opencvBuild/install/x64/mingw/lib/libopencv_*.a
```

宏 INCLUDEPATH 用来指定头文件所在路径，LIBS 用来指定库文件所在路径，这两个宏都要用一个+，并且 LIBS+=右边要用-L 来指定路径，这个写法和 gcc 指定库路径写法类似。

步骤 02 下面添加源码，在 Qt Creator 中打开 main.cpp，输入如下代码：

```cpp
#include <QApplication>
#include <QMessageBox>
#include <opencv2/opencv.hpp>
#include <QDebug>
#include <QDir>
```

```cpp
#include <iostream>

using namespace cv;        // 所有 OpenCV 类都在命名空间 cv 下
using namespace std;

void f()                   // 自定义函数，实现两幅图片的混合
{
    double alpha = 0.5; double beta; double input;
    Mat src1, src2, dst; // 创建 Mat 对象，Mat 用于存储图片的矩阵类，dst 用于存放混合
后的图片

    // 提示用户输入第一幅图片的权值 alpha
    qDebug() <<"线性混合: ";
    qDebug() << "输入第一幅图片的权重 alpha [0.0-1.0]: ";
    cin >> input;          // 用户输入

    // 如果用户输入值介于 0 和 1 之间，则用该输入值作为 alpha 的值
    if (input >= 0 && input <= 1)
        alpha = input;

    QString currentPath = QDir::currentPath();  // 获取当前路径
    qDebug() <<"当前路径是: "<< currentPath;

    // 读取两幅大小必须一样的 JPG 图片
    src1 = imread("p1.jpg");
    src2 = imread("sbh.jpg");

    if (src1.empty()) { cout << "Error loading src1" << endl; return; }
    if (src2.empty()) { cout << "Error loading src2" << endl; return; }

    beta = (1.0 - alpha);
    addWeighted(src1, alpha, src2, beta, 0.0, dst);// 将图 1 与图 2 线性混合
    imshow("res",dst);   // 显示混合后的图片
    waitKey(0);          // 等待按键响应后退出，0 改为 5000 就是 5 秒后自动退出
}

int main(int argc, char *argv[])
{
    QApplication a(argc, argv);       // 定义应用程序对象
    QString text = "helloworld";      // 定义一个字符串并赋值

    cv::Mat image = cv::imread("D:/test.jpg");  // 读取 D 盘上的 test.jpg 文件
    if (image.empty()) {              // 判断文件是否为空
        return -1;                    // 为空返回-1，结束程序
    }
    std::string strTitle = text.toStdString(); // 把 QString 字符串转为 std::string
字符串

    namedWindow(strTitle, cv::WINDOW_AUTOSIZE); // 创建一个标题是 strTitle 的窗口
    imshow(strTitle, image);          // 在标题为 strTitle 的窗口中显示图像
```

```
waitKey(0);                              // 等待用户按键
destroyWindow(strTitle);                 // 销毁标题是 strTitle 的窗口

// 创建并显示消息对话框
QMessageBox::information(nullptr, "hi", text);
f();
return a.exec();
}
```

在上述代码中，自定义函数 f 的功能是将图片 p1.jpg 和 sbh.jpg 进行混合，它们的大小必须一样。这两幅图片必须复制到 D:\ex\build-hello-Desktop_Qt_5_14_2_MinGW_64_bit-Debug 目录下。其中，OpenCV 库中的 API 函数 imread 用来从文件中读取图片；API 函数 addWeighted 用于将两幅相同大小、相同类型的图片进行融合，第二个参数 alpha 表示第一幅图片所占的权重，第四个参数 beta 表示第二幅图片所占的权重。权重越大的图片显示得越多，比如我们输入 alpha 为 0.9，则主要显示第一幅图片。main 中的代码比较简单，主要是从 D 盘读取一个图片文件 test.jpg，然后调用 f。

3）复制动态链接库到 exe 文件所在文件夹

步骤 01 首先打开以下路径来查看 exe 文件：

```
D:\ex\build-hello-Desktop_Qt_5_14_2_MinGW_64_bit-Debug\debug
```

这个路径是程序生成的 hello.exe 文件所在的路径。hello.exe 是一个 Windows 下的可执行文件，MinGW 能在编译阶段加载 Linux 下的静态库（.a）文件，最终生成 Windows 下的 .exe 文件。但 hello.exe 还需要加载 OpenCV 源码编译出来的动态链接库后才能运行。

步骤 02 打开目录 D:\opencvBuild\install\x64\mingw\bin\，把该目录下的 libopencv_core4100.dll、libopencv_highgui4100.dll、libopencv_imgcodecs4100.dll 和 libopencv_imgproc4100.dll 四个文件复制到 hello.exe 文件所在文件夹。

4）运行程序

在 Qt Creator 中单击左下角的三角运行按钮或直接按快捷键 Ctrl+R 来运行项目。运行结果如图 2-26 所示。

图 2-26

在键盘上随便按一个键，控制台窗口上则会显示 helloworld 信息框。关闭信息框，会让我们在控制台窗口上输入权值，这里我们输入 0.9，可以看到 sbh.jpg 显示的效果就淡了很多，如图 2-27 所示。

图 2-27

如图图片不能加载，请确认 p1.jgp 和 sbh.jpg 是否复制到以下路径：

```
D:\ex\build-hello-Desktop_Qt_5_14_2_MinGW_64_bit-Debug
```

以及 test.jpg 是否复制到 D 盘。在这个程序中，我们既加载了绝对路径下的图片文件（test.jpg），也加载了当前路径下的图片文件（p1.jpg 和 sbh.jpg）。这 3 个文件可以在工程目录的 res 文件夹下找到。

至此，基于 Qt Creator 的 OpenCV 的开发环境搭建起来了。

2.2　Linux 下搭建 OpenCV 开发环境

本书使用 Qt Creator 开发 OpenCV，其最大的优点就是跨平台。当前，支持跨平台几乎是所有商业应用软件的标配。

在前面的章节中，我们使用 MinGW 在 Windows 环境下实现了 OpenCV 的编译。MinGW 本质上是基于 GCC 编译器，而 GCC 源自 Linux 系统。因此，既然我们能够在 Windows 上成功编译 OpenCV，那么在 Linux 下编译 OpenCV 源码更是小菜一碟了。当然，如果读者急于学习 OpenCV 的相关知识，可以暂时跳过本节，直接学习后面的内容。后续内容主要基于 Windows 下的 Qt Creator 进行介绍。本节的内容可以先保留，以便在未来进行 Linux 开发时（例如在银行、航天等关键领域的应用开发，通常都是在国产 Linux 系统上进行），再回过头来参考。此外，后续章节中的项目源码既可以在 Windows 上编译运行，也可以在 Linux 上编译运行。支持跨平台开发是本书的一大优点，同时也是为将来在嵌入式开发板上进行 OpenCV 应用开发做好准备。

这里我们在经典的 Ubuntu20.04 上编译 OpenCV。为了节省成本，我们把 Ubuntu 安装在 VMware 虚拟机上，假定读者已经安装好，并以 root 账户登录到 Ubuntu 了，下面开始我们的编译工作。

2.2.1 准备编译 OpenCV 所需依赖

1. 基础依赖

编译 OpenCV 所需的依赖首先是两个编译相关的基础依赖：cmake 和 make，它们都和构建有关。build-essential 是一个软件包，它的主要作用是在系统上安装一组基本的编译工具（比如 gcc）和库文件（比如 C 语言运行时库等）。

```
sudo apt install -y cmake make
sudo apt install -y build-essential
```

下面这些依赖就不一一说明了，大部分都是关于图片分析和图片处理的依赖。

```
sudo apt install -y libgtk2.0-dev
sudo apt install -y libavcodec-dev
sudo apt install -y libavformat-dev
sudo apt install -y libjpeg-dev
sudo apt install -y libtiff-dev
sudo apt install -y libswscale-dev
sudo apt install -y libpng-dev

sudo add-apt-repository "deb <http:// security.ubuntu.com/ubuntu>
xenial-security main"
```

add-apt-repository 的意思是添加软件源（指向 Ubuntu 的安全更新存储库）。注意：添加这个软件源后才能找到 libjasper-dev 这个包依赖。

```
sudo apt update
sudo apt install  -y libjasper-dev
sudo apt install -y freeglut3-dev
sudo apt install -y libgl1-mesa-dev
sudo apt install -y pkg-config
```

2. gstreamer 相关依赖

gstreamer 相关的依赖如下：

```
sudo apt update
sudo apt install -y libgstreamer1.0-dev libgstreamer-plugins-base1.0-dev
libgstreamer-plugins-bad1.0-dev libgstreamer-plugins-good1.0-dev
sudo apt install -y gstreamer1.0-plugins-base gstreamer1.0-plugins-good
gstreamer1.0-plugins-bad gstreamer1.0-plugins-ugly
sudo apt install -y gstreamer1.0-tools gstreamer1.0-libav
sudo apt install -y gstreamer1.0-doc gstreamer1.0-x gstreamer1.0-alsa
gstreamer1.0-gl gstreamer1.0-gtk3 gstreamer1.0-qt5 gstreamer1.0-pulseaudio
```

此处依赖是需要用到 gstreamer 相关依赖才进行下载的，如果无须用到，可以不下载此处依赖，后续 cmake 命令中的参数也需要进行相应的调整。

3. GTK 支持（图形界面库）

安装 gtk2 支持：

```
sudo apt-get install libgtk2.0-dev
```

安装 gtk3 支持：

```
sudo apt-get install libgtk-3-dev
```

2.2.2 编译 OpenCV 源码

把编译 OpenCV 之前需要准备的依赖全部安装完成后，就可以正式开始编译 OpenCV 了。官网下载 OpenCV 源码或者把配套资源 somesofts 目录（后文提到此目录都是指配套资源）下的 OpenCV 源码文件 4.10.0.zip 上传到 Linux 的某个文件夹下，比如/root/soft/，然后进入目录/root/soft 进行解压：

```
unzip 4.10.0.zip
```

那我们的 OpenCV 源码路径就是/root/soft/opencv-4.10.0，这个路径后面要用到。进入 /root/soft/opencv-4.10.0，在该路径下新建一个文件夹".cache"，并把 somesofts\cmake 需要的 \Ubuntu\.cache\下的两个子文件夹上传到/root/soft/opencv-4.10.0/.cache，这个 .cache 目录会存放 CMake 下载的文件。然而，由于下载太慢，导致无法上传成功，因此笔者采用其他方式把所需的文件全部下载好并放到.cache 下，这样 CMake 一看已经存在需要下载的文件了，就不会再去下载，也就不会卡死了。

另外，我们还需要建立一个空文件夹，用于存放 OpenCV 编译后的文件，这里在/root/soft 下新建一个 opencvBuild 文件夹，命令如下：

```
mkdir -p /root/soft/openvBuild
```

因为编译大型源码需要 Makefile，下面我们准备在 CMake 下生成 Makefile 文件。这里和在 Windows 下一样，也使用 CMake GUI 图形软件，因此我们要在 Ubuntu 图形界面中进行。安装 CMake GUI 软件的命令如下：

```
apt-get install cmake-gui
```

安装完毕后，在终端窗口上输入如下命令启动 CMake GUI：

```
cmake-gui
```

然后在 CMake 窗口上的 Where is the source code 旁输入"/root/soft/opencv-4.10.0"，这个路径就是 OpenCV 源码所在的路径；在 Where to build the binaries 旁输入"/root/soft/openvBuild"，这是编译后存放文件的目录。然后单击 Configure 按钮，在出现的对话框上保持默认选择，如图 2-28 所示。

单击 Finish 按钮后，CMake 开始工作。稍等片刻，工作完成，如果出现很多红色条目，那就再单击 Configure 按钮，第二次结束时就不会有很多红色条目了。我们在 Search 搜索框中输入 IPP，去掉 WITH_IPP 和 BUILD_IPP_IW 的勾选。如果最终要生成静态库（.a），那么还要去掉 BUILD_SHARED_LIBS 的勾选。这里我们准备生成动态（共享）库（.so），因此保持 BUILD_SHARED_LIBS 处于勾选状态（默认）。另外，如果我们要指定编译后的安装（make install 文件夹，则可以通过选项 CMAKE_INSTALL_PREFIX 来设置指定目录，默认是/usr/local。

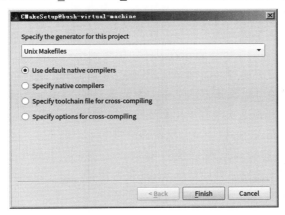

图 2-28

再次单击 Configure 按钮，CMake 配置完成后的界面如图 2-29 所示。

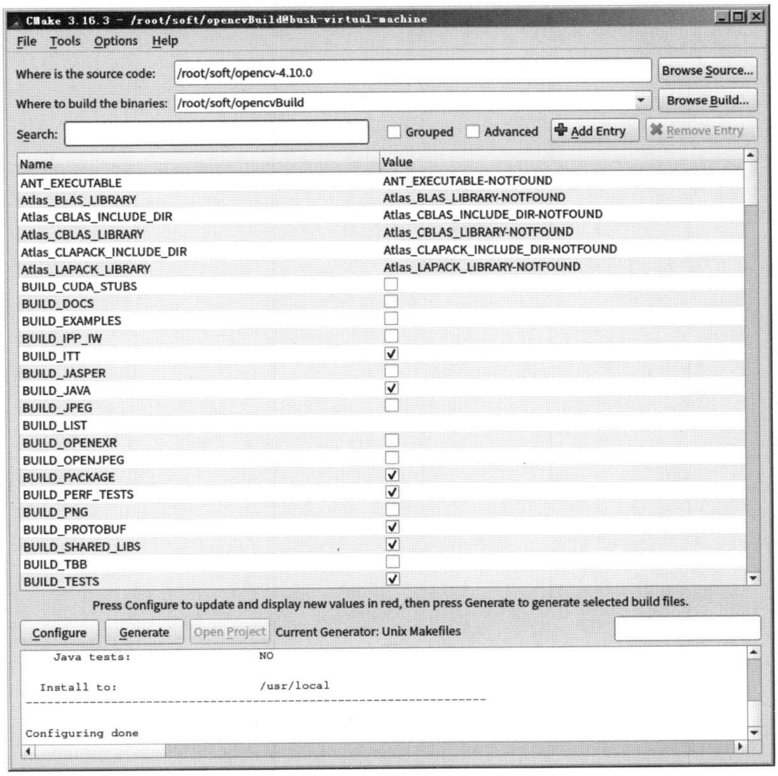

图 2-29

CMake 的配置工作完成后，就可以单击 Generate 按钮来生成 Makefile 文件了，这一步一般不会出错。成功后，我们可以在 opencvBuild 目录下看到 Makefile 文件，下面就可以开始编译了。

在终端窗口下进入 opencvBuild 目录，然后输入 make 命令开始漫长的编译。因为我们是在虚拟机中编译的，所以编译过程注定是漫长的。

另外细心的读者可能会有疑问，Windows 下用到了"-j"这个选项，也就是使用了多线程编译，为何现在仅用一个 make 了？其实，笔者一开始的确是用"make -j8"命令来进行多线程编译的，但是在编译过程中发现，前期编译速度很快，但是编译到大概 70%的时候，速度就越来越慢，一个上午的时间只编译了 5%，后来就一直卡在 93%。笔者觉得有些奇怪，就打开 htop 查看了进程信息，发现编译的进程根本没有运行，CPU 的占用率也不太正确。进程的状态是 D，表示进程正处于不可中断的等待状态。估计是编译器的堆反应空间不足了，OpenCV 编译被卡住了。

笔者只好重新编译，但是这次没有使用多线程进行编译，只用了 make 命令，果然正常了。因此，这里直接推荐读者用 make 来编译，虽然或许会慢一点，但至少不会卡死。也可以第一次执行 make -j8，然后卡死，再执行 make，第二次的 make 会在第一次卡死（也就是没有编译成功）的地方继续，这样或许总时间反而比一开始就用 make 来得快些。以上都是经验和教训之谈。

最后编译结束，如下所示：

```
...
 [ 99%] Building CXX object
modules/gapi/CMakeFiles/opencv_test_gapi.dir/test/util/variant_tests.cpp.o
 [ 99%] Linking CXX executable ../../bin/opencv_test_gapi
 [ 99%] Built target opencv_test_gapi
 [ 99%] Built target opencv_annotation
 [100%] Built target opencv_visualisation
 [100%] Built target opencv_interactive-calibration
 [100%] Built target opencv_version
 [100%] Built target opencv_model_diagnostics
root@bush-virtual-machine:~/soft/opencvBuild#
```

编译完成之后，输入如下命令进行安装：

```
make install
```

稍等片刻，安装结束，如下所示：

```
...
 -- Installing:
/usr/local/share/opencv4/lbpcascades/lbpcascade_frontalface.xml
 -- Installing:
/usr/local/share/opencv4/lbpcascades/lbpcascade_frontalface_improved.xml
 -- Installing:
/usr/local/share/opencv4/lbpcascades/lbpcascade_profileface.xml
 -- Installing:
/usr/local/share/opencv4/lbpcascades/lbpcascade_silverware.xml
 -- Installing: /usr/local/bin/opencv_annotation
 -- Set runtime path of "/usr/local/bin/opencv_annotation" to "/usr/local/lib"
 -- Installing: /usr/local/bin/opencv_visualisation
 -- Set runtime path of "/usr/local/bin/opencv_visualisation" to
"/usr/local/lib"
 -- Installing: /usr/local/bin/opencv_interactive-calibration
```

```
    -- Set runtime path of "/usr/local/bin/opencv_interactive-calibration" to
"/usr/local/lib"
    -- Installing: /usr/local/bin/opencv_version
    -- Set runtime path of "/usr/local/bin/opencv_version" to "/usr/local/lib"
    -- Installing: /usr/local/bin/opencv_model_diagnostics
    -- Set runtime path of "/usr/local/bin/opencv_model_diagnostics" to
"/usr/local/lib"
    root@bush-virtual-machine:~/soft/opencvBuild#
```

这里采用默认位置安装,因此会安装到如下目录:/usr/local/bin、/usr/local/lib 和/usr/local/share。
例如我们可以查看版本信息:

```
# /usr/local/bin/opencv_version
4.10.0
```

也可以直接用命令查看版本信息:

```
# opencv_version
4.10.0
```

/usr/local/lib 存放的是编程所需的库文件,主要是以 libopencv 开头的 so 文件。编程所需的
OpenCV 头文件则在/usr/local/include/opencv4/opencv2/下。

2.2.3　Linux 下的第一个 OpenCV 程序

准备工作终于完成了,我们可以开始在 Linux 下编写 OpenCV 程序了。

【例 2.3】Linux 下的第一个 OpenCV 程序

步骤01 在 Linux 下的某个路径(这里是/root/ex/)下新建一个文件夹 opencvTest,然后在该
文件夹下新建一个源文件 helloworld.cpp:

```
gedit helloworld.cpp
```

在 helloworld.cpp 文件中输入如下代码:

```cpp
#include <iostream>
#include <opencv2/opencv.hpp>
using namespace std;
using namespace cv;
int main(int argc, char* argv[])
{
    Mat img;
    string imgpath = "p1.jpg";      // 定义图片文件的路径
    img = imread(imgpath, 1);       // 读取图片文件
    if (img.data == NULL)           // 或 img.empty() // 判断图像数据是否为空
      puts("load failed");          // 提示用户加载图片文件失败
    else imshow("img", img);        // 显示图片
    waitKey(0);                     // 等待用户按键
    return 0;                       // 程序返回
}
```

代码逻辑很简单，就是去读取当前目录下的 p1.jpg，然后将其显示出来。其中，Mat 即 Matrix（矩阵）的缩写，是 OpenCV 最基本的数据结构。Mat 数据结构主要包含两部分：Header 和 Pointer。Header 中主要包含矩阵的大小、存储方式、存储地址等信息；Pointer 中存储指向像素值的指针。总之，Mat 可以在内存中存储图像文件数据。imread 用于读取图像文件；imshow 用于显示图像。这些函数后续还会详述，现在只需了解即可，因为现在的目的是要验证 Linux 下 OpenCV 开发环境是否正常。

步骤 **02** 保存 helloworld.cpp 文件，用 g++编译并运行。在终端窗口上输入如下命令：

```
g++ helloworld.cpp -std=c++11 -I /usr/local/include/opencv4/ -L
/usr/local/lib -lopencv_highgui -lopencv_imgcodecs  -lopencv_imgproc
-lopencv_core -o hello
```

在命令中，先用-I 指定了头文件所在路径，由于在程序的 include 中已经写了 opencv2，因此这里只需包含到 opencv4 即可，而 opencv2 就在 opencv4 下；再用-L 包含库文件的路径，注意-I 和-L 后面都有一个空格；接着用-l 指定要链接的动态库，一共 4 个；最后用-o 指定生成的可执行文件的文件名为 hello。

命令运行后，会在当前目录下生成 hello 这个可执行程序。我们把 p1.jpg 放到 hello 同一路径下，然后运行 hello：

```
./hello
```

运行结果如图 2-30 所示。

图 2-30

步骤 **03** 除了用 g++编译程序外，经验丰富的开发人员更喜欢用 CMake/Make 方式，也就是先通过 CMake 生成 Makefile，再用 Make 生成可执行文件。下面也来演示一下，在 opencvTest 文件夹下新建文本文件 CMakeLists.txt，然后输入如下代码：

```
01 cmake_minimum_required(VERSION 2.8)
02 project( opencvTest )
03 find_package( OpenCV REQUIRED )
04 include_directories( ${OpenCV_INCLUDE_DIRS} )
05 add_executable( opencvTest helloworld.cpp )
06 target_link_libraries( opencvTest ${OpenCV_LIBS} )
```

这是很简单的 CMakeList 代码，具体解释如下：

第 01 行代码的意思是要求 CMake 最低版本为 2.8。
第 02 行代码指定本项目的工程名为 opencvTest。

　　第 03 行代码引入外部依赖包，一般格式是 find_package(xxx REQUIRED)。例如，在编译某个工程时，如果需要使用 OpenCV，则在 CMakeLists.txt 中需要添加 find_package(OpenCV REQUIRED)。其原理是寻找 OpenCVConfig.cmake 文件，该文件中指定了 OpenCV 的库路径和头文件路径，从而使得编译时能够找到相应的头文件和库文件。如果不进行任何调整，find_package(OpenCV REQUIRED)会在默认路径中查找 OpenCVConfig.cmake。然而，如果系统默认路径中的 OpenCV 版本不是我们所需的，我们在某个路径下自行编译并安装了更高版本的 OpenCV，然后在编译工程时希望 CMake 能够找到我们自己编译的 OpenCV 版本的 OpenCVConfig.cmake。此时，可以使用 set(CMAKE_PREFIX_PATH xxx) 来指定搜索路径。由于本例我们将 OpenCV 的编译结果安装到了默认目录，在默认路径/usr/local/lib/cmake/opencv4/下可以找到 OpenCVConfig.cmake，因此本例不需要使用 set(CMAKE_PREFIX_PATH xxx)。

　　使用 find_package 找到.cmake 或.pc 文件，找到后相关的头文件和库文件路径会分别保存在指定变量中，如 XXX_INCLUDE_DIRS、XXX_LIBRARIES，此时再通过 include_directories 或 link_directories 一键引入所有的库和头文件路径。这里，我们通过第 3 行代码把头文件路径存放在 OpenCV_INCLUDE_DIRS 中。

　　第 04 行代码添加头文件路径到编译器的头文件搜索路径下，多个路径以空格分隔。

　　第 05 行代码中的第一个参数表示要生成的可执行文件名为 openTest，后面的参数是需要的源码文件。

　　保存 CMakeLists.txt 文件然后在终端窗口下执行：

```
# cmake .
-- The C compiler identification is GNU 9.4.0
-- The CXX compiler identification is GNU 9.4.0
-- Check for working C compiler: /usr/bin/cc
-- Check for working C compiler: /usr/bin/cc -- works
-- Detecting C compiler ABI info
-- Detecting C compiler ABI info - done
-- Detecting C compile features
-- Detecting C compile features - done
-- Check for working CXX compiler: /usr/bin/c++
-- Check for working CXX compiler: /usr/bin/c++ -- works
-- Detecting CXX compiler ABI info
-- Detecting CXX compiler ABI info - done
-- Detecting CXX compile features
-- Detecting CXX compile features - done
-- Found OpenCV: /usr/local (found version "4.10.0")
-- Configuring done
-- Generating done
-- Build files have been written to: /root/ex/opencvTest
```

　　注意 cmake 后面有一个空格和黑点。文件运行后会在当前目录下生成 Makefile，然后我们就可以使用 make 命令来生成可执行文件 opencvTest 了，命令如下：

```
# make
Scanning dependencies of target opencvTest
[ 50%] Building CXX object CMakeFiles/opencvTest.dir/helloworld.cpp.o
```

```
[100%] Linking CXX executable opencvTest
[100%] Built target opencvTest
```

最后运行可执行文件 opencvTest：

```
# ./opencvTest
```

运行结果也是显示图片 p1.jpg，这里就不截图了。

至此，Linux 下的简陋的 OpenCV 开发环境就建立起来了。为何说简陋呢？因为目前没有用到 IDE。下面就来使用 Qt Creator。

2.2.4 下载 Qt

这里使用 Qt6，在 Linux 下笔者一般喜欢用较新的版本，因为无论操作系统还是应用软件，都是免费的。同时使用 Qt6 也是为了更好地测试 OpenCV。Windows 用 Qt5 来测试 OpenCV，Linux 用 Qt6 来测试 OpenCV，这样我们就可以知道 OpenCV 是否能和不同的 Qt 版本兼容。

我们可以到以下地址下载 Linux 环境下的 Qt 在线安装包：

```
https:// download.qt.io/archive/online_installers/4.3/
```

进入网页后单击 qt-unified-linux-x64-4.3.0-1-online.run，然后开始下载。如果网址失效或不想下载，也可以直接到源码目录的子文件夹 somesofts 下找到 Qt 的安装包。

如果下载下来的文件存放到 Windows 中，下一步还需要把它存放到虚拟机 Ubuntu 中。在虚拟机的桌面上，单击左边工具栏中的第三个按钮来打开文件资源管理器，如图 2-31 所示。

在新出现的文件资源管理器窗口中单击左边的"主目录"，然后单击右上角查询图标旁的排列图标，如图 2-32 所示。这样操作主要是可以在窗口中留出更多空白区域以方便我们新建文件夹。

在空白处新建文件夹，并将这个文件夹命名为 soft（如果 soft 文件夹已经建立过了，则不需要再建立），然后用鼠标双击它进入这个文件夹，再把前面下载到 Windows 下的 qt-unified-linux-x64-4.3.0-1-online.run 文件复制并粘贴到该文件夹中，或者直接拖进去。注意，粘贴进度条即使消失了，也要稍等一会儿才能真正完成粘贴操作。如果操作一切正常，选中该文件后，它的右下角会显示文件的大小（36.6MB），如图 2-33 所示。

图 2-31

图 2-32

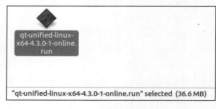
图 2-33

这样，下载下来的 Qt 安装包就复制粘贴到虚拟机 Ubuntu 中了。

2.2.5 安装依赖包

在安装 Qt 前，我们先要联网安装一些依赖性软件包，以免安装过程中提示找不到依赖包。在终端窗口中依次输入如下命令：

```
apt-get install build-essential
apt-get install g++
apt-get install libx11-dev libxext-dev libxtst-dev
apt-get install libxcb-xinerama0
apt-get install libgl1-mesa-dev
apt-get install libxcb-cursor0
```

　　每个命令输入后都会自动安装对应的依赖包，如果安装过程中有询问，就采用默认值；如果有些包已经装过了，则会提示该包当前已是最新。倒数第二个命令是安装 OpenGL 核心库，最后一个是安装 xcb-cursor0 库（最重要的），这是 Qt6.5 必须安装的，否则 Qt Creator 启动不了。

2.2.6　安装 Qt

　　依赖包安装完毕后，就可以开始安装 Qt 了。在 Ubuntu 下打开终端窗口，进入/root/soft 目录，为文件 qt-unified-linux-x64-4.3.0-1-online.run 添加执行权限：

```
chmod +x qt-unified-linux-x64-4.3.0-1-online.run
```

　　添加执行权限后，就可以开始安装 Qt 6 了。继续运行命令：

```
./qt-unified-linux-x64-4.3.0-1-online.run
```

　　然后就会出现安装向导窗口，和 Windows 下安装一样，必须输入有效的账号和密码才能进行下一步操作。如果没有账号，可以注册一个。

　　输入账号和密码后，单击"下一步"按钮，在出现的对话框界面上勾选"我已阅读并同意使用开源 Qt 的条款和条件"和"我是个人用户，我不为任何公司使用 Qt"两行文字前的复选框，然后单击"下一步"按钮。其实这个过程跟 Windows 下的类似。持续单击"下一步"按钮，进入"安装文件夹"界面，保持默认设置，安装到/opt/Qt6 路径下，并在下方选中 Qt6.7 for desktop development，如图 2-34 所示。

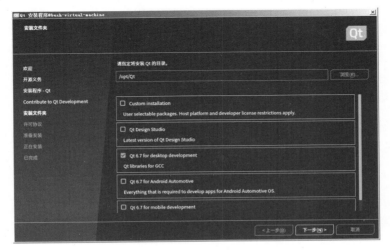

图 2-34

再单击"下一步"按钮，出现"许可协议"对话框，在下方打勾。再单击"下一步"按钮，出现"准备安装"对话框，这个时候就有可能出现状况了，如图 2-35 所示。

图 2-35

这是因为磁盘空间不够了。当然，不是每个人都会出现这个情况，这里是因为笔者的磁盘上原有内容比较多，而且安装虚拟机 Linux 的时候使用了默认的 20GB 硬盘空间，所以现在就出现这个提示了。如果没有这个提示，可以单击"安装"按钮正式开始安装。如果出现这个提示，单击"取消"按钮来关闭安装向导，然后跟着笔者扩充容量。基本思路是为虚拟机 Linux 添加一个磁盘，并把 Qt 安装到这个磁盘上。步骤如下：

步骤 01 添加新硬盘。先关闭 Ubuntu，然后在 VMware 中单击"编辑虚拟机设置"，如图 2-36 所示。

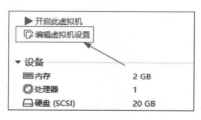

图 2-36

在"虚拟机设置"对话框的"硬件列表"里选中"硬盘（SCSI）"，并单击下方的"添加"按钮，此时出现"添加硬件向导"对话框，我们直接单击"下一步"按钮，随后几个步骤一直保持默认设置，直接单击"下一步"按钮即可。笔者这里添加的新磁盘的容量是 20GB，如图 2-37 所示。

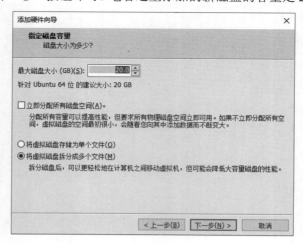

图 2-37

添加完成后，在"虚拟机设置"的硬件列表中就可以看到多了一个新硬盘了，如图 2-38 所示。

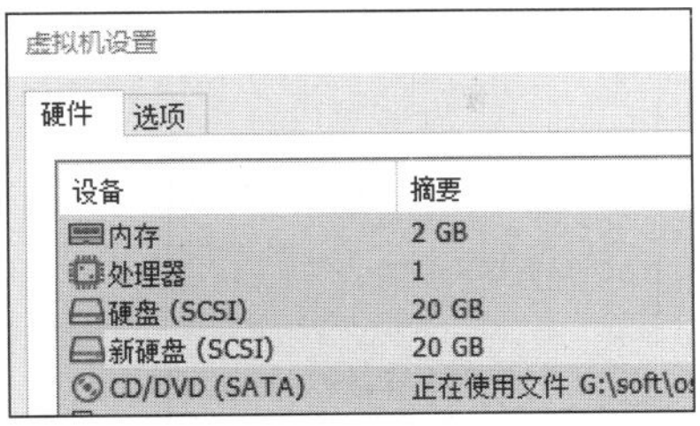

图 2-38

这样我们的虚拟机 Linux 一共有 40GB 的空间了。

步骤 **02**　开启虚拟机 Ubuntu，打开终端窗口，输入命令 fdisk -l。这个命令可以查看当前硬盘空间的信息。我们可以找到新添加的磁盘 sdb，如图 2-39 所示。

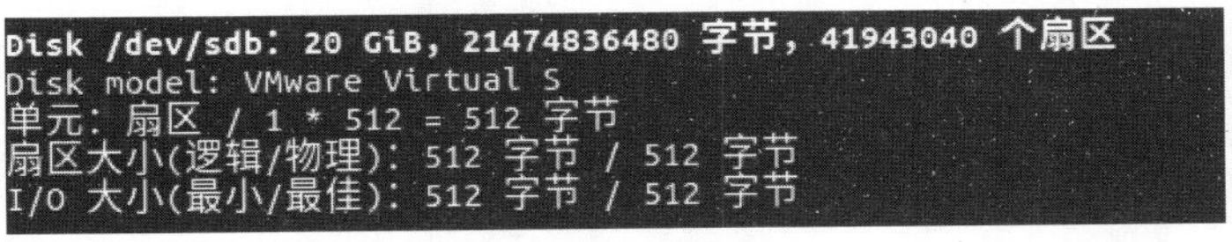

图 2-39

然后对其进行格式化。这个概念和 Windows 一样，新加的硬盘肯定要建立起文件系统才能使用，这里我们用 mkfs.ext3 命令把硬盘格式化成 ext3 文件系统，输入命令如下：

```
mkfs.ext3 /dev/sdb
```

稍等片刻，格式化完成，如图 2-40 所示。

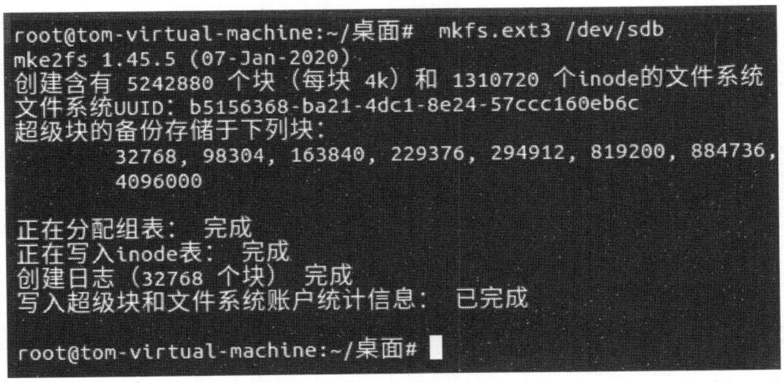

图 2-40

步骤 **03**　格式化完成后，我们再将这个磁盘挂载到一个文件夹。这个文件夹必须先建立，输入命令如下：

```
mkdir /wwwroot
```

名字可以自己定义。然后我们将磁盘挂载到文件夹/wwwroot 下，输入命令如下：

```
mount /dev/sdb /wwwroot
```

如果没有提示信息，说明挂载成功了，如图 2-41 所示。

```
root@tom-virtual-machine:~/桌面# mount /dev/sdb /wwwroot/
root@tom-virtual-machine:~/桌面#
```

图 2-41

现在往/wwwroot 下存放数据，就相当于存放到/dev/sdb 下了。

步骤 **04** 我们启动 Qt 安装程序（命令行下执行/root/soft/qt-unified-linux-x64-4.3.0-1-online.run），然后在 Qt 安装向导的"安装文件夹"对话框上，将安装路径指定到/wwwroot/Qt6，如图 2-42 所示。

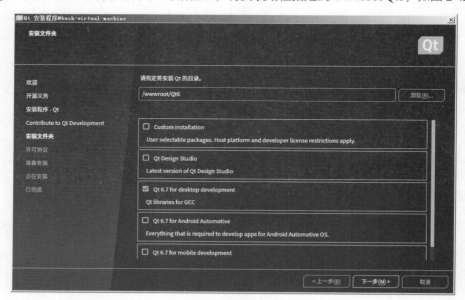

图 2-42

此时单击"下一步"按钮，就没有提示磁盘空间不够的信息了，直接提示已经准备安装了，如图 2-43 所示。

图 2-43

步骤 **05** 继续单击右下方的"安装"按钮，开始正式安装，这个过程比较漫长，同时要保持网络在线，因为现在都是在线安装了，如图 2-44 所示。

图 2-44

安装完成后，给出提示，如图 2-45 所示。

单击 完成(F) 退出 Qt 向导。

图 2-45

　　至此，Linux 下安装 Qt6 完成，我们可以在/wwwroot 文件夹下看到 Qt6 子文件夹了，并且 qtcreator 可执行程序位于./Tools/QtCreator/bin/下。下面启动 qtcreator，输入如下命令：

```
/wwwroot/Qt6/Tools/QtCreator/bin/qtcreator
```

　　这个命令可以在任意路径下启动 qtcreator，因为我们带上了全路径。如果先进入 /wwwroot/Qt6/Tools/QtCreator/bin/下，则只需执行./qtcreator 即可，其中./表示在当前路径下执行。第一次启动比较慢，稍等一会儿，qtcreator 就启动了，如图 2-46 所示。

图 2-46

2.2.7　Linux 下用 Qt 开发 OpenCV

　　相信到这会儿读者已经迫不及待地想要新建项目文件。前面已经介绍过新建项目的过程，这里不再赘述。这就是跨平台软件的好处，一旦学会如何在 Windows 下使用，那么到了 Linux 下，用起来也基本一样。注意：每次重启后，要先把 sdb 加载到/wwwroot 下，命令如下：

```
mount /dev/sdb /wwwroot
```

　　再启动 qtcreator。下面来看一个例子。

　　【例 2.4】Linux 下用 Qt 开发的 OpenCV 程序

　　步骤 01　在虚拟机 Ubuntu 的终端窗口中输入如下命令来启动 Qt Creator：

```
/wwwroot/Qt6/Tools/QtCreator/bin/qtcreator
```

　　步骤 02　在 Qt Creator 主界面上，依次单击主菜单中的"文件→New Project"选项，随后弹出 New Project—Qt Creator 对话框，在该对话框上选中 Qt Console Application 选项，如图 2-47 所示。

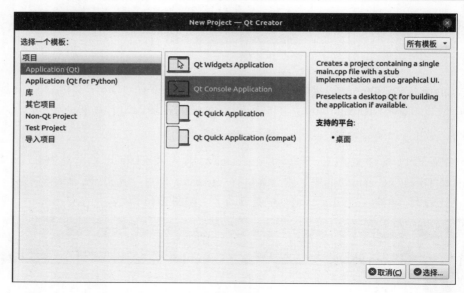

图 2-47

步骤 03 单击右下角的"选择"按钮，出现 Project Location 设置界面，在该界面中输入名称 test，路径随便输，但要确保路径已经存在，这里输入/root/ex，文件夹 ex 已经预先建立好，如图 2-48 所示。

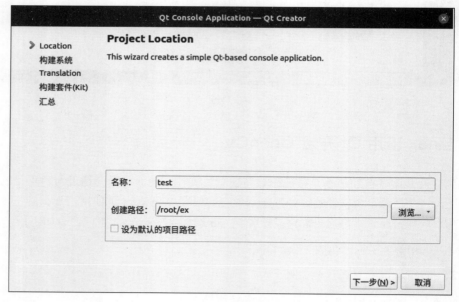

图 2-48

步骤 04 继续单击"下一步"按钮，出现 Define Build System 设置界面，我们选择 Build system（构建系统）为"qmake"，如图 2-49 所示。

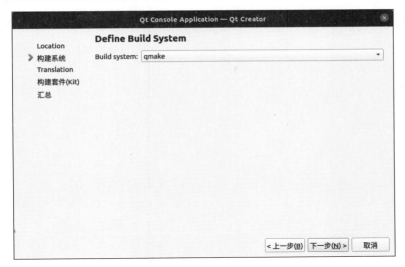

图 2-49

qmake 是 Qt 工具包自带的一个非常方便的工具，可以用于生成 Makefile 以及各种工程文件，还可以生成 Microsoft Visual Studio 可以使用的项目文件等。最关键的是它可以自动解决依赖关系，不用手写 Makefile，而且是跨平台的。

步骤 05　接着连续单击"下一步"按钮直到结束，这个过程一直保持默认设置即可。

步骤 06　这样一个 MainWindow 程序框架就建立起来了。此时会自动打开 main.cpp 文件，并且该文件中已经有一些自动生成的代码了。我们把很多注释代码删除，然后在 return 语句前添加一行代码：

```
puts("Hello,welecom to opencv in Linux!");
```

步骤 07　再单击左侧竖条工具栏上的"项目"，然后单击"运行"，再在右边勾选"在终端中运行"复选框，如图 2-50 所示。

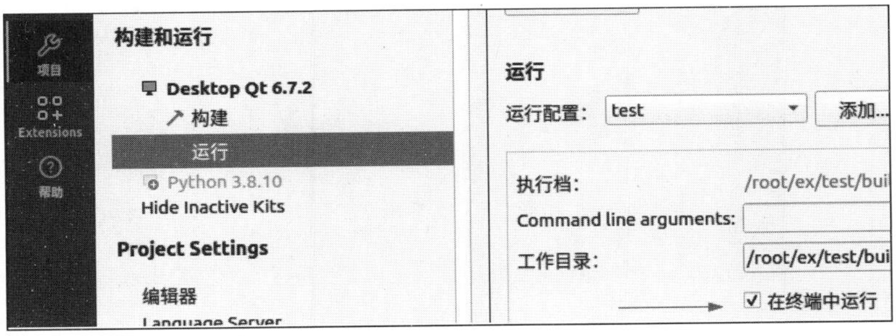

图 2-50

步骤 08　单击左侧竖条工具栏上的"编辑"，切换到编辑窗口界面，然后单击竖条工具栏下方的三角按钮，这个就是运行程序的按钮，或直接按快捷键 Ctrl+R 来运行程序，运行结果如图 2-51 所示。

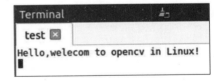

图 2-51

可以看到，终端（Terminal）窗口中输出字符串了。这就说明 Qt 环境部署成功了。

步骤 09 下面添加 OpenCV 代码。此时可以在/root/ex/test/build/Desktop_Qt_6_7_2-Debug/下看到可执行文件 test。我们在 main.cpp 中输入如下代码：

```cpp
#include <iostream>
#include <opencv2/opencv.hpp>
using namespace std;
using namespace cv;
int main(int argc, char* argv[])
{
    Mat img; // 定义矩阵结果变量 img
    string imgpath = "plane.jpg"; // 文件 plane.jpg 要放到可执行文件同一目录下
    img = imread(imgpath, 1); // 读取图像文件
    if (img.data == NULL) puts("load failed"); // 如果读取失败，则提示加载失败
    else imshow("img", img); // 显示图像
    waitKey(0); // 等待用户按键
    return 0; // 程序返回
}
```

代码很简单，就是从可执行文件同一目录下读取文件 plane.jpg，然后把它显示出来。

步骤 10 配置工程文件，添加头文件和库。打开 test.pro，然后在末尾添加如下代码：

```
INCLUDEPATH += /usr/local/include/opencv4/
LIBS += -L /usr/local/lib -lopencv_highgui  -lopencv_imgcodecs
-lopencv_imgproc  -lopencv_core
```

第一行是添加头文件的所在路径，第二行是设置库路径及其要加载的动态库。

步骤 11 将图片 plane.jpg 存放到/root/ex/test/build/Desktop_Qt_6_7_2-Debug/，然后在 Qt Creator 中运行程序，运行结果如图 2-52 所示。

图 2-52

至此，我们在 Linux 下搭建 OpenCV 开发环境成功！

2.2.8　做个快照

前面我们把 Linux 下的 Qt 环境搭建起来了，为了保存劳动成果，可以用 VMware 软件做个快照。一旦系统出现故障，就可以使用快照恢复到 Qt 安装配置成功的状态。建议养成这样一个良好

的习惯，即做两个快照，第一个是刚刚安装好操作系统的时候的快照，第二个是开发环境部署成功的时候的快照。

2.3　数学函数

OpenCV 定义了一些新数学函数，都在 fast_math.hpp 头文件中。常用的数学函数如下：

```
CV_INLINE int cvRound( double value )    // 返回跟参数最接近的整数值，四舍五入函数
CV_INLINE int cvFloor( double x )        // 近似一个浮点数 x 到不大于 x 的最近的整数，
即向下取整
CV_INLINE int cvCeil( double x)          // 近似一个浮点数 x 到不小于 x 的最近的整数，
即向上取整
CV_INLINE int cvIsNaN( double value )    // 判断是不是一个数
CV_INLINE int cvIsInf( double value )    // 判断是否无穷大
CV_INLINE int cvRound(float value)
CV_INLINE int cvRound( int value )
CV_INLINE int cvFloor( float value )
CV_INLINE int cvFloor( int value )
CV_INLINE int cvCeil( float value )
CV_INLINE int cvCeil( int value )
CV_INLINE int cvIsNaN( float value )     // 判断输入值是否为一个数字
CV_INLINE int cvIsInf( float value )     // 判断一个数字是否为无穷大
```

虽然标准 C 函数也有类似功能的函数，但在某些场合中 OpenCV 的函数比标准 C 函数操作起来要快。

需要注意的是，OpenCV 中的 **cvRound** 函数满 5 并不会进位，要满 6 才会进位，所以是四舍六入的，即将 0.5 向下舍，比如 **cvRound(2.5)=2**，而不是 3，示例如下：

【例 2.5】实验取整的数学函数

步骤 01 打开 Qt Creator，新建一个控制台工程，工程名是 test。

步骤 02 在 IDE 中打开 main.cpp，输入如下代码：

```cpp
#include <opencv2/opencv.hpp>
#include <iostream>
using namespace std;
using namespace cv;  // 所有 OpenCV 类都在命名空间 cv 下
int main(int argc, char *argv[])
{
    cout << "cvRound(2.5) : " << cvRound(2.5) << endl;
    cout << "cvRound(2.6) : " << cvRound(2.6) << endl;
    cout << "cvRound(2.8) : " << cvRound(2.8) << endl;

    cout << "cvFloor(2.5) : " << cvFloor(2.5) << endl;
    cout << "cvFloor(2.6) : " << cvFloor(2.6) << endl;
    cout << "cvCeil(2.5)  : " << cvCeil(2.5) << endl;
    cout << "cvCeil(2.6)  : " << cvCeil(2.6) << endl;
```

```
    return 0;
}
```

在上述代码中，我们分别实验了 cvRound、cvFloor 和 cvCeil 的简单使用。

步骤03 在工程文件 test.pro 的末尾添加头文件路径和.a 库文件路径：

```
INCLUDEPATH += D:/opencvBuild/install/include/
LIBS += -L
D:/opencvBuild/install/x64/mingw/lib/libopencv_*.a
```

本例用到的 OpenCV 库函数因为都在.a 静态库文件中，因此不需要拷贝动态库文件到 exe 目录。

步骤04 保存工程并运行，结果如图 2-53 所示。果然，cvRound(2.5)的结果依旧是 2，要满 6 才会进位，如 cvRound(2.6)=3。

图 2-53

2.4　OpenCV 架构

OpenCV 现在已经发展得比较庞大了，针对不同的应用，它划分了不同的模块，每个模块专注于不同的功能。一个模块下面可能有类、全局函数、枚举、全局变量等。所有全局函数或变量都在命名空间 cv 下。

我们在 D:\opencvBuild\install\include\opencv2\下可以看到 OpenCV4 不同模块所对应的文件夹，如图 2-54 所示。

图 2-54

这些模块有的经过多个版本的更新已经较为完善，包含较多的功能；有的还在逐渐发展中，包含的功能相对较少。接下来按照文件夹的顺序（字母顺序）介绍各个模块的功能。

● calib3d：这个模块名称由 calibration（校准）和 3D 这两个单词的缩写组合而成，通过名称可以知道，模块主要包含相机标定与立体视觉等功能，例如物体位姿估计、三维重建、摄像头标定等。

- core：核心功能模块，主要包含 OpenCV 库的基础结构以及基本操作，例如 OpenCV 基本数据结构、绘图函数、数组操作相关函数、动态数据结构等。
- dnn：深度学习模块，这个模块是 OpenCV 4 版本的一个特色，主要包括构建神经网络、加载序列化网络模型等。该模块目前仅适用于正向传递计算（测试网络），原则上不支持反向计算（训练网络）。
- features2d：这个模块名称是由 features（特征）和 2D 这两个单词的缩写组合而成的，其功能主要为处理图像特征点，例如特征检测、描述与匹配等。
- flann：这个模块名称是 Fast Library for Approximate Nearest Neighbors（快速近似最近邻库）的缩写，这个模块是高维的近似近邻快速搜索算法库，主要包含快速近似最近邻搜索与聚类等。
- gapi：这个模块是 OpenCV 4.0 中新增加的模块，旨在加速常规的图像处理，与其他模块相比，这个模块主要充当框架，而不是某些特定的计算机视觉算法。
- highgui：高层 GUI 图形用户界面，包含创建和操作显示图像的窗口，处理鼠标事件及键盘命令，提供图形交互可视化界面等。
- imgcodecs：图像文件读取与保存模块，主要用于图像文件的读取与保存。
- imgproc：这个模块名称由 image（图像）和 process（处理）两个单词的缩写组合而成，是重要的图像处理模块，主要包括图像滤波、几何变换、直方图、特征检测与目标检测等。
- ml：机器学习模块，主要为统计分类、回归和数据聚类等。
- objdetect：目标检测模块，主要用于图像目标检测，例如检测 Haar 特征。
- photo：计算摄影模块，主要包含图像修复和去噪等。
- stitching：图像拼接模块，主要包含特征点寻找与匹配图像、估计旋转、自动校准、接缝估计等图像拼接过程的相关内容。
- video：视频分析模块，主要包含运动估计、背景分离、对象跟踪等视频处理相关内容。
- videoio：视频输入输出模块，主要用于读取与写入视频或者图像序列。

通过对 OpenCV 4.10 模块构架的介绍，相信读者已经对 OpenCV 4.10 整体架构有了一定的了解。其实简单来说，OpenCV 就是将众多图像处理和视觉处理工具集成在一起的软件开发包（Software Development Kit，SDK），其自身并不复杂，只要学习，都可以轻松掌握其使用方式。

这些模块刚开始没必要一下子全部掌握，可以先学习几个常用的模块，其他模块可以在实际工作需要的时候再学习。

2.5　图像输入输出模块 imgcodecs

巧妇难为无米之炊，要处理图像，第一步就是把图像文件从磁盘上读取到内存，处理完毕后再保存到内存。因此，我们先来看图像文件读取与保存模块 imgproc。imgproc 提供了一系列全局函数来读取或保存图像文件。

imgproc 模块中的函数都在 opencv2/imgcodecs.hpp 中声明。由于 opencv2\opencv.hpp 中已经包

含了 opencv2/imgcodecs.hpp，因此程序中也可以只包含 opencv2\opencv.hpp，比如：

```
#include<opencv2\opencv.hpp>
```

因为 opencv.hpp 中有如下代码：

```
#ifdef HAVE_OPENCV_IMGCODECS
#include "opencv2/imgcodecs.hpp"
#endif
```

2.5.1　imread 读取图像文件

函数 imread 用于读取图像文件（或叫作加载图像文件）。该函数声明如下：

```
Mat cv::imread (const String & filename, int  flags = IMREAD_COLOR );
```

参数说明如下：

- filename：表示要读取的图像文件名。
- flags：表示读取模式，可以从枚举 cv::ImreadModes 中取值，默认值是 IMREAD_COLOR，表示始终将图像转换为三通道 BGR 彩色图像。如果从指定文件加载图像成功，就返回 Mat 矩阵；如果无法读取图像（由于缺少文件、权限不正确、格式不受支持或无效），函数就返回空矩阵（Mat::data==NULL）。

Imread 支持常见的图像格式，某些图像格式需要（免费提供的）第三方类库。在 Windows 操作系统下，OpenCV 的 imread 函数支持如下类型的图像载入：

```
JPEG 文件 - *.jpeg, *.jpg, *.jpe
JPEG 2000 文件- *.jp2
PNG 图片 - *.png
便携文件格式- *.pbm, *.pgm, *.ppm
Sun rasters 光栅文件 - *.sr, *.ras
TIFF 文件 - *.tiff, *.tif
Windows 位图- *.bmp,*.dib
```

如果读取失败，通常可以用两种方式来判断：直接判断是否为 NULL，或者调用 Mat::empty() 函数，比如：

```
Mat img;
...
// 开始判断是否加载成功
if (img.data == NULL) puts("load failed");
// if (img.empty()) puts("load failed");
```

值得注意的是，函数 imread 根据内容而不是文件扩展名来确定图像的类型，比如我们把某个 BMP 文件的后缀名改为.jpg，imread 依然能探测到这个文件是 BMP 图像文件。

另外，imread 的第一个参数一般是图像文件的绝对路径或相对路径。对于绝对路径，imread 除了不支持单右斜线（\）形式外，其他斜线形式都支持，比如双右斜线（\\）形式、双左斜线（//）形式、单左斜线（/）形式等。通常相对路径更加方便，只要把图像文件放在工程目录下即可。下面来看一个例子。

【例 2.6】多种路径读取图像文件

步骤01 打开 Qt Creator，新建一个控制台工程，工程名是 test。

步骤02 在 IDE 中打开 main.cpp，输入如下代码：

```cpp
#include <iostream>
#include <opencv2/opencv.hpp>
using namespace std;
using namespace cv;
int main(int argc, char* argv[])
{
    Mat img;
    // string imgpath = "D:\\我的图片\\p1.jpg"; // --1--双右斜线法，路径中含有中文
    // string imgpath = "D:// test// p1.jpg";  // -- 2 --双左斜线法
    // string imgpath = "D:/test/p1.jpg"; // -- 3 --单左斜线法
    // string imgpath = "D:/test// test2\\test3// test4// p1.jpg";// -- 4 --以上 3 种混合法
    string imgpath = "p1.jpg";// // -- 5 --相对路径法，放在工程目录下
    // string imgpath = argv[1];// -- 6 --命令行参数法
    img = imread(imgpath, 1);
    if (img.data == NULL) // 或 img.empty()
      puts("load failed");
    else imshow("img", img);

    waitKey(0);
    return 0;
}
```

我们对上面 6 种路径进行了测试，任何一种 Qt 都是支持的，都可以成功读取并显示图片。较常用的是相对路径方式。如果在工程中运行程序，相对路径就是把图像文件放到构建目录 build-test-Desktop_Qt_5_14_2_MinGW_64_bit-Debug 下；如果是直接双击生成的可执行程序 test.exe，则要把图像文件和 test.exe 放在同一路径下。另外，为了叙述方便，以后只说构建目录，不再把目录名称写出来，因为构建目录是可以设置的，在 Qt Creator 的左边单击"项目"，就可以在右边看到"构建目录"的设置。

注意，第 6 种命令行参数法需要打开工程属性进行设置，在 IDE 上左侧单击"项目"→"Run"，在"运行设置"页上的"Command line arguments:"的右边输入 p1.jpg，如图 2-55 所示。

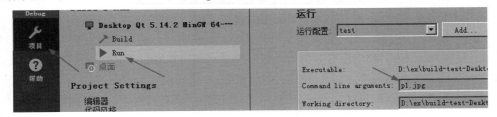

图 2-55

再回到编辑窗口，把下面两行代码中的第一行注释掉，去掉第二行的注释：

```
// string imgpath = "p1.jpg";// // -- 5 --相对路径法，放工程目录下
string imgpath = argv[1];// -- 6 --命令行参数法
```

再运行工程，此时 argv[1]的值是字符串 p1.jpg。另外，调用 imread 后，判断文件是否加载成功，比如调用 img.data == NULL 或 img.empty()。

步骤 03 在工程配置文件 test.pro 的第一行添加 QT+=widgets，末尾添加如下代码：

```
INCLUDEPATH += D:/opencvBuild/install/include/
LIBS += -L D:/opencvBuild/install/x64/mingw/lib/libopencv_*.a
```

再把目录 D:\opencvBuild\install\x64\mingw\bin\ 下的 libopencv_core4100.dll、libopencv_highgui4100.dll、libopencv_imgcodecs4100.dll 和 libopencv_imgproc4100.dll 四个文件复制到 test.exe 文件所在的文件夹。

另外，为了叙述简洁，以后步骤 03 的这些内容不在每个范例中讲述，默认后面每个范例都会这么做，如果有变化，再单独说明。此外，后续范例都在 test 项目上实现，这样省得每次都去新建项目并做拷贝库的重复工作了。

步骤 04 保存工程并运行，结果如图 2-56 所示。

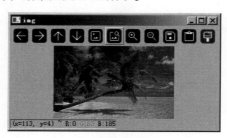

图 2-56

2.5.2 imwrite 保存图片

函数 imwrite 可以用来输出图像到文件，其声明如下：

```
bool cv::imwrite (const String & filename, InputArray img,
        const std::vector< int > & params = std::vector< int >() );
```

其中参数 filename 表示需要写入的文件名，必须加上后缀，比如 123.png，注意要保存图片为哪种格式，就带什么后缀；img 表示 Mat 类型的图像数据，就是要保存到文件中的原图像数据；params 表示为特定格式保存的参数编码，它有一个默认值 std::vector< int >()，所以一般情况下不用写。

通常，使用 imwrite 函数能保存 8 位单通道或三通道（具有 BGR 通道顺序）图像。16 位无符号（CV_16U）图像可以保存为 PNG、JPEG 2000 和 TIFF 格式。32 位浮点（CV_32F）图像可以保存为 PFM、TIFF、OpenEXR 和 Radiance HDR 格式。三通道（CV_32FC3）TIFF 图像将使用 LogLuv 高动态范围编码（每像素 4 字节）保存。另外，使用此函数可以保存带有 alpha 通道的 PNG 图像。为此，创建 8 位（或 16 位）四通道图像 BGRA，其中 alpha 通道最后到达。完全透明的像素应该

将 alpha 通道设置为 0，完全不透明的像素应该将 alpha 设置为 255/65535。如果格式、深度或通道顺序不同，就在保存之前使用 Mat::convertTo 和 cv::cvtColor 进行转换，或者使用通用文件存储 I/O 函数将图像保存为 XML 或 YAML 格式。

下面示例将演示如何创建 BGRA 图像并将其保存到 PNG 文件中，还将演示如何设置自定义压缩参数。

【例 2.7】创建 BGRA 图像并将其保存到 PNG 文件

步骤 01　打开 Qt Creator，新建一个控制台工程，工程名是 test。

步骤 02　在 IDE 中打开 main.cpp，输入如下代码：

```cpp
#include "pch.h"
#include <iostream>
#include <opencv2/opencv.hpp>
using namespace cv;
using namespace std;
static void createAlphaMat(Mat &mat)
{
    CV_Assert(mat.channels() == 4);
    for (int i = 0; i < mat.rows; ++i)
    {
        for (int j = 0; j < mat.cols; ++j)
        {
            Vec4b& bgra = mat.at<Vec4b>(i, j);
            bgra[0] = UCHAR_MAX;    // 蓝色
            bgra[1] = saturate_cast<uchar>((float(mat.cols - j)) /
((float)mat.cols) * UCHAR_MAX);        // 绿色
            bgra[2] = saturate_cast<uchar>((float(mat.rows - i)) /
((float)mat.rows) * UCHAR_MAX);        // 红色
            bgra[3] = saturate_cast<uchar>(0.5 * (bgra[1] +bgra[2])); // Alpha
        }
    }
}
int main()
{
    // Create mat with alpha channel
    Mat mat(480, 640, CV_8UC4);
    createAlphaMat(mat);
    vector<int> compression_params;
    compression_params.push_back(IMWRITE_PNG_COMPRESSION);
    compression_params.push_back(9);
    bool result = false;
    try
    {
        result = imwrite("alpha.png", mat, compression_params);
    }
    catch (const cv::Exception& ex)
    {
        fprintf(stderr, "Exception converting image to PNG format: %s\n",
ex.what());
```

```
    }
    if (result)
        printf("Saved PNG file with alpha data.\n");
    else
        printf("ERROR: Can't save PNG file.\n");
    return result ? 0 : 1;
}
```

在上述代码中，createAlphaMat 是一个自定义函数，用于使用 alpha 通道创建材质；compression_params 用于存放压缩参数；函数 imwrite 把图像矩阵以 compression_params 压缩参数保存到工程目录下的 alpha.png 中，文件 alpha.png 会自动创建。

步骤 03 保存工程并运行，结果如下：

```
Saved PNG file with alpha data.
```

此时可以在构建目录下发现有一个 640×480 的 alpha.png 文件。

2.6 OpenCV 界面编程

OpenCV 支持有限的界面编程，主要针对窗口、控件和鼠标事件等，比如滑块。有了这些窗口和控件，就可以更方便地展现图像和调节图像的参数。这些界面编程主要由 High-level GUI（高级图形用户界面）模块支持。

2.6.1 新建窗口并显示

在 High-Level GUI 模块中，用于新建窗口的函数是 nameWindow，同时可以指定窗口的类型。该函数声明如下：

```
void namedWindow(const string& winname, int flags);
```

参数说明如下：

- winname：表示新建的窗口的名称，自己随便取。
- Flags：表示窗口的标识，一般默认为 WINDOW_AUTOSIZE，表示窗口大小自动适应图片大小，并且不可手动更改；WINDOW_NORMAL 表示用户可以改变这个窗口的大小；WINDOW_OPENGL 表示窗口创建的时候支持 OpenGL。

在 High-Level GUI 模块中，用于显示窗口的函数是 imshow，该函数声明如下：

```
void imshow(const string& winname, InputArray image);
```

参数说明如下：

- winname：表示显示的窗口名，可以使用 cv::namedWindow 函数创建窗口，若不创建，则 imshow 函数将自动创建。

● image: 表示窗口中需要显示的图像。

根据图像的深度, imshow 函数会自动对其显示灰度值进行缩放, 规则如下:

（1）如果图像数据类型是 8U（8 位无符号整数）, 就直接显示。

（2）如果图像数据类型是 16U（16 位无符号整数）或 32S（32 位有符号整数）, imshow 函数内部就会自动将每个像素值除以 256 并显示, 即将原图像素值的范围由[0~255×256]映射到[0~255]。

（3）如果图像数据类型是 32F（32 位浮点数）或 64F（64 位浮点数）, imshow 函数内部就会自动将每个像素值乘以 255 并显示, 即将原图像素值的范围由[0~1]映射到[0~255]（注意: 原图像素值必须归一化）。

需要注意, imshow 之后必须有 waitKey 函数, 否则显示窗口将一闪而过, 不会驻留屏幕。waitKey 函数的详细说明将在 2.6.6 节中介绍。

【例 2.8】新建窗口并显示 5 秒后退出

步骤01　打开 Qt Creator, 新建一个控制台工程, 工程名是 test。

步骤02　在 IDE 中打开 main.cpp, 输入如下代码:

```cpp
#include <opencv2/opencv.hpp>
using namespace cv;
int main()
{
    Mat img;
    img = imread("test.jpg",1); // 参数 1: 图片路径。参数 2:显示原图
    namedWindow("窗口 1", WINDOW_AUTOSIZE);
    imshow("窗口 1",img);          // 在 "窗口 1" 这个窗口输出图片
    waitKey(5000);               // 等待 5 秒, 程序自动退出。改为 0, 不自动退出
    return 0;
}
```

在上述代码中, 首先利用函数 imread 读取当前目录下的 test.jpg 文件; 接着用函数 namedWindow 新建了一个窗口, 使用参数 WINDOW_AUTOSIZE, 表示窗口大小自动适应图片大小, 并且不可手动更改; 最后调用 waitKey 函数等待 5 秒后程序自动退出。

步骤03　保存工程并运行, 结果如图 2-57 所示。

图 2-57

2.6.2 单窗口显示多幅图像

前面新建的窗口中只显示了一幅图，但在某些场景下，比如有多个视频图像，如果一个视频图像显示在一个窗口中，就会因为窗口过多而显得凌乱。此时需要一个窗口能显示多个视频图像。要达到这个效果，原理并不复杂，只需要调整每个视频的尺寸大小为窗口的一部分，多幅图像组合起来正好占满一个窗口。

在 OpenCV 中，我们可以综合利用坐标变换与 Rect 区域提取来实现单窗口显示多幅图像。首先根据输入图像的个数与尺寸确定输入原图像小窗口的构成形态；然后设定每个图像小窗口的具体构成，包括边界、间隙等；最后根据小窗口确定输出图像的尺寸，利用缩放函数 resize 进行图像缩放，完成单窗口下多幅图像的显示。

【例 2.9】单窗口中显示多幅图像

步骤 01 打开 Qt Creator，新建一个控制台工程，工程名是 test。

步骤 02 在 IDE 中打开 main.cpp，输入如下代码：

```cpp
#include <opencv2/opencv.hpp>
using namespace cv;
#include<iostream>
using namespace std;
void showManyImages(const vector<Mat>&srcImages, Size imageSize){
    int nNumImages = srcImages.size();
    Size nSizeWindows;
    if (nNumImages > 12){
        cout << "no more tha 12 images" << endl;
        return;
    }
    // 根据图像序列数量来确定分割小窗口的形态
    switch (nNumImages){
    case 1:nSizeWindows = Size(1, 1); break;
    case 2:nSizeWindows = Size(2, 1); break;
    case 3:
    case 4:nSizeWindows = Size(2, 2); break;
    case 5:
    case 6:nSizeWindows = Size(3, 2); break;
    case 7:
    case 8:nSizeWindows = Size(4, 2); break;
    case 9:nSizeWindows = Size(3, 3); break;
    default:nSizeWindows = Size(4, 3);
    }
    // 设置小图像尺寸、间隙、边界
    int nShowImageSize = 200;
    int nSplitLineSize = 15;
    int nAroundLineSize = 50;
    // 创建输出图像，图像大小根据输入源来确定
    const int imagesHeight = nShowImageSize*
        nSizeWindows.width + nAroundLineSize +
        (nSizeWindows.width - 1)*nSplitLineSize;
```

```cpp
    const int imagesWidth = nShowImageSize*
        nSizeWindows.height + nAroundLineSize +
        (nSizeWindows.height - 1)*nSplitLineSize;
    cout << imagesWidth << " " << imagesHeight << endl;
    Mat showWindowsImages(imagesWidth, imagesHeight, CV_8UC3, Scalar(0, 0,
0));
    // 提取对应小图像的左上角坐标 x、y
    int posX = (showWindowsImages.cols-(nShowImageSize*nSizeWindows.width +
        (nSizeWindows.width - 1)*nSplitLineSize)) / 2;
    int posY = (showWindowsImages.rows-(nShowImageSize*nSizeWindows.height +
        (nSizeWindows.height - 1)*nSplitLineSize)) / 2;
    cout << posX << " " << posY << endl;
    int tempPosX = posX;
    int tempPosY = posY;
    // 将多幅小图像整合成一幅大图像
    for (int i = 0; i < nNumImages; i++){
        // 小图像坐标转换
        if ((i%nSizeWindows.width == 0) && (tempPosX != posX)){
            tempPosX = posX;;
            tempPosY += (nSplitLineSize + nShowImageSize);
        }
        // 利用 Rect 区域将小图像置于大图像的相应区域
        Mat tempImage = showWindowsImages
            (Rect(tempPosX, tempPosY, nShowImageSize, nShowImageSize));
        // 利用 resize 函数实现图像缩放
        resize(srcImages[i], tempImage,
            Size(nShowImageSize, nShowImageSize));
        tempPosX += (nSplitLineSize + nShowImageSize);
    }
    imshow("Display multiple images in a single window", showWindowsImages);
}

int main(){
    // 图像源输入
    vector<Mat>srcImage(9);
    srcImage[0] = imread("1.jpg");
    srcImage[1] = imread("1.jpg");
    srcImage[2] = imread("1.jpg");
    srcImage[3] = imread("2.jpg");
    srcImage[4] = imread("2.jpg");
    srcImage[5] = imread("2.jpg");
    srcImage[6] = imread("3.jpg");
    srcImage[7] = imread("3.jpg");
    srcImage[8] = imread("3.jpg");
    // 判断当前 vector 读入的正确性
    for (int i = 0; i < srcImage.size(); i++){
        if (srcImage[i].empty()){
            cout << "read error" << endl;
            return -1;
        }
```

```
}
// 调用单窗口显示图像
showManyImages(srcImage, Size(147, 118));
waitKey(0);
system("pause");
return 0;
}
```

在上述代码中，以 main 开头，首先读取 9 个图片文件，分别存入 srcImage 数组中，其中，srcImage[0]、srcImage[1]和 srcImage[2]都存放的是 1.jpg，srcImage[3]、srcImage[4]和 srcImage[5]都存放的是 2.jpg，srcImage[6]、srcImage[7]和 srcImage[8]都存放的是 3.jpg；然后利用 for 循环判断是否读取成功；最后调用 showManyImages 传入 srcImage 数组和每幅图像的大小，这里的大小是 Size(147,118)。showManyImages 是自定义函数，里面定义了一个大的"底板"图像 showWindowsImages，9 幅图像分别占用 showWindowsImages 中的一块，并且每一块之间都设置了间隙。

步骤 03 保存工程并运行，结果如图 2-58 所示。

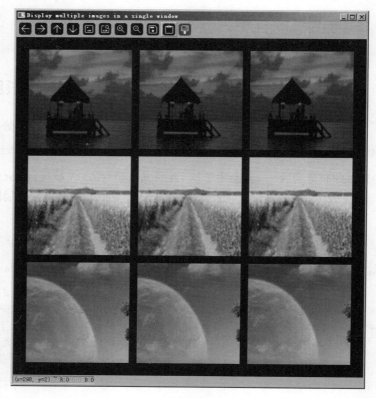

图 2-58

2.6.3 销毁窗口

既然有新建窗口，当然也有销毁窗口。在 OpenCV 中，销毁窗口时窗口将自动关闭，这可以通过函数 destroyWindow 和 destroyAllWindows 来实现，前者是销毁某一个指定名称的窗口，后者是销毁所有新建的窗口。函数 destroyWindow 声明如下：

```
void destroyWindow(const String& winname);
```

其中参数 winname 是要销毁的窗口的名称。

函数 destroyWindow 更加简单，其声明如下：

```
void destroyAllWindows();
```

下面我们来新建 3 个窗口，每个窗口显示 5 秒，再分别销毁。

【例 2.10】销毁 3 个窗口

步骤 01　打开 Qt Creator，新建一个控制台工程，工程名是 test。

步骤 02　在 IDE 中打开 main.cpp，输入如下代码：

```cpp
#include <opencv2/opencv.hpp>
using namespace cv;
#include<iostream>
using namespace std;
int main(){
    // 图像源输入
    vector<Mat>srcImage(3);
    char szName[50] = "";
    for (int i = 0; i < srcImage.size(); i++)
    {
        sprintf_s(szName, "%d.jpg", i+1);
        srcImage[i] = imread(szName); // 读取图像文件
        if (srcImage[i].empty()){ // 判断当前vector读入的正确性
            cout << "read "<< szName<<" error" << endl;
            return -1;
        }
        // 调用单窗口显示图像
        namedWindow(szName, WINDOW_AUTOSIZE);
        imshow(szName, srcImage[i]);// 在"窗口1"这个窗口输出图像
        waitKey(5000);// 等待5秒，程序自动退出。改为0，不自动退出
        destroyWindow(szName);
    }
    // destroyAllWindows();
    cout << "所有的窗口已经销毁了" << endl;
    waitKey(0);
    system("pause");
    return 0;
}
```

在上述代码中，我们在 for 循环中读取图像文件，然后新建窗口，并在窗口中显示图片 5 秒钟后销毁窗口。

如果不想在 for 循环中调用 destroyWindow 函数，也可以在 for 循环外面调用 destroyAllWindows 函数，这样 3 个窗口都显示后，再一起销毁。

步骤 **03** 保存工程并运行，结果如图 2-59 所示。

图 2-59

2.6.4 调整窗口大小

窗口大小可以通过手动拖拉窗口边框来调整，也可以通过函数方式来调整。调整窗口大小的函数是 resizeWindow，其声明如下：

```
void resizeWindow(const String& winname, int width, int height);
```

其中参数 winname 是要调整尺寸的窗口的名称，width 是调整后的窗口宽度，height 是调整后的窗口高度。

需要注意的是，新建窗口函数 namedWindow 的第二个参数必须为 WINDOW_NORMAL，才可以手动拉动窗口边框来调整大小，并且让图片随着窗口大小而改变。

【例 2.11】调整窗口大小

步骤 **01** 打开 Qt Creator，新建一个控制台工程，工程名是 test。

步骤 **02** 在 IDE 中打开 main.cpp，输入如下代码：

```cpp
#include <opencv2\opencv.hpp>
using namespace cv;
#include<iostream>
using namespace std;

int main(){
    vector<Mat>srcImage(1);
    char szName[50] = "";
    int  width = 240, height = 120;

    sprintf_s(szName, "%d.jpg", 1);
    srcImage[0] = imread(szName);
    if (srcImage[0].empty()) { // 判断当前 vector 读入的正确性
        cout << "read " << szName << " error" << endl;
        return -1;
    }
    namedWindow(szName, WINDOW_NORMAL);      // 新建窗口
    imshow(szName, srcImage[0]);             // 在窗口显示图片
    resizeWindow(szName, width, height);     // 调整窗口大小
    waitKey(0);
```

```
    system("pause");
    return 0;
}
```

在上述代码中，首先读入一幅图片，然后新建一个窗口显示该图片，接着调用函数 resizeWindow 调整窗口大小。由于 namedWindow 的第二个参数是 WINDOW_NORMAL，因此图片大小会随着窗口大小的变化而变化。

步骤 03 保存工程并运行，结果如图 2-60 所示。

图 2-60

2.6.5　鼠标事件

在 OpenCV 中存在鼠标的操作，比如单击、双击等。对于 OpenCV 来讲，用户的鼠标操作被认为发生了一个鼠标事件，需要对这个鼠标事件进行处理，这就是事件的响应。下面来介绍一下鼠标事件。

鼠标事件包括左键按下、左键松开、左键双击、鼠标移动等。当鼠标事件发生时，OpenCV 会让一个鼠标响应函数自动被调用，相当于一个回调函数，这个回调函数就是鼠标事件处理函数。OpenCV 提供了 setMousecallback 来预先设置回调函数，相当于告诉系统鼠标处理的回调函数已经设置好了，有鼠标事件发生时，系统调用这个回调函数即可。注意是系统调用，而不是开发者调用，因此称为回调函数。函数 setMousecallback 声明如下：

```
void setMousecallback(const string& winname, MouseCallback onMouse, void*
userdata=0);
```

其中参数 winname 表示窗口的名字，onMouse 是鼠标事件响应的回调函数指针，userdate 是传给回调函数的参数。这个函数名也比较形象，一看就知道是用来设置鼠标回调函数的（set Mouse call back）。

鼠标事件回调函数类型 MouseCallback 定义如下：

```
typedef void(* cv::MouseCallback)(int event,int x,int y,int flags,void
*useradata);
```

其中参数 event 表示鼠标事件，x 表示鼠标事件的 x 坐标，y 表示鼠标事件的 y 坐标，flags 表示鼠标事件的标志，userdata 是可选的参数。

鼠标事件 event 主要有以下几种：

```
enum
{
```

```
    EVENT_MOUSEMOVE         =0,       // 滑动
    EVENT_LBUTTONDOWN       =1,       // 左键单击
    EVENT_RBUTTONDOWN       =2,       // 右键单击
    EVENT_MBUTTONDOWN       =3,       // 中键单击
    EVENT_LBUTTONUP         =4,       // 左键放开
    EVENT_RBUTTONUP         =5,       // 右键放开
    EVENT_MBUTTONUP         =6,       // 中键放开
    EVENT_LBUTTONDBLCLK     =7,       // 左键双击
    EVENT_RBUTTONDBLCLK     =8,       // 右键双击
    EVENT_MBUTTONDBLCLK     =9        // 中键双击
};
```

鼠标事件标志 flags 主要有以下几种：

```
enum {
    EVENT_FLAG_LBUTTON = 1,       // 左键拖曳
    EVENT_FLAG_RBUTTON = 2,       // 右键拖曳
    EVENT_FLAG_MBUTTON = 4,       // 中键拖曳
    EVENT_FLAG_CTRLKEY = 8,       // 按 Ctrl
    EVENT_FLAG_SHIFTKEY = 16,     // 按 Shift
    EVENT_FLAG_ALTKEY = 32        // 按 Alt
};
```

通过 event 和 flags 就能清楚地了解当前鼠标发生了哪种操作。

【例 2.12】在图片上用鼠标画线

步骤 01 打开 Qt Creator，新建一个控制台工程，工程名是 test。

步骤 02 在 IDE 中打开 main.cpp，输入如下代码：

```cpp
#include <opencv2\opencv.hpp>
using namespace cv;
#include<iostream>
using namespace std;
#define WINDOW "原图"
Mat g_srcImage, g_dstImage;
Point previousPoint;
bool P = false;
void on_mouse(int event, int x, int y, int flags, void*);
int main()
{
    g_srcImage = imread("ter.jpg", 1);
    imshow(WINDOW, g_srcImage);
    setMouseCallback(WINDOW, On_mouse, 0);
    waitKey(0);
    return 0;
}
void on_mouse(int event, int x, int y, int flags, void*)
{
    if (event == EVENT_LBUTTONDOWN)
    {
        previousPoint = Point(x, y);
```

```
    }
    else if (event == EVENT_MOUSEMOVE && (flags&EVENT_FLAG_LBUTTON))
    {
        Point pt(x, y);
        line(g_srcImage, previousPoint, pt, Scalar(0, 0, 255), 2, 5, 0);
        previousPoint = pt;
        imshow(WINDOW, g_srcImage);
    }
}
```

在上述代码中，on_mouse 就是用来处理鼠标事件的回调函数，当鼠标有动作产生时，on_mouse 会被系统调用，然后在 on_mouse 中判断发生了哪种动作，进而进行相应的处理。本例我们关心的是按下鼠标左键，然后按住左键时的鼠标移动。一旦按下鼠标左键，就记录下当时的位置（也就是画线的开始点），位置记录在 previousPoint 中。接着如果继续有鼠标移动事件发生，我们就开始调用函数 line 画线。最后把画了线的图像数据 g_srcImage 用函数 imshow 显示出来。

步骤 **03**　保存工程并运行，结果如图 2-61 所示。

图 2-61

2.6.6　键盘事件

简单、常用的键盘事件是等待按键事件，它由 waitKey 函数来实现，该函数是我们的老朋友了，前面也碰到过多次。无论是刚开始学习 OpenCV，还是使用 OpenCV 进行开发调试，都可以看到 waitKey 函数的身影；然而，基础的东西往往容易被忽略掉，在此可以好好了解一下这个基础又常用的 waitKey 函数。该函数延时一定时间，返回按键的值；当参数为 0 时就永久等待，直到用户按键。该函数声明如下：

```
int cv::waitKey(int delay = 0) ;
```

其中参数 delay 是延时的时间，单位是毫秒，默认是 0，表示永久等待。该函数在至少创建了一个 HighGUI 窗口并且该窗口处于活动状态时才有效。如果有多个 HighGUI 窗口，则其中任何一个都可以处于活动状态。

waitKey 函数是一个等待键盘事件的函数，当参数值 delay≤0 时，等待时间无限长。当 delay 为正整数 n 时，至少等待 n 毫秒才结束。在等待期间，如果任意按键被按下，则函数结束，返回按键的键值（ASCII 码）。如果等待时间结束用户仍未按下按键，则函数返回-1。该函数用在处理 HighGUI 窗口的程序中，常与显示图像窗口的 imshow 函数搭配使用。

比如配合图像显示时的常见用法如下：

```cpp
// 例 1
cv::imshow("windowname", image);
cv::waitKey(0);// 任意按键被按下，图片显示结束，返回按键的键值
// 例 2
cv::imshow("windowname", image);
cv::waitKey(10);// 等待至少 10ms 图片显示才结束，期间按下任意按键图片显示结束，返回按键的
键值
```

视频播放时的常见用法如下：

```cpp
// 例 1
VideoCapture cap("video.mp4");
if(!cap.isOpened())
{
    return -1;
}
Mat frame;
while(true)
{
    cap>>frame;
    if(frame.empty()) break;
    imshow("windowname",frame);
    if(waitKey(30) >=0)  // 延时 30ms，以正常的速率播放视频，播放期间按下任意按
        break;           // 键则退出视频播放，并返回键值
}

// 例 2
VideoCapture cap("video.mp4");
if(!cap.isOpened())
{
    return -1;
}
Mat frame;
while(true)
{
    cap>>frame;
    if(frame.empty()) break;
    imshow("windowname",frame);
    if(waitKey(30) == 27)  // 延时 30ms，以正常的速率播放视频，播放期间按下 Esc 按键
        break;             //则退出视频播放，并返回键值
}
```

总而言之，waitKey 函数是非常简单而且常见的，读者开始入门的时候需要掌握好它，它在开发调试的时候同样是一个好帮手。

2.6.7　滑动条事件

在 OpenCV 中，滑动条设计的主要目的是在视频播放帧中选择特定帧，它在调节图像参数时也会经常用到。在使用滑动条前，需要给滑动条赋予一个名字（通常是一个字符串），接下来将直接通过这个名字进行引用。

创建滑动条的函数是 createTrackbar，该函数声明如下：

```
int cv::createTrackbar (const String & trackbarname, const String & winname,
int * value,    int count, TrackbarCallback onChange = 0,  void *userdata = 0);
```

参数说明如下：

- trackbarname：表示滑动条的名称。
- Winname：是滑动条将要添加到父窗口的名称，一旦滑动条创建好，它就将被添加到窗口的顶部或底部，滑动条不会挡住任何已经在窗口中的图像，只会让窗口变大，窗口的名称将作为一个窗口的标记，至于滑动条上滑动按钮的确切位置，由操作系统决定，一般都是在最左边。
- value：是一个指向整数的指针，这个整数值会随着滑动按钮的移动而自动变化。
- count：是滑动条可以滑动的最大值。
- onChange：是一个指向回调函数的指针，当滑动按钮移动时，回调函数就会被自动调用。
- userdata：可以是任何类型的指针，一旦回调函数执行，这个参数可以传递给回调函数的 userdata 参数，这样不创建全局变量也可以处理滑动条事件。

回调函数类型 TrackbarCallback 的定义如下：

```
typedef void(* cv::TrackbarCallback) (int pos, void *userdata);
```

其中参数 pos 表示滚动块的当前位置；userdata 是传给回调函数的可选参数。这个回调函数不是必需的，如果直接赋值为 NULL，就没有回调函数，移动滑动按钮的唯一响应就是 createTrackbar 的参数 value 指向的变量值的变化。

除了创建滑动条的函数外，OpenCV 还提供了函数 getTrackbarPos（用于获取滑动块的位置）和 setTrackbarPos（用于设置滑动条的位置）。函数 getTrackbarPos 声明如下：

```
int cv::getTrackbarPos (const string& trackName, const string& windowName);
```

其中参数 trackName 是滑动条的名称，windowName 是滑动条将要添加到父窗口的名称。函数返回滑动块的当前位置。

函数 setTrackbarPos 声明如下：

```
void  cv::setTrackbarPos(const string &trackName, const string& windowName,
     int pos);
```

其中参数 trackName 表示滑动条的名称，windowName 是滑动条将要添加到父窗口的名称，pos 表示要设置的滑动块位置。下面来看一个专业的例子，利用滑动块调节参数。

【例 2.13】利用滑动块控制腐蚀和膨胀

步骤 01 打开 Qt Creator，新建一个控制台工程，工程名是 test。

步骤 02 在 IDE 中打开 main.cpp，输入如下代码：

```cpp
#include <opencv2\opencv.hpp>
using namespace cv;
#include<iostream>
using namespace std;

Mat src, erosion_dst, dilation_dst;
int erosion_elem = 0;
int erosion_size = 0;
int dilation_elem = 0;
int dilation_size = 0;
int const max_elem = 2;
int const max_kernel_size = 21;
void Erosion(int, void*);
void Dilation(int, void*);
int main(int argc, char** argv)
{
    src = imread("ter.jpg", IMREAD_COLOR);
    if (src.empty())
    {
        cout << "Could not open or find the image!\n" << endl;
        return -1;
    }
    namedWindow("Erosion Demo", WINDOW_AUTOSIZE); // 腐蚀演示窗口
    namedWindow("Dilation Demo", WINDOW_AUTOSIZE); // 膨胀演示窗口
    moveWindow("Dilation Demo", src.cols, 0);
    createTrackbar("Element:\n 0: Rect \n 1: Cross \n 2: Ellipse", "Erosion
Demo",
        &erosion_elem, max_elem,Erosion);
    createTrackbar("Kernel size:\n 2n +1", "Erosion Demo",
        &erosion_size, max_kernel_size,Erosion);
    createTrackbar("Element:\n 0: Rect \n 1: Cross \n 2: Ellipse", "Dilation
Demo",
        &dilation_elem, max_elem,        Dilation);
    createTrackbar("Kernel size:\n 2n +1", "Dilation Demo",
        &dilation_size, max_kernel_size,Dilation);
    Erosion(0, 0);
    Dilation(0, 0);
    waitKey(0);
    return 0;
}
void Erosion(int, void*)
{
    int erosion_type = 0;
    if (erosion_elem == 0) { erosion_type = MORPH_RECT; }
    else if (erosion_elem == 1) { erosion_type = MORPH_CROSS; }
    else if (erosion_elem == 2) { erosion_type = MORPH_ELLIPSE; }
    Mat element = getStructuringElement(erosion_type,
        Size(2 * erosion_size + 1, 2 * erosion_size + 1),
```

```
                Point(erosion_size, erosion_size));
        erode(src, erosion_dst, element);
        imshow("Erosion Demo", erosion_dst);
}
void Dilation(int, void*)
{
        int dilation_type = 0;
        if (dilation_elem == 0) { dilation_type = MORPH_RECT; }
        else if (dilation_elem == 1) { dilation_type = MORPH_CROSS; }
        else if (dilation_elem == 2) { dilation_type = MORPH_ELLIPSE; }
        Mat element = getStructuringElement(dilation_type,
            Size(2 * dilation_size + 1, 2 * dilation_size + 1),
            Point(dilation_size, dilation_size));
        dilate(src, dilation_dst, element);
        imshow("Dilation Demo", dilation_dst);
}
```

在上述代码中，首先读取 ter.jpg，然后利用函数 namedWindow 创建两个窗口，接着利用函数 createTrackbar 创建 4 个滑动条，每个窗口上有两个滑动条。Erosion 和 Dilation 都是滑动条的回调函数，用于响应用户的滑动按钮事件。

函数 erode 和 dilate 分别是 OpenCV 中腐蚀和膨胀图像的函数，图像腐蚀和膨胀是图像学中的两个基本概念，后面章节会讲到。

步骤 **03**　保存工程并运行，结果如图 2-62 所示。

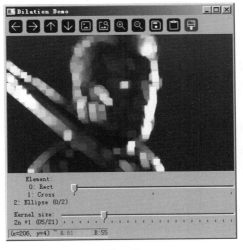

图 2-62

第3章

核心模块 Core

本章是 OpenCV 的核心功能模块，也是 OpenCV 图像操作的基本数据结构和运算基础。本章将对其中的常用的图像数据结构类和函数进行介绍。

3.1 矩阵操作

3.1.1 矩阵类 Mat

Mat 类是 Core 模块中常用的一个矩阵类，该类的声明在头文件 opencv2\core\core.hpp 中，所以使用 Mat 类时要引入该头文件。Mat 类是 OpenCV 新定义的数据类型，类似于传统的数据类型 int、float 或 string。Mat 类用于在内存中存储图像。图像都是二维数组，因此 OpenCV 定义了处理图像的矩阵类别 Matrix，取其英文的前 3 个字母 Mat，就如同 int 取 integer 的前 3 个字母一样。

Mat 利用了类的特性，将内存管理和数据信息封装在类的内部，用户只需对 Mat 类对象进行面向对象操作即可。

Mat 类用来保存图像及其他矩阵数据结构（向量场、直方图、张量、点云等），是从 OpenCV 2.0 以后才使用的，之前一直用 C 风格的 IplImage。使用 IplImage 最大的问题就是容易造成内存泄漏，管理内存相当麻烦，而 Mat 类的出现使得我们不需要手动开辟内存空间，也不需要在不用它时立即释放。补充说明一下，很多 OpenCV 函数仍然手动管理内存空间，这样不浪费内存，比如传递一个已存在的 Mat 对象时，开辟好了的那个空间会被再次使用。但是手动管理内存不再是必需的，对于初学者来说，完全不用考虑这些。

Mat 类由两部分组成：矩阵头和指向存储所有像素值的矩阵的指针。如何理解矩阵头呢？矩阵头相当于矩阵的说明书，它描述了矩阵的尺寸、存储方法、存储地址以及引用次数。何为引用次数？是这样的，矩阵头的尺寸是一个常数，不会随图像的变化而变化，但是存储图像的矩阵可以随图像大小而变化，一般来说，比矩阵头大好几个数量级。而在处理图像时，经常会遇到复制图像、传递图像的操作，此时如果复制整个矩阵，不仅耗费内存，还影响运行效率。因此，OpenCV 中的"引用次数"（即"计数机制"），让每一个 Mat 对象都有一个矩阵头，但是它们共享一个矩阵。这是通过让矩阵指针指向同一个地址实现的，比如：

```
Mat A;                        // 仅仅创建了矩阵头
A = imread("1.jpg",1);        // 为矩阵开辟一段内存，及创建矩阵
Mat B(A);                     // 拷贝构造函数
Mat C = A;                    // 赋值
```

这段代码中，A、B 和 C 都是 Mat 类，它们指向同一个也是唯一一个数据矩阵。虽然它们的信息头不同，但通过任何一个对象所做的改变都会影响其他对象。

当利用 Mat 类定义的时候，只是创建了矩阵头。在使用拷贝构造函数或者赋值的时候，其实是新创建了不同的信息头和矩阵指针，它们共享一个矩阵。

有人会说："我就想复制整个矩阵，可以吗？"当然可以，此时可以使用 clone ()函数或者 copyTo 函数来实现。通过 clone()或者 copyTo()复制一个图像时，就包括了矩阵本身。改变复制对象的内容并不会改变原矩阵，例如 frame1 显然是复制的 frame，因此对 frame1 的操作并不会改变 frame。

```
Mat D = A.clone()        // D 等于 A 的复制品
Mat E;
A.copyTo(E);             // 把 A 复制到 E
```

要记住这个结论：Mat 是一个类，由两个数据部分组成：矩阵头（包含矩阵尺寸、存储方法、存储地址等信息）和一个指向存储所有像素值的矩阵的指针。矩阵头的尺寸是常数值，但矩阵本身的尺寸会因图像的不同而不同，通常比矩阵头的尺寸大数个数量级。复制矩阵数据往往会花费较多时间，因此除非必要，否则不要复制大的矩阵。

Mat 类的两个数据部分可以用图 3-1 来表示。

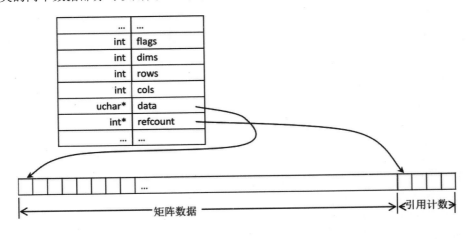

图 3-1

要使用 Mat 类，必须先对 Mat 对象进行初始化。初始化就是构造 Mat 对象，创建 Mat 对象的数据区，并根据需要赋予初值或不赋值（不赋值的话，则保留乱码值，比如 205）。

初始化 Mat 对象通常有这几种方法：构造法、直接赋值法、数组法、create 函数法和定义特殊矩阵。

3.1.2 构造法

构造法就是利用 Mat 的构造函数。需要注意的是，不是所有的构造函数都会创建数据区，有些构造函数只会创建一个 Mat 信息头，比如：

```
Mat mymat;  // 只创建一个 Mat 信息头，并不会创建数据区
```

我们可以通过 Mat::data 指针是否为 NULL 来判断数据区是否创建，如果为 NULL，就说明没有创建数据区。Mat 类的常用构造函数如下：

1）Mat::Mat()

无参构造方法，这是默认的构造函数。

2）Mat::Mat(int rows, int cols, int type)

创建行数为 rows、列数为 col、类型为 type 的图像（图像元素类型，如 CV_8UC3 等）。

3）Mat::Mat(Size size, int type)

创建大小为 size、类型为 type 的图像。

4）Mat::Mat(int rows, int cols, int type, const Scalar& s)

创建行数为 rows、列数为 col、类型为 type 的图像，并将所有元素初始化为值 s。

5）Mat::Mat(Size size, int type, const Scalar& s)

创建大小为 size、类型为 type 的图像，并将所有元素初始化为值 s。

6）Mat::Mat(const Mat& m)

将 m 赋值给新创建的对象，此处不会对图像数据进行复制，m 和新对象共用图像数据。

7）Mat::Mat(int rows, int cols, int type, void* data, size_t step=AUTO_STEP)

创建行数为 rows、列数为 cols（像素的列数，对于多通道，一列像素可能对应多列矩阵元素）、类型为 type 的图像。此构造函数不创建图像数据所需的内存，而是直接使用 data 指定内存，图像的步长由 step 指定。

8）Mat::Mat(Size size, int type, void* data, size_t step=AUTO_STEP)

创建大小为 size、类型为 type 的图像。此构造函数不创建图像数据所需的内存，而是直接使用 data 指定内存，图像的行步长由 step 指定。

9）Mat::Mat(const Mat& m, const Range& rowRange, const Range& colRange)

创建的新图像为 m 的一部分，具体的范围由 rowRange 和 colRange 指定。此构造函数不进行图像数据的复制操作，新图像与 m 共用图像数据。

10）Mat::Mat(const Mat& m, const Rect& roi)

创建的新图像为 m 的一部分，具体的范围由 roi 指定。此构造函数不进行图像数据的复制操作，新图像与 m 共用图像数据。

11）Mat::Mat (int ndims, const int *sizes, int type, const Scalar &s)

创建维数为 ndims、类型为 type 的矩阵，并将所有元素初始化为值 s，每一维数的数量由数组

sizes 确定，比如 3 行 3 列，sizes= { 3, 3 }。

12）Mat (int rows, int cols, int type, void *data, size_t step=AUTO_STEP)

创建行数为 rows、列数为 cols（像素的列数，对于多通道，一列像素可能对应多列矩阵元素）、类型为 type 的图像，并且用数组 data 初始化元素值。

13）Mat (Size size, int type, void *data, size_t step=AUTO_STEP)

创建大小为 size、类型为 type 的图像，并用数组 data 初始化元素值。

其中，type 表示图像元素类型，其定义形式为：

```
CV_<bit_depth>(S|U|F)C<number_of_channels>
```

其中文含义为 CV_（位数）+（数据类型）+（通道数）。位数也叫深度。例如，现在创建一个存储灰度图片的 Mat 对象，这个图像的大小为宽 100、高 100，现在这幅灰度图片中有 10000 个像素点，每一个像素点在内存中所占的空间大小是 8 比特，所以它对应的就是 CV_8。不同的图像有不同的像素类型，对于不同的像素类型，需要在模板参数中传入不同的值。像素的数据类型包括 CV_32U、CV_32S、CV_32F、CV_8U、CV_8UC3 等，这些类型都是什么含义呢？CV_后面的第一个数字表示比特数，第二个字母表示 C++中的数据类型，如果还有后面两个字符，这两个字符就表示通道数，即 C1、C2、C3、C4 分别表示通道数是 1、2、3、4。例如，对于 CV_32U，表示具有 32 比特的 unsigned int 类型；对于 CV_8UC3，表示具有 8 比特，并且有 3 个通道的 unsigned char 类型；OpenCV 中具体可选的数据类型如表 3-1 所示。

表 3-1　OpenCV 中具体可选的数据类型

数据类型	含　　义
CV_8UC1, CV_8UC2, CV_8UC3, CV_8UC4	Unsigned 8bits uchar 0~255
CV_8SC1，CV_8SC2，CV_8SC3，CV_8SC4	Signed 8bits char −128~127
CV_16UC1，CV_16UC2，CV_16UC3，CV_16UC4	Unsigned 16bits ushort 0~65535
CV_16SC1，CV_16SC2，CV_16SC3，CV_16SC4	Signed 16bits short −32768~32767
CV_32SC1，CV_32SC2，CV_32SC3，CV_32SC4	Signed 32bits int −2147483648~2147483647
CV_32FC1，CV_32FC2，CV_32FC3，CV_32FC4	Float 32bits float $−1.18*10{−38}~3.40*10{−38}$
CV_64FC1，CV_64FC2，CV_64FC3，CV_64FC4	Double 64bits double

有时会遇到不带通道数的类型，如 CV_32S、CV_8U 等，通常不带通道数的类型默认其通道数为 1，例如 CV_8U 就等同于 CV_8UC1，CV_32S 就等同于 CV_32SC1。

Scalar 是一个可以用来存放 4 个 double 数值的数组，没有提供的值默认是 0，一般用来存放像素值（不一定是灰度值），最多可以存放 4 个通道，其定义如下：

```
typedef struct Scalar
{
    double val[4];
}Scalar;
```

比如，Mat M(7,7,CV_32FC2,Scalar(1,3));表示一个二通道，且每个通道的值都为(1,3)，深度为 32，7 行 7 列的图像矩阵。

另外，要注意多通道矩阵的表示，比如 RGB 的图，假设分辨率为 40×40 像素，则每个像素由

R、G、B 三个通道构成，一般行的排列方式为 BGR 依次交错排列（特殊情况是每个通道排列一行），则其在 OpenCV 中每行的长度为 40×3 个数（120 列），行数依旧是 40。简单地说，就是每个像素点都是由 1×3 的小矩阵构成的。比如，我们定义一个 5×5 的三通道矩阵，并赋初值为 4,5,6。

```
Mat r5(Size(5,5), CV_8UC3, Scalar(4, 5,6));
```

每一行的依次 3 列的 3 个元素表示一个像素（这 3 列的每一列就是一个通道，3 列就是 3 通道，3 列元素的值分别为 4,5,6），全部矩阵元素表示如下：

```
[ 4,   5,   6,   4,   5,   6,   4,   5,   6,   4,   5,   6,   4,   5,   6;
  4,   5,   6,   4,   5,   6,   4,   5,   6,   4,   5,   6,   4,   5,   6;
  4,   5,   6,   4,   5,   6,   4,   5,   6,   4,   5,   6,   4,   5,   6;
  4,   5,   6,   4,   5,   6,   4,   5,   6,   4,   5,   6,   4,   5,   6;
  4,   5,   6,   4,   5,   6,   4,   5,   6,   4,   5,   6,   4,   5,   6]
```

我们看第一行，每 3 列就是一个 4,5,6，表示一个像素的 3 个通道，合起来就表示一个像素；第二行也是如此。

还要注意，在 OpenCV 中，Size_ 是一个模板类，有成员函数 Size_(_Tp _width, _Tp _height);，注意宽在前、高在后（列在前、行在后），而 Size 只不过是 Size_ 的重命名：

```
typedef Size_<int> Size2i;        // 此时_Tp 相当于 int
typedef Size_<int64> Size2l;
typedef Size_<float> Size2f;
typedef Size_<double> Size2d;
typedef Size2i Size;              // 定义 Size
```

宽度就是矩阵像素的列数，高度就是矩阵像素的行数，所以 Size(m,n) 表示矩阵像素有 n 行，m 列，不要弄反了。

比如，指定矩阵的行和列，并表示为四通道的矩阵，每个点的颜色值为(0, 0, 0, 255)，代码可以这样写：

```
cv::Mat M1(3, 3, CV_8UC4, cv::Scalar(0, 0, 0, 255));
std::cout << "M1 = " << std::endl << M1 << std::endl;
```

输出结果如下：

```
M1 =
[ 0, 0, 0, 255, 0, 0, 0, 255, 0, 0, 0, 255;
  0, 0, 0, 255, 0, 0, 0, 255, 0, 0, 0, 255;
  0, 0, 0, 255, 0, 0, 0, 255, 0, 0, 0, 255]
```

下面我们利用多种形式的构造函数来创建 Mat 类对象。

【例 3.1】多方法构造 Mat 类对象

步骤 01 打开 Qt Creator，新建一个控制台工程。

步骤 02 在 IDE 中打开 main.cpp，并输入如下代码：

```
#include <iostream>
#include "opencv2/imgcodecs.hpp"
using namespace cv;                    // 所有 OpenCV 类都在命名空间 cv 下
using namespace std;
```

```
int main(void)
{
    Mat r1; // 构造无参数矩阵
    Mat r2(2, 2, CV_8UC1);              // 构造 2 行 2 列，深度是 8 比特的单通道矩阵
    Mat r3(Size(3, 2), CV_8UC3);        // 构造行数是 2，列数是 3*通道数，深度是 8 比特的
三通道矩阵
    // 构造 4 行 4 列像素，深度是 8 比特的 2 通道矩阵，且每个像素的通道初始值是 1 和 3
    Mat r4(4, 4, CV_8UC2, Scalar(1, 3));
    // 构造 5 行 3 列像素矩阵，深度是 8 比特的三通道矩阵，且每个像素的通道初始值是 4,5,6
    Mat r5(Size(3,5), CV_8UC3, Scalar(4, 5,6));
    // 将 r5 赋值给 r6，共用数据对象
    Mat r6(r5);
    // 通过数组初始化矩阵维数
    int sz[2] = { 3, 3 };
    cv::Mat r7(2, sz, CV_8UC1, cv::Scalar::all(1));
    // 通过数组初始化矩阵数据
    int a[2][3] = { 1, 2, 3, 4, 5, 6};
    Mat r8(2,3,CV_32S,a);     // float 对应的是 CV_32F，double 对应的是 CV_64F，默认
为单通道
    cout << r1 << endl<<r2<<endl<<r3<<endl << r4 << endl << r5 << endl << r6
<< endl << r7 <<endl << r8;
}
```

在上述代码中，我们利用 Mat 的不同构造函数创建了 Mat 对象。Size 表示大小时，第一个参数是列数，第二个参数是行数。另外需要注意，对于多通道矩阵，一列像素对应多列通道值。比如三通道，某一行 3 列矩阵元素表示一个像素值。构造了 6 个矩阵后，最后用 cout 输出每个矩阵的所有元素。

步骤 03　保存工程并按 Ctrl+R 键运行，结果如图 3-2 所示。

图 3-2

3.1.3　直接赋值法

Mat 矩阵比较小时，可以使用直接赋值法。直接赋值法就是直接利用 Mat_赋值。Mat_也是一个类，该类是对 Mat 类的一个包装，其定义如下：

```
template<typename _Tp> class Mat_ : public Mat
{
public:
// 只定义了几个方法
// 没有定义新的属性
};
```

如果要让每个像素取不同的值，可以直接用 Mat_赋值，如下代码：

```
Mat r8 = (Mat_<double>(3, 3) <<1, 2, 3, 4, 5, 6, 7, 8,9);
cout << "r8 total matrix:\n" << r1 << endl;
```

输出结果如下：

```
[1, 2, 3;
 4, 5, 6;
 7, 8, 9]
```

3.1.4　数组法

数组法就是使用数组或指针传入 Mat 构造函数。这个构造函数是：

```
Mat (int rows, int cols, int type, void *data, size_t step=AUTO_STEP)
```

创建行数为 rows、列数为 cols（像素的列数，对于多通道，一列像素可能对应多列矩阵元素）、类型为 type 的图像，并用数组 data 初始化元素值。

或者是：

```
Mat (Size size, int type, void *data, size_t step=AUTO_STEP)
```

创建大小为 size、类型为 type 的图像，并用数组 data 初始化元素值。data 就是要传入数据的指针，比如：

```
int a[2][3] = { 1, 2, 3, 4, 5, 6};  // 定义 2 行 3 列二维数组
Mat m1(2,3,CV_32S,a);    // float 对应的是 CV_32F,double 对应的是 CV_64F,若不带通
道数，则默认通道数是 1
cout << m1 << endl;
```

输出结果如下：

```
[1, 2, 3;
 4, 5, 6]
```

数组适合操作数据量大的情况，比如可以通过 for 循环来构造二维数组，然后给 Mat 赋值。

3.1.5 create 函数法

成员函数 create 可以分配新的矩阵数据，即重新创建矩阵元素数据。该函数声明如下：

```
void create (int rows, int cols, int type);
```

其中 rows 表示要创建的矩阵行数；cols 表示要创建的矩阵列数；type 表示图像矩阵元素的类型，比如 CV_8UC3。

以下代码实现 4×4 的二维单通道矩阵，矩阵中的数据为乱值：

```
Mat M3;
M3.create(4, 4, CV_8UC1);
std::cout << "M3 = " << std::endl << M3 << std::endl;
```

输出结果如下：

```
[205, 205, 205, 205;
205, 205, 205, 205;
205, 205, 205, 205;
205, 205, 205, 205]
```

3.1.6 定义特殊矩阵

为了方便起见，Mat 类提供了几个静态成员函数用于快速定义几种特殊矩阵，比如全 0 矩阵、全 1 矩阵和对角线为 1 的对角矩阵等。下面介绍这几个静态成员函数。

（1）定义全 0 矩阵，函数声明如下：

```
static MatExpr zeros (int rows, int cols, int type);
static MatExpr zeros (Size size, int type);
static MatExpr zeros (int ndims, const int *sz, int type);
```

比如以下代码定义了 h 行 w 列的全 0 矩阵：

```
cv::Mat mz = cv::Mat::zeros(cv::Size(w,h),CV_8UC1);
Mat tmpdata = Mat::zeros(h, w, CV_8UC1);
```

（2）定义第一通道全为 1 的矩阵，函数声明如下：

```
static MatExpr ones (int rows, int cols, int type);
static MatExpr ones (Size size, int type);
static MatExpr ones (int ndims, const int *sz, int type);
```

比如以下代码定义了 h 行 w 列的全 1 矩阵：

```
cv::Mat mo = cv::Mat::ones(cv::Size(w,h),CV_8UC1);
Mat tmpdata = Mat::ones(h, w, CV_8UC1);
```

值得注意的是，如果是单通道矩阵，ones 能把全矩阵置为 1。如果是多通道矩阵，ones 只会把每个像素的第一个通道元素置为 1，其余两个通道则置为 0，比如：

```
Mat mymat = cv::Mat::ones(cv::Size(3, 2), CV_8UC3);// 定义 2 行 3 列三通道矩阵,
```

实际矩阵共有 9 列

```
cout << mymat << endl;
```

输出结果如下：

```
[ 1,  0,  0,  1,  0,  0,  1,  0,  0;
  1,  0,  0,  1,  0,  0,  1,  0,  0]
```

另外，也可以用构造函数来达到定义 ones 效果，比如以下两句的效果一样：

```
Mat m = Mat::ones(2, 2, CV_8UC3);
Mat m = Mat(2, 2, CV_8UC3, 1);  // 利用构造函数
```

（3）定义对角线为 1 的对角矩阵，函数声明如下：

```
static MatExpr eye (int rows, int cols, int type);
static MatExpr eye (Size size, int type);
```

比如以下代码定义了 h 行 w 列的对角线为 1 的对角矩阵：

```
cv::Mat me = cv::Mat::eye(cv::Size(w,h),CV_32FC1);
Mat tmpdata = Mat::eye(h, w, CV_32FC1);
```

MatExpr 是矩阵表达式类，用于对矩阵进行某种计算。

3.1.7　得到矩阵的行数、列数和维数

Mat 类提供了如下公有成员变量来获得矩阵的行数、列数和维数：

（1）rows：矩阵的行数。

（2）cols：矩阵的列数。

（3）dims：矩阵的维度，例如二维矩阵的 dims=2，如果是三维矩阵，则 dims=3。

【例 3.2】打印矩阵的像素行数、像素列数和维数

步骤 01 打开 Qt Creator，新建一个控制台工程，工程名是 test。

步骤 02 在 IDE 中打开 main.cpp，输入如下代码：

```
#include <QDebug>
#include "opencv2/imgcodecs.hpp"
using namespace cv;  // 所有 OpenCV 类都在命名空间 cv 下

int main()
{
    Mat r3(Size(3, 3), CV_8UC3);
    qDebug() << "矩阵像素行数="<<r3.rows <<",矩阵像素列数="<<r3.cols;
    qDebug() << "矩阵维数=" << r3.dims << endl;
}
```

虽然我们定义了三通道矩阵，矩阵列数有 9 列，但 3 列表示一个像素，即像素列数依旧是 3，所以 cols 的值是 3。

步骤 03 保存工程并运行，结果如图 3-3 所示。

图 3-3

3.1.8　矩阵的数据指针及其打印

矩阵类 Mat 的数据结构分为两部分：矩阵头和指向矩阵数据部分的指针。Mat 类提供了公有成员变量（属性）data 指针，用于指向 Mat 数据矩阵的数据部分的首地址，其定义如下：

```
uchar* cv::Mat::data;
```

当我们只定义一个 Mat 对象时，data 指针指向 NULL，打印的结果是一对方括号。当我们在定义 Mat 对象的同时又指定了大小时，data 指针指向一段有效内存，但内存中的数据是乱的，比如 cdcdcdcdcd（单步调试可以看到），此时打印的结果就是矩阵中的每个元素都是 205。当我们在定义 Mat 对象的同时指定了大小并赋了值时，data 指向的内存中的数据就是所赋值的数据，此时就可以打印出所赋值的数据了。

下面用 cout 来打印一个矩阵的数据。

【例 3.3】打印 3 种情况的矩阵对象

步骤 **01**　打开 Qt Creator，新建一个控制台工程，工程名是 test。

步骤 **02**　在 IDE 中打开 main.cpp，输入如下代码：

```cpp
#include <iostream>
#include "opencv2/imgcodecs.hpp"
using namespace cv;  // 所有 OpenCV 类都在命名空间 cv 下
using namespace std;
int main()
{
    Mat r1 = (Mat_<double>(3, 3) << 1, 2, 3, 4, 5, 6, 7, 8, 9);
    cout << "r1 total matrix:\n" << r1 << endl;

    Mat r2; // 目前 r2 的 data 是 NULL
    if (r2.data == NULL) cout << "r2.data==NULL\n";
    cout <<"r2="<< r2 << endl;

    cout << "r3=\n";
    Mat r3(Size(3, 3), CV_8UC3);
    cout << r3;

    return 0;
}
```

我们分别定义了 3 个 Mat 矩阵对象，r1 既设置了大小，又赋值了数据；r2 既没有设置大小，又没赋值数据；r3 设置了大小、类型和通道数（三通道）。

步骤 **03**　保存工程并运行，结果如图 3-4 所示。

```
r1 total matrix:
[1, 2, 3;
 4, 5, 6;
 7, 8, 9]
r2.data==NULL
r2=[]
r3=
[   0, 236,  39, 108,   0,   0,   0,   0, 144;
  228,  39, 108,   0,   0,   0,   0, 128, 228;
   39, 108,   0,   0,   0,   0, 112, 228,  39]
```

图 3-4

果然，输出结果如我们所料，r2 由于 data 指向了 NULL，所以不能输出数据；r3 仅仅分配了大小，没有赋有效值，所以虽然 r3 的 data 指向了一段内存，但内存中的数据是乱值，因而打印出了 205，对应十六进制就是 cd。如果对 cout<<r3 那一行设置一个断点，可以看到 r3 的 data 所指向的内存的内容（无效的内容）如图 3-5 所示。

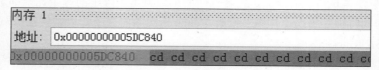

图 3-5

3.1.9　创建新的矩阵头

Mat 类提供了下列成员函数来创建新的矩阵头，并共享原矩阵的数据。注意，矩阵头的内存空间是新开辟的。

1）Mat row(int y);

该函数根据指定行索引（基于 0 开始，最大值是原矩阵行数-1）创建一个新的矩阵头，并返回 Mat 矩阵对象，该矩阵对象的数据部分共享原矩阵的数据部分。其中 y 是指定的行数，返回的是 Mat 对象。

2）Mat col (int x);

创建一个指定了列索引（基于 0 开始，最大值是原矩阵列数-1）的矩阵头，并返回 Mat 矩阵对象，该矩阵对象的数据部分共享原矩阵的数据部分。其中 x 是指定的列数，返回值是包含新矩阵头的 Mat 对象。

3）Mat rowRange(int startrow, int endrow);

该函数创建一个指定行区间的新的矩阵头，并返回 Mat 矩阵对象，该矩阵对象的数据部分共享原矩阵的数据部分。其中 startrow 是开头行（从 0 开始的行间距起始索引），endrow 是结尾行。函数取的实际行数为 endrow-startrow，只取到范围的右边界（endrow 包括在内），而不取左边界（不包括 startrow 行）。

4）Mat colRange(int startcol,int endcol);

创建一个指定列区间的新的矩阵头，可取指定列区间元素。其中 startcol 是开头列，endcol 是结尾列。函数取的实际列数为 endcol–startcol，只取到范围的右边界（endcol 包括在内），而不取左边界（不包括 startcol 行）。

【例 3.4】创建矩阵头

步骤 **01** 打开 Qt Creator，新建一个控制台工程，工程名是 test。

步骤 **02** 在 IDE 中打开 main.cpp，输入如下代码：

```cpp
#include <iostream>
#include "opencv2/imgcodecs.hpp"
using namespace cv;  // 所有 OpenCV 类都在命名空间 cv 下
using namespace std;

int main()
{
    int i,j;
    Mat r1 = (Mat_<double>(3, 3) << 1, 2, 3, 4, 5, 6, 7, 8, 9);
    cout << "r1 total matrix:\n" << r1 << endl;

    Mat r2;
    for (i = 0; i < r1.rows; i++)
    {
        r2 = r1.row(i);      // 用 r1 的第 i 行作为新矩阵头，并返回新矩阵头的矩阵对象
        if (r1.data == r2.data)    // 由于共享数据，因此第 0 行的指针应该是相同的
            cout << "when i=" << i << ",r1.data==r2.data\n";
        cout << "r1.row("<<i<<"):\n" << r2 << endl;
    }

    Mat r3;
    for (j = 0; j < r1.cols; j++)
    {
        r3 = r1.col(j);  // 用 r1 的第 j 列作为新矩阵头，并返回新矩阵头的矩阵对象
        if (r1.data == r3.data) // 由于共享数据，因此第 0 列的指针应该是相同的
            cout << "when j=" << j << ",r1.data==r3.data\n";

        cout << "r1.col(" << j << "):\n" << r3 << endl;
    }

    Mat r4 = r1.rowRange(1, 2);  // 创建新矩阵头，并共享 r1 的第 1 列数据（基于 0）
    cout << "r1.rowRange(1, 2):\n" << r4 << endl;
    // 创建新矩阵头，并共享 r1 的第 1 列和第 2 列的数据
    cout << "r1.colRange(1, 3):\n" << r1.colRange(1, 3) << endl;
}
```

在上述代码中，我们分别用 row、col、rowRange 和 colRange 来
创建新矩阵头，并共享了 r1 的指定行或列的数据。当 i 等于 0 的时候，
我们会发现 r1.data ==r2.data，这说明数据的确是共享的；当 i>0 时，
r2.data 指向 r1 第二行数据的地址，r1.data 当然就不等于 r2.data 了，
以此类推。另外，需要注意的是，rowRange 和 colRange 的范围是从
第一个参数开始到第二个参数–1 结束。

步骤 03 保存工程并运行，结果如图 3-6 所示。

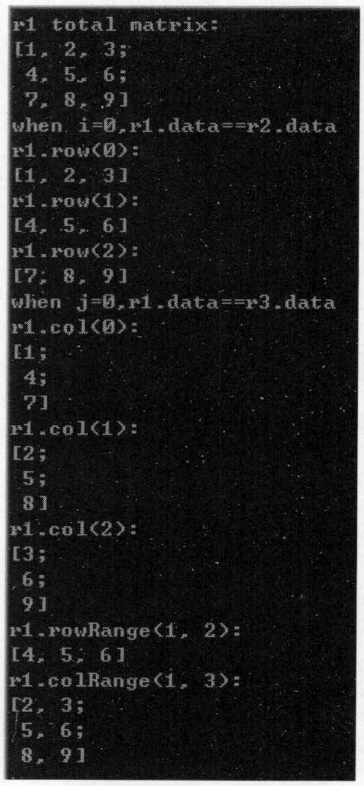

3.1.10　得到矩阵通道数

成员函数 channels 返回矩阵通道的数目，该函数声明如下：

```
int channels();
```

函数比较简单，直接返回矩阵的通道数，比如以下代码：

```
Mat r1 = (Mat_<double>(3, 3) << 1, 2, 3, 4, 5, 6, 7,
8, 9);
Mat r2(576, 5 * 768, CV_8UC3);
Mat r3;
cout << "r1 channel number:" << r1.channels() << endl;
cout << "r2 channel number:" << r2.channels() << endl;
cout << "r3 channel number:" << r3.channels() << endl;
```

图 3-6

运行结果是：

```
r1 channel number:1
r2 channel number:3
r3 channel number:1
```

r1 定义了大小为 3×3 的矩阵，并且赋了 9 个元素，一个像素占某行的一列，说明是单通道。
如果是多通道，则一个像素要占多列。r2 因为指定了是三通道（CV_8UC3），所以输出的是 3。r3
默认是单通道。

3.1.11　复制矩阵

复制矩阵分为深复制（也叫完全拷贝）和浅复制。深复制就是不但复制矩阵头，还复制矩阵
数据区。而浅复制只复制矩阵头，不复制数据区。

深复制的成员函数有 clone 和 copyTo。浅复制常用方式有赋值运算符和拷贝构造函数，它们
仅复制矩阵信息头。

值得注意的是，无论是深复制还是浅复制，矩阵头肯定是新申请内存空间并进行复制的。此
外，深复制一定有复制（全部或部分矩阵）数据区这个操作，而浅复制则没有这个操作。深复制有
开辟新数据区内存和不开辟新数据区内存两种情况，后者在原有的数据区内存中完成复制，比如
copyTo 函数在某些条件下就是如此。

1．深复制

Mat 类提供了成员函数 clone 和 copyTo 用来实现完全复制矩阵，其中 clone 是完全的深复制，在内存中申请新的空间（包括矩阵头和数据区）。函数 clone 声明如下：

```
Mat clone();
```

该函数为新矩阵申请新的内存空间（包括矩阵头空间和数据区空间），并将原矩阵的全部数据（包括矩阵头和数据区）复制到新矩阵，函数返回新矩阵的 Mat 对象。示例如下代码：

```
Mat A = Mat::ones(4,5,CV_32F);
Mat B = A.clone();        // clone 是完全的深复制，在内存中申请新的空间，B 与 A 完全独立
```

copyTo 也是深复制，但是否申请新的内存空间取决于 dst 矩阵头中的大小信息是否与 src 一致，若一致，则只深复制且不申请新的空间；否则先申请空间，再进行复制。该函数声明如下：

```
void copyTo (OutputArray m);
void cv::Mat::copyTo(OutputArray m, InputArray  mask );
```

其中参数 m 表示目标数组。对于带 mask 参数这种使用方式，mask 作为一个掩码矩阵，其大小必须和调用者对象的 Mat 矩阵大小相同，类型必须是 CV_8U，通道数可以为一或多通道，但只看单通道，所以用 CV_8U1 即可。需要注意的是：copyTo 这个函数会检测 mask 中相应位置是否为 0，如果不为 0，就会把输入 Mat 相应位置的值直接复制到输出 OutputArray 的相应位置上；如果为 0，输出 OutputArray 的相应位置就置为 0。mask 的作用相当于一个 "与" 的操作。

OutputArray 是 InputArray 的派生类，而 InputArray 是一个接口类，这个接口类可以是 Mat、Mat_<T>、Mat_<T, m, n>、vector<T>、vector<vector<T>>、vector<Mat>。这也就意味着如果看见函数的参数类型是 InputArray，那么把上述几种类型作为参数都是可以的。示例如下代码：

```
Mat A = Mat::ones(4, 5, CV_32F); // A 的大小(通过 size()函数获得)是[5,4]，列数（宽度）是 5，行数是 4
Mat C;        // 此时 C 的大小是[0,0]
A.copyTo(C) // C 的大小是[0,0]，若大小不合适，则需要申请新的内存空间，并完成复制，等同于 clone()
Mat D = A.col(1); // 赋值后，D 的大小是[1,4]，宽度是 1，高度是 4，相当于列数是 1，行数是 4
A.col(0).copyTo(D) // 此处 A.col(0)和 D 一样大，因此不会申请空间，而是直接进行复制
                // 相当于把 A 的第 1 列赋值给第二列。注意，别看成 A.copyTo(D)
Mat mat1 = Mat::ones(1, 5, CV_32F);   // [1,1,1,1,1]
Mat mat3 = Mat::zeros(1, 5, CV_32F);  // [0,0,0,0,0]
// 因为 mat3 和 mat1 大小一样，所以 mat1 未被重新分配内存，通过 mat1 可以改变 mat3 的内容
mat3.copyTo(mat1);
```

【例 3.5】两种方式实现深复制矩阵

步骤 01 打开 Qt Creator，新建一个控制台工程，工程名是 test。

步骤 02 在 IDE 中打开 main.cpp，输入如下代码：

```
#include <iostream>
#include "opencv2/imgcodecs.hpp"
#include <opencv2/core/core.hpp>
#include <opencv2/highgui/highgui.hpp>
```

```
using namespace cv;                          // 所有 OpenCV 类都在命名空间 cv 下
using namespace std;
Mat colorReduce_2(Mat img, int div)
{
    Mat image;
    image = img.clone();
    // img.copyTo(image);                              // 效果同 clone 一样
    int nl = image.rows;                               // 得到行数
    int nc = image.cols * image.channels();     // 得到实际列数
    for (int j = 0; j < nl; j++)
    {
        uchar *data = image.ptr<uchar>(j);
        for (int i = 0; i < nc; i++)
            data[i] = data[i] - data[i] % div + div / 2;
    }
    return image;
}

int main()
{
    Mat img = imread("520.jpg");
    Mat img2 = colorReduce_2(img, 64);
    imshow("reduce520", img2);
    imshow("520", img);
    waitKey(0);
}
```

520.jpg 是工程目录下的一幅图片。在上述代码中，我们自定义了函数 colorReduce_2，该函数用于减少每个像素值，因为使用了 clone（copyTo 效果也一样），所以并不会影响原图。

步骤 **03** 保存工程并运行，结果如图 3-7 所示。

图 3-7 中的下图是原图，上图是加工后的图片，图片没有任何变化。

【例 3.6】实验 mask 中为 0 和不为 0 的情况

步骤 **01** 打开 Qt Creator，新建一个控制台工程，工程名是 test。

步骤 **02** 在 IDE 中打开 main.cpp，输入如下代码：

图 3-7

```
#include <iostream>
#include "opencv2/imgcodecs.hpp"
#include <opencv2/core/core.hpp>
#include <opencv2/highgui/highgui.hpp>
using namespace cv;  // 所有 OpenCV 类都在命名空间 cv 下
using namespace std;
```

```
int main()
{
    Mat image, mask;
    Rect r1(10, 10, 60, 100);// 生成一个矩形
    Mat img2;
    image = imread("520.jpg");
    mask = Mat::zeros(image.size(), CV_8UC1);  // 掩码矩阵灰度值为 0，单通道矩阵，
全黑的图
    mask(r1).setTo(255);// 将掩码矩阵中 r1 范围内的灰度值设定为 255，即白图
    image.copyTo(img2, mask);// 将掩码图像与 image 图像进行"与操作"，然后赋值给 img2
图像
    imshow("src", image);
    imshow("dst", img2);
    imshow("mask", mask);
    waitKey();
    return 0;
}
```

在上述代码中，我们定义了一个掩码矩阵 mask，它只在 r1 矩阵范围内的灰度值是 255，其他都是 0，那么 copyTo 的操作结果就是将 image 对应位置上的像素值复制到 img2 上，也就是 r1 范围内的 image 部分被复制到 img2 的 r1 范围内，而 img2 其他区域都为 0，即黑色。

步骤 **03**　保存工程并运行，结果如图 3-8 所示。

图 3-8

果然 mask 矩阵某位置的灰度值为 0，目标矩阵的相应位置的灰度值也为 0。

【例 3.7】利用 copyTo 实现图 1 贴在图 2 上

步骤 **01**　打开 Qt Creator，新建一个控制台工程，工程名是 test。

步骤 **02**　在 IDE 中打开 main.cpp，输入如下代码：

```
#include <iostream>
#include "opencv2/imgcodecs.hpp"
```

```
#include <opencv2/core/core.hpp>
#include <opencv2/highgui/highgui.hpp>
using namespace cv;  // 所有 OpenCV 类都在命名空间 cv 下
using namespace std;
int main()
{
    Mat Image1 = imread("520.jpg");
    Mat Image2 = imread("2.jpg");
    imshow("pic1", Image1);
    imshow("pic2", Image2);

    // 在 image1 上创建一个感兴趣的区域
    Mat imagedst = Image1(Rect(0, 0, Image2.cols, Image2.rows));
    Mat mask = imread("2.jpg", 0); // 加载图 2，转为灰度图后存于 mask
    imshow("mask", mask);          // 显示 mask 图
    // 进行复制
    Image2.copyTo(imagedst, mask); // mask 必须和调用者 Mat 矩阵(这里是 dstImage)
大小相同
    imshow("result", Image1);      // 显示效果图
    waitKey(0);
    return 0;
}
```

我们的目标是把 image2 复制到 image1 的某块区域内（这里是 imagedst），这个区域大小和 image2 相同。首先在 image1 上创建一个感兴趣的区域，并存于 imagedst 中，然后加载图 2，将其转为灰度图像后存于掩码矩阵 mask 中。注意 imread 的第二个参数，如果取值为 0，就将图像转换为灰度图像。有了 mask 后，就可以开始利用 copyTo 复制了。注意 mask 必须和调用者 Mat 矩阵（这里是 Image2）大小相同。

步骤 03 保存工程并运行，结果如图 3-9 所示。

图 3-9

2. 浅复制

浅复制常见的方式有：使用赋值运算符和拷贝构造函数。使用赋值运算符和拷贝构造函数都是复制信息头，比如以下程序：

```
Mat src1 = imread("1.jpg");
Mat src2=src1;  // src2 和 src1 共用一个矩阵，所以当改变二者中的任意一个时，另一个会
随之改变
```

```
Mat dst(src1);      // 使用拷贝构造函数，只复制矩阵的信息头------典型的浅复制
```

3.1.12　判断矩阵是否有元素

函数 empty 用于判断矩阵是否有元素，其声明如下：

```
bool empty();
```

如果矩阵没有元素，函数就返回 true。

3.1.13　矩阵的 5 种遍历方式

遍历就是对每个元素数据进行访问。遍历方式通常有指针数组方式、.ptr 方式、.at 方式、内存连续法和迭代器遍历法，其中 .ptr 方式和指针数组方式是快速高效的方式。

1. 指针数组方式

该方式定义一个指针，指向 Mat 矩阵数据区开头：

```
uchar* pdata = (uchar*)mymat.data;
```

然后开始循环移动指针，移动的时候一般用两个 for 循环进行行和列的遍历。需要注意的是，矩阵的实际列数是像素列数乘以通道数。另外，如果要输出某个元素值，要注意 cout 输出的 uchar 是 ASCII 码，即如果直接通过 cout<< pdata[j]<<endl 输出数据，则将输出数据对应的 ASCII 码。如果需要输出整数，还需要强制转换，比如：

```
int img_pixel=(int)padata[j];   // 像素中数据为 0~255，所以使用 int 类型即可
cout<<padata[j]<<endl;
```

【例 3.8】使用指针数组方式遍历矩阵并输出

步骤01 打开 Qt Creator，新建一个控制台工程，工程名是 test。

步骤02 在 IDE 中打开 main.cpp，输入如下代码：

```cpp
#include <iostream>
#include "opencv2/imgcodecs.hpp"
#include <opencv2/core/core.hpp>
#include <opencv2/highgui/highgui.hpp>
using namespace cv;  // 所有 OpenCV 类都在命名空间 cv 下
using namespace std;

int main()
{
    Mat mymat = cv::Mat::ones(cv::Size(3, 2), CV_8UC3);// 定义 2 行 3 列三通道矩
阵，实际矩阵共有 9 列
    uchar* pdata = (uchar*)mymat.data;
    for (int i = 0; i < mymat.rows; i++)
    {
        for (int j = 0; j < mymat.cols*mymat.channels(); j++)
            cout <<(int)pdata[j]<<"   ";
```

```
        cout << endl;
    }
}
```

代码很简单，首先让指针 pdata 指向矩阵数据区开头，然后开始逐行逐列得到每个元素的值，并强制转为 int 后输出。值得注意的是 pdata[j]，平面图像在逻辑结构上虽然为二维数组，但在计算机中是用一维数组储存图像，也就是说不论是灰度图像还是彩色图像，图像矩阵虽是一个二维数组，但在计算机内存中都是以一维数组的形式存储的。用 Mat 存储一幅图像时，若图像在内存中是连续存储的（Mat 对象的 isContinuous == true），则可以将图像的数据看作一个一维数组，而 Mat::data（类型是 uchar*）就是指向图像数据的第一个字节，因此可以用 data 指针访问图像的数据，访问的方式就是在访问一个一维数组。

步骤 03 保存工程并运行，结果如图 3-10 所示。

图 3-10

当然，真正开发时，如果需要输出矩阵，不必采用遍历的方式逐个输出，这里主要是为了演示遍历。要输出矩阵直接使用 cout<<mymat;即可。

2. .ptr 方式

该方式也是比较高效的方式。这种方式使用形式如下：

```
mat.ptr<type>(row)[col]
```

对于 Mat 的 ptr 函数，返回的是<>中的模板类型指针，指向的是()中的第 row 行的起点。通常<>中的类型和 Mat 的元素类型应该一致，然后用该指针访问对应 col 列位置的元素。

ptr 函数访问任意一行像素的首地址，特别方便图像一行一行地横向访问，如果需要一列一列地纵向访问图像，就稍微麻烦一点。但是 ptr 的访问效率比较高，程序也比较安全，有越界判断。

在 OpenCV 中，Mat 矩阵 data 数据的存储方式和二维数组不一致：二维数组按照行优先的顺序依次存储，而 Mat 中还有一个标记步进距离的变量 Step。我们可以使用 Mat.ptr<DataTyte>(row) 方法来获取指定行的指针，从而定位到每一行数据。

在 Mat 矩阵中，数据指针 Mat.data 是 uchar 类型的指针，CV_8U 系列可以通过计算指针位置快速地定位矩阵中的任意元素。二维单通道元素可以使用 MAT::at(i,j)，i 是行号，j 是列号。但对于多通道的非 uchar 类型矩阵来说，以上方法不适用，此时可以用 Mat::ptr() 来获得指向某行元素的指针，再通过行数与通道数计算相应点的指针。比如以下代码：

```
// 单通道
cv::Mat image = cv::Mat(400, 600, CV_8UC1);   // 定义了一个 Mat 变量 image，宽 400，
长 600
uchar * data00 = image.ptr<uchar>(0);// data00 是指向 image 第一行第一个元素的指针
uchar * data10 = image.ptr<uchar>(1);// data10 是指向 image 第二行第一个元素的指针
uchar * data01 = image.ptr<uchar>(0)[1];  // data01 是指向 image 第一行第二个元素
的指针
uchar * data = image.ptr<uchar>(3)[42];  // 得到第 3 行第 43 个像素的指针
```

```
// 多通道
cv::Mat image = cv::Mat(400, 600, CV_8UC3); // 宽 400，长 600，三通道彩色图片
cv::Vec3b * data000 = image.ptr<cv::Vec3b>(0);
cv::Vec3b * data100 = image.ptr<cv::Vec3b>(1);
cv::Vec3b * data001 = image.ptr<cv::Vec3b>(0)[1];
```

Vec3b 可以看作 vector<uchar, 3>，简单而言就是一个 uchar 类型、长度为 3 的向量。

【例 3.9】使用.ptr 方式遍历矩阵并输出

步骤 01 打开 Qt Creator，新建一个控制台工程，工程名是 test。

步骤 02 在 IDE 中打开 main.cpp，输入如下代码：

```
#include <iostream>
#include "opencv2/imgcodecs.hpp"
#include <opencv2/core/core.hpp>
#include <opencv2/highgui/highgui.hpp>
using namespace cv;  // 所有 OpenCV 类都在命名空间 cv 下
using namespace std;

int main()
{
    Mat mymat = cv::Mat::ones(cv::Size(3, 2), CV_8UC3);// 定义 2 行 3 列三通道矩
阵，实际矩阵共有 9 列
    for (int i = 0; i < mymat.rows; i++)
    {
        uchar* pdata = mymat.ptr<uchar>(i);   // 每一行图像的指针
        for (int j = 0; j < mymat.cols*mymat.channels(); j++)
            cout <<(int)pdata[j]<<"   ";
        cout << endl;
    }
}
```

我们定义 pdata 使其指向每一行开头的地址，然后在本行的列中递增。

步骤 03 保存工程并运行，结果如图 3-11 所示。

图 3-11

值得说明的是，每一行数据元素在内存中是连续存储的，每个三通道像素按顺序存储。但是这种用法不能用在行与行之间，因为图像在 OpenCV 中的存储机制问题，行与行之间可能有空白单元，这些空白单元对图像来说没有意义，只是为了在某些架构上能够更有效率，比如 Intel MMX 可以更有效地处理个数是 4 或 8 的倍数的行。

也就是说行与行之间不一定连续。当然，这里只是说不一定，一般情况下，如果该 Mat 只有 1 行，那当然是连续的；如果有多行，那么每行的 end 要与下一行的 begin 连在一起才算连续。一般情况下我们建立的 Mat 都是连续的，但是用 Mat::col() 截取建立的 Mat 是不连续的。如果 Mat 连续，

那么我们在访问时就可以将其当成一个长行，这样访问更加高效快速。

我们可以通过 Mat 的成员函数 isContinuous 来判断 Mat 中的像素点在内存中的存储是否连续。

3. .at 方式

Mat 类提供了.at 方式来获取图像上的点，它是一个模板函数，可以获取任何类型的图像上的点。该函数声明如下：

```
template<typename _Tp >
_Tp& at ( int row, int col);
```

其中 row 是元素所在的行，col 是元素所在的列，函数返回元素值。

使用.at 方式获取图像中的点的用法如下：

```
image.at<uchar>(i,j);          // 取出灰度图像中 i 行 j 列的点
image.at<Vec3b>(i,j)[k];       // 取出彩色图像中 i 行 j 列第 k 通道的颜色点
```

其中 uchar、Vec3b 都是图像像素值的类型。读者不要对 Vec3b 这种类型感到害怕，其实在 Core 中，它是通过 typedef Vec<T,N>来定义的，N 代表元素的个数，T 代表类型，比如：

```
image.at<uchar>(10, 200) = 255;   // 在矩阵(10, 200)位置赋值 255
```

下面我们通过一个图像处理中的实际应用来说明它的用法。在实际应用中，很多时候需要对图像进行降色（Reduce Color），如常见的 RGB24 图像有 256×256×256 种颜色，通过降色将每个通道的像素减少为原来的 1/8，即 256/8=32 种，则图像只有 32×32×32 种颜色。假设量化减少的分数是 $1/N$，则代码实现时就是简单的 value/N×N，通常我们会再加上 $N/2$ 以得到相邻的 N 的倍数的中间值，最后图像被量化为（256/N）×（256/N）×（256/N）种颜色。

【例 3.10】使用.at 方式遍历矩阵并降色

步骤01 打开 Qt Creator，新建一个控制台工程，工程名是 test。

步骤02 在 IDE 中打开 main.cpp，输入如下代码：

```cpp
#include <iostream>
#include "opencv2/imgcodecs.hpp"
#include <opencv2/core/core.hpp>
#include <opencv2/highgui/highgui.hpp>
using namespace cv;  // 所有 OpenCV 类都在命名空间 cv 下
using namespace std;


void colorReduce(Mat& image, int div=64)
{
    for (int i = 0; i < image.rows; i++)
    {
        for (int j = 0; j < image.cols; j++)
        {
            image.at<Vec3b>(i, j)[0] = image.at<Vec3b>(i, j)[0] / div * div + div / 2;

            image.at<Vec3b>(i, j)[1] = image.at<Vec3b>(i, j)[1] / div * div + div / 2;
```

```
              image.at<Vec3b>(i, j)[2] = image.at<Vec3b>(i, j)[2] / div * div +
div / 2;
        }
      }
    }
}
int main()
{
    Mat A;      // 仅仅创建了矩阵头
    A = imread("520.jpg", 1);
    imshow("src", A);
    colorReduce(A);
    imshow("dst", A);
    waitKey(0);
}
```

我们通过自定义函数 colorReduce 遍历矩阵像素，并减少了颜色。

步骤 03　保存工程并运行，结果如图 3-12 所示。

图 3-12

4. 内存连续法

有些图像行与行之间往往是不连续存储的，但是有些图像是连续存储的，Mat 提供了一个检测图像是否连续存储的函数 isContinuous()。当图像连续存储时，我们就可以把图像完全展开，看成一行。这样访问更加高效。

【例 3.11】使用内存连续法遍历矩阵

步骤 01　打开 Qt Creator，新建一个控制台工程，工程名是 test。

步骤 02　在 IDE 中打开 main.cpp，输入如下代码：

```
#include <iostream>
#include "opencv2/imgcodecs.hpp"
#include <opencv2/core/core.hpp>
#include <opencv2/highgui/highgui.hpp>
using namespace cv;  // 所有opencv类都在命名空间 cv 下
using namespace std;

int main()
{
    Mat mymat = cv::Mat::ones(cv::Size(3, 2), CV_8UC3);// 定义 2 行 3 列三通道矩
阵，实际矩阵共有 9 列
```

```
    int nr = mymat.rows;
    int nc = mymat.cols*mymat.channels();
    if (mymat.isContinuous())    // 判断矩阵存储是否内存连续
    {
        nr = 1;                          // 如果连续，就可以当成一行
        nc = nc * mymat.rows;    // 当成一行后的总列数
    }
    for (int i = 0; i < nr; i++)
    {
        uchar* pdata = mymat.ptr<uchar>(i);    // 每一行图像的指针
        for (int j = 0; j < nc; j++)
            cout << (int)pdata[j] << " ";
        cout << endl;
    }
}
```

在上述代码中，通过函数 isContinuous 来判断矩阵存储是否连续，如果连续，就可以当成一行来处理，从而不必移动行指针。

步骤 03 保存工程并运行，结果如图 3-13 所示。

1 0 0 1 0 0 1 0 0 1 0 0 1 0 0 1 0 0

图 3-13

5. 迭代器遍历法

通过迭代器方式遍历相对简单，只要设置好迭代器的开始和结束，然后递增，就可以开始遍历了。迭代器主要通过 MatConstIterator_ 这个模板类来实现的，其定义如下：

```
template<typename _Tp>
class cv::MatConstIterator_< _Tp >
```

其继承关系如图 3-14 所示。

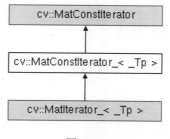

图 3-14

下面来看一个实例，还是减少图像的颜色，然后把结果保存到文件 after520.jpg 中。

【例 3.12】使用迭代器方式遍历矩阵

步骤 01 打开 Qt Creator，新建一个控制台工程，工程名是 test。

步骤 02 在 IDE 中打开 main.cpp，输入如下代码：

```cpp
#include <iostream>
#include "opencv2/imgcodecs.hpp"
#include <opencv2/core/core.hpp>
#include <opencv2/highgui/highgui.hpp>
using namespace cv;  // 所有 opencv 类都在命名空间 cv 下
using namespace std;
void colorReduce(const Mat& image, Mat& outImage, int div=64)
{
    outImage.create(image.size(),image.type());// 创建同样大小的矩阵，用于保存输出

    // 获得迭代器
    MatConstIterator_<Vec3b> it_in = image.begin<Vec3b>();
    MatConstIterator_<Vec3b> itend_in = image.end<Vec3b>();
    MatIterator_<Vec3b> it_out = outImage.begin<Vec3b>();
    MatIterator_<Vec3b> itend_out = outImage.end<Vec3b>();
    while (it_in != itend_in)
    {
        (*it_out)[0] = (*it_in)[0] / div * div + div / 2;
        (*it_out)[1] = (*it_in)[1] / div * div + div / 2;
        (*it_out)[2] = (*it_in)[2] / div * div + div / 2;
        it_in++;
        it_out++;
    }
}
int main()
{
    Mat A,B;     // 仅仅创建了矩阵头
    A = imread("520.jpg", 1);
    imshow("src", A);
    colorReduce(A,B);
    imshow("dst", B);
    imwrite("after520.jpg", B);
    waitKey(0);
}
```

在上述代码中，把图像 520.jpg（该文件位于源码工程目录下）加载到矩阵 A 对象中，然后对其遍历，进行颜色减少操作，同时创建一个同样大小的矩阵对象 B，并把每个元素结果存于 B 的相应位置。main 函数末尾把 B 保存到了文件 after520.jpg 中。

步骤 03　保存工程并运行，结果如图 3-15 所示。

图 3-15

3.1.14　设置矩阵新值

成员函数 setTo 可以根据掩码设置矩阵的全部或部分元素为新值，其声明如下：

```
Mat & setTo (InputArray value, InputArray mask=noArray());
```

参数说明如下：

- value：表示要把矩阵 mask 中元素不为 0 的点全部变为新值。
- mask：表示与调用者矩阵有相同大小的操作掩码矩阵，setTo 就是根据这个掩码矩阵来决定是否将调用者矩阵某个相同位置的元素设为 value。比如，mask 矩阵中某个元素不为 0，则调用者矩阵将与该元素（mask 矩阵中的元素）相同位置的点（调用者矩阵中的点）将设为 value。当默认不添加 mask（掩码矩阵）的时候，表明 mask 是一个与原图尺寸大小一致且元素值（mask 矩阵中的元素）全为非零的矩阵，因此不加 mask 的时候会将原矩阵的像素值全部赋为 value。函数返回 Mat 引用。掩码矩阵 mask 的元素相当于一个标志位，当标志位设置为 1 时，只处理原图像对应掩码图像非零的那些像素（就是设置为新值 value）；当标志位为 0 时，处理为 0。

3.1.15　得到矩阵的元素总个数

成员函数 total 返回 Mat 矩阵的元素总个数，比如 30×40 像素的图像，存在 1200 个像素点，即 Mat 矩阵的元素总个数是 1200。该函数声明如下：

```
size_t Mat::total();
```

3.1.16　矩形类 Rect

矩形类 Rect 是一个经常会用到的数据结构，用来表示一个矩形区域，它常应用在画图场景中。其定义如下：

```
typedef Rect2i cv::Rect
typedef Rect_<int> cv::Rect2i
```

Rect_ 是一个矩形模板类，它有 4 个重要的公有成员变量：x 是矩形左上角横坐标，y 是矩形左上角纵坐标，width 是矩形宽度，height 是矩形高度。这 4 个变量可以组成一个矩形。

Rect_ 有 6 种构造函数形式，常用的有以下两种：

```
Rect_ (_Tp _x, _Tp _y, _Tp _width, _Tp _height);
Rect_ (const Rect_ &r);
```

其中 r 表示矩形对象，也就是说用一个现成的矩形对象可以构造另一个新的矩形对象。

如果要创建一个 Rect 对象 rect(100, 50, 50, 100)，那么 rect 常会用到以下几个成员函数：

```
rect.area();       // 返回 rect 的面积 5000
rect.size();       // 返回 rect 的尺寸 [50 × 100]
rect.tl();         // 返回 rect 左上角的坐标 [100, 50]
```

```
rect.br();        // 返回 rect 右下角的坐标 [150, 150]
rect.width();      // 返回 rect 的宽度 50
rect.height();     // 返回 rect 的高度 100
rect.contains(Point(x, y));  // 返回布尔变量，判断 rect 是否包含 Point(x, y)点
```

还可以求两个矩形的交集和并集：

```
rect = rect1 & rect2;
rect = rect1 | rect2;
```

也可以对矩形进行平移和缩放：

```
rect = rect + Point(-100, 100);   // 平移，也就是左上角的 x 坐标-100，y 坐标+100
rect = rect + Size(-100, 100);    // 缩放，左上角不变，宽度-100，高度+100
```

也可以对矩形进行对比，返回布尔变量：

```
if(rect1 == rect2) ...
if(rect1 != rect2) ...
```

OpenCV 中没有判断 rect1 是否在 rect2 中的功能，我们可以自己写一个：

```
bool isInside(Rect rect1, Rect rect2)
{
    return (rect1 == (rect1&rect2));// 如果矩形 rect1 在 rect2 中,相与后结果就是 rect1
}
```

OpenCV 中也没有获取矩形中心点的功能，我们也可以自己写一个：

```
Point getCenterPoint(Rect rect)
{
    Point cpt;
    cpt.x = rect.x + cvRound(rect.width/2.0);
    cpt.y = rect.y + cvRound(rect.height/2.0);
    return cpt;
}
```

围绕矩形中心进行缩放这一功能也经常会用到，我们也可以自定义实现：

```
Rect rectCenterScale(Rect rect, Size size)
{
    rect = rect + size;
    Point pt;
    pt.x = cvRound(size.width/2.0);
    pt.y = cvRound(size.height/2.0);
    return (rect-pt);
}
```

3.2　数组的操作

核心模块 Core 专门提供了一些全局函数用于对数组（矩阵）进行操作，其中常用的函数如表 3-2 所示。

表 3-2　常用的操作数组的函数

Function（函数名）	Use（函数用法）
add	矩阵加法，A+B 的更高级形式，支持 mask
scaleAdd	矩阵加法，一个带有缩放因子 dst(I) = scale * src1(I) + src2(I)
addWeighted	矩阵加法，两个带有缩放因子 dst(I) = saturate(src1(I) * alpha + src2(I) * beta + gamma)
subtract	矩阵减法，A−B 的更高级形式，支持 mask
multiply	矩阵逐元素乘法，同 Mat::mul()函数，与 A*B 区别，支持 mask
gemm	一个广义的矩阵乘法操作
divide	矩阵逐元素除法，与 A/B 区别，支持 mask
abs	对每个元素求绝对值
absdiff	求两个矩阵的差的绝对值
exp	求每个矩阵元素 src(I)的自然数 e 的 src(I)次幂 $dst[I] = e^{src(I)}$
pow	求每个矩阵元素 src(I)的 p 次幂 $dst[I] = src(I)^p$
log	求每个矩阵元素的自然数底 $dst[I] = log|src(I)|$ (if src != 0)
sqrt	求每个矩阵元素的平方根
min, max	这两个函数用来比较两幅图像中每一个元素灰度值的大小，并分别保留较小和较大的灰度值
minMaxLoc	定位矩阵中最小值、最大值的位置
compare	返回逐个元素比较结果的矩阵
bitwise_and, bitwise_not, bitwise_or, bitwise_xor	每个元素进行位运算，分别是和、非、或、异或
cvarrToMat	将旧版数据 CvMat、IplImage、CvMatND 转换到新版数据 Mat
extractImageCOI	从旧版数据中提取指定的通道矩阵给新版数据 Mat
randu	以 Uniform 分布产生随机数填充矩阵，同 RNG::fill(mat, RNG::UNIFORM)
randn	以 Normal 分布产生随机数填充矩阵，同 RNG::fill(mat, RNG::NORMAL)
randShuffle	随机打乱一个一维向量的元素顺序
theRNG()	返回一个默认构造的 RNG 类的对象 theRNG()::fill(...)
reduce	矩阵缩成向量
repeat	矩阵复制的时候指定按 x/y 方向重复
split	一个多通道矩阵分解成多个单通道矩阵
merge	多个单通道矩阵合成一个多通道矩阵
mixChannels	矩阵间通道复制，如 Rgba[]到 Rgb[]和 Alpha[]
sort, sortIdx	为矩阵的每行或每列元素排序
setIdentity	设置单元矩阵
completeSymm	矩阵上下三角复制
inRange	检查元素的取值范围是否在另外两个矩阵的元素取值范围之间，返回验证矩阵
checkRange	检查矩阵的每个元素的取值是否在最小值与最大值之间，返回验证结果 bool
sum	求矩阵的元素和
mean	求均值

（续表）

Function（函数名）	Use（函数用处）
meanStdDev	均值和标准差
countNonZero	统计非零值个数
cartToPolar, polarToCart	笛卡儿坐标与极坐标之间的转换
flip	矩阵翻转
transpose	矩阵转置，比较 Mat::t() A^T
trace	矩阵的迹
determinant	行列式 |A|, det(A)
eigen	矩阵的特征值和特征向量
invert	矩阵的逆或者伪逆，比较 Mat::inv()
magnitude	向量长度计算 $dst(I) = sqrt(x(I)^2 + y(I)^2)$
Mahalanobis	Mahalanobis 距离计算
phase	相位计算，即两个向量之间的夹角
norm	求范数，1-范数、2-范数、无穷范数
normalize	标准化
mulTransposed	矩阵和它自己的转置相乘 $A^T * A$, dst = scale(src - delta)^T(src - delta)
convertScaleAbs	先缩放元素，再取绝对值，最后转换格式为 8 比特型
calcCovarMatrix	计算协方差阵
solve	求解一个或多个线性系统或者求解最小平方问题（Least-Squares Problem）
solveCubic	求解三次方程的根
solvePoly	求解多项式的实根和重根
dct, idct	正、逆离散余弦变换，idct 同 dct(src, dst, flags | DCT_INVERSE)
dft, idft	正、逆离散傅里叶变换，idft 同 dft(src, dst, flags | DTF_INVERSE)
LUT	查表变换
getOptimalDFTSize	返回一个优化过的 DFT 大小
mulSpecturms	两个傅里叶频谱间逐元素的乘法

寻找数组中最小值和最大值的位置（minMaxLoc）

全局函数 minMaxLoc 用于寻找数组中的最大值和最小值及其位置。该极值检测会遍历整个矩阵，当掩码为空时，遍历指定的特殊区域。此函数不适用于多通道阵列。如果需要在所有通道中查找最小元素或最大元素，首先使用 Mat::reshape 将数组重新解释为单个通道，或者使用 extractImageCOI、mixChannels 或 split 提取特定通道。函数 minMaxLoc 声明如下：

```
void cv::minMaxLoc (InputArray  src, double * minVal, double * maxVal = 0, Point
*minLoc = 0, Point * maxLoc = 0, InputArray mask = noArray() );
```

参数说明如下：

- src: 表示输入的单通道数组（矩阵）。
- minVal: 指向返回的最小值的指针，如果传入的是 NULL，就表示不要求最小值。
- maxVal: 指向返回的最大值的指针，如果传入的是 NULL，就表示不要求最大值。

- minLoc：指向返回最小值的位置（二维情况下），如果传入的是 NULL，就表示不要求最小值的位置。
- maxLoc：指向返回最大值的位置（二维情况下），如果传入的是 NULL，就表示不要求最大值的位置。
- Mask：用于指定下级矩阵的操作掩码。

【例 3.13】计算单通道、多通道图像的最大值

步骤 01 打开 Qt Creator，新建一个控制台工程，工程名是 test。

步骤 02 在 IDE 中打开 main.cpp，输入如下代码：

```cpp
#include <QDebug>
#include <opencv2/core/core.hpp>
#include <opencv2/highgui/highgui.hpp>
using namespace std;
using namespace cv;

int main()
{
    Mat image, image_3c;
    image.create(Size(256, 256), CV_8UC1);
    image_3c.create(Size(256, 256), CV_8UC3);    // 三通道的图像
    image.setTo(0);
    image_3c.setTo(0);

    image.at<uchar>(10, 200) = 255;       // 第 10 行、第 200 列处赋值 255
    image_3c.at<uchar>(10, 200) = 255;  // 第 10 行、第 300 列处赋值
    double maxVal = 0; // 最大值一定要赋初值，否则运行时会报错
    Point maxLoc;
    minMaxLoc(image, NULL, &maxVal, NULL, &maxLoc);
    qDebug() << "单通道图像最大值：" << maxVal;
    double min_3c, max_3c;
    minMaxLoc(image_3c, &min_3c, &max_3c, NULL, NULL);
    qDebug() << "3 通道图像最大值：" << max_3c;
    imshow("image", image);
    imshow("image_3c", image_3c);
    waitKey(0);
    return 0;
}
```

在上述代码中，我们利用全局函数 minMaxLoc 查找了单通道和多通道矩阵中的像素最大值。注意，多通道在使用 minMaxLoc 函数时不能给出其最大值和最小值坐标，因为每个像素点有多个坐标，所以无法给出。

步骤 03 保存工程并运行，结果如图 3-16 所示。

图 3-16

3.3 读写 XML 和 YAML 文件

3.3.1 YAML 文件简介

编程免不了要写配置文件，写配置也是一门学问。YAML 是专门用来写配置文件的语言，非常简洁和强大，远比 JSON 格式方便。YAML 语言的设计目标是方便人类读写。它实质上是一种通用的数据串行化格式。YAML 的基本语法规则如下：

（1）大小写敏感。

（2）使用缩进表示层级关系。

（3）缩进时不允许使用 Tab 键，只允许使用空格。

（4）缩进的空格数目不重要，只要相同层级的元素左侧对齐即可。

YAML 支持的数据结构有 3 种：

（1）对象：键值对的集合，又称为映射（Mapping）、哈希（Hash）、字典（Dictionary）。

（2）数组：一组按次序排列的值，又称为序列（Sequence）、列表（List）。

（3）纯量（Scalar）：单个的、不可再分的值。

由于实现简单，解析成本很低，YAML 特别适合在脚本语言中使用，比如 Ruby、Java、Perl、Python、PHP、JavaScript、Go（除了 Java 和 Go 外，其他都是脚本语言）。写 YAML 要比写 XML 快得多（无须关注标签或引号），并且比 INI 文档的功能更强。以下就是一个 YAML 文件：

```
%YAML:1.0
---
frameCount: 5
calibrationDate: "Wed Aug  1 11:13:44 2018\n"
cameraMatrix: !!opencv-matrix
   rows: 3
   cols: 3
   dt: d
   data: [ 1000., 0., 320., 0., 1000., 240., 0., 0., 1. ]
disCoeffs: !!opencv-matrix
   rows: 5
   cols: 1
   dt: d
   data: [ 1.0000000000000001e-01, 1.0000000000000000e-02,
       -1.0000000000000000e-03, 0., 0. ]
features:
   - { x:41, y:227, lbp:[ 0, 1, 1, 1, 1, 1, 0, 1 ] }
   - { x:260, y:449, lbp:[ 0, 0, 1, 1, 0, 1, 1, 0 ] }
   - { x:598, y:78, lbp:[ 0, 1, 0, 0, 1, 0, 1, 0 ] }
```

3.3.2　写入和读取 YAML\XML 文件的基本步骤

写入和读取 YAML\XML 文件的基本步骤如下：

（1）创建 cv::FileStorage 对象，并打开文件。

（2）使用<<写入数据，或者使用>>读取数据。

（3）使用 cv::FileStorage::release()关闭文件。

3.3.3　XML、YAML 文件的打开

有两种方法来实例化 FileStorage 对象，一种是带有参数，另外一种是不带有参数。前者在实例化的时候打开文件，后者则要再调用 open 函数。

方法 1：

```
FileStorage fs(fileName,FileStorage::WRITE);  // 实例化对象 fs
// fs 设定为写入操作
// 读取操作时，实例化对象方式写为 FileStorage::READ
```

方法 2：

```
FileStorage fs;   // 实例化对象 fs
fs.open(fileName,FileStorage::WRITE);
```

3.3.4　文本和数字的输入和输出

写入文件使用<<运算符，例如：

```
fs << "iterationNr" << 100;
```

读取文件使用>>运算符，例如：

```
int itNr;
fs["iterationNr"] >> itNr;
itNr = (int) fs["iterationNr"];
```

3.3.5　OpenCV 数据结构的输入和输出

OpenCV 数据结构的输入和输出与基本的 C++形式相同，例如：

```
Mat R = Mat_<uchar >::eye (3, 3),
T = Mat_<double>::zeros(3, 1);
fs << "R" << R; // 写 cv::Mat
fs << "T" << T;
fs["R"] >> R; // 读 cv::Mat
fs["T"] >> T;
```

3.3.6　vector（arrays）和 maps 的输入和输出

vector 要在第一个元素前加上"[", 在最后一个元素前加上"]", 例如:

```
fs << "strings" << "["; // 文本-字符串序列
fs << "image1.jpg" << "Awesomeness" << "baboon.jpg";
fs << "]"; // 关闭序列
```

对于 map 结构的操作, 使用的符号是"{"和"}", 例如:

```
fs << "Mapping"; // text - mapping
fs << "{" << "One" << 1;
fs << "Two" << 2 << "}";
```

读取这些结构的时候, 会用到 FileNode 和 FileNodeIterator 数据结构。FileStorage 类的[]操作符会返回 FileNode 数据类型。对于一连串的节点, 可以使用 FileNodeIterator 结构, 例如:

```
FileNode n = fs["strings"]; // 读字符串序列——获取节点
if (n.type() != FileNode::SEQ)
{
    cerr << "strings is not a sequence! FAIL" << endl;
    return 1;
}
FileNodeIterator it = n.begin(), it_end = n.end(); // 遍历节点
for (; it != it_end; ++it)
cout << (string)*it << endl;
```

3.3.7　文件关闭

文件关闭操作会在 FileStorage 结构销毁时自动进行, 也可调用 fs.release()函数实现。

【例 3.14】生成 YAML 文件并读取

步骤 01　打开 Qt Creator, 新建一个控制台工程, 工程名是 test。

步骤 02　在 IDE 中打开 main.cpp, 输入如下代码:

```
#include <iostream>
#include <opencv2/opencv.hpp>
#include <time.h>
using namespace std;
using namespace cv;

int writeYaml()
{
    // 初始化
    FileStorage fs("test.yaml", FileStorage::WRITE);
    // 开始文件写入
    fs << "frameCount" << 5;
    time_t rawtime;
    time(&rawtime);
    fs << "calibrationDate" << asctime(localtime(&rawtime));
```

```cpp
    Mat cameraMatrix = (Mat_<double>(3, 3) << 1000, 0, 320, 0, 1000, 240, 0,
0, 1);
    Mat disCoeffs = (Mat_<double>(5, 1) << 0.1, 0.01, -0.001, 0, 0);
    fs << "cameraMatrix" << cameraMatrix << "disCoeffs" << disCoeffs;
    fs << "features" << "[";
    for (int i = 0; i < 3; i++)
    {
        int x = rand() % 640;
        int y = rand() % 480;
        uchar lbp = rand() % 256;
        fs << "{:" << "x" << x << "y" << y << "lbp" << "[:";
        for (int j = 0; j < 8; j++)
        {
            fs << ((lbp >> j) & 1);
        }
        fs << "]" << "}";
    }
    fs << "]";
    fs.release();
    printf("write over.\n");

    return 0;
}


int readYaml()
{
    // 初始化
    FileStorage fs2("test.yaml", FileStorage::READ);
    // 第一种方法：对 FileNote 操作
    int frameCount = (int)fs2["frameCount"];
    std::string date;
    // 第二种方法:使用 FileNote 运算符
    fs2["calibrationDate"] >> date;
    Mat cameraMatrix2, disCoeffs2;
    fs2["cameraMatrix"] >> cameraMatrix2;
    fs2["disCoeffs"] >> disCoeffs2;
    cout << "framCount: " << frameCount << endl
        << "calibration date: " << date << endl
        << "camera matrix: " << cameraMatrix2 << endl
        << "distortion coeffs: " << disCoeffs2 << endl;
    FileNode features = fs2["features"];
    FileNodeIterator it = features.begin(), it_end = features.end();
    int idx = 0;
    std::vector<uchar> lbpval;
    // 使用 FileNoteIterator 遍历序列
    for (; it != it_end; ++it, ++idx)
    {
        cout << "feature #" << idx << ": ";
        cout << "x=" << (int)(*it)["x"] << ", y =" << (int)(*it)["y"] << ", lbp:
```

```
(";
            (*it)["lbp"] >> lbpval;
            for (int i = 0; i < (int)lbpval.size(); i++)
            {
                cout << " " << (int)lbpval[i];
            }
            cout << ")" << endl;
        }
        fs2.release();
        printf("\nread over.");
        getchar();
        return 0;
    }

    int main()
    {
        system("color 6F");// 改变 console 颜色
        writeYaml();
        puts("read YAML file:");
        readYaml();
    }
```

在上述代码中，我们新建了一个 YAML 文件并写入了数据，然后读取该文件的内容，并在终端显示出来。

步骤 **03** 保存工程并运行，结果如图 3-17 所示。

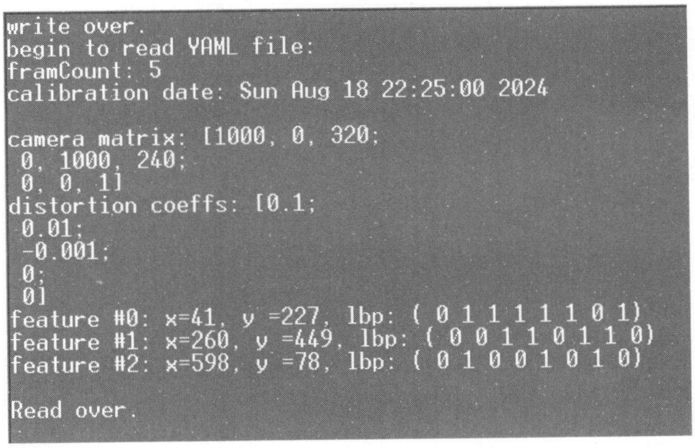

图 3-17

【例 3.15】同时支持 XML 和 YAML 的读写

步骤 **01** 打开 Qt Creator，新建一个控制台工程，工程名是 test。

步骤 **02** 在 IDE 中打开 main.cpp，输入如下代码：

```
#include <iostream>
#include <opencv2/core.hpp>
#include <iostream>
#include <string>
```

```cpp
using namespace cv;
using namespace std;

class MyData
{
public:
    MyData() : A(0), X(0), id()
    {}
    explicit MyData(int) : A(97), X(CV_PI), id("mydata1234") // 显式转换以避免
隐式转换
    {}
    void write(FileStorage& fs) const   // 为这个类编写序列化
    {
        fs << "{" << "A" << A << "X" << X << "id" << id << "}";
    }
    void read(const FileNode& node)    // 读这个类的序列化
    {
        A = (int)node["A"];
        X = (double)node["X"];
        id = (string)node["id"];
    }
public:   // 数据成员
    int A;
    double X;
    string id;
};
// 这些写入和读取函数必须定义，以使 FileStorage 的序列化功能正常工作
static void write(FileStorage& fs, const std::string&, const MyData& x)
{
    x.write(fs);
}
static void read(const FileNode& node, MyData& x, const MyData& default_value
= MyData()) {
    if (node.empty())
        x = default_value;
    else
        x.read(node);
}
// 这个函数将把我们的自定义类打印到控制台
static ostream& operator<<(ostream& out, const MyData& m)
{
    out << "{ id = " << m.id << ", ";
    out << "X = " << m.X << ", ";
    out << "A = " << m.A << "}";
    return out;
}
int main(int ac, char** av)
{

    string filename = "test.xml";
```

```
{ // 写操作
    Mat R = Mat_<uchar>::eye(3, 3),
        T = Mat_<double>::zeros(3, 1);
    MyData m(1);
    FileStorage fs(filename, FileStorage::WRITE);
    // or:
    // FileStorage fs;
    // fs.open(filename, FileStorage::WRITE);
    fs << "iterationNr" << 100;
    fs << "strings" << "[";                    // 文本 - 字符串序列
    fs << "image1.jpg" << "Awesomeness" << "../data/baboon.jpg";
    fs << "]";                                 // 关闭序列
    fs << "Mapping";                           // 文本 - 映射
    fs << "{" << "One" << 1;
    fs << "Two" << 2 << "}";
    fs << "R" << R;                            // cv::Mat
    fs << "T" << T;
    fs << "MyData" << m;                       // 你自己的数据结构
    fs.release();                              // 显示关闭
    cout << "Write Done." << endl;
}
{// 写操作
    cout << endl << "Reading: " << endl;
    FileStorage fs;
    fs.open(filename, FileStorage::READ);
    int itNr;
    // fs["iterationNr"] >> itNr;
    itNr = (int)fs["iterationNr"];
    cout << itNr;
    if (!fs.isOpened())
    {
        cerr << "Failed to open " << filename << endl;
        return 1;
    }
    FileNode n = fs["strings"];                // 读字符串序列 - 获取节点
    if (n.type() != FileNode::SEQ)
    {
        cerr << "strings is not a sequence! FAIL" << endl;
        return 1;
    }
    FileNodeIterator it = n.begin(), it_end = n.end(); // 遍历节点
    for (; it != it_end; ++it)
        cout << (string)*it << endl;
    n = fs["Mapping"];                         // 从序列中读取映射
    cout << "Two  " << (int)(n["Two"]) << "; ";
    cout << "One  " << (int)(n["One"]) << endl << endl;
    MyData m;
    Mat R, T;
    fs["R"] >> R;                              // 读 cv::Mat
    fs["T"] >> T;
```

```
            fs["MyData"] >> m;                        // 读你自己的结构
            cout << endl
               << "R = " << R << endl;
            cout << "T = " << T << endl << endl;
            cout << "MyData = " << endl << m << endl << endl;
            // 显示不存在节点的默认行为
            cout << "Attempt to read NonExisting (should initialize the data
structure with its default).";
            fs["NonExisting"] >> m;
            cout << endl << "NonExisting = " << endl << m << endl;
       }
       cout << endl
            << "Tip: Open up " << filename << " with a text editor to see the serialized
data." << endl;
    }
```

上述代码根据 filename 的文件名来创建不同类型的文件，如果是 YAML，比如 test.yaml，就会新建并产生 XML 数据到文件中。文件写入完毕后，系统开始读文件并在终端显示。

步骤 03 保存工程并运行，结果如图 3-18 所示。

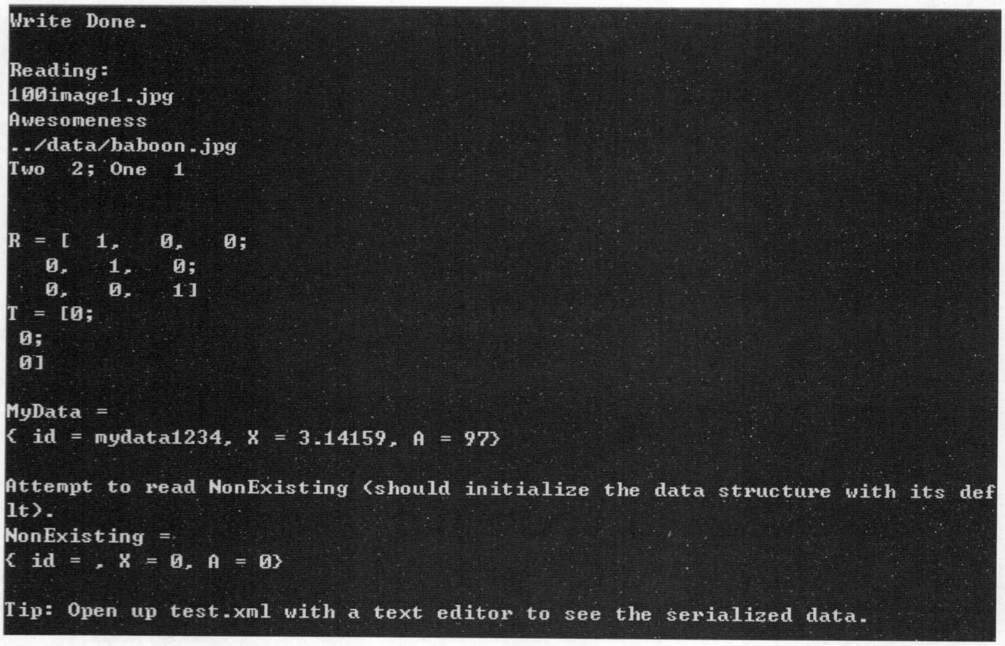

图 3-18

第4章

图像处理模块基础

图像处理模块的英文名称是 imgproc，这个名称由 image（图像）和 process（处理）两个单词的缩写组合而成。imgproc 是重要的图像处理模块，其功能主要包括图像滤波、几何变换、直方图、特征检测与目标检测等。这个模块包含一系列的常用图像处理算法，相对而言，imgproc 是 OpenCV 中比较复杂的一个模块。OpenCV 中的一些画图函数也属于这个模块。

4.1　颜色变换 cvtColor

颜色变换是 imgproc 模块中一个常用的功能。我们生活中看到的大多数彩色图片都是 RGB 类型的，但是在进行图像处理时需要用到灰度图、二值图、HSV（六角锥体模型，这个模型中颜色的参数分别是色调 H、饱和度 S、明度 V）、HSI 等颜色制式，对此 OpenCV 提供了 cvtColor()函数来实现这些功能，这个函数用来进行颜色空间的转换。随着 OpenCV 版本的升级，对于颜色空间种类的支持也越来越多，涉及不同颜色空间之间的转换，比如 RGB 和灰度的互转、RGB 和 HSV 的互转等。

cvtColor 函数声明如下：

```
void cvtColor(InputArray src, OutputArray dst, int code, int dstCn=0 );
```

参数说明如下：

- src: 用于输入图像，即要进行颜色空间变换的原图像，可以是 Mat 类。
- OutputArray dst: 用于输出图像，即进行颜色空间变换后存储的图像，也可以是 Mat 类。
- code: 表示转换的代码或标识，即在此确定将什么制式的图片转换成什么制式的图片。
- dstCn: 表示目标图像通道数，默认取值为 0，如果取值为 0，就由 src 和 code 决定。
- InputArray 和 OutputArray: 都是接口类，它们可以是 Mat、Mat_<T>、Mat_<T, m, n>、vector<T>、vector<vector<T>>和 vector<Mat>。

函数 cvtColor 的作用是将一个图像从一个颜色空间转换到另一个颜色空间，但是当从 RGB 向其他类型转换时，必须明确指出图像的颜色通道。值得注意的是，在 OpenCV 中，默认的颜色制式排列是 BGR 而非 RGB。因此，对于 24 位颜色图像来说，前 8 位是蓝色，中间 8 位是绿色，最后 8 位是红色。

需要注意的是，cvtColor()函数不能直接将 RGB 图像转换为二值图像，需要借助 threshold 函数。

我们常用的颜色空间转换有两种：BGR 转为灰度图和 BGR 转为 HSV。下面来看一个例子，将图像转换为灰度图和 HSV。

【例 4.1】将图像转换为灰度图和 HSV

步骤01 打开 Qt Creator，新建一个控制台工程，工程名是 test。

步骤02 在 IDE 中打开 main.cpp，输入如下代码：

```cpp
#include <QDebug>
#include <opencv2/imgproc/types_c.h> // for CV_RGB2GRAY
#include <opencv2/core.hpp>
#include <opencv2/highgui.hpp>
#include <opencv2/imgproc.hpp>
using namespace cv;

int main()
{
    Mat srcImage = imread("sky.jpg");

    // 判断图像是否加载成功
    if (!srcImage.data)
    {
        qDebug() << "图像加载失败!";
        return false;
    }
    else
        qDebug()<< "图像加载成功!";

    // 显示原图像
    namedWindow("src", WINDOW_AUTOSIZE);
    imshow("src", srcImage);

    // 将图像转换为灰度图，采用 CV_前缀
    Mat grayImage;
    cvtColor(srcImage, grayImage, CV_RGB2GRAY);      // 将图像转换为灰度图
    namedWindow("gray", WINDOW_AUTOSIZE);
    imshow("gray", grayImage);

    // 将图像转换为 HSV，采用 COLOR_前缀
    Mat HSVImage;
    cvtColor(srcImage, HSVImage, COLOR_BGR2HSV);      // 将图像转换为 HSV
    namedWindow("HSV", WINDOW_AUTOSIZE);
    imshow("HSV", HSVImage);
```

```
    waitKey(0);
    return 0;
}
```

步骤 03 保存工程并运行，结果如图 4-1 所示。

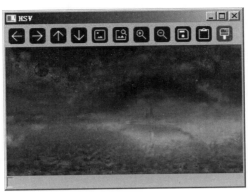

图 4-1

4.2　画基本图形

4.2.1　点的表示

在 OpenCV 中，点分为二维平面中的点和三维平面中的点，两者的区别是三维平面中的点多了一个 z 坐标。我们首先介绍二维平面中的点。坐标为整数的点可以用类 cv::Point 来表示，它实际上由模板类 Point_重新定义而得：

```
typedef Point_<int> Point2i;
typedef Point2i Point;
```

Point 表示由图像坐标 x 和 y 指定的二维点，坐标 x 和 y 都是整数。比如这样定义一个坐标为(10,8)的点：

```
Point pt;    // 先定义一个 Point 变量
pt.x = 10;   // 对 x 坐标赋值
pt.y = 8;    // 对 y 坐标赋值
```

或者定义时直接赋值：

```
Point pt = Point(10, 8);
```

点和点之间还可以进行加减运算和逻辑判断，比如：

```
pt1 = pt2 + pt3;
pt1 = pt2 - pt3;
pt1 += pt2;
pt1 -= pt2;
if(pt1 == pt2)  ...
```

```
if(pt1 != pt2)  ...
```

除此之外，OpenCV 还支持坐标为 float 和 double 类型的点，分别用 Point2f 和 Point2d 来表示，它们也是由模板类 Point_重新定义而得的：

```
typedef Point_<float> Point2f;
typedef Point_<double> Point2d;
```

比如我们定义两个坐标为浮点数类型的点：

```
Point2f a(0.3f, 0.f), b(0.f, 0.4f);
Point pt = (a + b)*10.f;
cout << pt.x << ", " << pt.y << endl;
```

三维空间中的点也有类似定义，比如 x、y、z 均是整数的点，可以用类 cv::Point3i 来定义，它是由模板类 Point3_重新定义而得的：

```
typedef Point3_<int> cv::Point3i;
```

同样地，也有坐标为浮点数的三维空间的点，用 Point3f 来定义，比如：

```
// 1.默认构造函数
Point3f p2;// 数据为[0,0,0]
// 2.赋值构造函数
Point3f p3(1, 2,3);            // 数据为[1,2,3]
Point3f p4(p3);               // 数据为[1,2,3]
cout << p3 << "\n" << p4 << endl;
// 3.带参数的构造函数
Point3f p6(1.1, 1.2, 1.3); // 数据为[1.1,1.2,1.3]
```

4.2.2 画矩形

全局函数 rectangle 通过对角线上的两个顶点绘制矩形，该函数声明如下：

```
void cv::rectangle(InputOutputArray img, Point pt1, Point  pt2, const Scalar
& color,  int thickness = 1,  int lineType = LINE_8, int  shift = 0 );
    void cv::rectangle (InputOutputArray img,  Rect rec, const Scalar & color,
int thickness=1, int  lineType = LINE_8, int  shift = 0)
```

其中参数 img 表示矩形所在的图像；pt1 表示矩形的一个顶点；pt2 表示矩形对角线上的另一个顶点；Color 表示线条颜色（RGB）或亮度（灰度图像）；Thickness 表示组成矩形的线条的粗细程度，取负值时（如 CV_FILLED）函数绘制填充了色彩的矩形；line_type 表示线条的类型；Shift 表示坐标点的小数位数。

下面来看一个例子，绘制一个医院的红十字。

【例 4.2】绘制医院的红十字

步骤 01 打开 Qt Creator，新建一个控制台工程，工程名是 test。

步骤 02 在 IDE 中打开 main.cpp，输入如下代码：

```
#include <iostream>
#include <opencv2/imgproc/types_c.h> // for CV_RGB2GRAY
```

```cpp
#include <opencv2/core.hpp>
#include <opencv2/highgui.hpp>
#include <opencv2/imgproc.hpp>
using namespace std;
using namespace cv;

int main()
{
    Mat image3 = Mat::zeros(120, 120, CV_8UC3);// 生成全零矩阵
    Rect rec1 = Rect(10 , 30 , 60, 20); // 定义矩形对象，左上角坐标是(10,30)，宽
度是 60，高度是 20
    Rect rec2 = Rect(30, 10, 20, 60); // 定义矩形对象，左上角坐标是(30,10)，宽度
是 60，高度是 20
    rectangle(image3, rec1, Scalar(0, 0, 255), -1, 8, 0);// 在 image3 上画横矩
形
    rectangle(image3, rec2, Scalar(0, 0, 255), -1, 8, 0);// 在 image3 上画竖矩
形
    rectangle(image3, Point(10 , 30), Point(70 , 50 ), Scalar(0, 255, 255),
2, 8, 0);// 黄色矩形镶边
    rectangle(image3, Point(30 , 10), Point(50 , 70), Scalar(0, 255, 255), 2,
8, 0);// 黄色矩形镶边
    rectangle(image3, Point(30, 30), Point(50, 50), Scalar(0, 0, 255), 3, 8);//
红色正方形覆盖（中央）
    imshow("Red cross", image3);
    waitKey();
    return 0;
}
```

在上述代码中，首先创建了一个 Mat 矩阵对象 image3，并且是全黑的。然后定义了两个矩形对象 rec1 和 rec2，分别表示红十字的横矩形和竖矩形，接着调用画矩形的函数 rectangle 进行绘制，这两个矩形使用颜色填充，因为倒数第三个参数是−1。最后又画了两个矩形（这次没有填充，是画的矩形边），黄色镶边。

步骤 03　保存工程并运行，结果如图 4-2 所示。

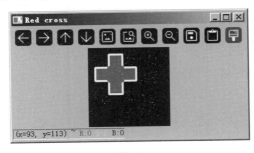

图 4-2

4.2.3　画圆

全局函数 circle 用来绘制或填充一个给定圆心和半径的圆，该函数声明如下：

```
    void cv::circle (InputOutputArray img, Point  center,int radius,const
Scalar & color, int thickness = 1,int  lineType = LINE_8, int shift = 0);
```

其中参数 img 表示输入的图像（圆画在这个图像上）；Center 表示圆心坐标；Radius 表示圆的半径；Color 表示圆的颜色，规则根据 B（蓝）G（绿）R（红），例如蓝色为 Scalar(255,0,0)；Thickness 如果是正数，就表示组成圆的线条的粗细程度，否则表示圆是否被填充；lineType 表示线条的类型；Shift 表示圆心坐标点和半径值的小数位数。

下面来看一个示例，绘制奥迪车标。我们知道奥迪车标是 4 个圆圈，所以使用 circle 函数来实现。

【例 4.3】绘制奥迪车标

步骤 **01** 打开 Qt Creator，新建一个控制台工程，工程名是 test。

步骤 **02** 在 IDE 中打开 main.cpp，输入如下代码：

```cpp
#include <iostream>
#include <opencv2/imgproc/types_c.h> // for CV_RGB2GRAY
#include <opencv2/core.hpp>
#include <opencv2/highgui.hpp>
#include <opencv2/imgproc.hpp>
using namespace std;
using namespace cv;

int main(int argc, char** argv)
{
    Mat image2 = Mat::zeros(500, 850, CV_8UC3);// 生成一个 500×850 的 Mat 矩阵
    circle(image2, Point(447, 63), 63, (0, 0, 255), -1);  // 演示画一个实心圆
    // 开始绘制奥迪车标
    // 绘制第一个圆，半径为 100，圆心为（200, 300），颜色为紫色
    circle(image2, Point(200, 300), 100, Scalar(225, 0, 225), 7, 8);
    // 绘制第二个圆，半径为 100，圆心为（350, 300），线宽为 7
    circle(image2, Point(350, 300), 100, Scalar(225, 0, 225), 7, 8);
    // 绘制第三个圆，半径为 100，圆心为（500, 300）
    circle(image2, Point(500, 300), 100, Scalar(225, 0, 225), 7, 8);
    // 绘制第四个圆，半径为 100，圆心为（650, 300）
    circle(image2, Point(650, 300), 100, Scalar(225, 0, 225), 7, 8);
    imshow("Audi logo", image2);
    waitKey();
    return 0;
}
```

在上述代码中，我们先演示画了一个实心圆圈，它和奥迪车标无关。然后开始画 4 个空心圆圈作为奥迪车标，只需计算好它们之间的距离即可。

步骤 **03** 保存工程并运行，结果如图 4-3 所示。

图 4-3

4.2.4　画椭圆

函数 ellipse 用来绘制或者填充一个简单的椭圆弧或椭圆扇形，该函数声明如下：

```
void cv::ellipse ( InputOutputArray img, Point center, Size axes, double
angle,double startAngle,  double endAngle, const Scalar &  color, int thickness =
1, int lineType = LINE_8, int shift = 0 );
```

其中参数 img 表示输入的图像（椭圆画在这个图像上）；center 表示椭圆圆心坐标；axes 表示轴的长度；angle 表示偏转的角度；startAngle 表示圆弧起始角的角度；endAngle 表示圆弧终结角的角度；color 表示线条的颜色；thickness 表示线条的粗细程度；line_type 表示线条的类型；shift 表示圆心坐标点和数轴的精度。

下面来看一个示例，绘制丰田车标。我们知道丰田车标是由 3 个椭圆组成的，两个横着，一个竖着。

【例 4.4】绘制丰田车标

步骤 01　打开 Qt Creator，新建一个控制台工程，工程名是 test。

步骤 02　在 IDE 中打开 main.cpp，输入如下代码：

```
#include <iostream>
#include <opencv2\imgproc\types_c.h> // for CV_RGB2GRAY
#include <opencv2/core.hpp>
#include <opencv2/highgui.hpp>
#include <opencv2/imgproc.hpp>
using namespace std;
using namespace cv;

int main(int argc, char** argv)
{
```

```
    // 绘制丰田车标
    Mat  image1 = Mat::zeros(900, 900, CV_8UC3);// 900×900 的窗口
    // 绘制第一个椭圆，大椭圆，颜色为红色
    ellipse(image1, Point(450, 450), Size(400, 250), 0, 0, 360, Scalar(0, 0,
225), 5, 8);
    // 绘制第二个椭圆，竖椭圆
    ellipse(image1, Point(450, 450), Size(250, 110), 90, 0, 360, Scalar(0, 0,
225), 5, 8);
    // 绘制第三个椭圆，小椭圆（横）
    ellipse(image1, Point(450, 320), Size(280, 120), 0, 0, 360, Scalar(0, 0,
225), 5, 8);
    imshow("Toyota", image1);
    waitKey();
    return 0;
}
```

代码很简单，调用 ellipse 函数 3 次画 3 个椭圆，要注意算好距离。

步骤 03 保存工程并运行，结果如图 4-4 所示。

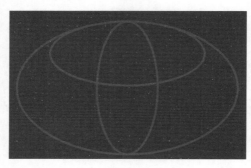

图 4-4

前面的例子要么画圆，要么画椭圆，下面我们把画圆和画椭圆放在一个例子中，画出某个节目的标志。

【例 4.5】画圆和画椭圆的"联合作战"

步骤 01 打开 Qt Creator，新建一个控制台工程，工程名是 test。

步骤 02 在 IDE 中打开 main.cpp，输入如下代码：

```
#include <iostream>
#include <opencv2/imgproc/types_c.h> // for CV_RGB2GRAY
#include <opencv2/core.hpp>
#include <opencv2/highgui.hpp>
#include <opencv2/imgproc.hpp>
using namespace std;
using namespace cv;

#define WINDOW_NAME1 "pic1"
#define WINDOW_NAME2 "pic2"
#define WINDOW_WIDTH 600    // 定义窗口大小
```

```
void DrawEllipse(Mat img, double angle);
void DrawFilledCircle(Mat img, Point center);
int main()
{
    Mat atomImage = Mat::zeros(WINDOW_WIDTH, WINDOW_WIDTH, CV_8UC3);
    Mat rookImage = Mat::zeros(WINDOW_WIDTH, WINDOW_WIDTH, CV_8UC3);
    // 绘制椭圆
    DrawEllipse(atomImage, 90);
    DrawEllipse(atomImage, 0);
    DrawEllipse(atomImage, 45);
    DrawEllipse(atomImage, -45);

    // 绘制圆心
    DrawFilledCircle(atomImage, Point(WINDOW_WIDTH / 2,WINDOW_WIDTH / 2));

    imshow(WINDOW_NAME1, atomImage);
    waitKey(0);
    return 0;
}
void DrawEllipse(Mat img, double angle) {
    int thickness = 2;
    int lineType = 8;
    ellipse(img, Point(WINDOW_WIDTH / 2, WINDOW_WIDTH / 2), Size(WINDOW_WIDTH
/ 4, WINDOW_WIDTH / 16), angle, 0, 360, Scalar(255, 129, 0), thickness, lineType);
    }
void DrawFilledCircle(Mat img, Point center) {
    int thickness = -1;
    int lineType = 8;
    circle(img, center, WINDOW_WIDTH / 32, Scalar(0, 0, 255), thickness,
lineType);
    }
```

代码很简单，我们画了 4 个椭圆和一个实心圆，实心圆画在所有椭圆的圆心位置，也就是实心圆和 4 个椭圆的圆心是重合的。

步骤 03　保存工程并运行，结果如图 4-5 所示。

图 4-5

4.2.5 画线段

在 OpenCV 中，函数 Line 用来画线段，该函数声明如下：

```
void cv::line ( InputOutputArray img, Point pt1, Point pt2,const Scalar &
color, int thickness = 1, int lineType = LINE_8, int shift = 0);
```

其中参数 img 表示输入的图像（线段画在这个图像上）；pt1 表示线段的起始点；pt2 表示线段的结束点；color 表示线段颜色；thickness 表示线段粗细；lineType 表示线段类型；shift 表示点坐标中的小数位数。

4.2.6 填充多边形

在 OpenCV 中，函数 fillPoly 用来填充多边形，该函数声明如下：

```
void cv::fillPoly (Mat &img, const Point **pts, const int *npts, int ncontours,
const Scalar &color, int lineType=LINE_8, int shift=0, Point offset=Point());
```

其中参数 img 表示输入的图像（多边形画在这个图像上）；pts 表示多边形点集；color 表示多边形颜色；lineType 表示线段类型；shift 表示点坐标中的小数位数；offset 表示等高线所有点的偏移。

现在来看一个综合的例子，例子中实现画线段、画椭圆、填充多边形等。

【例 4.6】综合画图

步骤 **01** 打开 Qt Creator，新建一个控制台工程，工程名是 test。

步骤 **02** 在 IDE 中打开 main.cpp，输入如下代码：

```
#include <iostream>
#include <opencv2/core.hpp>
#include <opencv2/imgproc.hpp>
#include <opencv2/highgui.hpp>
#define w 400
using namespace cv;
void MyEllipse(Mat img, double angle);
void MyFilledCircle(Mat img, Point center);
void MyPolygon(Mat img);
void MyLine(Mat img, Point start, Point end);
int main(void) {
    char atom_window[] = "Drawing 1: Atom";
    char rook_window[] = "Drawing 2: Rook";
    Mat atom_image = Mat::zeros(w, w, CV_8UC3);
    Mat rook_image = Mat::zeros(w, w, CV_8UC3);
    MyEllipse(atom_image, 90);
    MyEllipse(atom_image, 0);
    MyEllipse(atom_image, 45);
    MyEllipse(atom_image, -45);
    MyFilledCircle(atom_image, Point(w / 2, w / 2));
    MyPolygon(rook_image);
```

```cpp
    rectangle(rook_image,Point(0, 7 * w / 8),Point(w, w),Scalar(0, 255,
255),FILLED,LINE_8);
    MyLine(rook_image, Point(0, 15 * w / 16), Point(w, 15 * w / 16));
    MyLine(rook_image, Point(w / 4, 7 * w / 8), Point(w / 4, w));
    MyLine(rook_image, Point(w / 2, 7 * w / 8), Point(w / 2, w));
    MyLine(rook_image, Point(3 * w / 4, 7 * w / 8), Point(3 * w / 4, w));
    imshow(atom_window, atom_image);
    moveWindow(atom_window, 0, 200);
    imshow(rook_window, rook_image);
    moveWindow(rook_window, w, 200);
    waitKey(0);
    return(0);
}
void MyEllipse(Mat img, double angle)
{
    int thickness = 2;
    int lineType = 8;
    ellipse(img,Point(w / 2, w / 2),Size(w / 4, w / 16),angle,0,360,Scalar(255,
0, 0),thickness,lineType);
}
void MyFilledCircle(Mat img, Point center)
{
    circle(img,center, w / 32,Scalar(0, 0, 255),FILLED,LINE_8);
}
void MyPolygon(Mat img)
{
    int lineType = LINE_8;
    Point rook_points[1][20];
    rook_points[0][0] = Point(w / 4, 7 * w / 8);
    rook_points[0][1] = Point(3 * w / 4, 7 * w / 8);
    rook_points[0][2] = Point(3 * w / 4, 13 * w / 16);
    rook_points[0][3] = Point(11 * w / 16, 13 * w / 16);
    rook_points[0][4] = Point(19 * w / 32, 3 * w / 8);
    rook_points[0][5] = Point(3 * w / 4, 3 * w / 8);
    rook_points[0][6] = Point(3 * w / 4, w / 8);
    rook_points[0][7] = Point(26 * w / 40, w / 8);
    rook_points[0][8] = Point(26 * w / 40, w / 4);
    rook_points[0][9] = Point(22 * w / 40, w / 4);
    rook_points[0][10] = Point(22 * w / 40, w / 8);
    rook_points[0][11] = Point(18 * w / 40, w / 8);
    rook_points[0][12] = Point(18 * w / 40, w / 4);
    rook_points[0][13] = Point(14 * w / 40, w / 4);
    rook_points[0][14] = Point(14 * w / 40, w / 8);
    rook_points[0][15] = Point(w / 4, w / 8);
    rook_points[0][16] = Point(w / 4, 3 * w / 8);
    rook_points[0][17] = Point(13 * w / 32, 3 * w / 8);
    rook_points[0][18] = Point(5 * w / 16, 13 * w / 16);
    rook_points[0][19] = Point(w / 4, 13 * w / 16);
    const Point* ppt[1] = { rook_points[0] };
    int npt[] = { 20 };
```

```
    fillPoly(img,ppt,npt,1,Scalar(255, 255, 255),lineType);
}
void MyLine(Mat img, Point start, Point end)
{
    int thickness = 2;
    int lineType = LINE_8;
    line(img,start,end,Scalar(0, 0, 0),thickness,lineType);
}
```

在上述代码中，我们分别进行了画椭圆、画矩形、填充多边形和画线段的操作。

步骤 03 保存工程并运行，结果如图 4-6 所示。

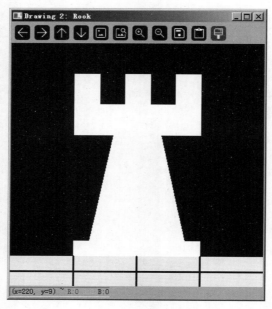

图 4-6

4.3 像素存放类 Scalar

Scalar 是一个由长度为 4 的数组作为元素构成的类，Scalar 最多可以存储 4 个值，一般用来存放像素值。它由模板类 Scalar_定义而得，如下代码：

```
template<typename _Tp> class Scalar_ : public Vec<_Tp, 4>
{
public:
    // ! various constructors
    Scalar_();
    Scalar_(_Tp v0, _Tp v1, _Tp v2=0, _Tp v3=0); // Scalar 最多可以存储 4 个值
    Scalar_(_Tp v0);
    template<typename _Tp2, int cn>
    Scalar_(const Vec<_Tp2, cn>& v);
```

```
        ...
};
typedef Scalar_<double> Scalar;
```

类 Scalar 在初始化矩阵时经常用到，用来对每个通道赋值。例如，存放单通道图像中的像素：cv::Scalar(255)；存放三通道图像中的像素：cv::Scalar(255,255,255)。下面来看一个简单的例子。

【例 4.7】为矩阵类 Mat 赋通道像素值

步骤01　新建一个控制台工程，工程名是 test。

步骤02　打开 main.cpp，输入如下代码：

```cpp
#include<iostream>
#include <opencv2/highgui/highgui.hpp>
#include <opencv2/core/core.hpp>
#include <opencv2/imgproc/imgproc.hpp>
using namespace cv;

void scalar_demo1()
{
    Mat blue_m(256, 256, CV_8UC3, Scalar(255, 0, 0)); //
    Mat green_m(256, 256, CV_8UC3, Scalar(0, 255, 0));
    Mat red_m(256, 256, CV_8UC3, Scalar(0, 0, 255));
    imshow("Blue", blue_m);
    waitKey(1000);
    imshow("Green", green_m);
    waitKey(1000);
    imshow("Red", red_m);
    waitKey(1000);
}

int scalar_demo2()
{
    cv::Scalar scalar(125);
    cv::Mat mat(2, 3, CV_8UC1, scalar);
    std::cout << mat << std::endl;
    std::cout << std::endl;

    cv::Scalar scalar1(0, 255);
    cv::Mat mat1(4, 4, CV_32FC2, scalar1);
    std::cout << mat1 << std::endl;
    std::cout << std::endl;

    cv::Scalar scalar2(0, 255, 255);
    cv::Mat mat2(4, 4, CV_32FC3, scalar2);
    std::cout << mat2 << std::endl;
    std::cout << std::endl;

    cv::Scalar scalar3(0, 255, 255, 0);
    cv::Mat mat3(4, 4, CV_32FC4, scalar3);
    std::cout << mat3 << std::endl;
```

```
        return 0;
}

int main()
{
    scalar_demo1();
    scalar_demo2();
}
```

在 scalar_demo1 函数中，imshow 可以显示 Mat 内容。值得注意的是，OpenCV 中对 RGB 图像数据的存储顺序是 BGR，所以 Scalar(255, 0, 0)显示的是蓝色，Scalar(0, 255, 0)显示的是绿色，Scalar(0, 0, 255)显示的是红色。请记住 Scalar 的 3 个参数的顺序是 B、G、R。

在 scalar_demo2 函数中，scalar(125)表示对矩阵每个元素都赋值为 125，因此 cv::Mat mat(2,3,CV_8UC1,scalar)表示创建单通道，且每个通道的值都为 125，深度为 8，是 2 行 3 列的图像矩阵；scalar1(0,255)表示第一个通道中的值都是 0，第二个通道中的值都是 255，因此 cv::Mat mat1(4,4,CV_32FC2, scalar1)表示创建双通道，且每个通道的值都为(0,255)，深度为 32，是 4 行 4 列的图像矩阵；scalar2(0,255,255)表示第一个通道中的值都是 0，第二个通道中的值都是 255，第三个通道中的值都是 255，因此 cv::Mat mat2(4,4,CV_32FC3,scalar2)表示创建三通道，且每个通道的值都为(0,255,255)，深度为 32，是 4 行 4 列的图像矩阵；scalar3(0,255,255,0)表示第一个通道中的值都是 0，第二个通道中的值都是 255，第三个通道中的值都是 255，第四个通道中的值都是 0，因此，cv::Mat mat3(4,4,CV_32FC4,scalar3)表示创建四通道，且每个通道的值都为(0,255,255,0)，深度为 32，是 4 行 4 列的图像矩阵。

步骤 03 保存工程并运行，结果如图 4-7 所示。

图 4-7

4.4 使用随机数

随机数在编程中经常用到，例如在进行初始化的时候需要赋一些随机值。在 C 和 C++中，产生随机数的函数有 rand()、srand()等。这些函数在 OpenCV 中仍然可以使用。此外，OpenCV 还特地编写了 C++的随机数类 cv::RNG，使用起来更加方便。

RNG 类是 OpenCV 中 C++的随机数产生器，可以产生一个 64 位的 int 随机数。目前可按均匀分布和高斯分布产生随机数。随机数的产生采用的是 Multiply-With-Carry 算法和 Ziggurat 算法。

在 OpenCV 中，主要通过 RNG 类来生成随机数，默认定义类 RNG 的对象时需要初始化一个种子（默认种子为 0xFFFFFFFF，64 位无符号值），再对种子进行运算，从而生成随机数。如果将种子设定为默认种子，那么每次运算所得的随机数不变，而这通常不能满足程序的需求。我们可以测试一下。

【例 4.8】测试默认种子得到的随机数是否相同

步骤 01 新建一个控制台工程，工程名是 test。

步骤 02 打开 main.cpp，输入如下代码：

```
#include <iostream>
#include <opencv2/core.hpp>

int main()
{
    cv::RNG rng;      // 创建 RNG 对象，使用默认种子 "-1"
    int N1 = rng;     // 返回 32 位的随机数
    printf("N=0x%x\n", N1);
}
```

首先定义一个没有参数的 RNG 对象，此时将使用默认种子–1。然后把对象 rng 直接赋值给整型变量 N1，这是因为 RNG 类重载了 int 类型的转换符：

```
/** @overload */
operator int();
```

operator int()是类型转换运算符，比如：

```
struct A
{
    int a;
    A(int i):a(i){}
    operator int() const { return a; }
};
void main()
{
    A aa(1);
    int i = int(aa);
    int j = aa;      // 作用一样
}
```

该函数的返回值类型就是函数名，所以不用显式地表示出来。为什么返回值类型就是函数名呢？因为返回值类型是 int，函数名也是 int，不写成 int operator int() const { return value; }，返回值类型被省去了。

步骤 03 保存工程并运行，结果如下：

```
N=0x7c09cf6
```

多运行几次，可以发现，每次打印的 N1 值都是相同的。这就说明种子为–1 的时候，生成的随机数相同。

RNG 常用的成员函数如表 4-1 所示。

表 4-1　RNG 常用的成员函数

成员函数	描　述
RNG();	构造函数，使用默认种子–1
RNG(uint64 state);	state 参数的构造器可以指定初始状态，类似于 C++ 中 srand 的种子，如果 state=0，就回到前一个默认构造器
int uniform (int a, int b);	返回[a,b)范围内均匀分布的随机数，a、b 的数据类型要一致，而且必须是 int、float、double 中的一种，默认是 int
double gaussian(double sigma);	返回一个高斯分布的随机数
void fill(InputOutputArray mat, int distType, InputArray a, InputArray b, bool saturateRange=false);	均匀分布或高斯分布填充矩阵
unsigned next();	返回下一个 32 位随机整数
RNG::operator ushort() RNG::operator double() ...	强制类型转换获取下一个随机数

4.4.1　产生一个随机数

RNG 可以产生 3 种随机数，下面一一介绍。

1. 使用种子产生一个 32 位随机整数

直接利用构造函数 RNG()和 RNG(uint64 state)产生一个 32 位随机整数，比如：

```
RNG rng;          // 创建 RNG 对象，使用默认种子–1
int N1 = rng;     // 产生 32 位整数，其实 rng 既是一个 RNG 对象，又是一个随机整数
```

使用默认种子–1 时，每次生成的随机数相同，计算机产生的随机数都是伪随机数，是根据种子 seed 和特定算法计算出来的。因此，只要种子一定，算法一定，产生的随机数就是相同的。要想产生完全不重复的随机数，可以用系统时间做种子。后面的例子中用时间作为种子来生成不同的随机数。

2. 产生一个均匀分布的随机数

利用成员函数 uniform 函数可以实现产生一个均匀分布的随机数，该函数声明如下：

```
int uniform (int a, int b);
```

该函数返回一个[a,b)范围的均匀分布的随机数，a、b 的数据类型要一致，而且必须是 int、float、double 中的一种，默认是 int。

3. 产生一个高斯分布的随机数

利用成员函数 gaussian 可以实现产生一个高斯分布的随机数，该函数声明如下：

```
double gaussian( double  sigma);
```

该函数返回一个均值为 0、标准差为 sigma 的高斯分布的随机数。如果要产生均值为 λ、标准差为 sigma 的高斯分布的随机数，可以用 λ+ RNG::gaussian(sigma)来表示。

【例 4.9】生成不同的随机数

步骤 01 新建一个控制台工程，工程名是 test。

步骤 02 打开 main.cpp，输入如下代码：

```cpp
#include <opencv2/opencv.hpp>
using namespace cv;
#include <iostream>
using namespace std;
int main()
{
    RNG rng((unsigned)time(NULL));
    int N1 = rng;
    cout << hex << "0x" << N1 << endl;

    /*------------产生均匀分布的随机数 uniform---------*/
    // 总是得到 double 类型的数据 0.000000，因为会调用 uniform(int,int)，只会取整数，
所以只产生 0
    double a = rng.uniform(0, 1);
    // 产生[0,1)范围内均匀分布的 double 类型数据
    double b = rng.uniform((double)0, (double)1);
    // 产生[0,1)范围内均匀分布的 float 类型数据，注意被自动转换为 double 了
    double c = rng.uniform(0.f, 1.f);
    // 产生[0,1)范围内均匀分布的 double 类型数据
    double d = rng.uniform(0., 1.);

    /*------------高斯分布的随机数 gaussian---------*/
    double g = rng.gaussian(2); // 产生符合均值为 0、标准差为 2 的高斯分布的随机数
cout <<"a="<< a << ",b="<< b << ",c=" << c << ",d=" << d << ",g="<< g << endl;
    waitKey(0);
    return 0;
}
```

在上述代码中，我们先使用时间种子产生不同的随机数，再通过函数产生均匀分布的随机数，最后由函数 gaussian 产生高斯分布的随机数。

步骤 03 保存工程并运行，结果如下：

```
0xb71ac1a6
a=0,b=0.106065,c=0.65523,d=0.420879,g=3.31347
```

4.4.2　返回下一个随机数

前面一次只能返回一个随机数，实际上系统已经生成一个随机数组。如果我们要连续获得随机数，没有必要重新定义一个 RNG 对象，只需要取出随机数组的下一个随机数即可，所使用的成员函数是 next。该函数声明如下：

```
unsigned next();
```

或者通过强制类型转换 RNG:: operator type();来返回下一个指定类型的随机数，例如：

```
int N2a = rng.operator uchar();        // 返回下一个无符号字符数
int N2b = rng.operator schar();        // 返回下一个有符号字符数
int N2c = rng.operator ushort();       // 返回下一个无符号短型数
int N2e = rng.operator int();          // 返回下一个整型数
...
```

【例 4.10】返回下一个随机数

步骤 01　新建一个控制台工程，工程名是 test。

步骤 02　打开 main.cpp，并输入如下代码：

```
#include <opencv2/opencv.hpp>
using namespace cv;
#include<iostream>
using namespace std;
int main()
{
    RNG rng(time(NULL));
    int N = rng.next();                    // 返回下一个随机整数，即 N1.next();
    int Ni = rng.operator ()();            // 和 rng.next()等价
    int Nj = rng.operator ()(100);         // 返回[0,100)范围内的随机数

    // 返回下一个指定类型的随机数
    unsigned char uch = rng.operator uchar();  // 返回下一个无符号字符数
    char ch = rng.operator schar();        // 返回下一个有符号字符数
    int n = rng.operator int();            // 返回下一个整型数

    float f = rng.operator float();        // 返回下一个浮点数
    double df = rng.operator double();     // 返回下一个 double 型数

    cout << "N=" << N << ",Ni="<<Ni<<",Nj="<<Nj<<endl;
    printf("uch=0x%x,ch=0x%x,n=0x%x,f=%f,df=%.2lf\n", uch,ch,n,f,df);
}
```

在上述代码中，分别返回了不同类型的下一个随机数，有字符型、整型、浮点数型等。

步骤 03　保存工程并运行，结果如下：

```
N=609380418,Ni=1164844515,Nj=3
uch=0xe7,ch=0x57,n=0xf93d60e3,f=0.769613,df=0.31
```

4.4.3　用随机数填充矩阵

成员函数 fill 可以用随机数来填充矩阵，这样矩阵 Mat 中的每个像素值都是一个随机数，这在某些场合非常有用。该函数声明如下：

```
void fill(InputOutputArray mat, int distType, InputArray a, InputArray b, bool
saturateRange=false);
```

其中参数 mat 表示输入输出矩阵，最多支持 4 通道，超过 4 通道先用 reshape() 改变结构；distType 表示均匀分布和高斯分布，取值为 UNIFORM 或 NORMAL。当 disType 是 UNIFORM 时，a 表示下界（闭区间），b 表示上界（开区间）；当 disType 是 NORMAL 时，a 表示均值，b 表示标准差。saturateRange 只针对均匀分布有效，当其值为真时，会先把产生随机数的范围变换到数据类型的范围，再产生随机数；如果其值为假，会先产生随机数，再截断到数据类型的有效区间。

【例 4.11】随机数填充矩阵

步骤 01　新建一个控制台工程，工程名是 test。

步骤 02　打开 main.cpp，并输入如下代码：

```cpp
#include <opencv2/opencv.hpp>
using namespace cv;
#include<iostream>
using namespace std;
#define FALSE 0
#define TRUE 1
int main()
{
    RNG rng(time(NULL));
    // 产生[1,1000)均匀分布的 int 随机数填充 fillM
    Mat_<int> fillM(3, 3);
    rng.fill(fillM, RNG::UNIFORM, 1, 1000);
    cout << "filM = " << fillM << endl << endl;

    Mat fillM1(3, 3, CV_8U);
    rng.fill(fillM1, RNG::UNIFORM, 1, 1000, TRUE);
    cout << "filM1 = " << fillM1 << endl << endl;

    Mat fillM2(3, 3, CV_8U);
    rng.fill(fillM2, RNG::UNIFORM, 1, 1000, FALSE);
    cout << "filM2 = " << fillM2 << endl << endl;

    // 产生均值为1、标准差为 3 的随机 double 数填进 fillN
    Mat_<double>fillN(3, 3);
    rng.fill(fillN, RNG::NORMAL, 1, 3);
    cout << "filN = " << fillN << endl << endl;
}
```

在上述代码中，fillM1 产生的数据都在[0,255)内；fillM2 产生的数据虽然也在同样的范围内，但是由于用了截断操作，因此很多数据都是 255。

步骤 03 保存工程并运行，结果如下：

```
filM = [348, 818, 736;
 692, 43, 268;
 212, 45, 464]

filM1 = [245, 184, 244;
  83, 183, 254;
 243,  33,  83]

filM2 = [ 33, 255, 255;
 255, 255, 255;
 255, 255, 255]

filN = [7.780793190002441, 7.62233829498291, -0.26239874958992;
 -1.837115883827209, 2.265364825725555, -2.916623473167419;
 6.712408900260925, -3.534832954406738, -1.89319121837616]
```

4.5　文字绘制

OpenCV 中除了提供绘制各种图形的函数外，还提供了一个特殊的绘制函数，用于在图像上绘制文字。这个函数是 putText()，它是命名空间 cv 中的函数，其声明如下：

```
void cv::putText(
    cv::Mat& img,            // 待绘制的图像
    const string& text,      // 待绘制的文字
    cv::Point origin,        // 文本框的左下角
    int fontFace,            // 字体（如 cv::FONT_HERSHEY_PLAIN）
    double fontScale,        // 尺寸因子，值越大，文字就越大
    cv::Scalar color,        // 线条的颜色（RGB）
    int thickness = 1,       // 线条宽度
    int lineType = 8,        // 线型（4 邻域或 8 邻域，默认为 8 邻域）
    bool bottomLeftOrigin = false // true='origin at lower left'
);
```

这个函数可以简单地在图像上绘制一些文字，由 text 指定的文字将在以左上角为原点的文字框中以 color 指定的颜色绘制出来，除非 bottomLeftOrigin 标志设置为真，这种情况以左下角为原点，使用的字体由 fontFace 参数决定。常用的字体宏是 FONT_HERSHEY_SIMPLEX（普通大小无衬线字体）和 FONT_HERSHEY_PLAIN（小号无衬线字体）。任何一个字体都可以和 CV::FONT_ITALIC 组合使用（通过"或"操作，或操作符号是|）来得到斜体。每种字体都有一个"自然"大小，当 fontScale 不是 1.0 时，在文字绘制之前字体大小将由这个数来缩放。

这里解释一下衬线。衬线指的是字母结构笔画之外的装饰性笔画。有衬线的字体叫衬线体（Serif），没有衬线的字体叫无衬线体（Sans-Serif）。衬线体的特征是在字的笔画开始、结束的地方有额外的装饰，而且笔画的粗细会有所不同。衬线体很容易识别，它强调了每个字母笔画的开始和结束，因此易读性比较高。中文字体中的宋体就是一种标准的衬线体。无衬线体（Sans-Serif Font）

没有额外的装饰，而且笔画的粗细差不多。这类字体通常是机械的和统一线条的，它们往往拥有相同的曲率、笔直的线条和锐利的转角。无衬线体与汉字字体中的黑体相对应。

另外，在实际绘制文字之前，还可以使用 cv::getTextSize()接口先获取待绘制文本框的大小，以方便放置文本框。getTextSize 函数可以获取字符串的宽度和高度，该函数声明如下：

```
Size cv::getTextSize(const string& text,cv::Point origin,int fontFace,double
fontScale,int thickness,int* baseLine);
```

其中参数 text 表示输入的文本文字；fontFace 表示文字字体类型；fontScale 表示字体缩放系数；thickness 表示字体笔画线宽；baseLine 是一个输出参数，表示文字最底部的 y 坐标。函数返回值中包含文本框的大小。

【例 4.12】绘制文字

步骤01　新建一个控制台工程，工程名是 test。

步骤02　打开 main.cpp，输入如下代码：

```cpp
#include <iostream>
#include <opencv2/core.hpp>
#include <opencv2/highgui.hpp>
#include<opencv2\imgproc.hpp>
using namespace std;
using namespace cv;

int main()
{
    string text = "Funny text inside the box";
    // int fontFace = FONT_HERSHEY_SCRIPT_SIMPLEX;      // 手写风格字体
    int fontFace = FONT_HERSHEY_SCRIPT_COMPLEX;
    double fontScale = 2;          // 字体缩放比
    int thickness = 3;
    Mat img(600, 800, CV_8UC3, Scalar::all(0));
    int baseline = 0;
    Size textSize = getTextSize(text, fontFace, fontScale, thickness,
&baseline);
    baseline += thickness;
    // center the text
    Point textOrg((img.cols - textSize.width) / 2, (img.rows - textSize.height)
/ 2);
    // draw the box
    rectangle(img, textOrg + Point(0, baseline), textOrg + Point(textSize.width,
-textSize.height), Scalar(0, 0, 255));
    line(img, textOrg + Point(0, thickness), textOrg + Point(textSize.width,
thickness), Scalar(0, 0, 255));
    putText(img, text, textOrg, fontFace, fontScale, Scalar::all(255),
thickness, 8);
    imshow("text", img);
    waitKey(0);
    return 0;
}
```

在上述代码中，我们通过 getTextSize 函数获取包含字体的文本框的大小，并画线显示在矩形中。最后通过文本绘制函数 putText 画出一段字符串"Funny text inside the box"。

步骤 03 保存工程并运行，结果如图 4-8 所示。

图 4-8

下面我们通过一个比较综合的例子来实现随机画图，比如随机画线，随机画圆，随机绘制文本等。

【例 4.13】综合实例：随机画图

步骤 01 新建一个控制台工程，工程名是 test。

步骤 02 打开 main.cpp，输入如下代码：

```cpp
#include <opencv2/opencv.hpp>
using namespace cv;
#include<iostream>
using namespace std;
#define FALSE 0
#define TRUE 1

#include <opencv2/core.hpp>
#include <opencv2/imgproc.hpp>
#include <opencv2/highgui.hpp>
#include <iostream>
#include <stdio.h>
using namespace cv;
const int NUMBER = 100;
const int DELAY = 5;
const int window_width = 900;
const int window_height = 600;
int x_1 = -window_width / 2;
int x_2 = window_width * 3 / 2;
int y_1 = -window_width / 2;
int y_2 = window_width * 3 / 2;
static Scalar randomColor(RNG& rng);
int Drawing_Random_Lines(Mat image, char* window_name, RNG rng);
int Drawing_Random_Rectangles(Mat image, char* window_name, RNG rng);
int Drawing_Random_Ellipses(Mat image, char* window_name, RNG rng);
int Drawing_Random_Polylines(Mat image, char* window_name, RNG rng);
int Drawing_Random_Filled_Polygons(Mat image, char* window_name, RNG rng);
int Drawing_Random_Circles(Mat image, char* window_name, RNG rng);
int Displaying_Random_Text(Mat image, char* window_name, RNG rng);
int Displaying_Big_End(Mat image, char* window_name, RNG rng);
int main(void)
```

```
{
    int c;
    char window_name[] = "Drawing_2 Tutorial";
    RNG rng(0xFFFFFFFF);
    Mat image = Mat::zeros(window_height, window_width, CV_8UC3);  // 创建一
个初始化为零的矩阵
    imshow(window_name, image);
    waitKey(DELAY);
    // 然后我们开始随机画图
    c = Drawing_Random_Lines(image, window_name, rng);
    if (c != 0) return 0;
    c = Drawing_Random_Rectangles(image, window_name, rng);
    if (c != 0) return 0;
    c = Drawing_Random_Ellipses(image, window_name, rng);
    if (c != 0) return 0;
    c = Drawing_Random_Polylines(image, window_name, rng);
    if (c != 0) return 0;
    c = Drawing_Random_Filled_Polygons(image, window_name, rng);
    if (c != 0) return 0;
    c = Drawing_Random_Circles(image, window_name, rng);
    if (c != 0) return 0;
    c = Displaying_Random_Text(image, window_name, rng);
    if (c != 0) return 0;
    c = Displaying_Big_End(image, window_name, rng);
    if (c != 0) return 0;
    waitKey(0);
    return 0;
}
static Scalar randomColor(RNG& rng)
{
    int icolor = (unsigned)rng;
    return Scalar(icolor & 255, (icolor >> 8) & 255, (icolor >> 16) & 255);
}
int Drawing_Random_Lines(Mat image, char* window_name, RNG rng)
{
    Point pt1, pt2;
    for (int i = 0; i < NUMBER; i++)
    {
        pt1.x = rng.uniform(x_1, x_2);
        pt1.y = rng.uniform(y_1, y_2);
        pt2.x = rng.uniform(x_1, x_2);
        pt2.y = rng.uniform(y_1, y_2);
        line(image, pt1, pt2, randomColor(rng), rng.uniform(1, 10), 8);
        imshow(window_name, image);
        if (waitKey(DELAY) >= 0)
        {
            return -1;
        }
    }
    return 0;
```

```
    }
    int Drawing_Random_Rectangles(Mat image, char* window_name, RNG rng)
    {
        Point pt1, pt2;
        int lineType = 8;
        int thickness = rng.uniform(-3, 10);
        for (int i = 0; i < NUMBER; i++)
        {
            pt1.x = rng.uniform(x_1, x_2);
            pt1.y = rng.uniform(y_1, y_2);
            pt2.x = rng.uniform(x_1, x_2);
            pt2.y = rng.uniform(y_1, y_2);
            rectangle(image, pt1, pt2, randomColor(rng), MAX(thickness, -1),
lineType);
            imshow(window_name, image);
            if (waitKey(DELAY) >= 0)
            {
                return -1;
            }
        }
        return 0;
    }
    int Drawing_Random_Ellipses(Mat image, char* window_name, RNG rng)
    {
        int lineType = 8;
        for (int i = 0; i < NUMBER; i++)
        {
            Point center;
            center.x = rng.uniform(x_1, x_2);
            center.y = rng.uniform(y_1, y_2);
            Size axes;
            axes.width = rng.uniform(0, 200);
            axes.height = rng.uniform(0, 200);
            double angle = rng.uniform(0, 180);
            ellipse(image, center, axes, angle, angle - 100, angle + 200,
                randomColor(rng), rng.uniform(-1, 9), lineType);
            imshow(window_name, image);
            if (waitKey(DELAY) >= 0)
            {
                return -1;
            }
        }
        return 0;
    }
    int Drawing_Random_Polylines(Mat image, char* window_name, RNG rng)
    {
        int lineType = 8;
        for (int i = 0; i < NUMBER; i++)
        {
            Point pt[2][3];
```

```
        pt[0][0].x = rng.uniform(x_1, x_2);
        pt[0][0].y = rng.uniform(y_1, y_2);
        pt[0][1].x = rng.uniform(x_1, x_2);
        pt[0][1].y = rng.uniform(y_1, y_2);
        pt[0][2].x = rng.uniform(x_1, x_2);
        pt[0][2].y = rng.uniform(y_1, y_2);
        pt[1][0].x = rng.uniform(x_1, x_2);
        pt[1][0].y = rng.uniform(y_1, y_2);
        pt[1][1].x = rng.uniform(x_1, x_2);
        pt[1][1].y = rng.uniform(y_1, y_2);
        pt[1][2].x = rng.uniform(x_1, x_2);
        pt[1][2].y = rng.uniform(y_1, y_2);
        const Point* ppt[2] = { pt[0], pt[1] };
        int npt[] = { 3, 3 };
        polylines(image, ppt, npt, 2, true, randomColor(rng), rng.uniform(1,
10), lineType);
        imshow(window_name, image);
        if (waitKey(DELAY) >= 0)
        {
            return -1;
        }
    }
    return 0;
}
int Drawing_Random_Filled_Polygons(Mat image, char* window_name, RNG rng)
{
    int lineType = 8;
    for (int i = 0; i < NUMBER; i++)
    {
        Point pt[2][3];
        pt[0][0].x = rng.uniform(x_1, x_2);
        pt[0][0].y = rng.uniform(y_1, y_2);
        pt[0][1].x = rng.uniform(x_1, x_2);
        pt[0][1].y = rng.uniform(y_1, y_2);
        pt[0][2].x = rng.uniform(x_1, x_2);
        pt[0][2].y = rng.uniform(y_1, y_2);
        pt[1][0].x = rng.uniform(x_1, x_2);
        pt[1][0].y = rng.uniform(y_1, y_2);
        pt[1][1].x = rng.uniform(x_1, x_2);
        pt[1][1].y = rng.uniform(y_1, y_2);
        pt[1][2].x = rng.uniform(x_1, x_2);
        pt[1][2].y = rng.uniform(y_1, y_2);
        const Point* ppt[2] = { pt[0], pt[1] };
        int npt[] = { 3, 3 };
        fillPoly(image, ppt, npt, 2, randomColor(rng), lineType);
        imshow(window_name, image);
        if (waitKey(DELAY) >= 0)
        {
            return -1;
        }
```

```cpp
        }
        return 0;
    }
    int Drawing_Random_Circles(Mat image, char* window_name, RNG rng)
    {
        int lineType = 8;
        for (int i = 0; i < NUMBER; i++)
        {
            Point center;
            center.x = rng.uniform(x_1, x_2);
            center.y = rng.uniform(y_1, y_2);
            circle(image, center, rng.uniform(0, 300), randomColor(rng),
                rng.uniform(-1, 9), lineType);
            imshow(window_name, image);
            if (waitKey(DELAY) >= 0)
            {
                return -1;
            }
        }
        return 0;
    }
    int Displaying_Random_Text(Mat image, char* window_name, RNG rng)
    {
        int lineType = 8;
        for (int i = 1; i < NUMBER; i++)
        {
            Point org;
            org.x = rng.uniform(x_1, x_2);
            org.y = rng.uniform(y_1, y_2);
            putText(image, "Testing text rendering", org, rng.uniform(0, 8),
                rng.uniform(0, 100)*0.05 + 0.1, randomColor(rng), rng.uniform(1,
10), lineType);
            imshow(window_name, image);
            if (waitKey(DELAY) >= 0)
            {
                return -1;
            }
        }
        return 0;
    }
    int Displaying_Big_End(Mat image, char* window_name, RNG)
    {
        Size textsize = getTextSize("OpenCV forever!", FONT_HERSHEY_COMPLEX, 3,
5, 0);
        Point org((window_width - textsize.width) / 2, (window_height -
textsize.height) / 2);
        int lineType = 8;
        Mat image2;
        for (int i = 0; i < 255; i += 2)
        {
```

```
        image2 = image - Scalar::all(i);
        putText(image2, "OpenCV forever!", org, FONT_HERSHEY_COMPLEX, 3,
            Scalar(i, i, 255), 5, lineType);
        imshow(window_name, image2);
        if (waitKey(DELAY) >= 0)
        {
            return -1;
        }
    }
    return 0;
}
```

从上面代码可以看到，在主函数中，要做的第一件事是创建一个随机数生成器对象：RNG rng(0xFFFFFFFF);。在本例中，RNG 使用值 0xFFFFFFFF 来进行初始化。

然后创建一个初始化为零的矩阵 image（这意味着它将显示为黑色），并指定其高度、宽度和类型。

接着开始随机画图。查看代码可以看到，这里主要是 8 个自定义函数。这些函数都遵循相同的模式，因此我们只分析其中几个函数，因为相同的解释适用于所有函数。比如函数 Drawing_Random_Lines 用来在随机坐标处画线，因此画线函数 line 的首尾点 pt1 和 pt2 的坐标都是随机生成的。同样地，函数 Drawing_Random_Circles 用来随机画圆；函数 Displaying_Random_Text 用来绘制文本，并且文本的位置、颜色等也是随机产生的；函数 Displaying_Big_End 用来绘制程序结束时所显示的文本"OpenCV forever!"。

步骤 03 保存工程并运行，结果如图 4-9 所示。

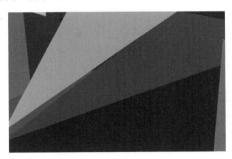

图 4-9

4.6 为图像添加边框

在 OpenCV 中，可以使用函数 copyMakeBorder 为图像设置边界。该函数可以为图像定义额外的填充（边框），原始边缘的行或列被复制成额外的边框。该函数声明如下：

```
void cv::copyMakeBorder ( InputArray src, OutputArray dst, int  top, int
bottom, int left, int  right, int borderType, const Scalar & value = Scalar() );
```

参数说明如下：

- src: 表示输入图像，即原图像，填 Mat 类的对象即可。
- Dst: 表示输出图像，和原图像有一样的深度，size = Size(src.cols + left +right, src.rows + top + bottom)，其中 top、bottom、left、right 分别表示在原图像的 4 个方向上扩充多少像素。
- borderType: 表示边界类型，取值如下:
  - BORDER_REPLICATE: 复制法，复制最边缘的像素，填充扩充的边界，如图 4-10 所示。中值滤波就采用这种方法。
  - BORDER_REFLECT_101: 对称法，以最边缘的像素为轴，对称填充，如图 4-11 所示。这是高斯滤波边界处理的默认方法。
  - BORDER_CONSTANT: 常量法，以一个常量像素值(参数为 value)填充扩充的边界，如图 4-12 所示。这种方式在仿射变换、透视变换中很常见。

 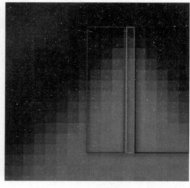 

图 4-10　　　　　　　　　　　　图 4-11　　　　　　　　　　　　图 4-12

  - BORDER_REFLECT: 和对称法原理一致，不过连最边缘的像素也要对称过去。
  - BORDER_WRAP: 用另一侧的元素来填充这一侧的扩充边界。
- value: 默认值为 0，当 borderType 取值为 BORDER_CONSTANT 时，这个参数表示边界值。

【例 4.14】为图像加上边框

步骤 01 新建一个控制台工程，工程名是 test。

步骤 02 打开 main.cpp，输入如下代码:

```cpp
#include <opencv2/opencv.hpp>
using namespace cv;
#include<iostream>
using namespace std;


#include <opencv2/highgui/highgui_c.h>
#include <opencv2/core.hpp>
#include <opencv2/imgproc.hpp>
#include <opencv2/highgui.hpp>
#include <iostream>
#include <stdio.h>
 int main(int argc, char** argv)
{
```

```cpp
Mat src, dst;
int borderType = BORDER_CONSTANT;
const char* window_name = "copyMakeBorder Demo";
RNG rng(12345);
int top, bottom, left, right;
const char* imageName = argc >= 2 ? argv[1] : "sky.jpg";
// 加载图片
src = imread(samples::findFile(imageName), IMREAD_COLOR);
// 检查图像是否加载完成
if (src.empty()) {
    printf(" Error opening image\n");
    printf(" Program Arguments: [image_name -- default lena.jpg] \n");
    return -1;
}
// 此程序的简要操作方法
printf("\n \t copyMakeBorder Demo: \n");
printf("\t -------------------- \n");
printf(" ** Press 'c' to set the border to a random constant value \n");
printf(" ** Press 'r' to set the border to be replicated \n");
printf(" ** Press 'ESC' to exit the program \n");
namedWindow(window_name, WINDOW_AUTOSIZE);
// 初始化筛选器的参数
top = (int)(0.05*src.rows);
bottom = top;
left = (int)(0.05*src.cols);
right = left;
for (;;)
{
    Scalar value(rng.uniform(0, 255), rng.uniform(0, 255), rng.uniform(0,
255));
    copyMakeBorder(src, dst, top, bottom, left, right, borderType, value);
    imshow(window_name, dst);
    char c = (char)waitKey(500);
    if (c == 27) break; // 按 Esc 键退出
    else if (c == 'c') borderType = BORDER_CONSTANT;
    else if (c == 'r') borderType = BORDER_REPLICATE;
}
return 0;
}
```

在上述代码中，按 C 键将边界设置为随机常量值，按 R 键设置要复制的边框，按 Esc 键退出程序。注意，这些按键需要对着图像窗口来按才会起作用。在设置好 top、bottom、left 和 right 后，在循环中调用 copyMakeBorder 函数为图像增加边框。

步骤 **03** 保存工程并运行，结果如图 4-13 所示。

图 4-13

4.7 在图像中查找轮廓

在 OpenCV 中通过使用 findContours 函数，只需几个简单步骤就可以检测出物体的轮廓，十分方便。该函数声明如下：

```
void cv::findContours (InputArray image, OutputArrayOfArrays contours,
OutputArray hierarchy, int mode, int method, Point offset = Point() );
```

参数说明如下：

- image: 表示单通道图像矩阵，可以是灰度图，但更常用的是二值图像，一般是经过 Canny、拉普拉斯等边缘检测算子处理过的二值图像。

- contours: 表示轮廓的集合，用于输出轮廓集，该参数是一个向量，并且是一个双重向量，即向量内每个元素保存了一组由连续的 Point 点构成的集合向量，每一组 Point 点集就是一个轮廓，有多少轮廓，向量 contours 就有多少元素。

- hierarchy: 表示可选的输出向量，包含所抽取的图片拓扑信息，有多少条轮廓，hierarchy 中就存放多少个元素。对于存储在 contours 中的第 i 条轮廓 contours[i]，向量容器 hierarchy 中的元素 hierarchy[i][0]、hierarchy[i][1]、hierarchy[i][2] 和 hierarchy[i][3] 分别表示与当前轮廓平级的后一个轮廓的索引编号、与当前轮廓平级的前一个轮廓的索引编号、当前轮廓的子轮廓的索引编号、当前轮廓的父轮廓的索引编号。如果没有对应项，则 hierarchy[i][x] = -1。

- mode: 表示轮廓提取模式，取值如下：
  - CV_RETR_EXTERNAL: 只提取最外层的轮廓，内围轮廓将被忽略。
  - CV_RETR_LIST: 检测所有的轮廓，包括内围、外围轮廓，但是检测到的轮廓不建立等级关系，彼此之间独立。这就意味着这个检索模式下不存在父轮廓或内嵌轮廓，所以 hierarchy 向量内所有元素的第 3、第 4 个分量都会被置为-1。
  - CV_RETR_CCOMP: 提取所有轮廓，并且将其组织为两层的层级结构：顶层为连通域的外围边界，次层为洞的内层边界。如果在内层洞中还有其他的轮廓，那么这个内层洞的轮廓也将被存储到顶层中。

- ➤ CV_RETR_TREE: 提取所有轮廓，并且构建一个嵌套式的轮廓存储。
- method: 定义轮廓的近似方法，取值如下:
  - ➤ CV_CHAIN_APPROX_NONE: 保存物体边界上所有连续的轮廓点到 contours 向量内。
  - ➤ CV_CHAIN_APPROX_SIMPLE: 仅保存轮廓的拐点信息，把所有轮廓拐点处的点存入 contours 向量内，拐点与拐点之间直线段上的信息点不予保留。
  - ➤ CV_CHAIN_APPROX_TC89_L1: 使用 teh-Chinl chain 近似算法。
  - ➤ CV_CHAIN_APPROX_TC89_KCOS: 使用 teh-Chinl chain 近似算法。
- offset: 表示点的偏移量，即所有的轮廓信息相对于原始图像对应点的偏移量，相当于在每一个检测出的轮廓点上加上该偏移量，并且 Point 可以是负值。

另外，绘制轮廓函数 drawContours 经常和查找轮廓函数 findContours 联合使用。这个好理解，查找出轮廓后，通常需要把轮廓绘制出来。函数 drawContours 声明如下:

```
void cv::drawContours(InputOutputArray image, InputArrayOfArrays
contours,int contourIdx,const Scalar & color, int thickness = 1, int lineType
= LINE_8,InputArray hierarchy = noArray(),int maxLevel = INT_MAX, Point offset
= Point());
```

其中参数 image 表示目标图像；contours 表示输入的轮廓组，每一组轮廓由点 vector 构成；contourIdx 指明画第几个轮廓，如果该参数为负值，就画全部轮廓；color 为轮廓的颜色；thickness 为轮廓的线宽，如果为负值或 CV_FILLED，就表示填充轮廓内部；lineType 为线型；hierarchy 为轮廓结构信息；maxLevel 表示绘制轮廓的最高级别，这个参数只在 hierarchy 有效的时候才有效。当 maxLevel=0 时，绘制与输入轮廓同一等级的所有轮廓，即绘制输入轮廓和与其相邻的轮廓；当 maxLevel=1 时，绘制与输入轮廓同一等级的所有轮廓与其子节点；当 maxLevel=2 时，绘制与输入轮廓同一等级的所有轮廓与其子节点以及子节点的子节点。参数 offset 表示可选轮廓偏移参数。

下面用效果图对比一下 findContours 函数中各参数取不同值时，向量 contours 和 hierarchy 的内容如何变化，以及有何异同。

【例 4.15】对比 findContours 函数的不同效果

（步骤 01）新建一个控制台工程，工程名是 test。

（步骤 02）打开 main.cpp，输入如下代码:

```cpp
#include <opencv2/opencv.hpp>
using namespace cv;
#include<iostream>
using namespace std;
#include <opencv2/highgui/highgui_c.h>
#include <opencv2/core.hpp>
#include <opencv2/imgproc.hpp>
#include <opencv2/highgui.hpp>
#include <stdio.h>
int main(int argc, char *argv[])
{
    int op;
```

```
        printf("enter 1--4:");
        scanf_s("%d", &op);

        Mat imageSource = imread("test.jpg", 0);
        imshow("Source Image", imageSource);
        Mat image;

        GaussianBlur(imageSource, image, Size(3, 3), 0);
        Canny(image, image, 100, 250);
        vector<vector<Point>> contours;
        vector<Vec4i> hierarchy;
        if(op==1)
            findContours(image, contours, hierarchy, RETR_TREE,
CHAIN_APPROX_SIMPLE, Point());
        else if(op==2)
            findContours(image, contours, hierarchy, RETR_EXTERNAL,
CHAIN_APPROX_NONE, Point());
        else if(op==3)
            findContours(image, contours, hierarchy, RETR_LIST,
CHAIN_APPROX_SIMPLE, Point());
        else if(op==4)
            findContours(image, contours, hierarchy, RETR_TREE, CHAIN_APPROX_NONE,
Point());

        Mat imageContours = Mat::zeros(image.size(), CV_8UC1);
        Mat Contours = Mat::zeros(image.size(), CV_8UC1);  // 绘制
        for (int i = 0; i < contours.size(); i++)
        {
        // contours[i]代表的是第 i 个轮廓，contours[i].size()代表的是第 i 个轮廓上所
有的像素点数
        for (int j = 0; j < contours[i].size(); j++)
        {
            // 绘制出 contours 向量内所有的像素点
            Point P = Point(contours[i][j].x, contours[i][j].y);
            Contours.at<uchar>(P) = 255;
        }

        // 输出 hierarchy 向量内容
        char sz[256];
        sprintf(sz, "The %d-th element of Vector hierarchy:", i);
        string str = sz;
        cout << str << endl << hierarchy[i] << endl << endl;

        // 绘制轮廓
        drawContours(imageContours, contours, i, Scalar(255), 1, 8,
hierarchy);
        }
        imshow("Contours Image", imageContours);   // 轮廓
        imshow("Point of Contours", Contours); // 向量 contours 内保存的所有轮廓点集
        waitKey(0);
```

```
        return 0;
    }
```

在上述代码中，我们分别设置了 4 种不同参数的 findContours 调用，根据用户输入的 1~4 来决定执行哪个 findContours。findContours 调用后轮廓就查找出来了。我们先绘制出 contours 向量内所有的像素点，然后调用 drawContours 绘制出轮廓。通过调整第 4 个参数 mode（轮廓的检索模式）、第 5 个参数 method（轮廓的近似方式）以及不同的偏移量 Point()，就可以得到不同的效果。

步骤 **03** 保存工程并运行，结果说明如下：

（1）当输入 2 时，mode 取值 RETR_EXTERNAL，method 取值 CHAIN_APPROX_NONE，即只检测最外层轮廓，内层的轮廓被忽略，并且保存轮廓上的所有点。轮廓如图 4-14 所示。

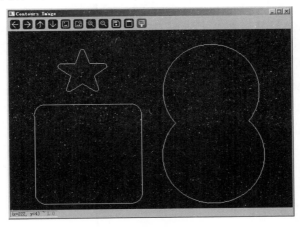

图 4-14

contours 向量内所有点集如图 4-15 所示。Contours 向量中保存了所有轮廓上的所有点，图像表现得跟轮廓一致。

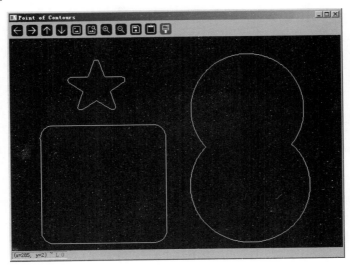

图 4-15

hierarchy 向量如图 4-16 所示。

```
enter 1--4:2
The 0-th element of Vector hierarchy:
[1, -1, -1, -1]

The 1-th element of Vector hierarchy:
[2, 0, -1, -1]

The 2-th element of Vector hierarchy:
[-1, 1, -1, -1]
```

图 4-16

重温一下 hierarchy 向量，向量中每个元素的 4 个整型变量（hierarchy[i][0]、hierarchy[i][1]、hierarchy[i][2] 和 hierarchy[i][3]）分别表示与当前轮廓平级的后一个轮廓的索引编号、与当前轮廓平级的前一个轮廓的索引编号、当前轮廓的子轮廓的索引编号和当前轮廓的父轮廓的索引编号。如果没有对应项，则 hierarchy[i][x] = -1。该参数配置下，hierarchy 向量内有 3 个元素，分别对应 3 个轮廓。以第 2 个轮廓（对应向量内第 1 个元素）为例，内容为[2,0,-1,-1]，2 表示当前轮廓的后一个轮廓的编号为 2，0 表示当前轮廓的前一个轮廓编号为 0，其后两个-1 表示为空，因为只有最外层轮廓这一个等级，所以不存在父轮廓和内嵌轮廓。

（2）当输入 3 时，mode 取值 RETR_LIST，method 取值 CHAIN_APPROX_SIMPLE，即检测所有轮廓，但各轮廓之间彼此独立，不建立等级关系，并且仅保存轮廓上的拐点信息。轮廓如图 4-17 所示。

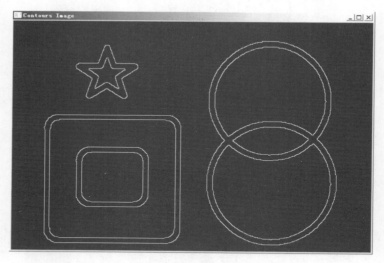

图 4-17

contours 向量内所有点集如图 4-18 所示。contours 向量中所有的拐点信息得到了保留，但是拐点与拐点之间直线段的部分被省略了。

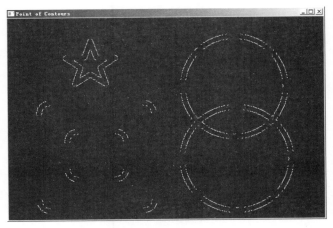

图 4-18

hierarchy 向量（截取一部分）如图 4-19 所示。

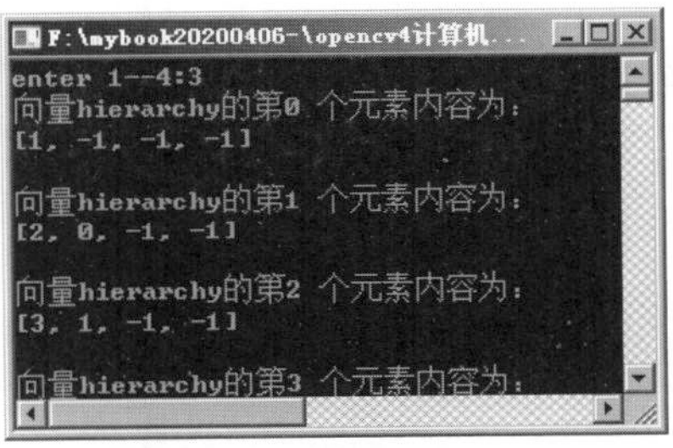

图 4-19

该参数配置下，检测出了较多轮廓。第 1 个、第 2 个整型值分别指向上一个和下一个轮廓编号。由于本次配置 mode 取值 RETR_LIST，各轮廓间各自独立，不建立等级关系，因此第 3 个、第 4 个整型参数为空，值设为–1。

（3）当输入 4 时，mode 取值 RETR_TREE，method 取值 CHAIN_APPROX_NONE，即检测所有轮廓，轮廓间建立外层、内层的等级关系，并且保存轮廓上的所有点。轮廓如图 4-20 所示。

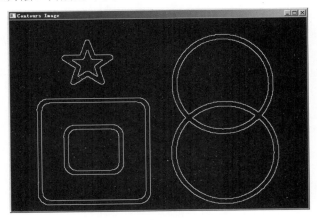

图 4-20

contours 向量内所有点集如图 4-21 所示。所有内外层轮廓都被检测到，contours 点集组成的图形跟轮廓表现一致。

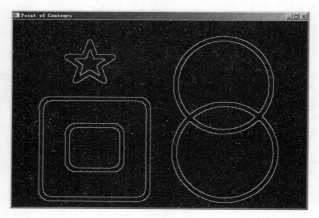

图 4-21

hierarchy 向量（截取一部分）如图 4-22 所示。

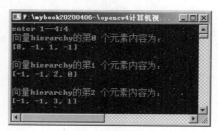

图 4-22

该参数配置要求检测所有轮廓，每个轮廓都被划分等级，包括最外围、第一内围、第二内围等，所以除第 1 和个最后一个轮廓外，其他轮廓都具有不为−1 的第 3 个、第 4 个整型参数，分别指向当前轮廓的父轮廓、内嵌轮廓的索引编号。

第5章

灰度变换和直方图修正

　　灰度化是图像处理中的一个基本步骤，其目的是将彩色图像转换为灰度图像。灰度图像是一种仅包含亮度信息而不包含颜色信息的图像，其像素值通常用一个字节（即 0~255 的范围）来表示，这个值代表了该像素的灰度等级，也就是亮度。灰度化是许多图像处理任务的第一步，如边缘检测、图像分割、特征提取等，因为灰度图像相对于彩色图像来说，计算量更小，处理速度更快，同时保留了图像的大部分重要信息。

　　灰度变换可以改善图像的质量，使图像能够显示更多的细节，提高图像的对比度（对比度拉伸）；可以有选择地突出图像感兴趣的特征，或者抑制图像中不需要的特征；可以有效地改变图像的直方图分布，使像素的分布更为均匀。

　　直方图是对图像的一种抽象表示方式。借助对图像直方图的修正或变换，可以改变图像像素的灰度分布，从而达到对图像进行增强的目的。

5.1　点　运　算

5.1.1　基本概念

　　图像点运算（或称点处理）是指对图像中的每一个像素点依次进行同样的灰度运算，使其输出的每一个像素值仅由对应点的值来决定，可以理解为点到点之间的映射。在所有图像处理算法中，点运算是基本的图像处理操作，它既可以单独使用，又可以与其他算法组合使用。通过点运算，输出图像每个像素的灰度值仅仅取决于输入图像中对应像素的灰度值。因此，点运算不能改变图像内的空间关系。

　　点运算是基于像素的处理，进行这类处理时，每个像素的处理与其他像素无关。

　　点运算以预定的方式改变图像的灰度直方图，除了灰度级的改变是根据某种特定的灰度变换函数进行的以外，点运算可以被视为一种"从像素到像素"的复制操作。

5.1.2　点运算的目标

点运算是实现图像增强处理的常用方法之一，经常用于改变图像的灰度范围及其分布。通过这种方法可以使图像的动态范围增大，增强图像的对比度，使图像变得更加清晰。

5.1.3　点运算的分类

通常点运算分为灰度变换和直方图修正两种，其中直方图修正包括直方图均衡化和直方图规定化。

灰度变换是图像处理的基本方法之一，可加大图像动态范围，增强对比度，使得图像更加清晰，特征更加明显，是图像增强的重要手段。图像的灰度变换又称为灰度增强，是指根据某种目标条件，按一定变换关系逐点改变原图像中每一个像素灰度值的方法。

直方图均衡化也是一种灰度的变换过程，它将当前的灰度分布通过一个变换函数变换为范围更宽、灰度分布更均匀的图像。也就是将原图像的直方图修改为在整个灰度区间内大致均匀分布，因此扩大了图像的动态范围，增强了图像的对比度。

直方图均衡化自动确定了变换函数，可以很方便地得到变换后的图像，但是在有些应用中，这种自动增强并不是最好的方法。有时需要图像具有某一特定的直方图形状（也就是灰度分布），而不是均匀分布的直方图，这时可以使用直方图规定化。

5.1.4　点运算的特点

从算法原理来看，点运算指的是仅根据图像中像素的原灰度值，按一定的规则来确定其新的灰度值。在实现点运算算法时，有时还得考虑像素在图像中的位置。由于点运算算法的上述特点，单个像素的新灰度值仅仅依赖于该像素原灰度值的大小，而与周围像素的灰度值没有关系。正因为像素原灰度值与新灰度值间是单独相关的，故点运算算法一般是可逆的。

点运算算法通常采取逐点扫描像素的方法来实现每个像素的变换，它直接把原像素值映射到一个新值，因此点运算可以借助查找表实现。一般来讲，点运算算法不会改变一幅图像中各像素之间的空间关系，因此不能用于增强图像所包含的细节。有时，这种处理又被称为对比度拉伸、对比度增强或灰度变换等。

5.1.5　点运算的应用

在开始处理图像前，有时需要用点运算来克服图像数字化设备的局限性，这对于图像的显示十分重要。点运算通常有如下应用：

1）光度学标定

数字图像中每一像素的灰度值应该反映原稿和数字化设备的物理特性，例如光照强度和反射（或透射）密度等。利用点运算可以去除图像输入设备传感器的非线性影响。假设一幅图像被一个对光照强度呈非线性反应的仪器数字化，则可以利用点运算来变换灰度级，使之反映光照强度的等步长增量，这就是光度学标定。此外，点运算也可以用来产生一幅图像，该图像的灰度级表示原稿反射（或透射）密度的等步长增量。

2）对比度增强

在某些数字图像中，人们感兴趣的特征仅占据整个灰度分级相当窄的一个范围。如果出现了这种情况，就可以用点运算来扩展感兴趣特征的对比度，使之占据可显示灰度级的更大范围。这一方法有时又被称为对比度扩展。

3）显示标定

某些显示设备有特定的优选灰度范围，在这一范围内图像的视觉特征表现得最明显。如果用这样的设备显示图像，虽然图像中较暗和较亮的部位有相同的对比度，但显示时不能得到很好的表示。在这种情况下，可以利用点运算将所有的特征突出显示。此外，不少显示器不能保持像素的灰度值和屏幕上相应点的亮度间的线性关系，有的胶片记录仪不能线性地将灰度值转换为对应的密度值。出现上述情况时，可通过在显示或记录前设计合理的点运算算法加以克服。另外，还可以将点运算和显示的非线性组合起来，使它们互相抵消，得到图像显示的线性关系，这个过程被称为显示标定。

4）轮廓线

利用点运算算法可以为图像加上轮廓线，例如用点运算进行图像的阈值化处理，根据图像的灰度等级把一幅图像划分成一些不连接的区域，这有助于确定图像中对象的边界或定义蒙版。蒙版是用来遮盖图层的，实际效果就是让图层变得透明。

5）裁剪

数字图像通常以整数存储，因此可用的灰度分级范围总是有限的。对于 8 位的灰度图像，在存储每一像素值前，输出图像的灰度级一定要被裁剪到 0~255 的范围内。

5.2　灰度变换

5.2.1　灰度变换概述

如果拍照时曝光不足或曝光过度，照片会显得灰朦朦的或者过白，如 X 光照片或陆地资源卫星多光谱图像。这实际上是因为对比度太小，且输入图像亮度分量的动态范围较小造成的。要改善这些图像的质量，可以采用灰度变换法，通过扩展输入图像的动态范围来达到图像增强的目的。

在图像预处理中，图像的灰度变换是图像增强的重要手段。印刷图像在成像过程中经过传送和转换（如成像、复制、扫描、传输和显示等过程）后，经常会造成图像质量下降。通过采取适当的处理方法，可以把原本模糊不清甚至根本无法分辨的原始图片处理成清楚、富含大量有用信息的可使用目标图像。因此，在医学、遥感、微生物、刑侦以及军事等诸多科研和应用领域中，图像增强处理技术对原始图像的模式识别、目标检测等起着重要作用。

灰度变换主要利用点运算来修正像素灰度，由输入像素点的灰度值确定相应输出点的灰度值，是一种基于图像变换的操作。基于点运算的灰度变换可表示为：$s=T(r)$。其中 T 是灰度变换函数，r 是变换前的灰度，s 是变换后的像素。

5.2.2　灰度变换的作用

图像灰度变换有以下作用：

（1）改善图像的质量，使图像能够显示更多的细节，提高图像的对比度（对比度拉伸）。
（2）有选择地突出图像感兴趣的特征或者抑制图像中不需要的特征。
（3）可以有效地改变图像的直方图分布，使像素的分布更为均匀。

5.2.3　灰度变换的方法

灰度变换函数描述了输入灰度值和输出灰度值之间变换关系，一旦灰度变换函数确定下来了，其输出的灰度值也就确定了。可见灰度变换函数的性质决定了灰度变换所能达到的效果。

根据不同的应用要求，可以选择不同的变换函数，如正比函数和指数函数等。根据函数的性质，灰度变换的方法可以分为线性灰度变换、分段线性灰度变换、非线性灰度变换（包括对数函数变换和幂律函数变换（伽马变换））。

5.2.4　灰度化

在具体讲述灰度变换之前，我们先了解一下灰度的概念。在数字图像中，像素是基本的表示单位，各个像素的亮暗程度用灰度值来标识。对于单色图像，它的每个像素的灰度值用[0，255]区间的整数表示，即图像分为 256 个灰度等级。对于彩色图像，它的每个像素都由 R、G、B 三个单色调配而成。如果每个像素的 R、G、B 完全相同，也就是 R=G=B=D，该图像就是灰度图像，其中 D 被称为各个像素的灰度值。从理论上讲，等量的三基色 R、G、B 相加可以变为白色，其数学表达式为：

```
白色=(1×R)+(1×G)+(1×B)
```

但是，由于人眼对 R、G、B 三个分量亮度的敏感度不一样，等量的 R、G、B 混合不能得到白色，故其混合比例需要调整。

通常有 3 种方法对彩色图进行灰度化。

1）加权平均值法

大量的实验数据表明，将 0.299 份红色、0.587 份绿色、0.114 份蓝色混合后可以得到白色，因此彩色图像可以根据以下公式变为灰度图像：

```
D=0.299×R+0.587×G+0.114×B
```

其中 D 表示点(x,y)转换后的灰度值，R、G、B 为点(x,y)的 3 个单色分量。这个公式一般称为经验公式。

2）取最大值法

取最大值法是将彩色图像中的 3 个分量的亮度的最大值作为灰度图像的灰度值。

```
D = max(R , G , B)
```

取 3 个分量中的最大值作为灰度值，灰度处理首先读入图像的复制文件到内存中，找到 R、G、B 中的最大值，使颜色的分量值都相等且等于最大值，这样就可以将彩色图像变成灰度图像。

3）平均值法

平均值法是对彩色图像中的 3 个分量的亮度值求平均值，从而得到一个灰度值，将其作为灰度图像的灰度：

```
D = (R + G + B) /3
```

【例 5.1】由经验公式实现 RGB 图像转灰度图像

步骤 **01**　打开 Qt Creator，新建一个控制台工程，工程名是 test。

步骤 **02**　打开 main.cpp，输入如下代码：

```cpp
#include <iostream>
#include <opencv2/opencv.hpp>
#include <iostream>
using namespace cv;
using namespace std;

void grayImageShow(cv::Mat &input, cv::Mat &output)
{
    for (int i = 0; i < input.rows; ++i)
        for (int j = 0; j < input.cols; ++j)
            output.at<uchar>(i, j) =
cv::saturate_cast<uchar>(0.114*input.at<cv::Vec3b>(i, j)[0] +
0.587*input.at<cv::Vec3b>(i, j)[1] + 0.2989*input.at<cv::Vec3b>(i, j)[2]);
    cv::imshow("gray by experience", output);// 由经验公式得到的灰度图像
}

int main(void)
{
    cv::Mat src, gray, dst;

    gray = cv::imread("Lena.jpg", cv::IMREAD_GRAYSCALE);// 读取图像文件
    src = cv::imread("Lena.jpg");
    dst.create(src.rows, src.cols, CV_8UC1);

    cv::imshow("scr", src);
    cv::imshow("gray by imread", gray);      // 显示由 imread 得到的灰度图像
    grayImageShow(src, dst);                 // 由经验公式得到的灰度图像
    waitKey(-1);                             // 按键后再继续

    return 0;
}
```

在上述代码中，我们通过 imread 和经验公式来实现将彩色图像转换为灰度图像。imread 通过第二个参数的设置可以将读取的图像转为灰度图像。

步骤 **03**　保存工程并运行，结果如图 5-1 所示。

图 5-1

下面我们来看看代码能否优化。抛却指令优化不谈，优化转换速度的直接方法是将浮点运算转换为整数运算。比如，我们可以将经验公式转换为：Gray $=(2989×R+5870×G+1140×B)/10000$。但是上面的除法速度还是不够快，完全可以使用移位操作来代替：Gray $=(4898×R+9618×G+1868×B)>>14$。此外，对大部分计算机视觉应用来说，图像的精度问题不是一个特别敏感的问题，因此可以通过降低精度来进一步减少计算量：Gray $=(76×R+150×G+30×B)>>8$。通常使用 8 位精度，这样速度会快很多。

【例 5.2】优化后的 RGB 图像转灰度图像

步骤 **01** 打开 Qt Creator，新建一个控制台工程，工程名是 test。

步骤 **02** 打开 main.cpp，输入如下代码：

```cpp
#include <iostream>
#include <opencv2/opencv.hpp>
#include <iostream>
using namespace cv;
using namespace std;

bool rgb2gray(unsigned char *src, unsigned char *dest, int width, int height)
{
    int r, g, b;
    for (int i = 0; i < width*height; ++i)
    {
        r = *src++; // 加载红色
        g = *src++; // 加载绿色
        b = *src++; // 加载蓝色
        // 构建加权平均值
        *dest++ = (r * 76 + g * 150 + b * 30) >> 8;
    }
    return true;
}

int main()
{
    Mat src, gray, dst;
```

```
src = cv::imread("Lena.jpg");
dst.create(src.rows, src.cols, CV_8UC1);
cv::imshow("scr", src);
rgb2gray(src.data, dst.data,src.cols,src.rows);// 由经验公式得到的灰度图像
cv::imshow("gray by experience", dst);// 显示由经验公式得到的灰度图像
waitKey(-1); // 按键后再继续
}
```

其中函数 rgb2gray 就是优化后的 RGB 图像转灰度图像的自定义函数。

步骤 03 保存工程并运行，结果如图 5-2 所示。

图 5-2

5.2.5　对比度

前面提到了改善图像的质量，以及提高图像的对比度（对比度拉伸），那么什么是对比度呢？对比度就是画面的明亮部分和阴暗部分的灰度的比值。一幅图像的对比度越高，图像中被照物体的轮廓就越分明可见，图像也就越清晰；对比度越低，图像中的物体轮廓就越模糊，图像也就越不清晰。

对比度对视觉效果的影响非常关键，一般来说对比度越大，图像越清晰醒目，色彩也越鲜明艳丽；对比度越小，则会让整个画面越灰蒙蒙的。高对比度对于图像的清晰度、细节表现、灰度层次表现都有很大帮助。在一些黑白反差较大的文本显示、CAD 显示和黑白照片显示等方面，高对比度产品在黑白反差、清晰度、完整性等方面都具有优势。相对而言，在色彩层次方面，高对比度对图像的影响并不明显。对比度对于动态视频显示效果影响更大一些，因为动态图像中明暗转换比较快，对比度越高，人的眼睛越容易分辨出这样的转换过程。

5.2.6　灰度的线性变换

原稿图像被数字化后，可使用灰度直方图检查输入图像的质量。如果检查表明规定的灰度分级没有得到充分利用，就可以用线性灰度变换来解决。线性灰度变换将原图像的灰度动态范围按线性关系式扩展到指定范围或整个动态范围。

图像的线性变换是图像处理的基本运算，通常应用在调整图像的画面质量方面，如图像对比度、

亮度及反转等操作。灰度的线性变换就是将图像中所有点的灰度按照线性灰度变换函数进行变换。

我们令 f 和 g 分别为位置上的像素增强前后的灰度值，a、b 为原图像所占用灰度级别的最小值和最大值，c、d 为增强后的图像所占用灰度级别的最小值和最大值，令 $|d-c|$ 总是大于 $|b-a|$。如果把 f 当作横轴，g 当作纵轴，可以得到如图 5-3 所示的坐标图，原来 $[a,b]$ 的范围被扩大到 $[c,d]$ 了。

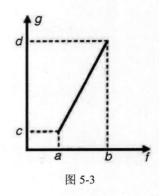

图 5-3

学过解析几何的读者应该知道直线方程有好多种，比如点斜式、斜截式、截距式、两点式、一般式等。其中点斜式的形式如下：

$$y-y_1=k(x-x_1)$$

其中，k 是斜率，$k=\dfrac{y_2-y_1}{x_2-x_1}$，$(x_1,y_1)$ 和 (x_2,y_2) 是直线上的两个不同点的坐标，$x_1 \neq x_2$。

在图 5-3 中，我们令 $|d-c|$ 大于 $|b-a|$，因为直线过两点 (a,c) 和 (b,d)，所以斜率 $k=\dfrac{d-c}{b-a}$。可以得到直线方程：$g-c=k(f-a)$。把 k 代入直线方程得到：$g-c=\dfrac{d-c}{b-a}(f-a)$，即

$$g=\frac{d-c}{b-a}(f-a)+c$$

这就是该直线的点斜式方程。转换后某点的灰度 g 的范围比转换前某点的灰度 f 的范围要大，不同像素之间的灰度差变大，对比度变大，图像就更清晰了。

除了点斜式之外，我们还可以将其转换为斜截式方程。首先复习一下斜截式方程：$y=kx+b$。其中 k 为直线斜率，b 为纵轴上的截距，其值也可以是 $b=y-kx$。如果 (a,c) 是直线上的一点，那么有 $b=c-ka$，因此可以将上面的点斜式继续转换为：

$$g=\frac{d-c}{b-a}(f-a)+c=k(f-a)+c=kf-ka+c=kf+c-ka=kf+b$$

这样就转换成斜截式方程。

● 当 $k>1$ 时，输出图像的对比度将增大。
● 当 $k<1$ 时，输出图像的对比度将减小。
● 当 $k=1$ 且 $b \neq 0$ 时，所有图像的灰度值上移或下移，其效果是使整个图像更暗或更亮。
● 当 $k=1$、$b=0$ 时，输出图像和输入图像相同。
● 当 $k=-1$、$b=255$ 时，输出图像的灰度正好反转。
● 当 $k<0$ 且 $b>0$ 时，暗区域将变亮，亮区域将变暗，点运算完成了图像求补运算。

实际上，k 表示图像对比度变化，b 表示图像亮度变化。当 $|k|>1$ 时，图像变换代表对比度增加操作；当 $|k|<1$ 时，图像变换代表对比度减小操作。当 $b>0$ 时，表示图像变换操作是亮度增加操作；当 $b<0$ 时，表示图像变换操作是亮度减小操作。

在曝光不足或过度的情况下，图像灰度可能会局限在一个很小的范围内。这时在显示器上看

到的将是一个模糊不清、似乎没有灰度层次的图像。采用线性变换对图像的每一个像素灰度做线性拉伸，可有效地改善图像视觉效果，如图 5-4 所示的两幅图，右边的图就是灰度线性变换过的。

图 5-4

【例 5.3】实现图像线性变换

步骤 **01** 打开 Qt Creator，新建一个控制台工程，工程名是 test。

步骤 **02** 打开 main.cpp，输入如下代码：

```cpp
#include <iostream>
#include<opencv2/opencv.hpp>
using namespace cv;  // 所有 opencv 类都在命名空间 cv 下
using namespace std;

// 图像线性变换操作
cv::Mat linearTransform(cv::Mat src, float alpha, int beta)
{
    if(src.empty()){
        std::cout<< "No data!" <<std::endl;
    }

    const int rows = src.rows;
    const int cols = src.cols;
    cv::Mat dst = cv::Mat::zeros(src.size(), src.type());


    // 图像元素遍历，对像素运用公式
    for (int row = 0; row < rows; row++) {
        for (int col = 0; col < cols; col++) {
            if (src.channels() == 3) {  // 三通道图像
                int b = src.at<Vec3b>(row, col)[0];
                int g = src.at<Vec3b>(row, col)[1];
                int r = src.at<Vec3b>(row, col)[2];
                dst.at<Vec3b>(row, col)[0] = saturate_cast<uchar>((alpha*b +
beta));
                dst.at<Vec3b>(row, col)[1] = saturate_cast<uchar>((alpha*g +
beta));
                dst.at<Vec3b>(row, col)[2] = saturate_cast<uchar>((alpha*r +
beta));
            }
            else if (src.channels() == 1) {  // 灰度图像，灰度图的通道数是 1
                int v = src.at<uchar>(row, col);
```

```
                    dst.at<uchar>(row, col) = saturate_cast<uchar>(alpha*v +
beta);
                }
            }
        }
        return dst;
    }
    int main()
    {
        // 图像获取及验证
        cv::Mat srcImage = cv::imread("lakeWater.jpg");
        if(!srcImage.data)
          return -1;
        cv::imshow("src", srcImage);
        // cv::waitKey(0);
        // 线性变换
        float a = 1.2;
        int b = 50;
        cv::Mat new_image = linearTransform(srcImage, a, b);
        cv::imshow("result", new_image);
        cv::waitKey(0);
        return 0;
    }
```

线性变换是一种简单的亮度和对比度调整方法，通过对每个像素的灰度级别应用线性变换公式来实现。对每个像素应用公式 output_pixel = input_pixel * alpha + beta，其中 alpha 控制对比度，beta 控制亮度。增大 alpha 值可以增加对比度，增大 beta 值可以增加亮度。

lakeWater.jpg 是工程目录下的图片。在自定义函数 linearTransform 中，我们根据线性变换表达式进行代码实现，原理就是对每个像素应用公式。由于是针对每个像素，因此用了两个 for 循环来遍历所有像素，并且在第二个 for 循环中对传入的图像进行分类，如果是彩色图像（彩色图片有红、绿、蓝三个通道），那么每个像素有 3 个值，我们就需要对 b、g、r 3 个变量分别套用公式。如果 src.channels() 等于 1，也就是读入的图像是灰度图（灰度图的通道数为 1），那么我们只需要套用一次公式，即可获取原来的像素值，然后运用公式计算出结果像素值，并赋值给目标图像对应的像素位置。

本例中大量运行了 Mat 类中的 at 方法，它的作用是获取图像矩阵某点的值或改变某点的值。比如，对于单通道图像通常这样使用：

```
image.at<uchar>(i,j) = 255;
```

而对于 RGB 三通道图像，通常这样使用：

```
    image.at<Vec3b>(i,j)[0] = 255;
    image.at<Vec3b>(i,j)[1] = 255;
    image.at<Vec3b>(i,j)[2] = 255;
```

不过，相对来讲，Mat::at()取值或改变某点的像素值比较耗时，因此还可以采用 Mat 的模板子类 Mat_<T>来实现对图像矩阵中某个值的获取和改变。此时单通道的使用方法如下：

```
Mat_<uchar> img = image;
img(i,j) = 255;
```

而三通道 RGB 的使用方法如下：

```
Mat_<Vec3b> img = image;
img(i,j)[0] = 255;
img(i,j)[1] =  255;
img(i,j)[2] =  255;
```

另外一个要注意的地方是 saturate_cast。在 OpenCV 中，saturate_cast 是一个模板函数，用于正确地将一个数值从一种类型转换到另一种类型，同时确保结果在目标类型的有效范围内。这个操作在图像处理中特别有用，比如当像素值在经过计算后可能超出其数据类型允许的范围时，saturate_cast 能够保证这样的值被正确地"饱和"，即如果计算结果超出了数据类型的表示范围，结果会被设定为该数据类型能表示的最大或最小值。比如，对于 uchar 类型（无符号字符，范围为 0 到 255）的像素值，任何超过 255 的结果都不能被直接存储在一个 uchar 变量中。如果有两个 uchar 类型的像素值，想要将它们相加：

```
uchar a = 200;
uchar b = 100;
uchar c = a + b; // 直接相加可能导致溢出，因为结果 300 超出了 uchar 的范围
```

使用 saturate_cast 可以避免溢出：

```
uchar c = cv::saturate_cast<uchar>(a + b);
```

在这个例子中，尽管 a + b 的结果是 300，超出了 uchar 能表示的范围，但 saturate_cast 会将结果"饱和"到 uchar 能表示的最大值，即 255。

saturate_cast 通过模板特化和函数重载实现了对不同数据类型之间转换的支持。它可以处理从浮点到整数、从长整型到短整型等多种类型的转换，确保在转换过程中值被正确地"饱和"。

步骤 03　保存工程并运行，结果如图 5-5 所示。

图 5-5

5.2.7 分段线性灰度变换

分段线性灰度变换将原图像的灰度范围划分为两段或更多段，对感兴趣的目标或灰度区间进行增强，对其他不感兴趣的灰度区间进行抑制。该方法在红外图像的增强中应用较多，可以突出感兴趣的红外目标。分段线性变换的主要优势在于它的形式可任意合成，而其缺点是需要更多的用户输入。

分段线性拉伸算法是图像灰度变换中常用的算法，在商业图像编辑软件 Photoshop 中也有相应的功能。分段线性拉伸主要用于提高图像对比度，突显图像细节。下面用 OpenCV 来实现分段线性变换，假设输入图像为 $f(x)$，输出图像为 $f'(x)$，分段区间为[start,end]，映射区间为[sout,eout]。分段线性拉伸示意图如图 5-6 所示。

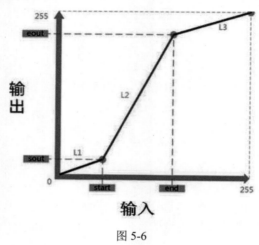

图 5-6

从图 5-6 中可以看到，分段线性拉伸算法需要明确 4 个参数：start、end、sout 以及 eout。当这 4 个参数均已知时，根据两点确定直线法，计算出直线 L1、L2 和 L3 的参数，分别为(K_1、$C_1=0$)、(K_2、C_2)和(K_3、C_3)，其中 K_1、K_2 和 K_3 分别是 L1、L2 和 L3 的斜率，C_1、C_2 和 C_3 分别是 L1、L2 和 L3 的截距。分段线性拉伸算法的公式如下：

$$f'(x) = \begin{cases} K_1 \times x + C_1 & 0 < x \leqslant \text{start} \\ K_2 \times x + C_2 & \text{start} < x \leqslant \text{end} \\ K_3 \times x + C_3 & \text{end} < x \leqslant 255 \end{cases}$$

其中 x 表示原图的灰度，用横坐标表示；$f'(x)$表示变换后的图像灰度，用纵坐标表示。(K_1、$C_1=0$)、(K_2、C_2)和(K_3、C_3)可以这样求得：

```
// L1
float fK1 = fSout / fStart;  // 直线方程，已知两点，其中一点是(0,0)，求斜率
// L2
float fK2 = (fEout - fSout) / (fEnd - fStart);// 直线方程，已知两点，求斜率
    float fC2 = fSout - fK2 * fStart;  // 把点(fStart,fSout)和斜率 fK2 代入 y=kx+b 中
求截距
// L3
float fK3 = (255.0f - fEout) / (255.0f - fEnd);  // 两点求斜率
```

```
float fC3 = 255.0f - fK3 * 255.0f;// 把点(255,255)和斜率 fK3 代入 y=kx+b 中求截距
```

弄清原理后，开始实战。

【例 5.4】实现分段变换核心算法

步骤 01 打开 Qt Creator，新建一个控制台工程，工程名是 test。

步骤 02 打开 main.cpp，输入如下代码：

```cpp
#include <opencv2/opencv.hpp>  // 头文件
#include <iostream>
using namespace cv;  // 包含 cv 命名空间
using namespace std;

// matInput：输入图像
// matOutput：输出图像
// fStart：分段区间起点
// fEnd：分段区间终点
// fSout：映射区间起点
// fEout：映射区间终点
// 注：支持单通道 8 位灰度图像
void dividedLinearStrength(cv::Mat& matInput, cv::Mat& matOutput, float fStart,
float fEnd, float fSout, float fEout)
{
    // 计算直线参数
    // L1
    float fK1 = fSout / fStart;
    // L2
    float fK2 = (fEout - fSout) / (fEnd - fStart);
    float fC2 = fSout - fK2 * fStart;
    // L3
    float fK3 = (255.0f - fEout) / (255.0f - fEnd);
    float fC3 = 255.0f - fK3 * 255.0f;

    // 建立查询表
    std::vector<unsigned char> loolUpTable(256);
    for (size_t m = 0; m < 256; m++)
    {
        if (m < fStart)
        {
            loolUpTable[m] = static_cast<unsigned char>(m * fK1);
        }
        else if (m > fEnd)
        {
            loolUpTable[m] = static_cast<unsigned char>(m * fK3 + fC3);
        }
        else
        {
```

```
            loolUpTable[m] = static_cast<unsigned char>(m * fK2 + fC2);
        }
    }

    // 构造输出图像
    matOutput = cv::Mat::zeros(matInput.rows, matInput.cols, matInput.type());
    // 灰度映射
    for (size_t r = 0; r < matInput.rows; r++)
    {
        unsigned char* pInput = matInput.data + r * matInput.step[0];
        unsigned char* pOutput = matOutput.data + r * matOutput.step[0];
        for (size_t c = 0; c < matInput.cols; c++)
        {
            // 查表 gamma 变换
            pOutput[c] = loolUpTable[pInput[c]];
        }
    }
}

int main()
{
    cv::Mat matSrc = cv::imread("img.jpg", cv::IMREAD_GRAYSCALE);
    cv::imshow("src", matSrc);
    cv::Mat matDLS;
    dividedLinearStrength(matSrc, matDLS, 72, 200, 5, 240);

    cv::imshow("Segmented linear stretching", matDLS);// 分段线性拉伸
    cv::waitKey(0);
    return 0;
}
```

在上述代码中，核心函数 dividedLinearStrength 用于实现分段线性拉伸。我们利用 loolUpTable 建立查询表，其作用就是提高扫描图像时的效率。我们要处理一幅图片，其实就是对整个图像数据进行处理，这就要求我们在处理的时候，要对图像的全部数据进行扫描读取，然后进行相应的处理，而处理中耗时最短的操作便是赋值。这种方法对于数据量比较大的图像来说，处理起来效率会很低。那我们应该怎么办呢？前面讲过尽量不去进行加减乘除操作，那能否在图像处理中只进行赋值操作呢？当然可以，这时查询表就派上用场了。其实查询表的实质就是把图像中的数据从之前比较高的灰度级降下来。例如对于灰度值是 256 的 char 类型的灰度级，我们通过一个参数（例如上述程序中就是 100）把原来的 256 个灰度级降到 3 个灰度级，原来图像中灰度值在 0~100 的数据，现在变成了 0；原来图像中灰度值为 101~200 的数据，现在变成 1；原来图像中灰度值在 201~256 的数据，现在变成了 2。因此，通过参数 100，图像的灰度级就变成了 2，只有 0、1、2 三个灰度值，原来的图像矩阵中的每一个数据都是 char 类型的，需要 8 位来表示，而灰度级降下来之后，只需要两位就足以表示所有灰度值。

步骤 03 保存工程并运行，结果如图 5-7 所示。

图 5-7

【例 5.5】分段线性变换改善图像

步骤 01 打开 Qt Creator，新建一个控制台工程，工程名是 test。

步骤 02 打开 main.cpp，输入如下代码：

```cpp
#include <opencv2/opencv.hpp>  // 头文件
#include <iostream>
using namespace cv;  // 包含 cv 命名空间
using namespace std;

int main(int argc, char ** argv)
{
    Mat srcImage, dstImage;

    // 设定变量，遵循的公式为 dstImage = alpha * srcImage + beta[即 y = ax + b]
    float alpha = 2.0;
    float beta = 0;

    // 读入一幅图片，并对图片进行分段线性变换
    // 载入图像，转为灰度图
    // srcImage = imread(argv[1],CV_LOAD_IMAGE_GRAYSCALE);// 从控制台传入图片
参数

    srcImage = imread("img.jpg", 0);// 以灰度图格式打开图片，参数 0 表示读入灰度图
    if (!srcImage.data)
    {
        printf("could not load image...\n");
        return -1;
    }

    char input_title[] = "input image";
    char output_title[] = "output image";
    namedWindow(input_title, WINDOW_AUTOSIZE);
    namedWindow(output_title, WINDOW_AUTOSIZE);

    // 显示载入的图片
```

```
    imshow(input_title, srcImage);

    dstImage = srcImage.clone();    // dstImage 与 srcImage 尺寸一样，内容也一样

    // 对 dst 进行分段线性变换，遵循的公式为：
    // dstImage = alpha * srcImage + beta[即 y = ax + b]
    // 怕被刷屏，所以此处就不输出 srcImage、dstImage 的像素值了
    for (int r = 0; r < srcImage.rows; r++)
    {
        for (int c = 0; c < srcImage.cols; c++) {
            uchar temp = srcImage.at<uchar>(r, c);
            if (temp < 50)
            {
                // alpha = 0.5, beta=0
                dstImage.at<uchar>(r, c) = saturate_cast<uchar>(temp * 0.5);
            }
            else if (50 <= temp && temp < 150)
            {
                // alpha = 3.6, beta = -310
                dstImage.at<uchar>(r, c) = saturate_cast<uchar>(temp * 3.6 -
310);
            }
            else
            {
                // alpha = 0.238, beta = 194
                dstImage.at<uchar>(r, c) = saturate_cast<uchar>(temp * 0.238
+ 194);
            }
        }
    }

    // 显示效果图
    imshow(output_title, dstImage);
    // 将结果图保存起来
    imwrite("img_new.jpg", dstImage);

    // 等待任意按键被按下
    waitKey(0);
    return 0;
}
```

我们通过公式 $y = ax + b$ 对原有的灰度分 3 段进行扩展，这样图像的效果会好很多。

步骤 03 保存工程并运行，结果如图 5-8 所示。

图 5-8

分段线性变换增强效果的好坏，取决于分段点的选取及其各段增强参数的选取是否合适。选取的方法有手工选取和计算机自适应选取。可以通过传统手工操作的方法，选取恰当的分段点及其增强参数，以达到较好的增强效果。但是手工操作效率较差，为了取得较好的增强效果，必须不断尝试各种参数。目前，已有多种方法实现分段点的计算机自适应选取，都在一定程度上改善了手工操作的缺点，例如自适应最小误差法、多尺度逼近方法和恒增强率方法等。

5.2.8　对数变换和反对数变换

对数变换和反对数变换都属于非线性变换。对数变换的公式为：$s=c\times\log(1+r)$，其中 c 为常数，$r\geq0$。

对数变换有两个作用：

- 因为对数曲线在像素值较低的区域斜率较大，在像素值较高的区域斜率较小，所以图像经过对数变换之后，较暗区域的对比度将得到提升，因而能增强图像暗部的细节。
- 图像的傅里叶频谱的动态范围可能宽达 $0\sim10^6$。如果直接显示频谱，显示设备的动态范围往往不能满足要求，这个时候就需要使用对数变换，使得傅里叶频谱的动态范围被合理地非线性压缩。

在 OpenCV 中，图像对数变换的实现可以直接通过对图像中的每个元素运用上述公式来完成，也可以通过矩阵整体操作来完成。下面的实例中给出了 3 种方法（请看代码注释），其中方法一和方法三都是通过矩阵整体操作来完成的，方法二是通过对图像中每个元素进行操作来完成的。方法一和方法三的区别是前者是对原图像进行对数运算，后者是对目标图像进行对数运算。

【例 5.6】实现灰度对数变换

步骤 **01**　打开 Qt Creator，新建一个控制台工程，工程名是 test。

步骤 **02**　打开 main.cpp，输入如下代码：

```cpp
#include <iostream>
#include<opencv2/opencv.hpp>
using namespace cv;  // 所有 opencv 类都在命名空间 cv 下
using namespace std;
```

```cpp
// 对数变换方法一
cv::Mat logTransform1(cv::Mat srcImage, int c)
{
    // 输入图像判断
    if (srcImage.empty())
        std::cout << "No data!" << std::endl;
    cv::Mat resultImage =
        cv::Mat::zeros(srcImage.size(), srcImage.type());
    // 计算 1 + r
    cv::add(srcImage, cv::Scalar(1.0), srcImage);
    // 转换为 32 位浮点数
    srcImage.convertTo(srcImage, CV_32F);
    // 计算 log(1 + r)
    log(srcImage, resultImage);
    resultImage = c * resultImage;
    // 归一化处理
    cv::normalize(resultImage, resultImage,
        0, 255, cv::NORM_MINMAX);
    cv::convertScaleAbs(resultImage, resultImage);
    return resultImage;
}


// 对数变换方法二
cv::Mat logTransform2(Mat srcImage, float c)
{
    // 输入图像判断
    if (srcImage.empty())
        std::cout << "No data!" << std::endl;
    cv::Mat resultImage =
        cv::Mat::zeros(srcImage.size(), srcImage.type());
    double gray = 0;
    // 遍历图像分别计算每个像素点的对数变换
    for (int i = 0; i < srcImage.rows; i++) {
        for (int j = 0; j < srcImage.cols; j++) {
            gray = (double)srcImage.at<uchar>(i, j);
            gray = c * log((double)(1 + gray));
            resultImage.at<uchar>(i, j) = saturate_cast<uchar>(gray);
        }
    }
    // 归一化处理
    cv::normalize(resultImage, resultImage,
        0, 255, cv::NORM_MINMAX);
    cv::convertScaleAbs(resultImage, resultImage);
    return resultImage;
}
```

```cpp
// 对数变换方法三
cv::Mat logTransform3(Mat srcImage, float c)
{
    // 输入图像判断
    if (srcImage.empty())
        std::cout << "No data!" << std::endl;
    cv::Mat resultImage =
        cv::Mat::zeros(srcImage.size(), srcImage.type());

    srcImage.convertTo(resultImage, CV_32F);
    resultImage = resultImage + 1;
    cv::log(resultImage, resultImage);
    resultImage = c * resultImage;
    cv::normalize(resultImage, resultImage, 0, 255, cv::NORM_MINMAX);
    cv::convertScaleAbs(resultImage, resultImage);
    return resultImage;
}

int main()
{
    // 读取灰度图像并验证
    cv::Mat srcImage = cv::imread("lakeWater.jpg", 0);
    if (!srcImage.data)
        return -1;

    // 验证三种不同方式的对数变换速度
    cv::imshow("src", srcImage);
    float c = 1.2;
    cv::Mat resultImage;
    double tTime;
    tTime = (double)getTickCount();
    const int nTimes = 10;
    for (int i = 0; i < nTimes; i++)
    {
        resultImage = logTransform1(srcImage, c);
    }
    tTime = 1000 * ((double)getTickCount() - tTime) /
        getTickFrequency();
    tTime /= nTimes;

    // 输出方法一的耗时
    std::cout << " The time consumed by the first method: " << tTime << endl;
    cv::imshow("result", resultImage);
    cv::waitKey(0);
    return 0;
```

```
}
```

我们用 3 种方法进行对数变换，并输出了方法一所耗费的时间。

步骤 **03** 保存工程并运行，结果如图 5-9 和图 5-10 所示。

图 5-9

The time consumed by the first method:0.426108

图 5-10

反对数变换的公式是 $s = ((v+1)^r - 1) / v$，我们直接以实例来说明。

【例 5.7】实现灰度反对数变换

步骤 **01** 打开 Qt Creator，新建一个控制台工程，工程名是 test。

步骤 **02** 打开 main.cpp，输入如下代码：

```cpp
#include <iostream>
#include<opencv2/opencv.hpp>
using namespace cv;  // 所有 opencv 类都在命名空间 cv 下
using namespace std;

// 归一化
// data              进行处理的像素集合
// grayscale         目标灰度级
// rows cols type    目标图像的行、列以及类型
Mat Normalize(vector<double> data, int grayscale, int rows, int cols, int type)
{
    double max = 0.0;
    double min = 0.0;
    for (int i = 0; i < data.size(); i++)
    {
        if (data[i] > max)
            max = data[i];
        if (data[i] < min)
            min = data[i];
    }

    Mat dst;
    dst.create(rows, cols, type);
```

```cpp
        int index = 0;

        for (int r = 0; r < dst.rows; r++)
        {
            uchar* dstRowData = dst.ptr<uchar>(r);
            for (int c = 0; c < dst.cols; c++)
            {
                dstRowData[c] = (uchar)(grayscale * ((data[index++] - min) * 1.0
/ (max - min)));
            }
        }
        return dst;
    }

    // 反对数变换
    Mat NegativeLogTransform(Mat src, double parameter)
    {
        vector<double> value;
        for(int r = 0;r < src.rows;r++)
        {
            uchar* srcRowData = src.ptr<uchar>(r);
            for(int c = 0;c < src.cols;c++)
            {
                // 反对数变换公式为 s = ((v + 1) ^ r - 1) / v
                value.push_back((pow(parameter + 1, srcRowData[c]) - 1) /
parameter);
            }
        }
        // 计算得出的 s 经过对比拉升（将像素值归一化到 0~255）得到最终的图像
        return Normalize(value, 255, src.rows, src.cols, src.type());
    }

    int main()
    {
        Mat srcImg = imread("gza.jpg",0);  // 读取原图片并转换为灰度图
        if(srcImg.data == NULL)
        {
            cout << "Fail to open file." << endl;
            return -1;
        }
        imshow("src",srcImg);

        // Mat dstImg = LogTransform(srcImg,0.2);
        Mat dstImg;
        dstImg = NegativeLogTransform(srcImg, 3);
        imshow("result",dstImg);
        waitKey(0);
        return 0;
    }
```

步骤 **03** 保存工程并运行，结果如图 5-11 所示。

图 5-11

5.2.9 幂律变换

幂律变换也称伽马变换或指数变换，是另一种常用的灰度非线性变换，主要用于图像的校正，对漂白的图片或者过黑的图片进行修正，也就是对灰度过高或者灰度过低的图片进行修正，增强对比度。幂律变换的公式如下：

$$s = c \times x^{\gamma}$$

其中系数 c 和指数 γ 为正常数。伽马变换的效果与对数变换有点类似，当 $\gamma > 1$ 时，将较窄范围的低灰度值映射为较宽范围的灰度值，同时将较宽范围的高灰度值映射为较窄范围的灰度值，即低灰度区间压缩，高灰度区间拉伸；当 γ 小于 1 时，低灰度区间拉伸，高灰度区间压缩；当 γ 等于 1 时，简化成恒等变换。不同 γ 值对灰度区间进行拉伸或者压缩的效果如图 5-12 所示。

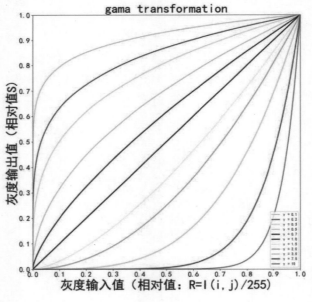

图 5-12

【例 5.8】实现幂律变换

步骤 01　打开 Qt Creator，新建一个控制台工程，工程名是 test。

步骤 02　打开 main.cpp，输入如下代码：

```cpp
#include <iostream>
#include<opencv2/opencv.hpp>
using namespace cv;  // 所有 opencv 类都在命名空间 cv 下
using namespace std;

int main()
{
    Mat src;
    src = imread("ball.jpg");
    if(src.empty()) // 判断是否成功读取图片
    {
        cout<<"not open successed!" <<endl;
        return -1;
    }

    namedWindow("input",0);     // 重命名窗口
    imshow("input",src);        // 显示输入的图像 src
    cvtColor(src, src, COLOR_RGB2GRAY);
    Mat grayimg;

    // 创建一个大小类型相同的图像矩阵序列，也可以使用 clone()函数
    grayimg.create(src.size(),src.type());
    int height = src.rows;
    int width = src.cols;
    for(int i=0;i<height;i++) // 遍历像素
        for(int j=0;j<width;j++)
        {
            int gray = src.at< uchar>(i,j);
            grayimg.at< uchar>(i,j) = pow(gray, 0.5);// 将灰度值开方
        }

    // 归一化，将数据归一到 0~255
    normalize(grayimg,grayimg,0,255,NORM_MINMAX);
    imshow("output",grayimg);   // 显示图像 grayimg
    waitKey(0);
    return 0;
}
```

步骤 03　保存工程并运行，结果如图 5-13 所示。

图像偏暗，所以要使 γ 小于 1，让暗部变亮一些。

图 5-13

5.3　直方图修正

直方图修正包括直方图均衡化和直方图规定化。首先我们来了解一下什么是直方图。

5.3.1　直方图的概念

一幅图像由不同灰度值的像素组成，图像中灰度的分布情况是该图像的一个重要特征。图像的灰度直方图描述了图像中灰度的分布情况，能够直观地展示出图像中各个灰度级所占的比例。

图像的灰度直方图是灰度级的函数，描述的是图像中具有该灰度级的像素的个数。简单地说，就是把一幅图像中每一个像素出现的次数先统计出来，然后把每一个像素出现的次数除以总的像素个数，得到的就是这个像素出现的频率，再把像素与该像素出现的频率用图表示出来，得到的就是灰度直方图。

图 5-14 所示就是一个灰度图像的灰度直方图，横坐标代表像素的灰度值的范围[0,255]，灰度值越接近 0，表示图像越黑；越接近 255，表示图像越亮。纵坐标代表每一个灰度值在图像所有像素中出现的次数。

除此之外，直方图的纵轴还可以代表图像灰度概率密度，这种直方图被称为归一化直方图，它可以直接反映不同灰度级出现的比率（或叫概率）。此时会将纵坐标归一化到[0,1]区间内，也就是将灰度级出现的次数（频率或像素个数）除以图像中像素的总数。对于拥有 256 种灰度（灰度级是 256）的图像，我们假设 n_k 为灰度值等于 r_k 的像素个数（即灰度 r_k 出现的次数），则该灰度出现的概率（灰度概率密度函数）可以用如下公式表示：

$$p(r_k) = \frac{n_k}{n}, \quad (k=0,1,\cdots,L-1, \ n_k \geqslant 0)$$

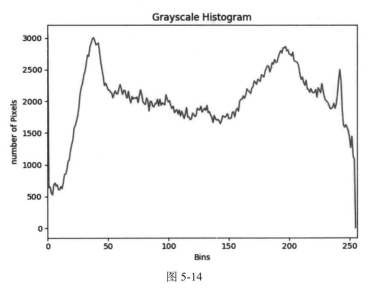

图 5-14

其中，n 表示图像像素的总个数，它可以用图像的宽度和高度相乘来获得；n_k 为灰度值为 r_k 的像素个数（灰度 r_k 出现的次数），比如 n_0 是所有像素中灰度 r_0 出现的次数；L 是图像的灰度级数；r_k 表示第 k 级灰度值；$p(r_k)$ 是各个 r_k 出现的概率，反映了图像的灰度值的分布情况。

5.3.2　OpenCV 实现灰度直方图

直方图的计算很简单，无非是遍历图像的像素，统计每个灰度级的个数。在 OpenCV 中封装了直方图的计算函数 calcHist，该函数能够同时计算多个图像、多个通道、不同灰度范围的灰度直方图。该函数声明如下：

```
void calcHist(
    const Mat* images,        // 输入的矩阵数组或数据集
    int nimages,              // 输入数组的个数
    const int* channels,      // 需要统计的通道索引
    InputArray mask,          // 可选的操作掩码，用于标记出统计直方图的数组元素数据
    OutputArray hist,         // 输出的目标直方图

    int dims,                 // 需要计算的直方图的维数
    const int* histSize,      // 存放每个直方图尺寸的数组
    const float** ranges,     // 每一维数值的取值范围
    bool uniform = true,      // 指示直方图是否进行归一化
    bool accumulate = false   // 累计标识符，主要是允许从多个阵列中计算单个直方图
                              // 或者用于在特定的时间更新直方图
)
```

在 OpenCV 中，用 calHist 函数得到直方图数据后，就可以将其绘制出来。

【例 5.9】得到某图像的灰度直方图

步骤 **01** 打开 Qt Creator，新建一个控制台工程，工程名是 test。

步骤 **02** 打开 main.cpp，输入如下代码：

```cpp
#include <iostream>
#include<opencv2/opencv.hpp>
#include <opencv2\imgproc\types_c.h> // for CV_RGB2GRAY
using namespace cv;  // 所有 opencv 类都在命名空间 cv 下
using namespace std;

// 绘制灰度直方图
int main(int    argc, char    *argv[])
{
    Mat src, gray;
    if(argc==1)
        // 如果用户没有传图片名进来，就默认读取工程目录下的 gza.jpg 图片
        src = imread("gza.jpg");
    else if(argc==2)
        src = imread(argv[1]);

    if (src.empty())  // 判断原图是否加载成功
    {
        cout << "图像加载失败" << endl;
        return -1;
    }

    cvtColor(src, gray, CV_RGB2GRAY);    // 转换为灰度图
    int bins = 256;
    int hist_size[] = { bins };
    float range[] = { 0, 256 };
    const float* ranges[] = { range };
    MatND hist;
    int channels[] = { 0 };

    // 计算出灰度直方图
    calcHist(&gray, 1, channels, Mat(), // 不使用掩码
        hist, 1, hist_size, ranges,
        true, // 直方图不进行归一化
        false);

    // 画出直方图
    double max_val;
    minMaxLoc(hist, 0, &max_val, 0, 0);  // 定位矩阵中最小值、最大值的位置
    int scale = 2;
    int hist_height = 256;

    // 创建一个全 0 的特殊矩阵
    Mat hist_img = Mat::zeros(hist_height, bins*scale, CV_8UC3);
    for (int i = 0; i < bins; i++)
    {
```

```
        float bin_val = hist.at<float>(i);
        int intensity = cvRound(bin_val*hist_height / max_val);// 要绘制的高度
        rectangle(hist_img, Point(i*scale, hist_height - 1),  // 画矩形
            Point((i + 1)*scale - 1, hist_height - intensity),
            CV_RGB(255, 255, 255));
    }

    // 显示原图和直方图
    imshow("src", src);
    imshow("Grayscale histogram", hist_img);// 灰度直方图
    waitKey(10000000000);
    return 0;
}
```

值得关注的是"画出直方图"这一块的代码。这个直方图首先将每一个区间长度定为 2 个像素，直方图画布的长是：区间数×区间长度= 256×2 = 512，高为 256，初始化为一幅黑色画布。然后进入画直方图阶段，简单来说，就是取出图像的灰度频率表（每个灰度值占整个图像的像素数）的每一个值，计算出绘制高度，根据这个绘制高度画线或者矩形。绘制高度是：矩形高度×画布高度/最大矩形高度。

这里使用画矩形函数 rectangle 来画每一个区间。当然也可以用 line（线段）来画一个区间。另外，x 轴应该是坐标为(x, 255)的线。至于为什么是 255，是为了能显示出高度为 0 的区间。

步骤 **03**　保存工程并运行，结果如图 5-15 所示。

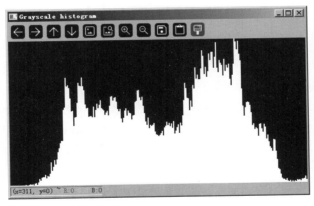

图 5-15

5.3.3　直方图均衡化

直方图均衡化是一种常见的增强图像对比度的方法，在数据较为相似的图像中作用更加明显。直方图均衡化处理的中心思想是把原始图像的灰度直方图从比较集中的某个灰度区间变成在全部灰度范围内的均匀分布。具体操作就是对图像进行非线性拉伸，重新分配图像像素值，使一定灰度范围内的像素数量大致相同，即将给定图像的直方图分布变成"均匀"分布的直方图分布。

为什么要进行直方图均衡化呢？很多时候，我们的图片看起来不是那么清晰，这时可以对图像进行一些处理，以扩大图像像素值显示的范围。例如，有些图像整体像素值偏低，图像中的一些

特征不是很清晰，只是隐约看到一些轮廓痕迹，这时可以通过图像直方图均衡化使得图像看起来亮一些，便于后续的处理。直方图均衡化是灰度变换的一个重要应用，它高效且易于实现，广泛应用于图像增强处理中。

直方图均衡化方法把原图像的直方图通过灰度变换函数修正为灰度均匀分布的直方图，然后按均衡直方图修正原图像。当图像的直方图均匀分布时，图像包含的信息量最大，图像看起来就很清晰。该方法以累计分布函数为基础，其变换函数取决于图像灰度直方图的累积分布函数。它对整幅图像进行同一个变换，因此也称为全局直方图均衡化。

在均衡化过程中，必须保证满足两个条件：

- 像素无论怎么映射，一定要保证原来的大小关系不变，较亮的区域依旧较亮，较暗的区域依旧较暗，只是对比度增大，绝对不能明暗颠倒。
- 如果是 8 位图像，那么像素映射函数的值域应在 0 和 255 之间，不能越界。

综合以上两个条件，累积分布函数是一个好的选择，因为累积分布函数是单调增函数（控制大小关系），并且值域是 0~1（控制越界问题）。下面通过一个例子来说明直方图均衡算法。比如灰度为 0~7，对应的像素数如图 5-16 所示。

灰度	7	6	5	4	3	2	1	0
原始图像各灰度的像素数	0	4	9	11	5	7	4	0
均衡化后各灰度的像素数	5	5	5	5	5	5	5	5

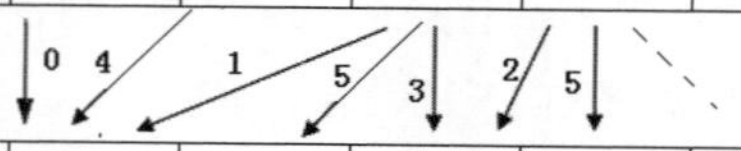

图 5-16

进行均衡化后，每个灰度所分配的像素数应该是 5，即总像素数除以所有灰度之和，也就是 40÷8=5。从原始图像的灰度值大的像素开始，每次取 5 个像素。从灰度为 5 的像素中选取一个像素有两种算法：随机法和从周围像素的平均灰度的较大像素中顺次选取。后者比前者稍微复杂一些，但是后者所得结果的噪声比前者少。这里使用后者。接下来，在原始图像灰度为 5 的剩余 8 个像素中，用前面的方法选取 5 个像素，作为灰度 6 的像素数，以此类推，对所有像素重新进行灰度分配。

直方图均衡化的具体步骤如下：

步骤 01 计算每个灰度值的像素个数 n_k，即每个灰度在所有像素中出现了几次。

步骤 02 计算原图像的灰度累积分布函数 s_k，并求出灰度变换表。

其中，计算原图像的灰度累积分布函数 s_k 的公式为：$s_k = \sum_{j=0}^{k} p(r_j) = \sum_{j=0}^{k} \frac{n_j}{n}, k = 0,1,2,\cdots,255$。求灰度变换表的公式为：$g_k = s_k \times 255/n + 0.5$，$k = 0,1,2,\cdots,255$。其中 g_k 为第 k 个灰度级别变换后的灰度值，0.5 的作用是进行四舍五入。

步骤 03 根据灰度变换表将原图像各灰度级映射为新的灰度级，即可完成直方图均衡化。

大多数自然图像由于其灰度分布集中在较窄的区间，导致图像细节不够清晰。采用直方图均衡化后，可使图像的灰度间距拉开或使灰度均匀分布，从而增大反差，使图像细节清晰，达到增强图像的目的。直方图均衡化方法有以下两个特点：

（1）根据各灰度级别出现频率的大小，对各个灰度级别进行相应程度的增强，即各个级别之间的间距相应增大。

（2）可能减少原有图像灰度级别的个数，即对于出现频率过小的灰度级别可能出现简并现象。当满足公式

$$\left\lfloor \sum_{j=0}^{i+1} n_j \times 256 / n \right\rfloor > \left\lfloor \sum_{j=0}^{i} n_j \times 256 / n \right\rfloor, \quad i=0,1,2,\cdots,255$$

时，第 i+1 个灰度才会映射到与第 i 个灰度不同的灰度级别上，即当第 i+1 个灰度出现频数小于 n/256 时，它可能与第 i 个灰度映射到同一个灰度级别上，这就是简并现象。

直方图均衡化的简并现象不仅使出现频数过大的灰度级别过度增强，还使所关注的目标细节信息丢失，未能达到预期增强的目的。目前，已有很多直方图均衡化的改进算法在一定程度上改善了这一缺点，例如基于幂函数的加权自适应直方图均衡化、平台直方图均衡化等。这些都可以作为读者以后从事图像工作的研究方向。

下面我们实现直方图均衡化来改善图像质量。通常有两种实现方法：一种不通过 OpenCV 函数，另一种通过 OpenCV 函数。

【例 5.10】不用函数实现直方图均衡化

步骤 **01** 打开 Qt Creator，新建一个控制台工程，工程名是 test。

步骤 **02** 打开 main.cpp，输入如下代码：

```cpp
#include <opencv2/opencv.hpp>
#include <iostream>
using namespace cv;
using namespace std;
int jh(char imgfn[])
{
    Mat temp = imread(imgfn, 0);
    if (temp.empty())
    {
        printf("open %s failed.", imgfn);
        return -1;
    }
    Mat temp = imread("img.png", 0);
    imshow("原图", temp);
    // equalizeHist(temp, temp);
    int Total = temp.total();
    // 统计各像素数量
    vector<int>nk(256, 0);

    // 执行第一个步骤
    /*这个 for 循环统计每种灰度对应的像素数量，比如灰度是 0 的像素数量，灰度是 255 的像素数量，把每个 nk 计算出来 */
    for (int i = 0; i < temp.total(); ++i)
        nk[temp.data[i]]++;  // temp.data[i]表示第 i 个像素的灰度值，范围是 0~255
```

```
                         // ++表示每个灰度值

        // 执行第二个步骤
        for (int i = 1; i < 256; ++i) // 这个 for 执行完毕后，nk[i]相当于公式中的累积分
布函数 sk，k 和 i 是一个意思
            nk[i] += nk[i - 1];

        // 第三步，重新建立映射关系
        vector<int> a(256, 0);// 均衡后像素值
        for (int i = 0; i < 256; ++i) {
            a[i] = (double(nk[i]) / Total) * 255;
        }
        for (int i = 0; i < temp.total(); ++i)
            temp.data[i] = a[temp.data[i]];

        imshow("均衡后", temp);
        waitKey(-1); // 按键后再继续
    }
    int main()
    {
        jh((char*)"img.png");
        jh((char*)"img2.png");
    }
```

代码原理和前面的 3 个步骤一致，我们在代码中也做了充分的注释。要注意的是第二步：

```
    for (int i = 1; i < 256; ++i)  // 这个 for 执行完毕后，nk[i]相当于公式中的累积分布
函数 sk，k 和 i 一个意思
        nk[i] += nk[i - 1];
```

其实是在计算每个 s_k：

```
nk[0]=nk[0];
nk[1]=nk[1]+nk[0];
nk[2]=nk[2]+nk[1]+nk[0];
...
```

另外，vector 表示向量，是 C++中的一种数据结构，确切地说是一个类，它相当于一个动态的数组。当不知道数组的个数时，可以使用 vector<int> a;，例如声明一个 int 向量以替代一维的数组：

```
    vector<int> a;
```

相当于声明了一个 int 数组 a，大小没有指定，可以动态地向里面添加、删除元素。如果要指定大小，可以用如下构造函数：

```
    vector(size_type _Count, const _Ty & _Val=T(), const _Alloc& _Al = _Alloc());
```

其中_Count 表示元素个数；_Val 表示向量元素的初始值，默认是 0。如果不想初始化为 0，那么可以传入两个参数，第一个为元素个数，第二个为初始值。

我们均衡化了两个图像文件 img.png 和 img2.png，这两个文件分别位于工作目录下。注意，第

一个图像文件均衡化结束后，要按键盘上的任意键才能第二次调用 jh 函数，因为 jh 函数末尾是 waitKey(-1);。

步骤 **03** 保存工程并运行，结果如图 5-17 所示。

图 5-17

通过 OpenCV 函数的方式比较简单，即使不懂原理也可以使用，只要输入原图像，即可得到均衡化的图像输出，所用的函数是 equalizeHist。该函数对图像进行直方图均衡化（归一化图像亮度和增强图像对比度），其声明如下：

```
void equalizeHist(InputArray src, OutputArray dst);
```

其中参数 src 表示输入图像，即原图像，填 Mat 类的对象即可，但需要为 8 位单通道的图像；dst 表示输出结果，其与原图像有一样的尺寸和类型。

下面我们使用 OpenCV 提供的均衡化函数 equalizeHist 完成图像均衡化。

【例 5.11】使用 equalizeHist 实现直方图均衡化

步骤 **01** 打开 Qt Creator，新建一个控制台工程，工程名是 test。

步骤 **02** 打开 main.cpp，输入如下代码：

```cpp
#include <opencv2/opencv.hpp>
#include <iostream>

using namespace cv;
using namespace std;

int main(int argc, char** argv)
{
    Mat src = imread("img.png");
    Mat src2 = imread("img2.png");

    if (src.empty()|| src2.empty()) {
        printf("不能加载图像! \n");
        return -1;
    }

    Mat gray, gray2, dst,dst2;
    cvtColor(src, gray, COLOR_BGR2GRAY);
```

```
    cvtColor(src2, gray2, COLOR_BGR2GRAY);

    imshow("1--src", gray);
    imshow("11--src", gray2);

    equalizeHist(gray, dst);
    equalizeHist(gray2, dst2);

    imshow("2-- Histogram equalization", dst);// 显示直方图均衡化的结果图
    imshow("22--Histogram equalization", dst2);// 显示直方图均衡化的结果图

    waitKey(0);
    return 0;
}
```

上述代码直接在 main 函数中对两幅图像进行了均衡化处理，处理完毕后，两幅图像都显示出来了，不需要按键，比上一例方便一些。

步骤 03 保存工程并运行，结果如图 5-18 所示。

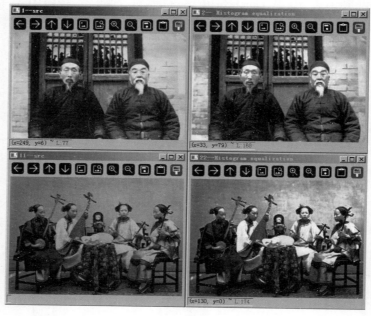

图 5-18

第6章

图像平滑

　　一幅图像在获取、传输等过程中会受到各种各样的噪声干扰。图像噪声来自多个方面，既有系统外部的干扰，如电磁波或经电源串进系统内部而引起的外部噪声，也有来自系统内部的干扰，如摄像机的热噪声、电器的机械运动而产生的抖动噪声等。这些噪声干扰使图像退化、质量下降，表现为图像模糊、特征淹没，对图像分析不利。因此，去除噪声、恢复原始图像是图像处理中的一个重要内容。消除噪声的工作称为图像平滑。

　　图像平滑是一种实用的数字图像处理技术。一个较好的平滑处理方法应该既能消除图像噪声，又不使图像边缘轮廓和线条变模糊，这是数字图像平滑处理要追求的目标。由于噪声源众多，噪声种类复杂，因此相应的平滑方法也多种多样。我们可以将图像平滑技术分为空间域图像平滑技术和频率域图像平滑技术。空间域图像平滑技术有邻域平均法、空间低通滤波、多图像平均、中值滤波等。在频率域，由于噪声频谱通常在高频部分，因此可以采用各种形式的低通滤波器来减少噪声。

　　图像平滑是一种邻域增强的方法。每幅图像都包含某种程度的噪声，噪声可以理解为由一种或多种原因引起的灰度值随机变化，例如由光子通量的随机性造成的噪声等。在大多数情况下，可以通过平滑技术（通常称为滤波技术）来抑制或去除噪声，其中具备保持边缘（Edge Preserving）特性的平滑技术尤为受到关注。常用的平滑处理算法包括基于二维离散卷积的高斯平滑、均值平滑，以及基于统计学方法的中值平滑等。

　　平滑也称为模糊，是一种简单而常用的图像处理操作。平滑的主要目的有两个：一个是消除噪声，改善图像质量；另一个是抽出对象特征。平滑处理的用途很多，这里我们仅关注它减少噪声的功能。在进行平滑处理时需要用到一个滤波器。

6.1　平滑处理算法

　　在空间域，平滑滤波有很多种算法，其中常见的有线性平滑、非线性平滑、自适应平滑。

滤波的意思是对原图像的每个像素周围一定范围内的像素进行运算，运算的范围就称为掩码（掩膜）或领域。运算分两种：如果运算只是对各像素灰度值进行简单处理（如乘一个权值），最后求和，就称为线性滤波；如果对像素灰度值的运算比较复杂，不是最后求和的简单运算，则是非线性滤波。例如，求一个像素周围 3×3 范围内的最大值、最小值、中值、均值等操作都不是简单的加权，都属于非线性滤波。线性空间滤波和非线性空间滤波如图 6-1 所示。

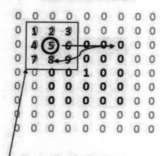
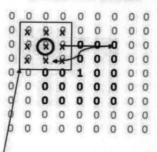

图 6-1

常用的滤波器是线性滤波器，线性滤波处理的输出像素值 $g(i,j)$ 是输入像素值 $f(i+k,j+l)$ 的加权和：

$$g(i, j) = \sum_{k,l} f(i + k, j + l) h(k, l)$$

上面公式中，$h(k,l)$ 称为核，它仅仅是一个加权系数。不妨把滤波器想象成一个包含加权系数的窗口，当使用这个滤波器平滑处理图像时，就把这个窗口滑过图像。滤波器的种类有很多，这里仅介绍常用的。

线性平滑就是对每一个像素的灰度值用它的邻域值来代替，其邻域的大小为 $N×N$，N 一般取奇数。图像经过线性平滑滤波，相当于经过了一个二维的低通滤波器，虽然降低了噪声，但同时也模糊了图像边缘和细节，这是这类滤波器的通病。非线性平滑是对线性平滑的一种改进，它不对所有像素都用其邻域平均值来代替，而是取一个阈值，当像素灰度值与其邻域平均值之间的差值大于阈值时，才以均值代替；当像素灰度值与其邻域平均值之间的差值不大于阈值时，取其本身的灰度值。非线性平滑可消除一些孤立的噪声点，对图像的细节影响不大，但会对物体的边缘带来一定的失真。

自适应平滑是一种根据当时、当地情况尽量不模糊边缘轮廓的方法，所以这种算法要有一个适应的目标。根据目标的不同，可以有各种各样的自适应图像处理方法。

下面两节内容按线性平滑（线性滤波）、非线性平滑（非线性滤波）分别介绍几种常见的算法。

6.2　线性滤波

6.2.1　归一化方框滤波器

归一化方框滤波器（Normalized Box Filter）是很简单的滤波器，输出像素值是核窗口内像素值的均值（所有像素加权系数相等）。其核（Kernel，用 K 表示）如图 6-2 所示。

$$K = \frac{1}{K_{width} \times K_{height}} \begin{bmatrix} 1 & 1 & \dots & 1 \\ 1 & 1 & \dots & 1 \\ . & . & \dots & 1 \\ . & . & \dots & 1 \\ 1 & 1 & \dots & 1 \end{bmatrix}$$

图 6-2

方框滤波和均值滤波的核基本上是一致的，主要区别是要不要归一化处理。如果使用归一化处理，方框滤波就是均值滤波，实际上均值滤波是方框滤波归一化后的特殊情况。注意：均值滤波不能很好地保护细节。OpenCV 提供了 blur 函数来实现均值滤波操作，该函数声明如下：

```
void blur(InputArray src, OutputArray dst, Size ksize, Point anchor=Point(-1,
-1), int borderType=BORDER_DEFA);
```

其中参数 src 表示输入图像，可以是 Mat 类型，图像深度是 CV_8U、CV_16U、CV_16S、CV_32F 以及 CV_64F 其中的一个；dst 表示输出图像，深度和类型与输入图像一致；ksize 表示滤波模板核的尺寸，一般使用 Size(w,h)来指定，如 Size(3,3)；anchor 表示锚点，也就是处理的像素位于核的什么位置，默认值为(-1, -1)，即位于核的中心点，如果没有特殊需要，就不需要更改；borderType 用于推断图像外部像素的某种边界模式，默认值为 BORDER_DEFAULT。

【例 6.1】实现均值滤波

步骤 01　打开 Qt Creator，新建一个控制台工程，工程名是 test。

步骤 02　在工程中打开 main.cpp，输入如下代码：

```cpp
#include <iostream>
#include <opencv2/core/core.hpp>
#include <opencv2/highgui/highgui.hpp>
#include <opencv2/imgproc/imgproc.hpp>
#include <stdio.h>

using namespace std;
using namespace cv;

// 定义全局变量
Mat g_srcImage;          // 定义输入图像
Mat g_dstImage;          // 定义目标图像
```

```cpp
const int g_nTrackbarMaxValue = 9;          // 定义轨迹条最大值
int g_nTrackbarValue;                       // 定义轨迹条初始值
int g_nKernelValue;                         // 定义核尺寸


void on_kernelTrackbar(int, void*);         // 定义回调函数


int main()
{
    g_srcImage = imread("cat.png");

    // 判断图像是否加载成功
    if (g_srcImage.empty())
    {
        cout << "Fail to open file." << endl;
        return -1;
    }


    namedWindow("src", WINDOW_AUTOSIZE);         // 定义窗口显示属性
    imshow("src", g_srcImage);


    g_nTrackbarValue = 1;
    namedWindow("Mean filtering", WINDOW_AUTOSIZE); // 定义滤波后图像显示窗口属性

    // 定义轨迹条名称和最大值
    char kernelName[20];
    sprintf(kernelName, "kernel size: %d", g_nTrackbarMaxValue);

    // 创建轨迹条
    createTrackbar(kernelName, "Mean filtering", &g_nTrackbarValue,
g_nTrackbarMaxValue, on_kernelTrackbar);// 均值滤波
    on_kernelTrackbar(g_nTrackbarValue,0);
    waitKey(0);
    return 0;
}


void on_kernelTrackbar(int, void*)
{
    // 根据输入值重新计算 kernel 尺寸
    g_nKernelValue = g_nTrackbarValue * 2 + 1;
    // 均值滤波函数
    blur(g_srcImage,g_dstImage, Size(g_nKernelValue, g_nKernelValue));
    imshow("Mean filtering", g_dstImage);// 显示均值滤波结果图
}
```

步骤 03 保存工程并运行，结果如图 6-3 所示。

图 6-3

6.2.2　高斯滤波器

高斯滤波是一种线性平滑滤波，对于除去高斯噪声有很好的效果。高斯滤波是对输入数组的每个点与输入的高斯滤波模板执行卷积计算，然后将这些结果一块组成滤波后的输出数组。通俗地讲，高斯滤波是对整幅图像进行加权平均的过程，每一个像素点的值都由其本身和邻域内的其他像素值经过加权平均后得到。高斯滤波的具体操作是：用一个模板（或称卷积、掩码）扫描图像中的每一个像素，用模板确定的邻域内像素的加权平均灰度值去代替模板中心像素点的值。

在图像处理中，高斯滤波一般有两种实现方式：一种是用离散化窗口滑窗卷积，另一种是通过傅里叶变换。常见的是第一种滑窗实现，只有当离散化的窗口非常大、滑窗计算量非常大的情况下，才会考虑基于傅里叶变换的方法。

学习高斯滤波前，有必要预先学习卷积的知识，并且知道以下几个术语：

- 卷积核（convolution kernel）：用来对图像矩阵进行平滑的矩阵，也称为过滤器。
- 锚点：卷积核和图像矩阵重叠，进行内积运算后，锚点位置的像素点会被计算值取代。一般选取奇数卷积核的中心点作为锚点。
- 步长：卷积核沿着图像矩阵每次移动的长度。
- 内积：卷积核和图像矩阵对应像素点相乘，然后相加得到一个总和（不要和矩阵乘法混淆）。

高斯平滑即采用高斯卷积核对图像矩阵进行卷积操作。高斯卷积核是一个近似服从高斯分布的矩阵，随着与中心点的距离的增加，其值变小。这样进行平滑处理时，图像矩阵中锚点处的像素值权重大，边缘处的像素值权重小。

我们在参考其他文献的时候，会看到高斯模糊和高斯滤波两种说法，其实这两种说法是有一定区别的。我们知道滤波器分为高通、低通、带通等类型，高斯滤波和高斯模糊就是依据滤波器是低通滤波器还是高通滤波器来区分的。比如低通滤波器，像素能量低的通过；而对于像素能量高的部分，将会采取加权平均的方法重新计算像素的值，将能量较高的值变成能量较低的值。对于图像而言，其高频部分展现图像细节，所以经过低通滤波器之后，整幅图像变成低频，造成图像模糊，这就被称为高斯模糊。与之相反，高通滤波器允许高频通过，而过滤掉低频，这样可以对低频像素进行锐化操作，使图像变得更加清晰。简单地讲就是高斯滤波是指用高斯函数作为滤波函数的滤波操作，而高斯模糊是用高斯低通滤波器的滤波操作。

高斯滤波在图像处理中常用来对图像进行预处理，虽然耗时，但是对于除去高斯噪声有很好的效果。高斯低通滤波器（Gaussian Low Pass Filter）是一类传递函数为高斯函数的线性平滑滤波器。又由于高斯函数是正态分布的密度函数，因此高斯低通滤波器对于去除服从正态分布的噪声非常有效。一维高斯函数和二维高斯函数（高斯低通滤波器的传递函数）的表达形式如下：

$$G(x) = \frac{1}{\sqrt{2\pi}\delta} e^{\frac{x^2}{2\delta^2}}$$

$$G(x, y) = \frac{1}{2\pi\delta^2} e^{-\frac{x^2+y^2}{2\delta^2}}$$

上面公式中，δ 为标准差，由于图像通常是二维信号，因此图像去噪通常使用二维高斯函数作为传递函数；而高斯函数具有可分离的特性，因此可以先对行进行高斯滤波，再对列进行高斯滤波，这样二维高斯函数就可以降为一维高斯滤波函数。图 6-4 所示的左图和右图分别模拟了标准差为 10 和标准差为 50 的高斯函数。

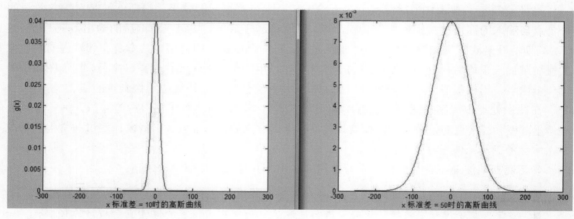

图 6-4

从图 6-4 中可以看出，高斯函数的标准差越大，高斯曲线越平滑，去噪能力越强，图像越模糊。在 OpenCV 中，提供函数 GaussianBlur 实现高斯滤波，该函数声明如下：

```
void GaussianBlur( InputArray src, OutputArray dst, Size ksize, double sigmaX,
double sigmaY=0, int borderType=BORDER_DEFAULT );
```

其中参数 src 表示输入图像；dst 表示输出图像；ksize 表示内核大小；sigmaX 表示高斯核函数在 X 方向的标准偏差；sigmaY 表示高斯核函数在 Y 方向的标准偏差；borderType 表示边界模式，默认值为 BORDER_DEFAULT，一般可以忽略。

【例 6.2】实现高斯滤波

步骤 01 打开 Qt Creator，新建一个控制台工程，工程名是 test。

步骤 02 在工程中打开 main.cpp，输入如下代码：

```cpp
#include <opencv2/opencv.hpp>
#include <iostream>
using namespace cv;
using namespace std;
int main(int argc, char** argv)
{
    Mat src, dst;
    src = imread("lena.png");
    if (!src.data)
    {
        printf("could not load image3...\n");
        return -1;
    }
    // 定义窗口名称
    char input_title[] = "src";
    char output_title[] = "Mean filtering";// 均值滤波
    // 新建窗口
    namedWindow(input_title, WINDOW_AUTOSIZE);
    namedWindow(output_title,WINDOW_AUTOSIZE);
    imshow(input_title, src);// 原图显示
    /*均值滤波,Size 里面都要奇数、正数。内核内的数值分别表示宽和高。Point（-1,-1）表示
锚点，一般取-1,表示锚点在核中心*/
    blur(src, dst, Size(15, 15), Point(-1, -1));    imshow(output_title,
dst); // 均值滤波操作

    Mat gblur;
    // 高斯滤波操作
    GaussianBlur(src, gblur, Size(15, 15), 11, 11);// 高斯滤波
    imshow("Gaussian filter", gblur);// 显示高斯滤波结果图
    waitKey(0);
    return 0;
}
```

在上述代码中，我们用均值滤波和高斯滤波进行了对比。

步骤 **03** 保存工程并运行，结果如图 6-5 所示。

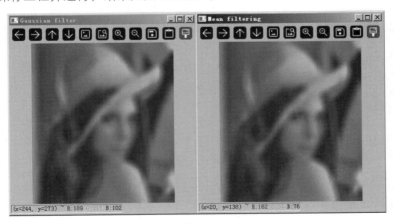

图 6-5

6.3 非线性滤波

6.3.1 中值滤波

中值滤波用像素点领域灰度值的中值来代替该像素点的灰度值，也就是说用一片区域的中间值来代替所有值，这可以除去最大值和最小值。中值滤波对除去斑点噪声和椒盐噪声很有用，缺点是中值滤波花费的时间在均值滤波的 5 倍以上。

中值平滑也有核，但并不进行卷积计算，而是对核中所有像素值排序得到中间值，用该中间值来代替锚点值。中值滤波在数字图像处理中属于空域平滑滤波的内容。

在 OpenCV 中，利用 medianBlur() 来进行中值平滑，其声明如下：

```
void cv::medianBlur ( InputArray src, OutputArray dst, int ksize );
```

其中参数 src 表示输入图像，图像为 1、3、4 通道的图像，当模板尺寸为 3 或 5 时，图像深度只能为 CV_8U、CV_16U、CV_32F 中的一个。对于较大孔径尺寸的图片，图像深度只能是 CV_8U。dst 表示输出图像，尺寸和类型与输入图像一致，可以使用 Mat::Clone 以原图像为模板来初始化输出图像。ksize 表示滤波模板的尺寸大小，必须是大于 1 的奇数，如 3、5、7……

【例 6.3】实现中值滤波

步骤 **01** 打开 Qt Creator，新建一个控制台工程，工程名是 test。

步骤 **02** 在工程中打开 main.cpp，输入如下代码：

```cpp
#include "opencv2/core/core.hpp"
#include "opencv2/highgui/highgui.hpp"
#include "opencv2/imgproc/imgproc.hpp"

using namespace cv;
int main()
{
    Mat image = imread("lady.png");        // 载入原图
    namedWindow("src"); // 创建窗口
    namedWindow("median filtering");       // 命名窗口
    // 显示原图
    imshow("src", image);
    // 进行中值滤波操作
    Mat out;
    medianBlur(image, out, 7);             // 输入，输出，孔径为 7
    // 显示效果图
    imshow("median filtering", out);       // 显示中值滤波效果图
    waitKey(0);
}
```

在上述代码中，我们对图片进行了孔径为 7 的中值滤波。

步骤 **03** 保存工程并运行，结果如图 6-6 所示。

图 6-6

6.3.2　双边滤波

当前介绍的滤波器都是为了平滑图像，问题是有些时候这些滤波器不仅削弱了噪声，还把边缘也给磨掉了。为了避免这样的情形（至少在一定程度上），我们可以使用双边滤波。类似于高斯滤波器，双边滤波器也给每一个邻域像素分配一个加权系数。这些加权系数包含两部分：第一部分的加权方式与高斯滤波一样，第二部分的权重取决于该邻域像素与当前像素的灰度差值。

双边滤波是一种非线性滤波器，它可以达到保持边缘、降噪平滑的效果。和其他滤波原理一样，双边滤波也采用加权平均的方法，用周边像素亮度值的加权平均代表某个像素的强度，所用的加权平均基于高斯分布。最重要的是，在计算中心像素的时候，双边滤波的权重不仅考虑了像素的欧氏距离（如普通的高斯低通滤波，只考虑了位置对中心像素的影响），还考虑了像素范围域中的辐射差异（如卷积核中像素与中心像素之间的相似程度、颜色强度、深度距离等）。

与高斯滤波相比，双边滤波能够更好地保存图像的边缘信息。其原理为一个与空间距离相关的高斯函数与一个与灰度距离相关的高斯函数相乘。

下面来看一个例子，使用 4 种不同的滤波器读取一幅图像，并显示平滑图像。

【例 6.4】使用 4 种不同的滤波器读取并显示平滑图像

步骤 **01**　打开 Qt Creator，新建一个控制台工程，工程名是 test。

步骤 **02**　打开 main.cpp，输入如下代码：

```
#include <iostream>
#include <iostream>
#include "opencv2/imgproc.hpp"
#include "opencv2/imgcodecs.hpp"
#include "opencv2/highgui.hpp"
using namespace std;
```

```cpp
using namespace cv;
int DELAY_CAPTION = 1500;
int DELAY_BLUR = 100;
int MAX_KERNEL_LENGTH = 31;
Mat src; Mat dst;
char window_name[] = "Smoothing Demo";
int display_caption(const char* caption);
int display_dst(int delay);
int main(int argc, char ** argv)
{
    namedWindow(window_name, WINDOW_AUTOSIZE);
    const char* filename = argc >= 2 ? argv[1] : "lena.png";
    src = imread(samples::findFile(filename), IMREAD_COLOR);
    if (src.empty())
    {
        printf(" Error opening image\n");
        printf(" Usage:\n %s [image_name-- default lena.jpg] \n", argv[0]);
        return EXIT_FAILURE;
    }
    if (display_caption("Original Image") != 0)
    {
        return 0;
    }
    dst = src.clone();
    if (display_dst(DELAY_CAPTION) != 0)
    {
        return 0;
    }
    if (display_caption("Homogeneous Blur") != 0)
    {
        return 0;
    }
    for (int i = 1; i < MAX_KERNEL_LENGTH; i = i + 2)
    {
        blur(src, dst, Size(i, i), Point(-1, -1));
        if (display_dst(DELAY_BLUR) != 0)
        {
            return 0;
        }
    }
    if (display_caption("Gaussian Blur") != 0)
    {
        return 0;
    }
    for (int i = 1; i < MAX_KERNEL_LENGTH; i = i + 2)
    {
        GaussianBlur(src, dst, Size(i, i), 0, 0);
        if (display_dst(DELAY_BLUR) != 0)
```

```
        {
            return 0;
        }
    }
    if (display_caption("Median Blur") != 0)
    {
        return 0;
    }
    for (int i = 1; i < MAX_KERNEL_LENGTH; i = i + 2)
    {
        medianBlur(src, dst, i);
        if (display_dst(DELAY_BLUR) != 0)
        {
            return 0;
        }
    }
    if (display_caption("Bilateral Blur") != 0)
    {
        return 0;
    }
    for (int i = 1; i < MAX_KERNEL_LENGTH; i = i + 2)
    {
        bilateralFilter(src, dst, i, i * 2, i / 2);
        if (display_dst(DELAY_BLUR) != 0)
        {
            return 0;
        }
    }
    display_caption("Done!");
    return 0;
}
int display_caption(const char* caption)
{
    dst = Mat::zeros(src.size(), src.type());
    putText(dst, caption,Point(src.cols / 4, src.rows /
2),FONT_HERSHEY_COMPLEX, 1,
    Scalar(255, 255, 255));
    return display_dst(DELAY_CAPTION);
}

int display_dst(int delay)
{
        imshow(window_name,dst);
        int c = waitKey(delay);
        if (c >= 0) { return -1; }
        return 0;
}
```

步骤 03　保存工程并运行，结果如图 6-7 所示。

图 6-7

第 **7** 章

几何变换

在处理图像时，我们往往会遇到需要对图像进行几何变换的情况。图像的几何变换是图像处理和图像分析的基础内容之一，它不仅提供了产生某些图像的可能，还可以简化图像处理和分析的程序，特别是当图像具有一定的规律性时，一幅图像可以由其他图像通过几何变换来实现。因此，为了提高图像处理和分析程序设计的速度和质量，开拓图像程序应用范围的新领域，对图像进行几何变换是十分必要的。

图像的几何变换不改变图像的像素值，而是改变像素所在的几何位置。从变换的性质来分，图像的几何变换有图像的位置变换（平移、镜像、旋转）、图像的形状变换（放大、缩小、错切）等基本变换，以及图像的复合变换等。其中使用最频繁的是图像的缩放和旋转，不论是照片、图画、书报，还是医学 X 光影像和卫星遥感图像，都会用到这两项技术。

本章主要深讨图像的几何变换（主要包括图像的平移、缩放、旋转、镜像等）理论，并在此基础上介绍使用 OpenCV 实现的过程。

7.1　几何变换基础

图像的几何变换是指改变图像的位置、形状、尺寸等几何特征。从图像类型来分，图像的几何变换有二维平面图像的几何变换、三维图像的几何变换以及由三维向二维平面投影变换等。从变换的性质来分，图像的几何变换有平移、缩放、旋转、反射和错切等基本变换，透视变换等复合变换，以及插值运算等。在本章中，我们只讨论二维图像的几何变换。

对于二维图像几何变换及变换中心在坐标原点的缩放、反射、错切和旋转等各种变换，都可以用 2×2 的矩阵来表示和实现，但是一个 2×2 的变换矩阵 $T=\begin{bmatrix} a & b \\ c & d \end{bmatrix}$ 并不能实现图像的平移以及绕任意点的缩放、反射、错切和旋转等各种变换。因此，为了能够用统一的矩阵线性变换形式表示和实现这些常见的图像几何变换，就需要引入一种新的坐标，即齐次坐标。利用齐次坐标来变换处理才能实现上述各种二维图像的几何变换。下面以图像的平移为例，说明用齐次坐标表示的二维图像几何变换的矩阵，并在此基础上推广至其他情况。

假设点 $P_0(x_0,y_0)$ 进行平移后，到了 $P(x,y)$ 处，其中 x 方向的平移量为 Δx，y 方向的平移量为 Δy。那么点 $P(x,y)$ 的坐标为：$x = \begin{cases} x = x_0 + \Delta x \\ y = y_0 + \Delta y \end{cases}$，这个变换用矩阵的形式可以表示为：

$$\begin{bmatrix} x \\ y \end{bmatrix} = \begin{bmatrix} 1 & 0 \\ 0 & 1 \end{bmatrix} \begin{bmatrix} x_0 \\ y_0 \end{bmatrix} + \begin{bmatrix} \Delta x \\ \Delta y \end{bmatrix}$$

而平面上点的变换矩阵 $\boldsymbol{T} = \begin{bmatrix} a & b \\ c & d \end{bmatrix}$ 中没有引入平移常量，无论 a、b、c、d 取什么值，都不能实现上述的平移变换。因此，需要使用 2×3 阶变换矩阵，其形式为：

$$\boldsymbol{T} = \begin{bmatrix} 1 & 0 & \Delta x \\ 0 & 1 & \Delta y \end{bmatrix}$$

此矩阵的第 1、2 列构成单位矩阵，第 3 列元素为平移常量。由上述内容可知，对二维图像进行变换，只需要将图像的点集矩阵乘以变换矩阵即可，二维图像对应的点集矩阵是 2×n 阶的，而上式扩展后的变换矩阵是 2×3 阶的，这不符合矩阵相乘时要求前者的列数与后者的行数相等的规则。因此，需要在点的坐标列矩阵 $\begin{bmatrix} x \\ y \end{bmatrix}$ 中引入第 3 个元素，增加一个附加坐标，扩展为 3×1 的列矩阵 $\begin{bmatrix} x \\ y \\ 1 \end{bmatrix}$，这样用三维空间点$(x,y,1)$表示了二维空间点$(x,y)$，即采用一种特殊的坐标实现了平移变换，变换结果为：

$$P = \boldsymbol{T} \cdot P_0 = \begin{bmatrix} 1 & 0 & \Delta x \\ 0 & 1 & \Delta y \end{bmatrix} \begin{bmatrix} x \\ y \\ 1 \end{bmatrix} = \begin{bmatrix} x_0 + \Delta x \\ y_0 + \Delta y \end{bmatrix} = \begin{bmatrix} x \\ y \end{bmatrix}$$

$x = \begin{cases} x = x_0 + \Delta x \\ y = y_0 + \Delta y \end{cases}$ 符合上述平移后的坐标位置。通常将 2×3 阶矩阵扩充为 3×3 阶矩阵，以拓宽功能。由此可得平移变换矩阵为：

$$\boldsymbol{T} = \begin{bmatrix} 1 & 0 & \Delta x \\ 0 & 1 & \Delta y \\ 0 & 0 & 1 \end{bmatrix}$$

下面再验证一下点 $P(x,y)$ 按照 3×3 的变换矩阵 $\boldsymbol{T}$ 平移变换的结果：

$$P = \boldsymbol{T} \times P_0 = \begin{bmatrix} 1 & 0 & \Delta x \\ 0 & 1 & \Delta y \\ 0 & 0 & 1 \end{bmatrix} \begin{bmatrix} x_0 \\ y_0 \\ 1 \end{bmatrix} = \begin{bmatrix} x_0 + \Delta x \\ y_0 + \Delta y \\ 1 \end{bmatrix} = \begin{bmatrix} x \\ y \\ 1 \end{bmatrix}$$

从上式可以看出，引入附加坐标后，扩充了矩阵的第 3 行，并没有使变换结果受到影响。这种用 $n+1$ 维向量表示 n 维向量的方法被称为齐次坐标表示法。

因此，二维图像中的点坐标(x,y)通常表示成齐次坐标(Hx,Hy,H)，其中 H 表示非零的任意实数。

当 $H=1$ 时，$(x,y,1)$ 就称为点 (x,y) 的规范化齐次坐标。显然规范化齐次坐标的前两个数是相应二维点的坐标，没有变化，仅在原坐标中增加了 $H=1$ 的附加坐标。由点的齐次坐标 (Hx,Hy,H) 求点的规范化齐次坐标 $(x,y,1)$，可按这个公式进行：$x=\dfrac{Hx}{H}$，$y=\dfrac{Hy}{H}$。

齐次坐标在二维图像几何变换中的另一个应用：某点 $S(60000,40000)$ 在 16 位计算机上表示大于 32767 的最大坐标值，需要进行复杂的操作，但是如果把 S 的坐标形式变成 (Hx,Hy,H) 形式的齐次坐标，情况就不同了。在齐次坐标系中，设 $H=\dfrac{1}{2}$，则 $(60000,40000)$ 的齐次坐标为 $\left(\dfrac{x}{2},\dfrac{y}{2},\dfrac{1}{2}\right)$ 所要表示的点变为 $\left(30000,20000,\dfrac{1}{2}\right)$，此点显然在 16 位计算机的二进制数所能表示的范围之内。因此，采用齐次坐标，并将变换矩阵改成 3×3 阶的形式后，便可实现所有二维图像几何变换的基本变换。

在上述基础上，将二维图像几何变换的矩阵推广至其他情况。利用齐次坐标以及 3×3 阶形式的变换矩阵，实现二维图像几何变换的一般过程是：将 2×n 阶的二维点集矩阵 $\begin{bmatrix} x_{0i} \\ y_{0i} \end{bmatrix}_{2\times n}$ 表示成齐次坐标 $\begin{bmatrix} x_{0i} \\ y_{0i} \\ 1 \end{bmatrix}_{3\times n}$ 的形式，然后乘以相应的变换矩阵，即变换后的点集矩阵=变换矩阵 $\boldsymbol{T}$×变换前的点集矩阵。

设变换矩阵 $\boldsymbol{T}$ 为：

$$\boldsymbol{T}=\begin{bmatrix} a & b & p \\ c & d & q \\ l & m & s \end{bmatrix}$$

则上述变化可以用公式表示为：

$$\begin{bmatrix} Hx_1' & Hx_2' & \cdots & Hx_n' \\ Hy_1' & Hy_2' & \cdots & Hy_n' \\ H & H & \cdots & H \end{bmatrix}_{3\times n} = \boldsymbol{T}\begin{bmatrix} x_1 & x_2 & \cdots & x_n \\ y_1 & y_2 & \cdots & y_n \\ 1 & 1 & \cdots & 1 \end{bmatrix}_{3\times n}$$

图像上各点的新齐次坐标规范化后的点集矩阵为：

$$\begin{bmatrix} x_1' & x_2' & \cdots & x_n' \\ y_1' & y_2' & \cdots & y_n' \\ 1 & 1 & \cdots & 1 \end{bmatrix}_{3\times n}$$

引入齐次坐标后，表示二维图像几何变换的 3×3 矩阵的功能就完善了，可以用它完成二维图像的各种几何变换。

下面讨论 3×3 阶变换矩阵中各元素在变换中的功能。几何变换的 3×3 矩阵的一般形式为：

$$\boldsymbol{T}=\begin{bmatrix} a & b & p \\ c & d & q \\ l & m & s \end{bmatrix}$$

3×3 阶矩阵 **T** 可以分成 4 个子矩阵。其中 $\begin{bmatrix} a & b \\ c & d \end{bmatrix}_{2\times2}$ 这一子矩阵可使图像实现恒等、缩放、反射（或镜像）、错切和旋转变换。[l m]这一行矩阵可以使图像实现平移变换。$\begin{bmatrix} p \\ q \end{bmatrix}$ 这一列矩阵可以使图像实现透视变换，但当 $p=0$、$q=0$ 时，它没有透视作用。[s]这一元素可以使图像实现全比例变换。例如，对图像进行全比例变换，即

$$\begin{bmatrix} 1 & 0 & 0 \\ 0 & 1 & 0 \\ 0 & 0 & s \end{bmatrix} \times \begin{bmatrix} x_{0i} \\ y_{0i} \\ 1 \end{bmatrix} = \begin{bmatrix} x_i \\ y_i \\ s \end{bmatrix}$$

由此可见，当 $s>1$ 时，图像按比例缩小；当 $0<s<1$ 时，图像按比例放大；当 $s=1$ 时，图像大小不变。

7.2　图像平移

图像平移是将一幅图像中所有的点都按照指定的平移量在水平、垂直方向移动，平移后的图像上的每一个点都可以在原图像中找到对应的点。我们知道，图像是由像素组成的，而像素的集合就相当于一个二维矩阵，每一个像素都有一个"位置"，也就是每一个像素都有一个坐标。假设原来的像素的坐标为 (x_0,y_0)，经过平移量 $(\Delta x, \Delta y)$ 后，坐标变为 (x_1,y_1)，用数学公式可以表示为：

$$x_1 = x_0 + \Delta x$$
$$y_1 = y_0 + \Delta y$$

平移变换分为两种：一种是图像大小不改变，这样原图像中会有一部分不在平移后的图像中；另一种是图像大小改变，这样可以保全原图像的内容。

【例 7.1】实现图像平移

步骤 01 打开 Qt Creator，新建一个控制台工程，工程名是 test。

步骤 02 在工程中打开 main.cpp，输入如下代码：

```
#include <iostream>
#include <opencv2/imgproc/imgproc.hpp>
#include <opencv2/highgui/highgui.hpp>
#include <opencv2/core/core.hpp>
#include <iostream>

// 平移操作，图像大小不变
cv::Mat imageTranslation1(cv::Mat & srcImage, int xOffset, int yOffset)
{
    int nRows = srcImage.rows;
    int nCols = srcImage.cols;
    cv::Mat resultImage(srcImage.size(), srcImage.type());
    // 遍历图像
```

```
        for (int i = 0; i < nRows; i++)
        {
            for (int j = 0; j < nCols; j++)
            {
                // 映射变换
                int x = j - xOffset;
                int y = i - yOffset;
                // 边界判断
                if (x >= 0 && y >= 0 && x < nCols && y < nRows)
                {
                    // 把 y 行 x 列的 srcImage 上的图像元素值复制到目标图像（i，j）位置上
                    resultImage.at<cv::Vec3b>(i, j) =
srcImage.ptr<cv::Vec3b>(y)[x];
                }
            }
        }
        return resultImage;
    }
    // 平移操作，图像大小改变
    cv::Mat imageTranslation2(cv::Mat & srcImage, int xOffset, int yOffset)
    {
        // 设置平移尺寸
        // 这里先对目标图像的行进行扩展，扩展到原来图像的行列范围，再加上偏移量绝对值
        int nRows = srcImage.rows + abs(yOffset);
        int nCols = srcImage.cols + abs(xOffset);
        cv::Mat resultImage(nRows, nCols, srcImage.type());
        // 图像遍历
        for (int i = 0; i < nRows; i++)
        {
            for (int j = 0; j < nCols; j++)
            {
                int x = j - xOffset;
                int y = i - yOffset;
                // 边界判断
                if (x >= 0 && y >= 0 && x < nCols && y < nRows)
                {
                    resultImage.at<cv::Vec3b>(i, j) =
srcImage.ptr<cv::Vec3b>(y)[x];
                }
            }
        }
        return resultImage;
    }

    int main()
    {
        // 读取图像
        cv::Mat srcImage = cv::imread("img7.jpg");
        if (srcImage.empty())
        {
```

```
            return -1;
    }

    // 显示原图像
    cv::imshow("src", srcImage);
    int xOffset = 50;
    int yOffset = 80;
    // 图像左平移不改变大小（相对于原图像，目标图像左移了）
    cv::Mat resultImage1 = imageTranslation1(srcImage, xOffset, yOffset);
    cv::imshow("resultImage1", resultImage1);
    // 图像左平移改变大小
    cv::Mat resultImage2 = imageTranslation2(srcImage, xOffset, yOffset);
    cv::imshow("resultImage2", resultImage2);
    // 图像右平移不改变大小
    xOffset = -50;
    yOffset = -80;
    cv::Mat resultImage3 = imageTranslation1(srcImage, xOffset, yOffset);
    cv::imshow("resultImage3", resultImage3);
    cv::waitKey(0);
    return 0;
}
```

注意映射变换，比如加入 offset=2 后，目标图像的 j=10 位置的元素值对应原图像的 j=8 位置的元素值。原图像(0,0)放到目标图像(xOffset,yOffset)。另外，Vec3b 是一种图像像素值的类型。

步骤 03 保存工程并运行，结果如图 7-1 所示。

图 7-1

7.3 图像旋转

图像旋转是数字图像处理的一个非常重要的环节，是图像的几何变换手法之一。图像旋转算法是图像处理的基础算法。在数字图像处理过程中，经常要用到旋转，例如在进行图像扫描时，需要运用旋转实现图像的倾斜校正；在进行多幅图像的比较、模式识别及对图像进行剪裁和拼接前，都需要进行图像的旋转处理。

图像旋转是指图像以某一点为中心旋转一定的角度，形成一幅新的图像的过程。图像旋转通常可以分为两种情况，一种是以坐标原点为中心进行旋转；另外一种是以任意图形中的某点为坐标原点进行旋转。图像的旋转变换是图像的位置变换，旋转后图像的大小一般会改变。在图像旋转变换中，既可以把转出显示区域的图像截去，也可以扩大图像范围以显示所有的图像。

1）以坐标原点为中心进行旋转的原理

点 P_0 绕坐标原点逆时针旋转 θ 角度得到点 P_1，如图 7-2 所示。

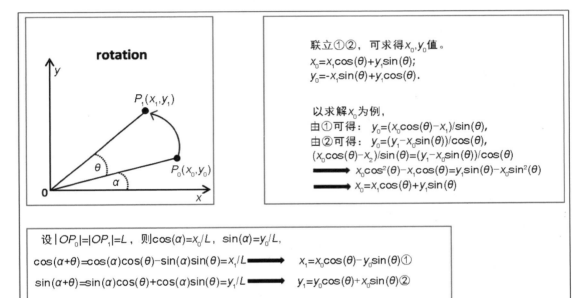

图 7-2

从图中的①②公式可以得到旋转变换的公式：

$$\begin{bmatrix} x_1 & y_1 & 1 \end{bmatrix} = \begin{bmatrix} x_0 & y_0 & 1 \end{bmatrix} \begin{bmatrix} \cos(\theta) & \sin(\theta) & 0 \\ -\sin(\theta) & \cos(\theta) & 0 \\ 0 & 0 & 1 \end{bmatrix}$$

还可以得到逆运算矩阵公式：

$$\begin{bmatrix} x_0 & y_0 & 1 \end{bmatrix} = \begin{bmatrix} x_1 & y_1 & 1 \end{bmatrix} \begin{bmatrix} \cos(\theta) & -\sin(\theta) & 0 \\ \sin(\theta) & \cos(\theta) & 0 \\ 0 & 0 & 1 \end{bmatrix}$$

2）以任意图形中的某点为坐标原点进行旋转的原理

以任意图形中的某点为坐标原点进行旋转的原理如图 7-3 所示。

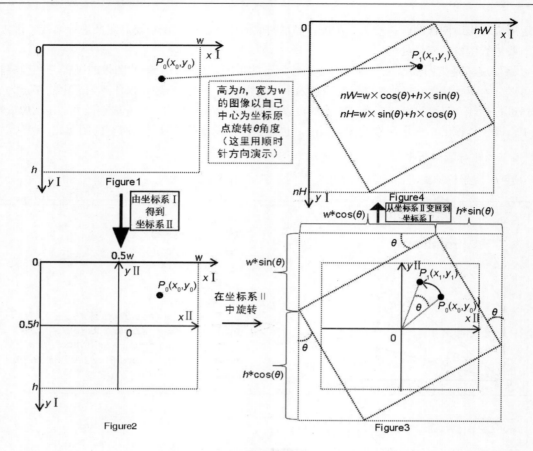

图 7-3

由图 7-3 可以看出，以任意图形中心点为坐标原点进行旋转需要如下 3 步：

步骤 01 将坐标系 I 变成坐标系 II。

由 Figure1 得到 Figure2 可知，变换矩阵为：

$$\begin{bmatrix} x\mathrm{II} \\ y\mathrm{II} \\ 1 \end{bmatrix} = \begin{bmatrix} x\mathrm{I} \\ y\mathrm{I} \\ 1 \end{bmatrix} \begin{bmatrix} 1 & 0 & 0 \\ 0 & -1 & 0 \\ -0.5w & 0.5h & 1 \end{bmatrix} = \begin{bmatrix} x\mathrm{I} - 0.5w \\ -(y\mathrm{I} - 0.5h) \\ 1 \end{bmatrix}$$

步骤 02 在坐标系 II 中旋转 θ 角度。参考以坐标原点为中心进行旋转的原理。

步骤 03 将坐标系 II 变成坐标系 I。

由图 7-3 中的 Figure3 得到 Figure4 可知，变换矩阵为（其实就是步骤 01 中变换矩阵的逆变换）：

$$\begin{bmatrix} x\mathrm{I} \\ y\mathrm{I} \\ 1 \end{bmatrix} = \begin{bmatrix} x\mathrm{II} \\ y\mathrm{II} \\ 1 \end{bmatrix} \begin{bmatrix} 1 & 0 & 0 \\ 0 & -1 & 0 \\ 0.5nW & 0.5nH & 1 \end{bmatrix} = \begin{bmatrix} x\mathrm{II} + 0.5nW \\ -y\mathrm{II} + 0.5nH \\ 1 \end{bmatrix}$$

在 OpenCV 中，图像旋转首先根据旋转角度和旋转中心获取旋转矩阵，然后根据旋转矩阵进行变换，即可实现任意角度和任意中心的旋转效果。

　　下面我们实现图像旋转算法，有两种方式：一种是根据算法手动实现，另一种是根据 OpenCV 提供的现成函数自动实现。现在先来介绍根据算法手动实现的方式。

【例 7.2】手动实现图像旋转

步骤 **01** 打开 Qt Creator，新建一个控制台工程，工程名是 test。

步骤 **02** 在工程中打开 main.cpp，输入如下代码：

```cpp
#include <iostream>
#include "opencv2/core/core.hpp"
#include "opencv2/imgproc/imgproc.hpp"
#include "opencv2/highgui/highgui.hpp"
#include <iostream>
#include <string>
#include <cmath>

using namespace cv;
Mat imgRotate(Mat matSrc, float angle, bool direction)
{
    float theta = angle * CV_PI / 180.0;
    const int nRowsSrc = matSrc.rows;
    const int nColsSrc = matSrc.cols;
    // 如果是顺时针旋转
    if (!direction)
        theta = 2 * CV_PI - theta;
    // 全部以逆时针旋转来计算
    // 逆时针旋转矩阵
    float matRotate[3][3]{
        {std::cos(theta), -std::sin(theta), 0},
        {std::sin(theta), std::cos(theta), 0 },
        {0, 0, 1}
    };
    float pt[3][2]{     { 0, (float)nRowsSrc},     {(float)nColsSrc,
(float)nRowsSrc},       {(float)nColsSrc, 0}
    };
    for (int i = 0; i < 3; i++)
    {
        float x = pt[i][0] * matRotate[0][0] + pt[i][1] * matRotate[1][0];
        float y = pt[i][0] * matRotate[0][1] + pt[i][1] * matRotate[1][1];
        pt[i][0] = x;
        pt[i][1] = y;
    }
    // 计算出旋转后图像的极值点和尺寸
    float fMin_x = min(min(min(pt[0][0], pt[1][0]), pt[2][0]), (float)0.0);
    float fMin_y = min(min(min(pt[0][1], pt[1][1]), pt[2][1]), (float)0.0);
    float fMax_x = max(max(max(pt[0][0], pt[1][0]), pt[2][0]), (float)0.0);
    float fMax_y = max(max(max(pt[0][1], pt[1][1]), pt[2][1]), (float)0.0);
    int nRows = cvRound(fMax_y - fMin_y + 0.5) + 1;
    int nCols = cvRound(fMax_x - fMin_x + 0.5) + 1;
    int nMin_x = cvRound(fMin_x + 0.5);
    int nMin_y = cvRound(fMin_y + 0.5);
```

```cpp
        // 拷贝输出图像
        Mat matRet(nRows, nCols, matSrc.type(), Scalar(0));
        for (int j = 0; j < nRows; j++)
        {
            for (int i = 0; i < nCols; i++)
            {
                // 计算出输出图像在原图像中对应点的坐标，然后复制该坐标的灰度值
                // 因为是逆时针转换，所以这里映射到原图像时可以看作输出图像顺时针旋转到原图像
                // 而顺时针旋转矩阵刚好是逆时针旋转矩阵的转置
                // 同时还要考虑把旋转后的图像的左上角移动到坐标原点
                int x = (i + nMin_x) * matRotate[0][0] + (j + nMin_y) * matRotate[0][1];
                int y = (i + nMin_x) * matRotate[1][0] + (j + nMin_y) * matRotate[1][1];
                if (x >= 0 && x < nColsSrc && y >= 0 && y < nRowsSrc)
                {
                    matRet.at<Vec3b>(j, i) = matSrc.at<Vec3b>(y, x);
                }
            }
        }
        return matRet;
    }
    int main()
    {
        Mat matSrc = imread("cat.png");
        if (matSrc.empty())
            return 1;
        float angle = 30;
        Mat matRet = imgRotate(matSrc, angle, true);
        imshow("src", matSrc);
        imshow("rotate", matRet);
        // 保存图像
        imwrite("rotate_panda.jpg", matRet);

        waitKey();
        return 0;
    }
```

以上代码完全是根据前面的算法原理公式来实现的。图像旋转是指图像按照某个位置转动一定角度的过程，旋转中图像仍保持原始尺寸。图像旋转后，图像的水平对称轴、垂直对称轴及中心坐标原点都可能发生变换，因此需要对图像旋转中的坐标进行相应转换。

步骤03 保存工程并运行，结果如图 7-4 所示。

如果不想通过算法公式手动实现图像旋转，也可以利用 OpenCV 提供的库函数 getRotationMatrix2D 来实现图像旋转。该函数用来计算旋转矩阵，其声明如下：

```cpp
Mat getRotationMatrix2D(Point2f center, double angle, double scale);
```

其中参数 center 表示旋转的中心点；angle 表示旋转的角度；scale 表示图像缩放因子。该函数的返回值为一个 2×3 的矩阵，其中矩阵前两列代表旋转，最后一列代表平移。

图 7-4

计算出旋转矩阵后，还需要把旋转应用到仿射变换的输出，仿射变换函数是 warpAffine，该函数在下一节介绍。

【例 7.3】使用函数实现图像的旋转

步骤 **01**　打开 Qt Creator，新建一个控制台工程，工程名是 test。

步骤 **02**　在工程中打开 main.cpp，输入如下代码：

```cpp
#include <opencv2/opencv.hpp>
#include <iostream>
using namespace cv;

// 图像旋转，angle 表示要旋转的角度
void Rotate(const Mat &srcImage, Mat &destImage, double angle)
{
    Point2f center(srcImage.cols / 2, srcImage.rows / 2);// 中心
    Mat M = getRotationMatrix2D(center, angle, 1);// 计算旋转的仿射变换矩阵
    // 现在把旋转应用到仿射变换的输出
    warpAffine(srcImage, destImage, M, Size(srcImage.cols, srcImage.rows));
    // 仿射变换
    circle(destImage, center, 2, Scalar(255, 0, 0));
}


int main()
{
    // 读入图像，并判断图像是否读入正确
    cv::Mat srcImage = imread("lena.png");
    if (!srcImage.data)
    {
        puts("Fail to open file.");
```

```
        return -1;
    }
    imshow("srcImage", srcImage); // 原图像也绘制出来以作参照

    Mat destImage;
    double angle = 9.9;// 角度
    Rotate(srcImage, destImage, angle);
    // 最后把仿射变换和旋转的结果绘制在窗体中
    imshow("dst", destImage);
    waitKey(0);
    return 0;
}
```

步骤 **03** 保存工程并运行，结果如图 7-5 所示。

图 7-5

7.4 仿射变换

平移、旋转、缩放、翻转、剪切等变换都属于仿射变换，图 7-6 显示了各种仿射变换。

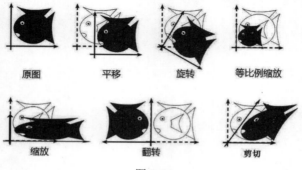

原图　　　　平移　　　　旋转　　　等比例缩放

缩放　　　　　翻转　　　　　剪切

图 7-6

仿射变换是一种常用的图像几何变换。使用仿射变换矩阵能够方便地描述图像的线性变换以及平移等非线性变换。仿射变换可以通过一系列原子变换的复合来实现。这类变换可以用一个 3×3 的矩阵 **M** 来表示，其最后一行为(0,0,1)。该变换矩阵将原坐标(x,y)变换为新坐标(x′,y′)，如图 7-7 所示。

$$\begin{bmatrix} x' \\ y' \\ 1 \end{bmatrix} = \begin{bmatrix} m_{00} & m_{01} & m_{02} \\ m_{10} & m_{11} & m_{12} \\ 0 & 0 & 1 \end{bmatrix} \begin{bmatrix} x \\ y \\ 1 \end{bmatrix}$$

图 7-7

图 7-7 所示的仿射变换描述了一种二维仿射变换的功能，它是一种二维坐标之间的线性变换，保持二维图形的"平直性"（变换后直线还是直线，圆弧还是圆弧）和"平行性"（其实是保持二维图形间的相对位置关系不变，平行线还是平行线，而直线上的点位置顺序不变，注意向量间的夹角可能会发生变化）。

在 OpenCV 中进行仿射变换的函数是 warpAffine，该函数声明如下：

```
void warpAffine(InputArray src, OutputArray dst, InputArray M, Size dsize, int flags=INTER_LINEAR, int borderMode=BORDER_CONSTANT, const Scalar& borderValue=Scalar());
```

其中 src 表示输入图像；dst 表示输出图像，尺寸由 dsize 指定，图像类型与原图像一致；M 表示 2×3 的变换矩阵；dsize 指定图像输出尺寸；flags 表示插值算法标识符，默认值为 INTER_LINEAR；borderMode 表示边界像素模式，默认值为 BORDER_CONSTANT；borderValue 表示边界取值，默认值为 Scalar()，即 0。

【例 7.4】实现图像的仿射变换

步骤01 打开 Qt Creator，新建一个控制台工程，工程名是 test。

步骤02 在工程中打开 main.cpp，输入如下代码：

```
#include <iostream>
#include <opencv2/core.hpp>
#include <opencv2/highgui.hpp>
#include <opencv2/imgproc.hpp>
using namespace std;
using namespace cv;

// 全局变量
String src_windowName = "原图像";
String warp_windowName = "仿射变换";
String warp_rotate_windowName = "仿射旋转变换";
String rotate_windowName = "图像旋转";

int main()
{
    Point2f srcTri[3];
    Point2f dstTri[3];
```

```cpp
    Mat rot_mat(2, 3, CV_32FC1);
    Mat warp_mat(2, 3, CV_32FC1);
    Mat srcImage, warp_dstImage, warp_rotate_dstImage, rotate_dstImage;

    // 加载图像
    srcImage = imread("cat.png");

    // 判断文件是否加载成功
    if (srcImage.empty())
    {
        cout << "Fail to open file" << endl;
        return -1;
    }

    // 创建的仿射变换目标图像与原图像尺寸类型相同
    warp_dstImage = Mat::zeros(srcImage.rows, srcImage.cols,
srcImage.type());

    // 设置三个点来计算仿射变换
    srcTri[0] = Point2f(0, 0);
    srcTri[1] = Point2f(srcImage.cols - 1, 0);
    srcTri[2] = Point2f(0, srcImage.rows - 1);
    dstTri[0] = Point2f(srcImage.cols*0.0, srcImage.rows*0.33);
    dstTri[1] = Point2f(srcImage.cols*0.85, srcImage.rows*0.25);
    dstTri[2] = Point2f(srcImage.cols*0.15, srcImage.rows*0.7);

    // 计算仿射变换矩阵
    warp_mat = getAffineTransform(srcTri, dstTri);
    // 对加载图形进行仿射变换操作
    warpAffine(srcImage, warp_dstImage, warp_mat, warp_dstImage.size());
    // 计算图像中点顺时针旋转 50 度、缩放因子为 0.6 的旋转矩阵
    Point center = Point(warp_dstImage.cols / 2, warp_dstImage.rows / 2);
    double angle = -50.0;
    double scale = 0.6;

    // 计算旋转矩阵
    rot_mat = getRotationMatrix2D(center, angle, scale);
    // 旋转已扭曲图像
    warpAffine(warp_dstImage, warp_rotate_dstImage, rot_mat,
warp_dstImage.size());
    // 将原图像旋转
    warpAffine(srcImage, rotate_dstImage, rot_mat, srcImage.size());

    // 显示变换结果
    namedWindow(src_windowName, WINDOW_AUTOSIZE);
    imshow(src_windowName, srcImage);
    namedWindow(warp_windowName, WINDOW_AUTOSIZE);
    imshow(warp_windowName, warp_dstImage);
    namedWindow(warp_rotate_windowName, WINDOW_AUTOSIZE);
    imshow(warp_rotate_windowName, warp_rotate_dstImage);
```

```
        namedWindow(rotate_windowName, WINDOW_AUTOSIZE);
        imshow(rotate_windowName, rotate_dstImage);
        waitKey(0);
        return 0;
}
```

在上述代码中，getRotationMatrix2D 先计算出旋转矩阵，再利用函数 warpAffine 实现旋转。除了图像旋转外，我们还进行了仿射变换和旋转仿射变换。

仿射变换的 5 种变换方式是平移、旋转、缩放、翻转（翻转镜像除了用三点法求仿射变换矩阵外，还可以用 flip 函数实现）和剪切，主要是仿射映射矩阵的设置，灵活地设置不同的变换矩阵可以得到不同的变换效果。这里的仿射变换，如果想得到很好的效果，如旋转以后图像的大小不变，而且图像还是位于窗口中心，就需要进行窗口大小的调整，以及对旋转后的图像进行平移。

步骤 03 保存工程并运行，结果如图 7-8 所示。

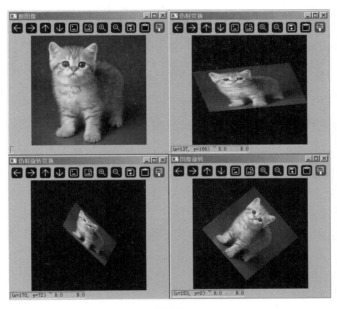

图 7-8

7.5　图像缩放

7.5.1　缩放原理

图像按比例缩放是指将给定的图像在 x 轴方向按比例缩放 f_x 倍，在 y 轴方向按比例缩放 f_y 倍，从而获得一幅新的图像。如果 $f_x=f_y$，即在 x 轴和 y 轴方向缩放的比例相同，则称这样的比例缩放为图像的全比例缩放；如果 $f_x \neq f_y$，图像的比例缩放则会改变原始图像的像素间的相对位置，产生几何畸变。

设原图像中的点 $P_0(x_0, y_0)$ 按比例缩放后，在新图像中的对应点为 $P(x, y)$，则按比例缩放前后两

点 $P_0(x_0,y_0)$、$P(x,y)$ 之间的关系用矩阵形式可以表示为：

$$\begin{bmatrix} x \\ y \\ 1 \end{bmatrix} = \begin{bmatrix} f_x & 0 & 0 \\ 0 & f_y & 0 \\ 0 & 0 & 1 \end{bmatrix} \begin{bmatrix} x_0 \\ y_0 \\ 1 \end{bmatrix}$$

其逆运算为：

$$\begin{bmatrix} x_0 \\ y_0 \\ 1 \end{bmatrix} = \begin{bmatrix} \dfrac{1}{f_x} & 0 & 0 \\ 0 & \dfrac{1}{f_y} & 0 \\ 0 & 0 & 1 \end{bmatrix} \begin{bmatrix} x \\ y \\ 1 \end{bmatrix}$$

即 $\begin{cases} x_0 = \dfrac{x}{f_x} \\ y_0 = \dfrac{y}{f_y} \end{cases}$。按比例缩放所产生的图像中的像素可能在原图像中找不到相应的像素点，这样就必须进行插值处理。有关插值的内容在后面介绍。下面首先介绍图像的比例缩小。最简单的比例缩小是当 $f_x=f_y=\dfrac{1}{2}$ 时，图像被缩到一半大小，此时缩小后图像中的(0,0)像素对应原图像中的(0,0)像素，(0,1)像素对应原图像中的(0,2)像素，(1,0)像素对应原图像中的(2,0)像素，以此类推。图像缩小之后，因为承载的数据量小了，所以画布可相应缩小。此时，只需在原图像的基础上，每行隔一个像素取一点，每隔一行进行操作，即取原图的偶（奇）数行和偶（奇）数列构成新的图像。如果图像按任意比例缩小，就需要计算选择的行和列。

若 $M \times N$ 大小的原图像 $F(x,y)$ 缩小为 $kM \times kN$ 大小（$k<1$）的新图像 $I(x,y)$，则 $I(x,y)=F(\text{int}(c\times x),\text{int}(c\times y))$，其中 $c=\dfrac{1}{k}$。由此公式可以构造新图像。

当 $f_x \neq f_y (f_x f_y > 0)$ 时，图像不按比例缩小，这种操作因为在 x 轴方向和 y 轴方向的缩小比例不同，一定会带来图像的几何畸变。图像不按比例缩小的方法是：若 $M \times N$ 大小的旧图像 $F(x,y)$ 缩小为 $k_1 M \times k_2 N$（$k_1<1, k_2<1$）大小的新图像 $I(x,y)$，则 $I(x,y)=F(\text{int}(c_1\times x),\text{int}(c_2\times y))$，其中 $c_1=\dfrac{1}{k_1}$，$c_2=\dfrac{1}{k_2}$ 由此公式可以构造新图像。

图像的缩小操作是在现有的信息中挑选出所需的有用信息；而图像的放大操作则需要对放大后多出来的空格填入适当的像素值，这是信息的估计问题，所以较图像的缩小要难一些。当 $f_x=f_y=2$ 时，图像按全比例放大两倍，放大后图像中的(0,0)像素对应原图中的(0,0)像素；(0,1)像素对应原图中的(0,0.5)像素，该像素不存在，可以近似为(0,0)，也可以近似为(0,1)；(0,2)像素对应原图像中的(0,1)像素；(1,0)像素对应原图中的(0.5,0)像素，该像素近似于(0,0)或(1,0)像素；(2,0)像素对应原图中的(1,0)像素，以此类推。其实这是将原图像每行中的像素重复取值一遍，然后每行重复一次。

按比例将原图像放大 k 倍时，如果按照最近邻域法，就需要将一个像素值添在新图像的 $k \times k$ 子块中。显然，如果放大倍数太大，按照这种方法处理会出现马赛克效应。当 $f_x \neq f_y (f_x f_y > 0)$ 时，图

像在 x 轴方向和 y 轴方向不按比例放大，此时这种操作由于 x 轴方向和 y 轴方向的放大倍数不同，一定会带来图像的几何畸变。放大的方法是将原图像的一个像素添加到新图像的一个 $k_1 \times k_2$ 子块中。为了提高几何变换后的图像质量，常采用线性插值法。该方法的原理是，当求出的分数地址与像素点不一致时，求出周围 4 个像素点的距离比，根据该比率，由 4 个邻域的像素灰度值进行线性插值。

7.5.2 OpenCV 中的缩放

在 OpenCV 中，实现图像缩放的函数是 resize，该函数声明如下：

```
void resize(InputArray src, OutputArray dst, Size dsize, double fx=0, double fy=0, int interpolation=INTER_LINEAR );
```

其中参数 src 表示原图像；dst 表示输出图像；dsize 表示目标图像的大小；fx 表示在 x 轴上的缩放比例；fy 表示在 y 轴上的缩放比例；interpolation 表示插值方式，有 4 种方式：INTER_NN（最近邻插值）、INTER_LINEAR（默认值，双线性插值）、INTER_AREA（使用像素关系重采样，当图像缩小时，该方法可以避免波纹出现；当图像放大时，类似于 INTER_NN 方法）、INTER_CUBIC（立方插值）。注意：dsize 与 f_x 和 f_y 必须不能同时为零。

【例 7.5】实现图像的缩放

步骤 01 打开 Qt Creator，新建一个控制台工程，工程名是 test。

步骤 02 打开 main.cpp，输入如下代码：

```cpp
#include<iostream>
#include<opencv2/opencv.hpp>
#include<opencv2/imgproc/imgproc.hpp>
using namespace std;
using namespace cv;

string src_windowName = "原图像";
string small_windowName = "缩小图";
string big_windowName = "放大图";
int main()
{
    // 读取图片
    Mat srcImage = imread("cat.png");
    if (!srcImage.data)   // Check for invalid input
    {
        cout << "Could not open or find the image" << endl;
        return -1;
    }
    Mat dstImage1, dstImage2;
    Mat tempImage = srcImage;
    // 显示图片
    namedWindow(src_windowName, WINDOW_AUTOSIZE);
    imshow(src_windowName, srcImage);
```

```
    // 图片的缩小
    resize(tempImage, dstImage1, Size(tempImage.cols / 2, tempImage.rows / 2),
0, 0, INTER_NEAREST);
    // 图片的放大
    resize(tempImage, dstImage2, Size(tempImage.cols * 2, tempImage.rows * 2),
0, 0, INTER_NEAREST);
    namedWindow(small_windowName, WINDOW_AUTOSIZE);
    imshow(small_windowName, dstImage1);
    namedWindow(big_windowName, WINDOW_AUTOSIZE);
    imshow(big_windowName, dstImage2);

    waitKey(0);
    return 0;
}
```

在上述代码中，我们首先显示了原图，然后分别利用 resize 函数对图像进行缩小和放大。代码很简单，就是两次 resize 函数的使用，一次用于缩小，一次用于放大。

步骤 03 保存工程并运行，结果如图 7-9 所示。

图 7-9

第 **8** 章

图像边缘检测

边缘检测是图像处理与计算机视觉中的重要技术之一，目的是检测识别出数字图像中亮度变化剧烈的像素点构成的集合。图像边缘检测可以用于定位二维或三维图像中对象的边缘，这些边缘通常是图像中亮度或灰度值发生显著变化的地方，对应着物体的轮廓、不同区域的边界等。

图像边缘检测在图像分割、目标识别、图像分析等领域具有广泛的应用。

8.1　图像边缘检测概述

图像属性中的显著变化通常反映了属性的重要事件和变化，包括深度上的不连续、表面方向不连续、物质属性变化和场景照明变化。边缘检测是图像处理和计算机视觉，尤其是特征提取中的一个研究领域。图像边缘检测大幅度地减少了数据量，并且剔除了不相关的信息，保留了图像重要的结构属性。有许多方法用于边缘检测，它们大致可以划分为两类：基于查找和基于零穿越。基于查找的方法通过寻找图像一阶导数中的最大值和最小值来检测边界，通常将边界定位在梯度最大的方向。基于零穿越的方法通过寻找图像二阶导数零穿越来寻找边界，通常是拉普拉斯算子（Laplacian Operator）过零点或者非线性差分表示的过零点。

人类视觉系统认识目标的过程分为两步：第一步是把图像边缘与背景分离出来；第二步是感受图像的细节，辨认出图像的轮廓。计算机视觉正是模仿人类视觉的这个过程。因此，在检测物体边缘时，先对其轮廓点进行粗略检测，然后通过链接规则把原来检测到的轮廓点连接起来，同时也检测和连接遗漏的边界点及去除虚假的边界点。图像的边缘是图像的重要特征，是计算机视觉、模式识别等的基础，因此边缘检测是图像处理中的一个重要环节。然而，边缘检测又是图像处理中的一个难题，因为实际景物图像的边缘往往是各种类型的边缘及其模糊化后结果的组合，且实际图像信号存在噪声。噪声和边缘都属于高频信号，很难用频带进行取舍。

锐化的概念可以从锐度谈起。很多人都以为锐度就是 Sharpness，其实在数字图像领域，锐度更准确的说法是 acutance，就是边缘的对比度（这里的边缘指的是图像中的物件的边缘）。一组锐度变化图如图 8-1 所示。

图 8-1

从图 8-1 中可以看出，锐度从左到右逐渐提高了。锐度的提高会在不增加图像像素的基础上造成提高清晰度的假象。那么这样的锐化效果如何实现呢？一个传统的算子是如何工作的呢？我们慢慢来展开。回到锐度的本意来看，锐度就是边缘的对比度，提高锐度就是把边缘的对比度提高了，所以我们的工作就变成了：

● 找到有差异的相邻的像素（这就是边缘检测）。

● 增加有差异的像素的对比度（这就是图像锐化）。

在图像增强过程中，通常会利用各类图像平滑算法去消除噪声，图像的常见噪声有加性噪声、乘性噪声和量化噪声等。一般来说，图像的能量主要集中在其低频部分，噪声所在的频段主要在高频段，同时图像边缘信息也主要集中在高频部分。这将导致原始图像在平滑处理之后，图像边缘和图像轮廓变得模糊。为了减少这类不利效果的影响，就需要利用图像锐化技术使图像的边缘变得清晰。

经过平滑的图像变得模糊的根本原因是图像受到了平均或积分运算，因此可以对其进行逆运算（如微分运算），就可以使图像变得清晰。图像锐化的方法分为高通滤波和空域微分法。图像的边缘或线条的细节（边缘）部分与图像频谱的高频分量相对应，因此采用高通滤波让高频分量顺利通过，并适当抑制中低频分量，使图像的细节变得清楚，从而实现图像的锐化。

在智能化的人机交互过程和对计算机图像边缘检测的研究中，边缘检测可以提供大量有价值的信息，也可以作为一个友好的交互接口。于是产生了许多新的研究热点，例如图像的处理、人脸的识别、视频的监控、身份的验证以及网络传输中基于图像的压缩与检索等。数字图像作为一个崭新的学科在科学研究、工业生产、军事技术和医疗卫生等领域发挥着越来越重要的作用，对它的研究也日益受到人们的重视。

边缘是指图像周围像素灰度有阶跃变化或屋顶状变化的像素的集合，它存在于目标与背景、目标与目标、区域与区域、基元与基元之间。边缘具有方向和幅度两个特征，沿边缘走向，像素值变化比较平缓；垂直于边缘走向，像素值变化比较剧烈，可能呈现阶跃状，也可能呈现斜坡状。因此，边缘可以分为两种：一种为阶跃性边缘，它两边的像素灰度值有着明显的不同；另一种为屋顶状边缘，它位于灰度值从增加到减少的变化转折点。对于阶跃性边缘，二阶方向导数在边缘处呈零交叉；对于屋顶状边缘，二阶方向导数在边缘处取极值。

　　图像处理的主要内容是在图像边缘检测的基础上，对物体背景灰度和纹理特征进行一种无损检测。这也是图像分割、模式识别、机器视觉和区域形状提取领域的基础，同时也是图像分析和三维重建的重要环节。

　　图像边缘检测技术是图像处理和计算机视觉等领域的基本技术，如何快速、精确地提取图像边缘信息一直是国内外的研究热点，同时也是图像处理中的一个难题。早期的经典算法包括边缘算子方法、曲面拟合方法、模板匹配方法、阈值法等。近年来，随着数学理论与人工智能技术的发展，出现了许多新的边缘检测方法，如 Roberts、Laplacan、Canny 等图像的边缘检测方法。这些方法的应用对于高水平的特征提取、特征描述、目标识别和图像理解有重大的影响。

　　虽然图像边缘检测方法已经有很多，但每种方法都有不足之处，有的难以获得合理的计算复杂度，有的需要人为地调节各种参数，有的甚至难以实时运行，在某种情况下仍不能检测到目标物体的最佳边缘，因此仍未形成普遍适用的边缘检测方法。

　　数字图像边缘检测是图像分割、目标区域识别和区域形状提取等图像分析领域十分重要的基础，是图像识别中提取图像特征的一个重要方法。边缘中包含图像物体有价值的边界信息，这些信息可以用于图像的理解和分析，并且通过边缘检测可以极大地降低后续图像分析和处理的数据量。

　　边缘检测目的是检测并识别出由图像中亮度变化剧烈的像素点构成的集合。图像边缘的正确检测有利于分析、定位及识别目标物体。通常目标物体形成边缘存在以下几种情形：

- 目标物体呈现在图像的不同物体平面上，深度不连续。
- 目标物体本身平面不同，表面方向不连续。
- 目标物体材料不均匀，表面反射光不同。
- 目标物体受外部场景光影响不一。

　　根据边缘形成的原因，对图像的各像素点进行求微分或二阶微分，可以检测出灰度变化明显的点。边缘检测大大减少了原图像的数据量，剔除了与目标不相干的信息，保留了图像重要的结构属性。边缘检测算子是利用图像边缘的突变性质来检测边缘的，通常将边缘检测分为以下 3 个类型：

　　（1）一阶微分为基础的边缘检测，通过计算图像的梯度值来检测图像边缘，如 Sobel 算子、Prewitt 算子、Roberts 算子及差分边缘检测。

　　（2）二阶微分为基础的边缘检测，通过寻求二阶导数中的过零点来检测边缘，如拉普拉斯算子、高斯拉普拉斯算子、Canny 算子边缘检测。

　　（3）混合一阶与二阶微分为基础的边缘检测，综合利用一阶微分与二阶微分的特征，如 Mar-Hildreth 边缘检测算子。

　　边缘检测分为彩色图像边缘检测和灰度图像边缘检测两种。如果输入的是彩色图像 $p(x,y)$，可以采用下列公式把彩色图像转换为灰度图像：$p(x,y)=0.3R+0.59G+0.11B$。其中 R、G、B 分别为红、绿、蓝三基色。

8.2　边缘检测研究的历史现状

　　由于边缘检测在图像处理中的应用十分广泛，因此其研究多年来一直受到人们的高度重视，到现在各种类型的边缘检测算法已经有成百上千种。到目前为止，国内外关于边缘检测的研究主要以下面两种方式为主。

（1）不断提出新的边缘检测算法。一方面，人们对于传统的边缘检测技术的掌握已经十分成熟；另一方面，随着科学的发展，传统的方法越来越难以满足某些情况下不断增加或更加严格的要求，如性能指标、运行速度等方面。针对这种情况，人们提出了许多新的边缘检测方法。这些新的方法大致可以分为两类：一类是结合特定理论工具的检测技术，如基于数学形态学的检测技术、借助统计学方法的检测技术、利用神经网络的检测技术、利用模糊理论的检测技术、基于小波分析和变换的检测技术、利用信息论的检测技术、利用遗传算法的检测技术等；另一类是针对特殊的图像提出的边缘检测方法，如将二维的空域算子扩展为三维算子，可以对三维图像进行边缘检测、对彩色图像进行边缘检测、对合成孔径雷达图像进行边缘检测、对运动图像进行边缘检测（实现对运动图像的分割）等。

（2）将现有的算法应用于实际工程中，如车牌识别、虹膜识别、人脸检测、医学或商标图像检索等。

尽管人们很早就提出了边缘检测的概念，而且近年来研究成果越来越多，但由于边缘检测本身所具有的难度，使得研究没有太大的突破性进展。仍然存在的问题主要有两个：一是没有一种普遍适用的检测算法，二是没有一个好的通用的检测评价标准。

从边缘检测研究的历史来看，对边缘检测的研究有几个明显的趋势：

（1）对原有算法的不断改进。

（2）新方法、新概念的引入和多种方法的有效综合利用。人们逐渐认识到现有的任何一种单独的边缘检测算法都难以从一般图像中检测到令人满意的边缘图像，因而很多人不断地把新方法和新概念引入边缘检测领域，同时也更加重视各种方法的综合运用。在新出现的边缘检测算法中，基于小波变换的边缘检测算法是一种很好的方法。

（3）交互式检测研究的深入。由于很多场合需要对目标图像进行边缘检测分析，例如对医学图像的分析，因此需要进行交互式检测研究。事实证明，交互式检测技术有着广泛的应用。

（4）对特殊图像边缘检测的研究越来越得到重视。目前有很多针对立体图像、彩色图像、多光谱图像以及多视场图像分割的研究，也有对运动图像及视频图像中目标分割的研究，还有对深度图像、纹理（Texture）图像、计算机断层扫描（CT）、磁共振图、共聚焦激光扫描显微镜图像、合成孔径雷达图像等特殊图像的边缘检测技术的研究。

（5）对图像边缘检测评价的研究和对评价系数的研究越来越得到关注。

相信随着研究的不断深入，相信目前存在的两个问题很快就能得到圆满的解决。

8.3　边缘定义及类型分析

边缘是指图像中灰度发生急剧变化的区域，即图像局部亮度变化最显著的部分，主要存在于目标与目标、目标与背景、区域与区域（包括不同色彩）之间。两个具有不同灰度值的相邻区域之间总存在着边缘，这是灰度值不连续的结果。这种不连续通常可以利用求导数的方法方便地检测到，一般常用一阶和二阶导数来检测边缘，如图 8-2 所示。

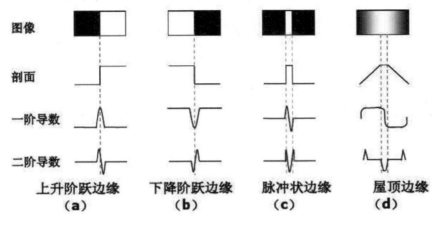

图 8-2

图 8-2 中第一排是一些具有边缘的图像示例，第二排是沿图像水平方向的一个剖面图，第三排和第四排分别为剖面的一阶导数和二阶导数。常见的边缘剖面有 3 种：①阶梯状，如图 8-2 中(a)和(b)所示；②脉冲状，如图 8-2 中(c)所示；③屋顶状，如图 8-2 中(d)所示。阶梯状的边缘处于图像中两个具有不同灰度值的相邻区域之间，脉冲状主要对应细条状的灰度值突变区域，而屋顶状的边缘上升下降沿都比较缓慢。由于采样的缘故，数字图像的边缘总有一些模糊，因此这里将垂直上下的边缘剖面都表示成一定坡度。

在图 8-2(a)中，对灰度值剖面的一阶导数在图像由暗变明的位置处有一个向上的阶跃，而在其他位置为零。这表明可用一阶导数的幅度值来检测边缘的存在，幅度峰值一般对应边缘位置。对灰度值剖面的二阶导数在一阶导数的阶跃上升区有一个向上的脉冲，而在一阶导数阶跃下降区有一个向下的脉冲。在这两个阶跃之间有一个过零点，它的位置正对原始图像中边缘的位置。所以可用二阶导数过零点检测边缘位置，而二阶导数在过零点附近的符号可以确定边缘像素在图像边缘的暗区或明区。

分析图 8-2(b)可得到相似的结论，这里的图像由明变暗，所以与图(a)相比，剖面左右对称，一阶导数上下对称，二阶导数左右对称。

在图 8-2(c)中，脉冲状的剖面边缘与图 8-2(a)的一阶导数形状相同，所以图(c)的一阶导数形状与图(a)的二阶导数形状相同，而图(c)的两个二阶导数过零点正好分别对应脉冲的上升沿和下降沿。通过检测剖面的两个二阶导数过零点就可以确定脉冲的范围。

在图 8-2(d)中，屋顶状边缘的剖面可看作将脉冲边缘展开得到的，所以它的一阶导数是将图 8-2(c)脉冲剖面的一阶导数的上升沿和下降沿展开得到的，而它的二阶导数是将脉冲剖面二阶导数的上升沿和下降沿拉开得到的。通过检测屋顶状边缘剖面的一阶导数过零点可以确定屋顶位置。

如果读者对一阶导数和二阶导数不明其意，建议翻阅相关书籍。

8.4　梯度的概念

多元函数是指一个函数具有多个变量。例如，图像可以视为具有两个变量 x 和 y 的函数 f。当函数涉及多个变量时，可以计算偏导数，即 x 或 y 方向的导数。梯度向量由这些偏导数组成，表示函数在各个方向上的变化率。

边缘检测是检测图像局部显著变化的基本运算。在一维的情况下，阶跃边缘同图像的一阶导数局部峰值有关。梯度是函数变化的一种度量，而一幅图像可以看作图像强度连续函数的采样点序列。梯度是一阶导数的二维等效式，定义为矢量：

$$G(x,y)=\begin{bmatrix} G_x \\ G_y \end{bmatrix}=\begin{bmatrix} \dfrac{\partial x}{\partial y} \end{bmatrix} \qquad （公式 8\text{-}1）$$

有两个重要性质与梯度有关：

（1）矢量 $G(x,y)$ 的方向就是函数 $f(x,y)$ 增大时的最大变化率方向。

（2）梯度的幅值由下式给出：

$$|G(x,y)| = \sqrt{G_x^2 + G_y^2}$$

由矢量分析可知，梯度的方向定义为：

$$a(x,y)=\arctan(G_y/G_x)$$

其中 a 是相对于 x 轴的角度。

对于数字图像，公式 8-1 的导数可用差分来近似，最简单的梯度近似表达式为：

$$G_x=f[i,j+1]-f[i,j]$$

$$G_y=f[i,j]-f[i+1,j]$$

8.5　图像边缘检测的应用

图像是人类访问和交换信息的主要来源。因此，图像边缘处理应用必然涉及人类生活和工作的各个方面。当人类活动范围不断扩大时，图像边缘检测和提取处理应用也将不断扩大。数字图像边缘检测又称为计算机图像边缘检测，是指将图像信号转换成数字信号并利用计算机对其加工的过程。数字图像边缘检测首先出现在 20 世纪 50 年代，当电子计算机发展到一定水平时，人们开始利用计算机来处理图形和图像信息。在数字图像边缘检测中，输入的是低质量的图像，输出的是改善质量后的图像。常用的图像边缘检测处理方法有图像增强、锐化、复原、编码、压缩、提取等。下面介绍数字图像边缘检测与提取处理的主要应用领域。

1）航天和航空技术方面的应用

数字图像边缘检测技术在航天和航空技术中的应用不仅限于月球和火星照片的处理，还广泛应用于飞机遥感和卫星遥感技术。自 20 世纪 60 年代末以来，美国及一些国际组织发射了多颗资源遥感卫星（如 LANDSAT 系列）和天空实验室（如 SKYLAB）。由于成像条件受飞行器位置、姿态和环境条件等多种因素的影响，这些图像的质量往往不尽如人意。现在，采用配备有高级计算机的图像边缘检测系统进行判读和分析，首先提取出图像边缘，这不仅节省了人力，提高了处理速度，还能从照片中提取出人眼难以发现的大量有用信息。

2）生物医学工程方面的应用

数字图像边缘检测在生物医学工程方面的应用十分广泛，而且很有成效。除了 CT 技术之外，还有一类是对医用显微图像的处理与分析，如红细胞和白细胞分类检测、染色体边缘分析、癌细胞特征识别等，都要用到边缘的判别。此外，在 X 光肺部图像增强、超声波图像边缘检测、心电图分析、立体定向放射治疗等医学诊断等方面，也广泛地应用了图像边缘分析处理技术。

3）公安军事方面的应用

公安业务图片的判读分析、指纹识别、人脸鉴别、不完整图片的复原等，都用到了边缘检测。在军事方面，图像边缘检测和识别主要用于导弹的精确制导，各种侦察照片的判读，对不明来袭武器性质的识别，具有图像传输、存储和显示的军事自动化指挥系统，飞机、坦克和军舰模拟训练系统等。

4）交通管理系统的应用

随着我国大力发展经济建设，城市的人口和机动车辆急剧增长，交通堵塞、交通事故时有发生。交通问题已经成为城市管理工作的重要问题，它严重阻碍和制约了城市经济建设的发展。要解决城市交通问题就必须准确地把握交通信息。目前国内常见的交通流检测方法有人工监测、地理感应线圈、超声波探测器、视频监测等。其中，视频监测方法比其他方法更具优越性。

视频交通流检测和车辆识别系统是一种利用图像边缘检测技术实现目标探测和识别的交通处理系统。通过对道路交通信息和交通目标活动（如超速、停车、超车等）的实时检测，该系统能够自动统计在特定路段上行驶的车辆的速度和类别等相关交通参数，从而有效监控道路交通状况并提供信息支持。车辆的自动识别是计算机视觉、图像边缘检测与模式识别技术在智能交通领域中的一个重要研究课题，也是实现交通管理智能化的关键环节。这一过程主要包括车牌定位、车牌字符分割和车牌字符识别三个关键步骤。发达国家的车牌识别（LPR）系统已成功应用于实际交通管理中，而我国在这一领域的开发和应用进展相对缓慢，仍基本停留在实验室阶段。

计算机图像边缘检测主要由图像输入、图像存储、图像显示、影像输出和计算机接口等几个主要部件构成，这些部件的总体结构方案及各部分的性能质量直接影响处理体系的质量。图像边缘检测的目标是代替人去处理和理解图像，所以实时性、灵活性、准确性是对系统的基本要求。

8.6　目前边缘检测存在的问题

图像边缘检测是图像处理和理解的基本课题之一。长期以来，人们一直关注着它的发展。理想的边缘检测应当正确解决边缘的有无、真假和定位方向。它的基本要求是低误判率和高定位精度。低误判率要求不漏掉实际边缘，不虚报边缘。高定位精度要求把边缘以等于或小于一个像素的宽度确定在它的实际位置上，但真正实现这一目标尚有较大的难度。

目前常用的边缘检测方法都存在一些不足的地方，例如 Roberts 算子虽然简单直观，对具有陡峭的低噪声图像的响应最好，但边缘检测图中有伪边缘；Sobel 算子和 Prewitt 算子虽然能检测更多的边缘，但也存在伪边缘且检测出来的边缘线比较粗，并放大了噪声；拉普拉斯算子和改进的拉普拉斯算子利用二阶差分来进行检测，不但可以检测出比较多的边缘，而且在很大程度上消除了伪边缘的存在，定位精度比较高，但同时受噪声的影响比较大，且会丢失一些边缘，有一些边缘不够连续，对噪声敏感且不能获得边缘方向等信息。因此，至今图像边缘检测仍有很多问题尚待解决。

虽然在近几十年中，图像边缘检测技术得到了广泛的关注和长足的发展，国内外许多研究人员提出了很多方法，并在不同的领域取得了一定的成果，但是对于寻找一种能够普遍适用于各种复杂情况、准确率很高的检测算法，还有很大的探索空间。具体来讲，目前存在以下挑战：虽然在近几十年中，图像处理技术得到了广泛关注和长足发展，国内外许多研究人员提出了多种方法，并在不同领域取得了一定成果，但仍然存在寻找一种能够普遍适用于各种复杂情况且具有高准确率的检测算法的巨大探索空间。具体来说，目前面临以下挑战：

（1）实际图像都含有噪声，并且噪声的分布、方差等信息也都是未知的，而噪声和边缘都是高频信号。

（2）由于物理和光照等原因，实际图像中的边缘常常发生在不同的尺度范围，并且每一边缘像素点的尺度信息是未知的。

（3）在边缘检测处理的过程中，通常会出现 3 种误差：丢失的有效边缘、边缘定位误差和将噪声误判为边缘。

（4）在边缘检测的过程中，噪声消除与边缘定位是两个互相矛盾的部分，是一个"两难"的问题。有的方法边缘检测定位精度高，但抗噪声性能较差；有的边缘检测方法解决了抗噪声性能差的问题，但检测定位精度又不够。

（5）在含噪图像中，边缘检测需要先对图像进行平滑去噪，但在平滑噪声时，很容易丢失图像的高频信息，处理的效果不理想。

（6）大多数边缘检测算子所处理的都是阶跃边缘，但在实际的图像边缘中多数是斜坡阶跃边缘。斜坡阶跃边缘的特征使得针对阶跃的边缘检测算子难以得到良好的检测效果。

（7）图像的边缘通常在不同的尺度范围内，使用传统单一的尺度算子不能同时正确检测所有的边缘，需要使用许多不同尺度的边缘进行更好的检测。

（8）好的边缘定位是边缘检测的一个要求，在有些应用中，对定位的精度要求甚至达到亚像素级，然而传统的边缘检测方法的定位精度一般只能达到像素级。

因此，寻求算法简单、能较好解决边缘检测精度与抗噪声性能协调问题的边缘检测算法，依然是图像处理与分析的重点，还有很多工作有待进一步研究。

8.7　边缘检测的基本思想

边缘检测的基本思想是先利用边缘增强算子，突出图像中的局部边缘，然后定义像素的"边缘强度"，通过设置阈值强度来提取边缘点。由于是在灰度急剧变化的地方产生轮廓，因此可用微分运算提取图像的轮廓，并且因为数字图像数据是分开排列的，所以在实际运算的过程中可以用差分运算来代替微分操作。

在讨论边缘检测方法之前，首先介绍一些术语的定义：

（1）边缘点：图像中灰度显著变化的点。

（2）边缘段：边缘点坐标及方向的总和，边缘的方向可以是梯度角。

（3）轮廓：边缘列表，或者是一条边缘列表的曲线模型。

（4）边缘检测器：从图像抽取边缘（边缘点或边线段）集合的算法。

（5）边缘连接：从无序边缘形成有序边缘表的过程。

（6）边缘跟踪：一个用来确定轮廓图像（指滤波后的图像）的搜索过程。

要做好边缘检测，初步准备条件如下：

（1）清楚待检测图像特性变化的形式，从而使用适应这种变化的检测方法。

（2）想知道特性是否在一定的空间范围内改变，不能指望用一种边缘检测算子就能检测出在图像中发生的所有特性变化。当需要提取更多空间范围内的变化特征时，就需要考虑多种算子的综合应用。

（3）要考虑噪声的影响，其中一种方法就是通过滤波器将噪声滤除，但是这有一定的局限性；或者考虑在信号和噪声同时存在的条件下进行检测，运用统计信号分析；或者通过图像区域的建模，从而进一步使检测参数化。

（4）可以考虑各种方法的结合，如找出它的边缘，然后用函数近似法，通过插值等得到准确的定位。

（5）在正确的图像边缘检测的基础上，要考虑定位精确的问题。经典的边缘检测方法得到的往往是不连续的、不完整的结构信息，对噪声很敏感。为了有效地抑制噪声，一般先对原图像进行平滑，再进行边缘检测，就能成功地检测到真正的边缘。

8.8　图像边缘检测的步骤

本节介绍图像边缘检测的 5 个步骤。

步骤 01　图像获取。图像的大部分信息都存在于图像的边缘中，这主要表现为图像局部特征的不连续性，即图像中灰度变化比较剧烈的地方。要进行图像的边缘检测，首先要进行图像的获取，再根据相应的条件转换为灰度图像，进而进行图像边缘检测的分析。

步骤 02　图像滤波。图像滤波边缘检测算法主要是基于图像亮度的一阶导数和二阶导数，但是由于导数计算对噪声比较敏感，因此必须使用滤波器来改善与噪声有关的边缘检测器的性能。由于但大多数滤波器在降噪的同时，也会导致边缘强度损失，因此图像降噪和边缘增强之间需达到一种平衡。

步骤 03　图像增强。图像增强边缘的基础是确定图像各点邻域强度的变化值，突出邻域强度值有显著变化的点。一般通过计算梯度幅值来完成。

步骤 04 图像检测。在图像中，很多点的梯度幅值变化比较大，但是这些点在特定的应用领域中并不都是边缘，所以应该用一些方法来确定哪些是边缘点。最简单的边缘检测标准就是梯度幅值的阈值。

步骤 05 图像定位。若某一应用场合要求确定边缘位置，则边缘的位置可从子像素分辨率来估计，边缘的方位也可以被估计出来。图像边缘定位是对边缘图像进行处理后，得到单像素的二值边缘图像，常使用的技术是阈值法和零交叉法。

一般来说，对检测出的边缘有以下几个要求：

● 边缘的定位精度要高。
● 检测的响应最好是单像素的。
● 对不同尺度的边缘都能较好地响应并尽可能减少漏检。
● 边缘检测对噪声不敏感。
● 检测灵敏度受边缘的方向影响小。

图像是最直接的视觉信息载体，蕴含着丰富的原始信息，其中最重要的信息通常由其边缘和轮廓提供。图像的基本特点在于其边缘包含有价值的目标边界信息，这些信息可用于图像分析、目标识别以及各种图像滤波方法的结合。图像边缘检测是图像处理与图像分析的基本内容之一，但由于成像处理过程中可能出现的投影、混合、失真和噪声等因素，往往导致图像模糊和变形，从而给边缘检测带来很大困难。这些因素常常相互矛盾，很难在单一的边缘检测方法中实现完全统一，因此需要根据具体情况进行权衡和折中处理。

针对图像边缘检测，寻求算法简单且能够有效解决边缘检测精度与抗噪性能协调问题的算法，一直是图像处理与分析研究中的主要挑战之一。

8.9　经典图像边缘检测算法

边缘检测的实质是采用某种算法提取出图像中对象与背景间的交界线。我们将边缘定义为图像中灰度发生剧烈变化的区域边界。图像灰度的变化情况可以用图像灰度分布的梯度来反映，因此可以用局部图像微分技术来获得边缘检测算子。经典的边缘检测方法是对原始图像中像素的某个邻域构造边缘检测算子，其过程如图 8-3 所示。

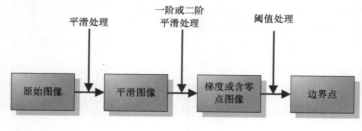

图 8-3

首先通过平滑来滤除图像中的噪声，然后进行一阶微分或二阶微分运算，求得梯度最大值或二阶导数的过零点，最后选取适当的阈值来提取边界。

图像的局部边缘定义为两个强度明显不同的区域之间的过渡，图像的梯度函数，即图像灰度变化的速率将在这些过渡边界上存在最大值。早期的边缘检测是通过基于梯度算子或一阶导数的检测器来估计图像灰度变化的梯度方向，增强图像中的这些变化区域，然后对该梯度进行阈值运算，如果梯度值大于某个给定的阈值，则存在边缘。

一阶微分是图像边缘和线条检测的基本方法，目前应用比较多的也是基于微分的边缘检测算法。图像函数 $f(x,y)$ 在点 (x,y) 的梯度（一阶微分）是一个具有大小和方向的矢量，即：

$$\nabla f(x, y) = \left[Gx, Gy \right]^{\mathrm{T}} = \left[\frac{\partial f}{\partial x}, \frac{\partial f}{\partial y} \right]$$

$\nabla f(x,y)$ 的幅度为：

$$\mathrm{mag}(\nabla f) = G(x, y) = \sqrt{\frac{\partial^2 f}{\partial x^2}} + \sqrt{\frac{\partial^2 f}{\partial y^2}}$$

方向角为：

$$\phi(x, y) = \arctan \left| \frac{\partial f}{\partial y} \middle/ \frac{\partial f}{\partial x} \right|$$

以这些理论为依据，人们提出了许多算法，常用的方法有差分边缘检测、Roberts 边缘检测算子、Sobel 边缘检测算子（索贝尔算子）、Prewitt 边缘检测算子、Kirsch 算子、Robinson 边缘检测算子、Laplace 边缘检测算子（拉普拉斯算子）等。所有基于梯度的边缘检测器之间的根本区别有 3 点：算子应用的方向、在这些方向上逼近图像一维导数的方式，以及将这些近似值合成梯度幅值的方式。

8.9.1　差分边缘检测

当我们处理数字图像的离散域时，可用图像的一阶差分代替图像函数的导数。二维离散图像函数在 x 轴方向上的一阶差分定义为 $\Delta f_x = f(x+1,y) - f(x,y)$ 和 $\Delta f_y = f(x,y+1) - f(x,y)$。其中前者用于计算垂直边边缘，后者用于计算水平边缘，这两个公式在后面例子中会讲到。

利用像素灰度的一阶导数算子，在灰度迅速变化的地方得到极值来进行奇异点的检测。它在某一点的值就代表该点的"边缘强度"，可以通过对这些值设置阈值来进一步得到边缘图像。但是用差分检测边缘必须使差分的方向与边缘方向垂直，这就需要对图像的不同方向都进行差分运算，使得实际运算更加烦琐，因此目前很少采用。垂直边缘、水平边缘、对角线边缘检测如图 8-4 所示。

$$\begin{bmatrix} 0 & 0 & 0 \\ -1 & 1 & 0 \\ 0 & 0 & 0 \end{bmatrix} \qquad \begin{bmatrix} 0 & -1 & 0 \\ 0 & 1 & 0 \\ 0 & 0 & 0 \end{bmatrix} \qquad \begin{bmatrix} -1 & 0 & 0 \\ 0 & 1 & 0 \\ 0 & 0 & 0 \end{bmatrix}$$

垂直边缘　　　　　　　　水平边缘　　　　　　　　对角线边缘

图 8-4

【例 8.1】差分边缘检测

步骤 01 打开 Qt Creator，新建一个控制台工程，工程名是 test。

步骤 02 打开 main.cpp，输入如下代码：

```cpp
#include <iostream>
#include <opencv2/core/core.hpp>
#include <opencv2/highgui/highgui.hpp>
#include <opencv2/opencv.hpp>
using namespace cv;
// 图像差分操作
void diffOperation(const cv::Mat srcImage, cv::Mat& edgeXImage,cv::Mat&
edgeYImage)
{
    cv::Mat tempImage = srcImage.clone();
    int nRows = tempImage.rows;
    int nCols = tempImage.cols;
    for (int i = 0; i < nRows - 1; i++)
    {
        for (int j = 0; j < nCols - 1; j++)
        {
            // 计算垂直边缘
            edgeXImage.at<uchar>(i, j) =abs(tempImage.at<uchar>(i + 1, j)
-tempImage.at<uchar>(i, j));
            // 计算水平边缘
            edgeYImage.at<uchar>(i, j) =abs(tempImage.at<uchar>(i, j + 1)
-tempImage.at<uchar>(i, j));
        }
    }
}
int main()
{
    cv::Mat srcImage = cv::imread("gw.jpg");
    if (!srcImage.data)  // 判断文件打开是否成功
        return -1;
    cv::imshow("srcImage", srcImage); // 显示原始图像
    cv::Mat edgeXImage(srcImage.size(), srcImage.type()); // 根据原始图像大小
新建 X 矩阵
    cv::Mat edgeYImage(srcImage.size(), srcImage.type());// 根据原始图像大小新
建 Y 矩阵
    diffOperation(srcImage, edgeXImage, edgeYImage);    // 计算差分图像
    cv::imshow("edgeXImage", edgeXImage);
    cv::imshow("edgeYImage", edgeYImage);
    cv::Mat edgeImage(srcImage.size(), srcImage.type());
    addWeighted(edgeXImage, 0.5, edgeYImage,0.5, 0.0, edgeImage); // 水平与
垂直边缘图像叠加
    cv::imshow("edgeImage", edgeImage);
    cv::waitKey(0);
    return 0;
}
```

在上述代码中，最重要的函数是自定义函数 diffOperation，它用来实现图像差分操作，里面分别计算了垂直边缘和水平边缘。另外，库函数 addWeighted 用于将两幅相同大小、相同类型的图片进行融合，其参数分别为图 1、图 1 的权重、图 2、图 2 的权重，权重和添加的值为 3，输出图片 src。

步骤 03　保存工程并运行，结果如图 8-5 所示。

图 8-5

8.9.2　Roberts 算子

Roberts 算子又称为交叉微分算法，它基于交叉差分的梯度算法，通过局部差分计算检测边缘线条，常用来处理陡峭的低噪声图像。当图像边缘接近正 45 度或负 45 度时，该算法处理效果最理想。其缺点是对边缘的定位不太准确，提取的边缘线条较粗。

Roberts 算子的模板分为水平方向和垂直方向：

$$d_x = \begin{bmatrix} -1 & 0 \\ 0 & 1 \end{bmatrix} \quad d_y = \begin{bmatrix} 0 & -1 \\ 1 & 0 \end{bmatrix}$$

从其模板可以看出，Roberts 算子能较好地增强正负 45 度的图像边缘。下面给出 Roberts 算子的模板，在像素点 $P5$ 处，x 轴和 y 轴方向上的梯度大小 g_x 和 g_y 的计算如图 8-6 所示。

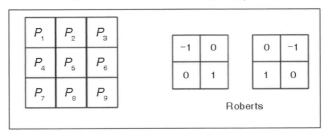

$$g_x = \frac{\partial f}{\partial x} = P_9 - P_5$$

$$g_y = \frac{\partial f}{\partial y} = P_8 - P_6$$

图 8-6

【例 8.2】 Roberts 算子边缘检测

步骤 01 打开 Qt Creator，新建一个控制台工程，工程名是 test。

步骤 02 打开 main.cpp，输入如下代码：

```cpp
#include <iostream>
#include<opencv2/core/core.hpp>
#include<opencv2/imgproc/imgproc.hpp>
#include<opencv2/highgui/highgui.hpp>
#include <opencv2\imgproc\types_c.h>
#include<iostream>
using namespace std;
using namespace cv;
Mat roberts(Mat srcImage) // Roberts 算子实现
{
    Mat dstImage = srcImage.clone();
    int nRows = dstImage.rows;
    int nCols = dstImage.cols;
    for (int i = 0; i < nRows - 1; i++) {
        for (int j = 0; j < nCols - 1; j++) {
            // 根据公式计算
            int t1 = (srcImage.at<uchar>(i, j) -srcImage.at<uchar>(i + 1, j +
1))*(srcImage.at<uchar>(i, j) -srcImage.at<uchar>(i + 1, j + 1));
            int t2 = (srcImage.at<uchar>(i + 1, j) -srcImage.at<uchar>(i, j +
1))*(srcImage.at<uchar>(i + 1, j) -srcImage.at<uchar>(i, j + 1));
            // 计算 g(x,y)
            dstImage.at<uchar>(i, j) = (uchar)sqrt(t1 + t2);
        }
    }
    return dstImage;
}

int main()
{
    Mat srcImage = imread("gw.jpg");
    if (!srcImage.data) {
        cout << "falied to read" << endl;
        system("pause");
        return -1;
    }
    Mat srcGray;
    cvtColor(srcImage, srcGray, CV_BGR2GRAY);
    GaussianBlur(srcGray, srcGray, Size(3, 3),0, 0, BORDER_DEFAULT); // 高斯
滤波
    Mat dstImage = roberts(srcGray);
    imshow("srcImage", srcImage);
    imshow("dstImage", dstImage);
    waitKey(0);
    return 0;
}
```

在上述代码中，我们定义了函数 roberts，用来实现 Roberts 算子。在调用 roberts 之前，先利用库函数 GaussianBlur 进行了高斯滤波。

步骤 **03**　保存工程并运行，结果如图 8-7 所示。

图 8-7

8.9.3　Sobel 算子边缘检测

Sobel 算子（索贝尔算子）利用像素的上、下、左、右邻域的灰度加权算法，根据在边缘点处达到极值这一原理进行边缘检测。该方法不但产生较好的检测效果，而且对噪声具有平滑作用，可以提供较为精确的边缘方向信息。然而，由于它在技术上是以离散型的差分算子来计算图像亮度函数的梯度的近似值，因此其缺点是并没有将图像的主题和背景严格地区分开。换句话说，Sobel 算子并不是基于图像灰度进行处理的，因为 Sobel 算子并没有严格地模拟人的视觉生理特性，所以图像轮廓的提取有时并不能让人满意。算法具体实现很简单，就是 3×3 的两个不同方向上的模板运算。Sobel 算子在抗噪声的同时增加了计算量，而且会检测伪边缘，定位精度不高。如果检测中对精度的要求不高，该方法较为适用。

Sobel 算子是通过离散微分方法求取图像边缘的边缘检测算子，其求取边缘的原理与前文介绍的一致。除此之外，Sobel 算子还结合了高斯平滑滤波的思想，将边缘检测滤波器的尺寸由 ksize ×1 改进为 ksize×ksize，提高了对平缓区域边缘的响应，因此比前文的算法边缘检测效果更加明显。使用 Sobel 边缘检测算子提取图像边缘的过程大致可以分为以下 3 个步骤：

步骤 **01**　提取 x 轴方向的边缘，x 轴方向一阶 Sobel 边缘检测算子如下所示。

$$\begin{bmatrix} -1 & 0 & 1 \\ -2 & 0 & 2 \\ -1 & 0 & 1 \end{bmatrix}$$

步骤 **02**　提取 y 轴方向的边缘，y 轴方向一阶 Sobel 边缘检测算子如下所示。

$$\begin{bmatrix} -1 & -2 & -1 \\ 0 & 0 & 0 \\ 1 & 2 & 1 \end{bmatrix}$$

步骤 03 综合两个方向的边缘信息得到整幅图像的边缘。由两个方向的边缘得到整体的边缘有两种计算方式：第一种是求取两幅图像对应像素值的绝对值之和，第二种是求取两幅图像对应像素值的平方和的二次方根。这两种计算方式如下：

$$I(x,y) = \sqrt{I_x(x,y)^2 + I_y(x,y)^2}$$
$$I(x,y) = \left| I_x(x,y)^2 \right| + \left| I_y(x,y) \right|$$

OpenCV 提供了对图像提取 Sobel 边缘的 Sobel 函数，该函数声明如下：

```
void cv::Sobel(InputArray src, OutputArray dst, int ddepth, int dx, int
dy, int ksize = 3, double scale = 1, double delta = 0, int borderType =
BORDER_DEFAULT);
```

该函数的使用方式与分离卷积函数 sepFilter2D() 相似，函数的前两个参数分别为输入图像和输出图像，第 3 个参数为输出图像的数据类型。这里需要注意，由于提取边缘信息时有可能会出现负数，因此不要使用 CV_8U 数据类型的输出图像，与 Sobel 算子方向不一致的边缘梯度会在 CV_8U 数据类型中消失，使得图像边缘提取不准确。函数中第 3 个、第 4 个和第 5 个参数是控制图像边缘检测效果的关键参数，这三者存在的关系是任意一个方向的差分阶数都需要小于滤波器的尺寸。特殊情况是当 ksize=1 时，任意一个方向的阶数都需要小于 3。一般情况下，差分阶数的最大值为 1 时，滤波器尺寸选 3；差分阶数的最大值为 2 时，滤波器尺寸选 5；差分阶数的最大值为 3 时，滤波器尺寸选 7。当滤波器尺寸 ksize=1 时，程序中使用的滤波器尺寸不再是正方形，而是 3×1 或者 1×3。最后 3 个参数为图像放缩因子、偏移量和图像外推填充方法的标志，多数情况下并不需要设置，采用默认参数即可。

为了更好地理解 Sobel() 函数的使用方法，下面给出利用 Sobel() 函数提取图像边缘的示例程序，程序中分别提取 x 轴方向和 y 轴方向的一阶边缘，并利用两个方向的边缘求取整幅图像的边缘。

【例 8.3】Sobel 算子边缘检测

步骤 01 打开 Qt Creator，新建一个控制台工程，工程名是 test。

步骤 02 打开 main.cpp，输入如下代码：

```cpp
#include <iostream>
#include <opencv2/core/core.hpp>
#include <opencv2/highgui/highgui.hpp>
#include <opencv2/opencv.hpp>
using namespace cv;
using namespace std;

int main()
{
    // 读取图像，黑白图像边缘检测结果较为明显
    Mat img = imread("gw.jpg", IMREAD_ANYCOLOR);
    if (img.empty())
```

```
    {
        cout << "Fail to open file." << endl;
        return -1;
    }
    Mat resultX, resultY, resultXY;
    Sobel(img, resultX, CV_16S, 2, 0, 1);// x方向一阶边缘
    convertScaleAbs(resultX, resultX);
    Sobel(img, resultY, CV_16S, 0, 1, 3);// y方向一阶边缘
    convertScaleAbs(resultY, resultY);
    resultXY = resultX + resultY;// 整幅图像的一阶边缘
    // 显示图像
    imshow("resultX", resultX);
    imshow("resultY", resultY);
    imshow("resultXY", resultXY);
    waitKey(0);
    return 0;
}
```

在上述代码中，利用函数 Sobel 提取 x 方向的一阶边缘和 y 方向的一阶边缘。最后显示 x、y 和 xy 方向上的图像。

步骤 03　保存工程并运行，结果如图 8-8 所示。

Sobel 算子根据像素点上、下、左、右邻点灰度加权差在边缘处达到极值这一现象检测边缘，对噪声具有平滑作用，提供了较为精确的边缘方向信息，但是边缘定位精度不够高。当对精度要求不是很高时，它是一种较为适用的边缘检测方法。

图 8-8

8.9.4　Prewitt 算子边缘检测

Prewitt（普利维特）边缘算子是一种边缘样板算子。样板算子由理想的边缘子图像构成，依次用边缘样板去检测图像，与被检测区域最为相似的样板给出最大值，用这个最大值作为算子的输出。

$$G_x=\{f(x+1,y-1)+f(x+1,y)+f(x+1,y+1)\}-\{f(x-1,y-1)+f(x-1,y)+f(x-1,y+1)\}$$
$$G_y=\{f(x-1,y+1)+f(x,y+1)+f(x+1,y+1)\}-\{f(x-1,y-1)+f(x,y-1)+f(x+1,y-1)\}$$

Prewitt 算子与 Sobel 算子差不多，也是一种一阶微分算子，利用像素点上、下、左、右邻点灰度差在边缘处达到极值来检测边缘，对噪声具有平滑的作用，但定位精度不够高。其原理是在图像空间利用两个方向模板与图像进行邻域卷积，这两个方向模板一个检测水平边缘，另一个检测垂直边缘。

相比 Roberts 算子，Prewitt 算子对噪声有抑制作用，抑制噪声的原理是通过像素平均，因此噪声较多的图像 Prewitt 算子处理得比较好。然而，像素平均相当于对图像的低通滤波，所以 Prewitt 算子对边缘的定位不如 Roberts 算子。那么为什么 Prewitt 算子对噪声有抑制作用呢？请看 Prewitt 算子的卷积核，如图 8-9 所示。

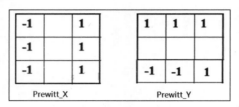

图 8-9

图像与 Prewitt_X 卷积后可以反映图像的垂直边缘，与 Prewitt_Y 卷积后可以反映图像的水平边缘。最重要的是，这两个卷积是可分离的：

$$\text{Prewitt}_X = \begin{bmatrix} 1 \\ 1 \\ 1 \end{bmatrix} \times \begin{bmatrix} -1 & 0 & 1 \end{bmatrix}, \qquad \text{Prewitt}_Y = \begin{bmatrix} 1 & 1 & 1 \end{bmatrix} \times \begin{bmatrix} 1 \\ 0 \\ -1 \end{bmatrix}$$

从分离的结果来看，Prewitt_X 算子实际上是先对图像进行垂直方向的非归一化的均值平滑，再进行水平方向的差分；Prewitt_Y 算子实际上是先对图像进行水平方向的非归一化的均值平滑，再进行垂直方向的差分。这就是 Prewitt 算子能够抑制噪声的原因。同理，我们也可以得到对角上的 Prewitt 算子。

【例 8.4】 Prewitt 算子边缘检测

步骤01 打开 Qt Creator，新建一个控制台工程，工程名是 test。

步骤02 打开 main.cpp，输入如下代码：

```
#include <iostream>
#include <opencv2/core/core.hpp>
#include <opencv2/highgui/highgui.hpp>
#include <opencv2/opencv.hpp>
#include <opencv2/imgproc/types_c.h>
#include <opencv2/highgui/highgui_c.h>
using namespace cv;
using namespace std;
void getPrewitt_oper(cv::Mat& getPrewitt_horizontal, cv::Mat&
getPrewitt_vertical, cv::Mat& getPrewitt_Diagonal1, cv::Mat&
getPrewitt_Diagonal2)
{
    getPrewitt_horizontal = (cv::Mat_<float>(3, 3) << -1, -1, -1, 0, 0, 0, 1,
1, 1);  // 水平方向
```

```
    getPrewitt_vertical = (cv::Mat_<float>(3, 3) << -1, 0, 1, -1, 0, 1, -1,
0, 1); // 垂直方向
    getPrewitt_Diagonal1 = (cv::Mat_<float>(3, 3) << 0, 1, 1, -1, 0, 1, -1,
-1, 0); // 对角 135°
    getPrewitt_Diagonal2 = (cv::Mat_<float>(3, 3) << -1, -1, 0, -1, 0, 1, 0,
1, 1); // 对角 45°
    // 逆时针反转 180° 得到卷积核
    cv::flip(getPrewitt_horizontal, getPrewitt_horizontal, -1);
    cv::flip(getPrewitt_vertical, getPrewitt_vertical, -1);
    cv::flip(getPrewitt_Diagonal1, getPrewitt_Diagonal1, -1);
    cv::flip(getPrewitt_Diagonal2, getPrewitt_Diagonal2, -1);
}


void edge_Prewitt(cv::Mat& src, cv::Mat& dst1, cv::Mat& dst2, cv::Mat& dst3,
cv::Mat& dst4, cv::Mat& dst, int ddepth, double delta = 0, int borderType =
cv::BORDER_DEFAULT)
{
    // 获取 Prewitt 算子
    cv::Mat getPrewitt_horizontal;
    cv::Mat getPrewitt_vertical;
    cv::Mat getPrewitt_Diagonal1;
    cv::Mat getPrewitt_Diagonal2;
    getPrewitt_oper(getPrewitt_horizontal, getPrewitt_vertical,
getPrewitt_Diagonal1, getPrewitt_Diagonal2);
    // 卷积得到水平方向边缘
    cv::filter2D(src, dst1, ddepth, getPrewitt_horizontal, cv::Point(-1, -1),
delta, borderType);
    // 卷积得到垂直方向边缘
    cv::filter2D(src, dst2, ddepth, getPrewitt_vertical, cv::Point(-1, -1),
delta, borderType);
    // 卷积得到 45° 方向边缘
    cv::filter2D(src, dst3, ddepth, getPrewitt_Diagonal1, cv::Point(-1, -1),
delta, borderType);
    // 卷积得到 135° 方向边缘
    cv::filter2D(src, dst4, ddepth, getPrewitt_Diagonal2, cv::Point(-1, -1),
delta, borderType);
    // 边缘强度（近似）
    cv::convertScaleAbs(dst1, dst1); // 求绝对值并转为无符号 8 位图
    cv::convertScaleAbs(dst2, dst2);
    cv::convertScaleAbs(dst3, dst3); // 求绝对值并转为无符号 8 位图
    cv::convertScaleAbs(dst4, dst4);
    dst = dst1 + dst2;
}


int main() {
    cv::Mat src = cv::imread("gw.jpg");
    if (src.empty())
        return -1;
    if (src.channels() > 1) cv::cvtColor(src, src, CV_RGB2GRAY);
    cv::Mat dst, dst1, dst2, dst3, dst4;
```

```
    // 注意：要采用 CV_32F，因为有些地方卷积后为负数，若用 8 位无符号，则会导致这些地方为
0
    edge_Prewitt(src, dst1, dst2, dst3, dst4, dst, CV_32F);
    cv::namedWindow("src", CV_WINDOW_NORMAL);
    imshow("src", src);
    cv::namedWindow("水平边缘", CV_WINDOW_NORMAL);
    imshow("水平边缘", dst1);
    cv::namedWindow("垂直边缘", CV_WINDOW_NORMAL);
    imshow("垂直边缘", dst2);
    cv::namedWindow("45°边缘", CV_WINDOW_NORMAL);
    imshow("45°边缘", dst3);
    cv::namedWindow("135°边缘", CV_WINDOW_NORMAL);
    imshow("135°边缘", dst4);
    cv::namedWindow("边缘强度", CV_WINDOW_NORMAL);
    imshow("边缘强度", dst);
    cv::waitKey(0);
    return 0;
}
```

在上述代码中，edge_Prewitt 是自定义函数，用来实现 Prewitt 算子边缘检测。getPrewitt_oper 也是自定义函数，用来获取 Prewitt 算子。库函数 filter2D 用于卷积运算。库函数 convertScaleAbs 用于求绝对值并转为无符号 8 位图。

步骤 03 保存工程并运行，结果如图 8-10 所示。

图 8-10

8.9.5 LoG 边缘检测算子

LoG 边缘检测算子是 David Courtnay Marr 和 Ellen Hildreth（1980）共同提出的，因此也称为边缘检测算法或 Marr&Hildreth 算子。该算法首先对图像进行高斯滤波，然后求其拉普拉斯二阶导数，即图像与 Laplacian of the Gaussian function 进行滤波运算。最后，通过检测滤波结果的零交叉以获得图像或物体的边缘。因此，它也被业界简称为 Laplacian-of-Gaussian（LoG）算子。

LoG 算子常用于数字图像的边缘提取和二值化。LoG 算子源于 D.Marr 计算视觉理论中提出的边缘提取思想，它把 Gauss 平滑滤波器和 Laplacian 锐化滤波器结合起来，首先对原始图像进行最

佳平滑处理，最大程度地抑制噪声，再对平滑后的图像求取边缘。由于噪声点（灰度与周围点相差很大的像素点）对边缘检测有一定的影响，因此 LoG 算子的效果更好。

LoG 边缘检测器的基本特征如下：

● 平滑滤波器是高斯滤波器。

● 增强步骤采用二阶导数（二维拉普拉斯函数）。

● 边缘检测判断依据是二阶导数的零交叉点对应一阶导数的较大峰值。

● 使用线性内插方法在子像素分辨率水平上估计边缘的位置。

该算法的主要思路和步骤如下：

步骤01 滤波。首先对图像 $f(x,y)$ 进行平滑滤波，其滤波函数根据人类视觉特性选为高斯函数，即：

$$G(x,y) = \frac{1}{2\pi\sigma} \exp(-\frac{1}{2\pi\sigma^2}(x^2 + y^2))$$

其中，$G(x,y)$ 是一个圆对称函数，将图像 $f(x,y)$ 与 $G(x,y)$ 进行卷积，可以得到一个平滑的图像，即 $g(x,y)=f(x,y) \times G(x,y)$。

步骤02 增强。对平滑图像进行拉普拉斯运算，即 $h(x,y)=\nabla^2(f(x,y) \times G(x,y))$。

步骤03 检测。边缘检测依据是二阶导数的零交叉点（即 $h(x,y)=0$ 的点），对应一阶导数的较大峰值。这种方法的特点是图像首先与高斯滤波器进行卷积，这样不仅能够平滑图像，还能降低噪声，孤立的噪声点和比较小的结构组织将被滤除。但由于平滑会导致图像边缘的延伸，因此边缘检测器只考虑那些具有局部梯度最大值的点是边缘点，这个点可以用二次导数的零交叉点来实现。拉普拉斯函数使用了二维二阶导数的近似，这是因为它是一种无方向的算子。在实际应用中，为了避免检测出非显著边缘，应选择一阶导数大于某一阈值的零交叉点作为边缘点。由于对平滑图像进行拉普拉斯运算可等效为 $G(x,y)$ 的拉普拉斯运算与 $f(x,y)$ 的卷积，故上式变为：

$$h(x, y) = f(x, y) \times \nabla^2 G(x, y)$$

式中 $\nabla^2 G(x, y)$ 称为 LoG 滤波器，其表达式为：

$$\nabla^2 G(x, y) \frac{\partial^2 G}{\partial x^2} + \frac{\partial^2 G}{\partial y^2} = \frac{1}{\pi\delta^4}(\frac{x^2 + y^2}{2\delta^2} - 1)\exp(-\frac{1}{2\delta^2}(x^2 + y^2))$$

这样就有两种方法求图像边缘，分别说明如下：

（1）先求图像与高斯滤波器的卷积，再求卷积的拉普拉斯的变换，然后进行过零判断。

（2）先求高斯滤波器的拉普拉斯的变换，再求与图像的卷积，然后进行过零判断。

这两种方法在数学上是等价的。由于 LoG 滤波器在空间中的图形与墨西哥草帽形状相似，因此又称为墨西哥草帽算子。拉普拉斯算子对图像中的噪声相当敏感，而且它常产生双像素宽的边缘，不能提供边缘方向的信息。LoG 算子是效果较好的边缘检测器，常用的 5×5 模板的 LoG 算子如图 8-11 所示。

$$\begin{bmatrix} -2 & -4 & -4 & -4 & -2 \\ -4 & 0 & 8 & 0 & -4 \\ -4 & 8 & 24 & 8 & -4 \\ -4 & 0 & 8 & 0 & -4 \\ -2 & -4 & -4 & -4 & -2 \end{bmatrix}$$

图 8-11

【例 8.5】LoG 算子边缘检测

步骤 01 打开 Qt Creator，新建一个控制台工程，工程名是 test。

步骤 02 打开 main.cpp，输入如下代码：

```cpp
#include <iostream>
#include <opencv2/core/core.hpp>
#include <opencv2/highgui/highgui.hpp>
#include <opencv2/opencv.hpp>
#include <opencv2/imgproc/types_c.h>
#include <opencv2/highgui/highgui_c.h>
using namespace cv;
using namespace std;

// x、y 方向联合实现获取高斯模板
void generateGaussMask(cv::Mat& Mask, cv::Size wsize, double sigma) {
    Mask.create(wsize, CV_64F);
    int h = wsize.height;
    int w = wsize.width;
    int center_h = (h - 1) / 2;
    int center_w = (w - 1) / 2;
    double sum = 0.0;
    double x, y;
    for (int i = 0; i < h; ++i) {
        y = pow(i - center_h, 2);
        for (int j = 0; j < w; ++j) {
            x = pow(j - center_w, 2);
            // 因为最后都要归一化，所以常数部分可以不计算，也减少了运算量
            double g = exp(-(x + y) / (2 * sigma*sigma));
            Mask.at<double>(i, j) = g;
            sum += g;
        }
    }
    Mask = Mask / sum;
}


// 按二维高斯函数实现高斯滤波
void GaussianFilter(cv::Mat& src, cv::Mat& dst, cv::Mat window) {
    int hh = (window.rows - 1) / 2;
    int hw = (window.cols - 1) / 2;
```

```cpp
            dst = cv::Mat::zeros(src.size(), src.type());
            // 边界填充
            cv::Mat Newsrc;
            cv::copyMakeBorder(src, Newsrc, hh, hh, hw, hw, cv::BORDER_REPLICATE);//
边界复制

            // 高斯滤波
            for (int i = hh; i < src.rows + hh; ++i) {
                for (int j = hw; j < src.cols + hw; ++j) {
                    double sum[3] = { 0 };

                    for (int r = -hh; r <= hh; ++r) {
                        for (int c = -hw; c <= hw; ++c) {
                            if (src.channels() == 1) {
                                sum[0] = sum[0] + Newsrc.at<uchar>(i + r, j + c) *
window.at<double>(r + hh, c + hw);
                            }
                            else if (src.channels() == 3) {
                                cv::Vec3b rgb = Newsrc.at<cv::Vec3b>(i + r, j + c);
                                sum[0] = sum[0] + rgb[0] * window.at<double>(r + hh,
c + hw);// B
                                sum[1] = sum[1] + rgb[1] * window.at<double>(r + hh,
c + hw);// G
                                sum[2] = sum[2] + rgb[2] * window.at<double>(r + hh,
c + hw);// R
                            }
                        }
                    }

                    for (int k = 0; k < src.channels(); ++k) {
                        if (sum[k] < 0)
                            sum[k] = 0;
                        else if (sum[k] > 255)
                            sum[k] = 255;
                    }
                    if (src.channels() == 1)
                    {
                        dst.at<uchar>(i - hh, j - hw) = static_cast<uchar>(sum[0]);
                    }
                    else if (src.channels() == 3)
                    {
                        cv::Vec3b rgb = { static_cast<uchar>(sum[0]),
static_cast<uchar>(sum[1]), static_cast<uchar>(sum[2]) };
                        dst.at<cv::Vec3b>(i - hh, j - hw) = rgb;
                    }
                }
            }
        }
```

```cpp
    // DOG 高斯差分
    void DOG1(cv::Mat &src, cv::Mat &dst, cv::Size wsize, double sigma, double k
= 1.6) {
        cv::Mat Mask1, Mask2, gaussian_dst1, gaussian_dst2;
        generateGaussMask(Mask1, wsize, k*sigma);   // 获取二维高斯滤波模板 1
        generateGaussMask(Mask2, wsize, sigma);     // 获取二维高斯滤波模板 2

        // 高斯滤波
        GaussianFilter(src, gaussian_dst1, Mask1);
        GaussianFilter(src, gaussian_dst2, Mask2);
        dst = gaussian_dst1 - gaussian_dst2 - 1;
        cv::threshold(dst, dst, 0, 255, cv::THRESH_BINARY);
    }


    // DOG 高斯差分——使用 opencv 的 GaussianBlur
    void DOG2(cv::Mat &src, cv::Mat &dst, cv::Size wsize, double sigma, double k
= 1.6) {
        cv::Mat gaussian_dst1, gaussian_dst2;
        // 高斯滤波
        cv::GaussianBlur(src, gaussian_dst1, wsize, k*sigma);
        cv::GaussianBlur(src, gaussian_dst2, wsize, sigma);

        dst = gaussian_dst1 - gaussian_dst2;
        cv::threshold(dst, dst, 0, 255, cv::THRESH_BINARY);
    }


    int main() {
        cv::Mat src = cv::imread("house.jpg");
        if (src.empty()) {
            return -1;
        }
        if (src.channels() > 1) cv::cvtColor(src, src, CV_RGB2GRAY);
        cv::Mat edge1, edge2;
        DOG1(src, edge1, cv::Size(7, 7), 2);
        DOG2(src, edge2, cv::Size(7, 7), 2);
        cv::namedWindow("src", CV_WINDOW_NORMAL);
        imshow("src", src);
        cv::namedWindow("edge1", CV_WINDOW_NORMAL);
        imshow("edge1", edge1);

        cv::namedWindow("edge2", CV_WINDOW_NORMAL);
        imshow("edge2", edge2);
        cv::waitKey(0);
        return 0;
    }
```

步骤 03 保存工程并运行，结果如图 8-12 所示。

图 8-12

8.9.6　边缘检测的新技术与方法

1. 基于小波与分形理论的边缘检测技术

　　小波分析已经成为当前应用数学和工程学科快速发展的一个新领域。小波变换是时域与频域的变换，因此能更有效地提取信号局部变化的有用信息。在图像工程中，需要分析的图像结构复杂且形态各异。图像边缘的提取不仅要反映目标的总体轮廓，同时也不能忽视目标的细节。这就需要多尺度边缘检测，而小波变换天然具有对信号放大和平移的能力。因此，小波变换非常适合复杂的图像边缘检测。

　　随着小波分析理论和分形理论的广泛应用，在 20 世纪 90 年代早期，关于小波理论的边缘检测方法、基于分形特征和边缘检测的提取方法相继出现。基于小波理论的边缘检测方法和小波分析理论的时频分析方法具有明显的优越性，所以小波图像边缘检测可以超越传统的图像边缘检测方法，这种方法能有效地检测不同尺度下的图像边缘特征。

　　小波变换在时域和频域中均展现出优良的局部特性，它能够将信号或图像分解为交织在一起的多尺度组成成分，并根据不同尺度的成分使用相应粗细的时域或空域采样步长。通过对高频信号进行细致处理和对低频信号进行粗略处理，小波变换能够不断聚焦于对象的微小细节。边缘检测的任务在于准确找出信号突变的部分，这在数学中通常表现为不连续点或尖点。在图像信号中，一些特异点即为图像的边缘点。由于真实图像的空间频率成分十分复杂，使用传统方法直接提取边缘往往效果不佳，而小波变换则能有效地对图像进行分解，将其转化为不同频率成分的小波分量。通过分析这些不同层次的小波特征，可以更好地捕捉信号本身的特征，从而更有效地提取出边缘像素。

　　尽管小波正交基的应用广泛，但仍存在一些明显的不足，尤其在结构复杂的图像中，其能量大部分集中在低频和中频部分，而图像的边缘和噪声则对应于高频部分。基于小波的边缘检测原理是利用小波函数对图像进行有效分解。在小波变换过程中，通常只对图像的低频部分进行分解，而高频部分则未被充分处理。相比之下，小波包变换不仅对低频部分进行分解，还对高频部分进行处理。选择的小波包尺度越大，小波系数所对应的空间分辨率就越低。因此，小波包分解是一种更为精确的分解方法，可以满足不同分辨率下对边缘提取的局部细节需求。特别是在处理含噪图像时，小波包变换对噪声具有良好的抑制效果，从而有助于更有效地提取图像边缘。

2. 基于数学形态学的边缘检测技术

数学形态学是图像处理和模式识别领域的一门新兴科学，具有严格的数学理论基础，现在已经在图像工程中得到了广泛的应用。数学形态学是 20 世纪 60 年代由法国科学家 Serra 和德国的科学家 Matheron 提出的，到 20 世纪 70 年代中期完成了理论论证。基于数学形态学的边缘检测技术的基本思想是：用具有一定形态的结构元素去度量和提取图像中的对应形状，以达到对图像进行分析和识别的目的。获得的图像结构信息与结构元素的尺度和形状都有关系，构造不同的结构元素便可以完成不同的图像分析。

数学形态学是一种分析几何形状和结构的数学方法，建立在集合代数的基础上，通过集合论的方式定量描述几何结构。数学形态学由一组形态学代数运算子组成，常用的有七种基本变换：膨胀、腐蚀、开运算、闭运算、击中、薄化和厚化。其中，膨胀和腐蚀是两种基本且重要的变换，其他变换则是由这两种基本变换的组合定义而来。这些算子及其组合用于图像形态和结构的分析处理，包括图像分割、特征提取和边缘检测等。因此，数学形态学不同于其他图像处理方法（如空间域和频率域的变换方法），是一种在图像处理领域应用的新方法和新理论。

基于数学形态学的图像边缘检测方法与微分算子法、模板匹配法等常用的边缘检测方法相比，具有算法简便、速度快、效果好等特点。基于数学形态学边缘检测方法得到的图像结果，在图像边缘连续性和各向同性方面都优于传统方法，而且对图像细节和边缘定位也有不错的效果。用形态学算法来提取图像的边缘，结构元素的选择是关键。当元素的结构尺度增大时，检测出来的边缘宽带也会随之增加。因此，合理地调节元素结构尺寸，可以有效地去除噪声，并能很好地对细节进行保护。目前二进制形态方法的应用越来越成熟，灰度和彩色形态学在边缘检测的应用中也越来越引起人们的关注，并且有逐渐成熟的趋势。

3. 基于模糊学的边缘检测技术

模糊综合评判理论是 1965 年由美国加州大学伯克利分校的模糊电气工程教授 L.A.zadeh 在模糊焦合理论的基础上提出的一种理论。这种理论的特点是不会对事物做简单的肯定或者否定的判断，只是用来反映某一个事物属于某一个范畴的程度。由于在成像系统中，视觉造成图像本身的模糊性，再加上边缘区分的模糊性，使得人们在处理图像的时候会很自然地想起模糊理论的作用。其中比较有代表性的是外国学者 Pal 和 King 提出的模糊边缘检测算法，其核心思想是：利用模糊增强技术增加不同区域的对比度，从而能够提取出模糊的边缘。基于模糊理论的边缘检测的优势是它的数学基础，缺点是计算涉及变换和矩阵来求逆等较为复杂的操作。另外，在增加对比的时候，模糊理论也增加了噪声。

图像处理实际上是图像灰度矩阵的处理。图像像素灰度值是一些准确的值，图像模糊化就是将图像灰度值转换到模糊集中，用一个模糊值代表图像的明暗程度。模糊梯度的方法是在图像灰度的基础上产生的。利用模糊理论来反映图像灰度梯度变化的不确定性，并根据像素的灰度来确定边缘的位置，这样就可以使边缘检测更为准确。但由于它的算法比较困难，因此实现起来也很困难。

4. 基于神经网络的边缘检测技术

人工神经网络广泛应用于模式识别、信号与图像处理、人工智能和自动控制等领域。神经网络面临的主要问题包括输入和输出层的设计、网络数据的准备、网络权值的确定、隐层和节点的配置，以及网络的训练过程。图像边缘检测本质上属于模式识别问题，而神经网络在解决模式识别任务方面表现出色。因此，可以通过样本图像对神经网络进行训练，并使用训练后的网络来检测图像的边缘。在网络训练过程中，提取的特征需要考虑噪声点以及实际过程中的差异。去除噪声点的可能会导致虚假边缘的形成。因此，基于神经网络的边缘检测技术展现出强大的抗噪声能力。

在学习算法设计的过程中，传统的对图像进行混合结构训练对神经网络的性能具有非常重要的影响。利用神经网络的方法得到的边缘图像边界连续性和边界封闭性都比较好，并且对于任何灰度图检测都能得到良好的效果。

5. 基于遗传算法的边缘检测技术

遗传算法（Genetic Algorithm）是一种基于自然选择和遗传原理的有效搜索方法，许多领域都成功地应用遗传算法来得到满意的答案。遗传算法通常是在并行计算机上实现的，大规模并行计算机的普及为它在算力方面奠定了基础。在图像边缘提取中，使用二阶边缘检测算子处理后的结果需要进行过零点检测。这一过程不仅计算量很大，而且对硬件实时资源的占用空间要求高，速度也较慢。通过遗传算法自动选择边缘提取阈值，可以显著地提高阈值的选取速度。此外，它也可以对视觉系统所产生的边缘图像进行阈值的自动选择，进而提高整个视觉系统的实时性。

第 9 章

图像分割

随着计算机技术的发展，尤其是多媒体技术和数字图像处理及分析理论的成熟，图像作为一种更直接、丰富的信息载体，已成为人类获取和利用信息的重要来源和手段，正日益成为重要的研究对象。图像分割是图像处理中的一项关键技术，也是图像分析和理解的重要步骤。

图像分析主要针对图像中感兴趣的目标进行监测和测量，以获取客观信息，从而建立对图像的描述。为了识别和分析图像中的目标，需要将相关区域进行分离，只有在此基础上才能对目标进行进一步的利用，进行特征提取和测量。这个过程就是所谓的图像分割。图像分割则是图像分析的重要组成部分。

9.1　图像分割概述

在物体识别、计算机视觉、人工智能、生物医学、遥感、军事导航与制导、气象预测等多个领域的图像处理中，图像分割扮演着至关重要的角色。自数字图像处理问世以来，图像分割的研究便吸引众多研究人员，他们投入大量精力，在不同领域取得了显著的进展与成就。目前，针对各种具体问题，已经提出了许多不同的图像分割算法，并对其效果进行了良好的分析。然而，由于图像分割所涉及领域的特殊性以及问题本身的难度与复杂性，迄今为止尚未形成一个通用的方法，也缺乏客观的标准来判断图像分割的成功与否。因此，寻找一种能够普遍适用于各种复杂情况且具高准确率的分割算法，仍然是一个广阔的探索领域。

1. 技术现状

图像分割是将一幅数字图像按照特定目的划分为两个或多个子区域的过程。关于图像分割的研究一直是机器视觉和图像处理领域的热点，每年都有大量的研究成果涌现。理想的图像分割算法应能够自动将所有图像划分为有意义的子区域，但这一目标目前仍显得遥不可及，目前尚无一种图像分割算法适用于所有图像。基本上，对于每种图像分割算法，我们可以选择一个图像集合，对于该集合中的所有图像，算法的效果往往表现良好，而对于集合之外的图像，其效果则较难预测。目前的算法所适用的图像集合相对于整个图像空间仍然较小，但随着研究的深入，这一集合正在逐渐扩大。

图像分割是从图像处理到图像分析的关键步骤。通过图像分割、目标分离、特征提取和参数测量等技术，原始图像可以转换为更抽象、更紧凑的形式，从而使得更高层次的图像分析和理解成为可能。图像分割的算法很多，基本上所有的图像处理专著上都会列出很多种图像分割的算法，一般还不包括最近几年出现的算法。

分析分割过程，我们可以将图像分割划分为两部分：目标图像的识别定位和目标图像的特征提取。这两部分缺一不可。根据分割过程中人的参与程度的不同，可将现有的算法大致分为 3 种类型：自动分割、手工分割和交互式分割。

2. 常见方法

常见的自动分割方法有基于灰度信息的投影分割法和直方图分割法，以及基于细节特征的边缘检测法。由于图像种类繁多，自动分割方法对多目标或背景复杂的图像很难奏效，并且图像理解要求识别图像中所包含的目标，即要对图像进行语义层次的分解。虽然自动分割技术很先进，但并不能达到这一要求，往往需要一定的人工干预。手工图像分割是一项极为耗时和枯燥的工作，而且分割结果不精确、不可重复。尤其当图像尺寸较大或数目较多时，如遥感图像、医学图像序列等，手工方法是不可取的。可见自动分割和手工分割都有其局限性。

从目标定位与提取的角度出发，我们可以发现一个特点：人擅长于目标的识别定位，而计算机算法则擅长精确地进行目标的提取。人可以很容易地发现感兴趣的目标的空间位置，并且定性地给出目标的大小和几何形状。这种定性能力是计算机所不具备的，将这种能力转换为计算机可以应用的数学模型目前也不可能做到，这正是造成图像分割问题难以圆满解决的问题所在。然而，计算机基于数学模型精确地提取目标特征的能力是人望尘莫及的。将人的作用有机地融入图像分割过程中，一种新的图像分割方法就诞生了，即当要解决定性问题时（如目标的定位），由人给出适当的提示，精确的计算处理工作则由计算机执行。这样人与计算机可以达到取长补短的效果，这就是交互式分割。

交互式分割方法的优点体现在以下两个方面：

（1）高精度：在减少人工干预的情况下，该方法既弥补了自动分割的不足，又比手工分割要精确得多。

（2）可重复性：对同一幅图像进行分割时，分割的结果不会因为操作者不同和分割过程不同而产生差异。

从另一种意义上来说，图像中目标的定义依赖于用户的主观性，也就是语义层级、测度因子等。因此，在分割过程中必须考虑用户的参与，使用户的主观测度因子作为一个重要的组织参数。由此新的图像分割技术——基于 Kohonen 网络的 Snake 图像分割法，通过用户的参与可以很好地解决分割的不适定性问题。

9.2　图像分割的应用

图像分割是一种重要的图像分析技术。在对图像的研究和应用中，人们往往仅对图像中的某些部分感兴趣。这些部分常被称为目标或前景（其他部分被称为背景），一般对应图像中特定的、具有独特性质的区域。为了辨识和分析图像中的目标，需要将它们从图像中分离出来，在此基础上才有可能进一步对目标进行测量和对图像进行利用。

图像分割后，对图像的分析才成为可能。图像分割的应用非常广泛，几乎出现在有关图像处理的所有领域，并涉及各种类型的图像，主要表现在下面几个方面。

（1）医学影像分析：通过图像分割将医学图像中的不同组织分成不同区域，以便更好地分析病情，或进行组织器官的重建等。例如脑部 MR 图像分割，将脑部图像分割成灰质、白质、脑脊髓等脑组织；细胞分割，将细胞分割成细胞核、白细胞和红细胞；血管图像分割，通过分割重建血管三维图像；腿骨 CT 切片的分割等。

（2）军事研究领域：通过图像分割为目标自动识别并提供特征参数，为飞行器或者武器的精确导航和制导提供依据。精确制导是指在武器（比如导弹）的飞行过程中，利用预先存储的飞行路线的某些特征数据，与实际飞行过程中探测到的相关数据不断进行比较，来修正飞行路线的制导方式。图像分割是图像匹配技术的核心之一，它关系到精确制导的关键技术指标。

（3）遥感气象服务：通过遥感图像分析获得城市地貌、作物生长状况等，云图中不同云系的分析、气象预报等都离不开图像的分割。

（4）交通图像分析：通过分割把交通监控获得的图像中的车辆目标从背景中分割出来，以及进行车牌识别等。

（5）面向对象的图像压缩和基于内容的图像数据库查询：将图像分割成不同的对象区域，以提高压缩编码效率；通过图像分割提取特征，以便于进行网页分类和搜索。

图像分割的应用领域远不止这些方面，正是由于图像分割的广泛应用，才使得众多学者不断地致力于图像分割理论的研究。

9.3　图像分割的数学定义

自对数字图像处理研究以来，人们对图像分割提出了不同的解释和表达，在这里借助集合的概念对图像分割给出如下比较正式的定义：

令集合 R 代表整幅图像的区域，对 R 分割可看成将 R 分割成 n 个满足以下 5 个条件的非空子集（子区域）：$R_1, R_2, \cdots, R_n$。

（1）完备性：$\bigcup_{i=1}^{n} R_i = R$。

（2）独立性：对于所有的 i 和 j，当 $i \neq j$ 时，$R_i \cap R_j = \Phi$。

（3）单一性：对于 $i=1,2,\cdots,N$，有 $P(R_i)=1$。

（4）互斥性：当 $i \neq j$ 时，$P(R_i \cup R_j)=0$。

（5）连通性：对于 $i=1,2,\cdots,N$, R_i 是连通区域。

其中，$P(R_i)$ 是所有在集合 R_i 中的元素的逻辑谓词，$\varPhi$ 代表空集。条件（1）指出对一幅图像分割所得到的全部子区域的总和（并集）应能包括图像中所有的像素（也就是原始图像）；或者说分割应将图像中的每一个像素都分进某个子区域中。条件（2）指出在分割的结果中各个子区域互不重叠，也就是相互独立，或者说在分割结果中一个像素不能同时属于两个子区域。条件（3）指出在分割结果中每一个子区域都有独特的特性，或者说属于同一个区域中的像素应该具有某些相同的特性。条件（4）指出在分割结果中，不同的子区域具有不同的特性，没有公共的元素，或者说属于不同区域的像素应该具有一些不同的特性。条件（5）要求分割结果中同一个子区域内的像素是连通的，即同一个子区域内的任何两个像素在该子区域内互相连通，或者说分割得到的区域是一个连通单元。另外，上述这些条件不仅定义了分割，也对如何分割有指导作用。对图像的分割总是根据一些分割准则进行的。条件（1）和条件（2）说明正确的分割准则应能适用于所有区域和所有像素；条件（3）和条件（4）说明合理的分割准则应能帮助确定各区域像素具有代表性的特征；条件（5）说明完整的分割准则应直接或者间接地对区域内像素的连通性有一定的要求或者限定。

最后需要指出的是，在图像分割的实际应用中，图像分割不仅要把一幅图像分成满足上面 5 个条件的、各具特性的区域，而且要把其中感兴趣的目标区域提取出来。只有这样才算真正完成了图像分割的任务。

9.4　图像分割方法的分类

图像分割算法的研究一直受到人们的高度重视，到目前为止，提出的分割算法已经多达上千种，但现有的分割算法多是为特定应用设计的，有很大的针对性和局限性。为了方便特定算法应用到特定领域，要对这些算法进行分类。

Fu 和 Mu 从细胞学图像处理的角度，将图像分割技术分为 3 类：特征阈值或聚类、边缘检测和区域提取。

Haralick 和 Shapiro 将所有算法更加细致地分为 6 类：测度空间导向的空间聚类、单一连接区域生长策略、混合连接区域生长策略、中心连接区域生长策略、空间聚类策略和分裂合并策略。

依据算法所使用的技术或针对的图像，Paland pal 也把图像分割算法分成了 6 类：阈值分割、像素分割、深度图像分割、彩色图像分割、边缘检测和基于模糊集的方法。但是，该分类方法中，各个类别的内容有重叠。

为了涵盖不断涌现的新方法，有的研究者将图像分割算法分为以下 6 类：并行边界分割技术、串行边界分割技术、并行区域分割技术、串行区域分割技术、结合特定理论工具的分割技术和特殊图像分割技术。

另外也有把分割算法分成六部分进行讨论的：①阈值分割；②像素分类；③深度图像分割；④彩色图像分割；⑤边缘检测；⑥基于模糊集的方法。从算法的角度来看，各部分内容是有重叠的。事实上对深度图像和彩色图像的分割仍然需要或者可用①、②或者⑤这几部分的方法进行，而⑥所讨论的只是把模糊集合理论用于①、②和⑤的方法里。另外①和②中的方法有很多相似之处，而常见的基于区域生长和分裂合并原理的算法却没有包含进这些分类当中。

在较近的一篇综述中，有学者将图像分割简单地分为数据驱动的分割和模型驱动的分割两类。基于数据驱动的图像分割技术，就是直接对当前图像数据进行操作，例如微分算子、阈值化和区域生长；基于模型驱动的图像分割技术，建立在先验知识基础上对图像进行分割，如目标几何、统计模型和活动轮廓模型等。

这里将图像分割算法分为基于阈值化的分割方法、基于边缘的分割方法、基于区域的分割方法、基于神经网络的分割方法和基于聚类的分割方法 5 类，并分别作简单的介绍。

9.4.1　基于阈值化的分割方法

基于阈值化的分割方法是一种应用十分广泛的图像分割技术。所谓值分割方法的实质是利用图像的灰度直方图信息得到用于分割的阈值。它使用一个或几个阈值将图像的灰度级分为几个部分，认为属于同一个部分的像素是同一个物体。它不仅可以极大地压缩数据量，而且也大大简化了图像信息的分析和处理步骤。阈值分割方法是图像分割中最简单也是最常用的一种方法，在过去的几十年间备受重视。这种方法基于对灰度图像的一种假设：目标或背景的相邻像素间的灰度值是相似的，而不同目标或背景的像素在灰度上有差异，反映在直方图上，不同目标和背景对应不同的峰，选取的阈值应位于两峰的峰谷处。如果图像中具有多类目标，则直方图将呈现多峰特性，相邻两峰之间的谷即为多阈值分割的阈值。

通常阈值分割方法根据某种测度准则确定分割阈值。根据使用的是图像的整体信息还是局部信息，可以分为上下文相关（Contextual）方法和上下文无关（Non-contextual）方法；根据对全图使用统一阈值还是对不同区域使用不同阈值，可以分为全局阈值方法（Global Threshold）和局部阈值方法（Local Threshold，也叫作自适应阈值方法（Adaptive Threshold））。另外，还可以分为单阈值方法和多阈值方法。

阈值分割的核心问题是如何选择合适的阈值。其中，最简单和常用的方法是从图像的灰度直方图出发，先得到各个灰度级的概率分布密度，再依据某一准则选取一个或多个合适的阈值，以确定每个像素点的归属。选择的准则不同，得到的阈值化算法就不同。常见的准则有如下几种：

1）P-分位数（即是 P-title 法）

它的阈值分割准则是分割得到的目标和背景的概率应该等于其先验概率。该分割方法的优点是无须任何迭代和搜索，缺点是严重依赖对先验概率的估计。

2）最频值法（也称 Mode 法）

它的阈值分割准则是最优阈值位于目标和背景两个概率分布的交叠处。该分割方法的优点是计算简单，缺点是要求图像的直方图具有明显的双峰特性。

3）Ostu 法

它的阈值分割准则是使目标类和背景类的类内方差最小、类间方差最大。该分割方法的优点是计算简单，效果稳定，缺点是要求目标与背景的面积相似。

4）熵方法

它的阈值分割准则是图像的某种熵最大。该分割方法的优点是计算比较简单，缺点是对直方图模型有一定的要求。

5）最小误差法

它的阈值分割准则是 Bayes 判别误差最小。该分割方法的优点是计算简单，适用于目标和背景很不均衡的图像，缺点是和熵方法一样，对直方图模型有一定的要求。

6）矩量保持法

它的阈值分割准则是分割前后图像的矩量保持不变。该分割方法的优点是无须任何迭代和搜索，缺点是稳定性不佳。

上述方法大多对灰度直方图模型有要求，遗憾的是很多图像并不满足这些要求。虽然人们提出了许多改进方法，试图得到所需要的直方图，例如，计算直方图时只统计特定的像素点，或者用关于像素梯度的某种函数对直方图加权等，但是这些改进并不总能得到预期的效果。

9.4.2　基于边缘的分割方法

这类方法主要基于图像灰度级的不连续性，通过检测不同均匀区域之间的边界来实现对图像的分割。这与人的视觉过程有些相似。基于边缘的分割方法与边缘检测理论密切相关，此类方法大多是基于局部信息，一般利用图像一阶导数的极大值或二阶导数的过零点信息来提供判断边缘点的基本依据，进一步还可以采用各种曲线拟合技术获得划分不同区域边界的连续曲线。根据检测边缘执行方式的不同，边缘检测法大致可分为以下两类：串行边缘检测技术和并行边缘检测技术。

串行边缘检测技术首先要检测出一个边缘起始点，然后根据某种相似性准则寻找与前一点同类的边缘点，这种确定后继相似点的方法称为跟踪。根据跟踪方法的不同，这类方法又可分为轮廓跟踪、光栅跟踪和全向跟踪 3 种。全向跟踪可以克服由于跟踪的方向性造成的边界丢失，但其搜索过程会付出更大的时间代价。串行边缘检测技术的优点在于可以得到连续的单像素边缘，但是它的效果严重依赖初始边缘点：不恰当的初始边缘点可能得到虚假边缘；较少的初始边缘点可能导致边缘漏检。

并行边缘检测技术通常借助空域微分算子，通过其模板与图像卷积完成，因而可以在各个像素上同时进行，从而大大降低了时间复杂度。常见并行边缘检测方法有如下几种：Roberts 算子、Laplacian 算子、Sobel 算子、Prewitt 算子、Kirsh 算子、LoG 算子、Cany 算子等。

9.4.3　基于区域的分割方法

常见的基于区域的图像分割方法有区域生长与分裂合并法、基于图像的随机场模型法和有监督的分类分割法等。

1）区域生长和分裂合并法

区域生长和分裂合并是两种典型的串行区域分割方法，其特点是将分割过程分解为多个有序的步骤，后续的步骤要根据前面步骤结果的判断而确定。区域生长的基本思想是将具有相似性质的像素集合起来构成区域。具体做法是先对每个需要分割的区域选取一个种子像素作为生长的起点，然后将种子像素邻域中与种子像素有相同或相似性质的像素（根据某种事先定义的生长或相似准则来判断）合并到种子像素所在的区域中，再将这些新像素当作新的种子像素继续进行上述过程，直到没有满足条件的像素可被包括进来为止。实际应用区域生长法时要解决 3 个主要问题：

- 选择或确定一个能正确代表所需区域的种子像素。
- 确定在生长过程中能将相邻像素包括进来的准则。
- 指定生长停止的条件或准则。

种子像素的选取常可借助具体问题的特点。如果对具体问题没有先验知识，则常可借助生长所用准则对每个像素进行相应计算。如果计算结果呈现聚类的情况，则接近聚类中心的像素可作为种子像素。生长准则的选取不仅依赖具体问题本身，也和所用图像数据的种类有关。另外还需要考虑像素间的连通性和邻近性，否则有时会出现无意义的分割结果。

与阈值方法不同，区域生长和分裂合并方法不但考虑了像素的相似性，还考虑了空间上的邻接性，因此可以有效消除孤立噪声的干扰，具有很强的鲁棒性。此外，无论是合并还是分裂，它都能够将分割深入到像素级，因此可以保证较高的分割精度。

在区域生长和分裂合并方法中，整个图像先被看作一个区域，然后区域不断地被分裂为四个矩形子区域，直到每个子区域内部都是相似的，然后按照某种准则将相邻的相似子区域进行合并，得到分割的结果。分裂合并方法不需要预先指定种子点，但可能会导致分割区域的边界遭到破坏。这种方法虽然没有选择种子点的麻烦，但也有自身的不足：一方面，分裂如果不能深达像素级，就会降低分割精度；另一方面，深达像素级的分裂会增加合并的工作量，从而大大提高其时间复杂度。

避免种子点选择给算法带来不稳定的另一个思路是：先用一种简单的分割方法得到几个粗分割，再对其中的噪声和边缘像素使用区域增长的方法细分割。值得注意的是，粗分割中应当使用像素的邻域信息，否则不足以准确分割出噪声和边缘点；细分割中的合并准则应该是逐步松弛的，这样才能在无遗漏像素的同时保证分割的精度。

分水岭算法是一种较新的基于区域的图像分割方法。该算法的思想来源于洼地积水的过程：首先，求取图像梯度；然后，将图像梯度视为一个高低起伏的地形图，原图上较平坦区域的梯度值较小，构成盆地，原图上边界区域的梯度值较大，构成分割盆地的山脊；接着，水从盆地内最低洼的地方渗入，随着水位不断长高，有的洼地将被连通，为了防止两块洼地被连通，就在分割两者的山脊上筑起水坝，水位越涨越高，水坝也越筑越高；最后，当水坝达到最高的山脊的高度时，算法结束，每一个孤立的积水盆地对应一个分割区域。分水岭算法有着较好的鲁棒性，但是往往会形成过分割。

2）基于图像的随机场模型法

基于图像的随机场模型法主要以 Markov 随机场（Markov Random Field，MRF）作为图像模型，并假定该随机场符合 Gibbs 分布。该模型法的实质就是从统计学的角度出发对数字图像进行建模，把图像中各个像素点的灰度值看作具有一定概率分布的随机变量。从观察到的图像中恢复实际物体或正确分割观察到的图像，从统计学的角度看，就是找出最有可能（即以最大的概率）得到该图像的物体组来；从贝叶斯定理的角度看，就是要求得出具有最大后验概率的分布。

使用 MRF 模型进行图像分割的主要问题有：邻域系统的定义、能量函数的选择和其参数的估计，以及极小化能量函数从而获得最大后验概率的策略等。Geman 等人首次将基 Gibbs 分布的 Markov 随机场模型用于图像处理，详细讨论了 MRF 模型的邻域系统、能量函数、Gibbs 采样方法等问题，提出用模拟退火算法来极小化能量函数的方法，并给出了模拟退火算法收敛性的证明。Geman D 等人又提出了一种用于纹理图像分割的、带限制条件的优化算法。该算法直接被认为是一种较好的纹理图像分割方法。在此基础上人们提出了大量基于 MRF 模型的图像分割算法。

3）有监督的分类分割法

有监督的分类分割法是模式识别领域中一种基本的学习分析方法，其目的是利用已知类别的训练样本集，在图像的特征空间（或其变换空间）找到分类决策的点、线、面或超平面，以实现对图像像素的分类，从而实现图像分割。

有监督的分类方法根据学习的形式可以分为非参数分类法和参数分类法。

典型的非参数分类法包括 K 近邻及 Parzen 窗，它们不依赖假设特征的分布，而仅依赖训练样本自身的分布情况，同时对图像数据的统计结构也没有要求。

参数分类法的代表是贝叶斯分类器、神经网络分类器以及最近发展起来的支持向量机（Support Vector Machine，SVM）分类器。

贝叶斯分类器是利用训练样本估计类概率分布及类条件概率密度，然后估计未知样本的后验概率，从而实现分类。该分类器具有不需要迭代运算、计算量相对较小，且可用于多通道图像等优点；缺点是分割效果严重依赖于训练样本的数量和质量。另外，该方法没有考虑图像的空间信息，对灰度不均匀的图像分割效果不好。

神经网络分类器是利用训练样本集根据某种准则迭代确定节点间的连接权值，利用训练好的模型来分类未知类别的像素，从而实现图像分割。尽管神经网络方法在图像分割中得到了广泛的应用，但目前遇到了网络模型难以确定，容易出现过学习、欠学习以及局部最优等问题。

Vapnik 等人开发的支持向量机方法建立在统计学习理论的 VC（Vapnik-Chervonenkis）维理论和结构风险最小化原理的基础上，根据有限样本信息在模型的复杂性和学习能力之间寻求最佳折中，以期获得最好的泛化性能。它克服了包括神经网络方法在内的传统学习分类方法可能出现的大部分问题，已经被看作对传统学习分类器的一个好的替代。特别是在小样本、高维非线性情况下，支持向量机具有较好的泛化性能，是目前机器学习领域研究的热点。

9.4.4　基于神经网络的分割方法

在 20 世纪 80 年代后期，图像处理、模式识别和计算机视觉的主流领域受到人工智能发展的影响，出现了将更高层次的推理机制用于识别系统的做法。这种思路也开始影响图像分割方法，出现了基于神经网络模型的方法。

神经网络模拟生物特别是人类大脑的学习过程，它由大量并行的节点构成，每个节点都能执行一些基本的计算。学习过程通过调整节点之间的连接关系以及连接的权值来实现。神经网络技术也许是为了满足对噪声的鲁棒性以及实时输出要求而提出的，一些研究人员也尝试利用神经网络技术来解决图像分割问题，典型方法如 Blanz 和 Gish 利用前向三层网络来解决分割问题。在该方法中，输入层的各个节点对应了像素的各种属性，输出层结果为分割的类别数。Babaguchi N 等人则使用多层网络并且用反向传播方法对网络进行训练，在他们的方法中，输入为图像的灰度直方图，输出为用于阈值分割的阈值。这种方法的实质是利用神经网络技术来获取用于图像分割的阈值，进而进行图像分割。

这些神经网络方法的出发点是将图像分割问题转换为诸如能量最小化、分类等问题，从而借助神经网络技术来解决问题。其基本思想是用训练样本集对神经网络模型进行训练，以确定节点间的连接和权值，再用训练好的神经网络模型去分割新的图像数据。这种方法的一个缺陷是网络的构造问题，它需要大量的训练样本集，然而收集这些样本在实际应用中非常困难。神经网络模型同样也能用于聚类或形变模型，这时神经网络模型的学习过程是无监督的。由于神经网络存在巨量的连接，所以很容易引入空间信息，但是使用目前的串行计算机去模拟神经网络模型的并行操作，计算时间往往达不到要求。

9.4.5 基于聚类的分割方法

聚类是一个将数据集划分为若干组或类的过程，并使得同一个组内的数据对象具有较高的相似度，而不同组中的数据对象则是不相似的。相似或不相似的度量是基于数据对象描述的取值来确定的，通常就是利用（各对象间）距离来进行描述。一个类就是由彼此相似的一组对象所构成的集合，不同类对象之间通常是不相似的。当用距离来表示两个类间的相似度时，这样做的结果就把特征空间划分为若干个区域，每一个区域相当于一个类别。一些常用的距离度量都可以作为这种相似度量，我们之所以常常用距离来表示样本间的相似度，是因为从经验看，凡是同一类的样本，其特征向量应该相互靠近；而不同类的样本，其特征向量之间的距离要大得多。

通常聚类方法具有以下 3 个要点：

（1）选定某种距离度量作为样本间的相似性度量。

（2）确定某个评价聚类结果质量的准则函数。

（3）给定某个初始分类，然后选择算法找出使准则函数取极值的最好聚类结果。

按照聚类结果表现方式的不同，现有的聚类分析算法可以分为：硬聚类算法、模糊聚类算法和可能性聚类算法。

（1）在硬聚类算法中，分类结果用样本表示对各类的隶属度。样本对某个类别的隶属度只能是 0 或 1。样本对某个类别的隶属度为 1，表示样本属于该类；样本对某个类别的隶属度为 0，则表示样本不属于该类。样本只能属于所有类别中的某一个类别。早期的聚类算法都是硬聚类算法。硬聚类算法容易陷入局部极值。

（2）在模糊聚类算法中，分类结果仍旧用样本表示各类的隶属度，只是样本对某个类别的隶属度在区间[01]内取值，样本对所有类别的隶属度之和为 1。模糊聚类产生于 20 世纪 70 年代末，是聚类分析与模糊集理论相结合的产物。模糊聚类算法与硬聚类算法相比，提高了算法的寻优概率，但速度要比硬聚类慢。

（3）在可能性聚类算法中，分类结果以样本对各类的典型程度表示。样本对某个类别的典型程度在区间[0,1]内取值。可能性聚类算法是聚类分析与可能性理论的结晶。第一个可能性聚类算法是 R. Krishnapuram 和 J.M. Keller 在 1993 年提出的。可能性聚类算法也容易陷入局部极值，但可能性聚类算法抑制噪声的能力很强。

9.5 使用 OpenCV 进行图像分割

9.5.1 阈值分割

图像阈值化分割是一种最常用的、传统的图像分割方法，因其实现简单、计算量小、性能较稳定而成为图像分割中最基本和应用最广泛的分割技术。它特别适用于目标和背景占据不同灰度级范围的图像。它不仅可以极大地压缩数据量，而且也大大简化了分析和处理步骤，因此在很多情况下，是进行图像分析、特征提取与模式识别之前所必要的图像预处理过程。

图像阈值化的目的是要按照灰度级对像素集合进行一个划分，得到的每个子集形成一个与现实景物相对应的区域，各个区域内部具有一致的属性，而相邻区域不具有这种一致属性。这样的划分可以通过从灰度级出发，选取一个或多个阈值来实现。

阈值分割的基本原理是：通过设定不同的特征阈值，把图像像素点分为若干类。常用的特征包括直接来自原始图像的灰度或彩色特征，以及由原始灰度或彩色值变换得到的特征。

设原始图像为 $f(x,y)$，按照一定的准则在 $f(x,y)$ 中找到特征值 T，将图像分割为两个部分，分割后的图像为：黑（用 0 表示）和白（用 1 表示），即为我们通常所说的图像二值化。

阈值分割方法实际上是输入图像 f 到输出图像 g 的如下变换：

$$g(i,j) = \begin{cases} 1 & f(i,j) \geqslant T \\ 0 & f(i,j) < T \end{cases}$$

其中，T 为阈值；对于物体的图像元素，$g(i,j)=1$；对于背景的图像元素，$g(i,j)=0$。由此可见，阈值分割算法的关键是确定阈值，如果能确定一个合适的阈值，就可以准确地将图像分割开来。在阈值确定之后，将该阈值与每个像素点的灰度值逐一比较。由于像素分割可以并行进行，因此分割结果能够快速生成，直接呈现出图像的各个区域。

阈值分割的优点是计算简单、运算效率较高、速度快。目前存在各种各样的阈值处理技术，包括固定阈值分割（也称全局阈值分割）、自适应阈值分割、最佳阈值分割等。

9.5.2　固定阈值分割

固定阈值最简单，只需选取一个全局阈值，就可以把整幅图像分成非黑即白的二值图像。图像的二值化就是将图像上的像素点的灰度值设置为 0 或 255，这样将使整个图像呈现出明显的黑白效果。在数字图像处理中，二值图像占有非常重要的地位，图像的二值化使图像中的数据量大为减少，从而能凸显出目标的轮廓。例如，以 160 为阈值对图像矩阵进行阈值分割，如图 9-1 所示。

图 9-1

可以看到，小于 160 的输出为 0，大于 160 的输出为 255。

在 OpenCV 中，固定阈值化函数为 threshold，该函数声明如下：

```
double cv::threshold (InputArray src,OutputArray dst,double thresh,double maxval,int type);
```

其中参数 src 表示输入图像（单通道，8 位或 32 位浮点型）；dst 表示输出图像（大小和类型都与输入图像相同）；thresh 表示阈值；maxval 表示最大灰度值，一般设为 255；type 表示阈值化类型，定义如下：

```
enum ThresholdTypes {
    THRESH_BINARY      = 0,    // 大于阈值的部分被置为 255，小于阈值的部分被置为 0
    THRESH_BINARY_INV  = 1,    // 大于阈值的部分被置为 0，小于阈值的部分被置为 255
    THRESH_TRUNC       = 2,    // 大于阈值的部分被置为 threshold，小于阈值的部分保持原样
    THRESH_TOZERO      = 3,    // 小于阈值的部分被置为 0，大于阈值的部分保持不变
    THRESH_TOZERO_INV  = 4,    // 大于阈值的部分被置为 0，小于阈值的部分保持不变
    THRESH_MASK        = 7,
    THRESH_OTSU        = 8,     // 自动处理，图像自适应二值化，常用区间为[0,255]
    THRESH_TRIANGLE    = 16
};
```

其中前 5 个最常用，其含义如图 9-2 所示。

THRESH_BINARY	$dst(x,y) = \begin{cases} maxval & \text{if } src(x,y) > thresh \\ 0 & \text{otherwise} \end{cases}$
THRESH_BINARY_INV	$dst(x,y) = \begin{cases} 0 & \text{if } src(x,y) > thresh \\ maxval & \text{otherwise} \end{cases}$
THRESH_TRUNC	$dst(x,y) = \begin{cases} threshold & \text{if } src(x,y) > thresh \\ src(x,y) & \text{otherwise} \end{cases}$
THRESH_TOZERO	$dst(x,y) = \begin{cases} src(x,y) & \text{if } src(x,y) > thresh \\ 0 & \text{otherwise} \end{cases}$
THRESH_TOZERO_INV	$dst(x,y) = \begin{cases} 0 & \text{if } src(x,y) > thresh \\ src(x,y) & \text{otherwise} \end{cases}$

图 9-2

需要注意的是，THRESH_OTSU 和 THRESH_TRIANGLE 是作为优化算法配合 THRESH_BINARY、THRESH_BINARY_INV、THRESH_TRUNC、THRESH_TOZERO 以及 THRESH_TOZERO_INV 来使用的。当使用了 THRESH_OTSU 和 THRESH_TRIANGLE 两个标志时，输入图像必须为单通道。

函数 threshold 返回当前阈值。

【例 9.1】threshold 实现图像阈值分割

步骤 01 新建一个控制台工程，工程名是 test。

步骤 02 打开 main.cpp，并输入如下代码：

```
#include "opencv2/imgcodecs.hpp"
#include "opencv2/highgui.hpp"
#include <opencv2/imgproc/imgproc.hpp>
#include <iostream>
#include <string>
using namespace cv;  // 所有 opencv 类都在命名空间 cv 下
using namespace std;
void f1(char *image)
{
    cv::Mat gray = imread(image, IMREAD_GRAYSCALE);
    cv::imshow("original", gray);
```

```cpp
    // 全局二值化
    int th = 100;
    cv::Mat threshold1, threshold2, threshold3, threshold4, threshold5,
threshold6, threshold7, threshold8;
    cv::threshold(gray, threshold1, th, 255, THRESH_BINARY);
    cv::threshold(gray, threshold2, th, 255, THRESH_BINARY_INV);
    cv::threshold(gray, threshold3, th, 255, THRESH_TRUNC);
    cv::threshold(gray, threshold4, th, 255, THRESH_TOZERO);
    cv::threshold(gray, threshold5, th, 255, THRESH_TOZERO_INV);
    // cv::threshold(gray, threshold6, th, 255, THRESH_MASK);
    cv::threshold(gray, threshold7, th, 255, THRESH_OTSU);
    cv::threshold(gray, threshold8, th, 255, THRESH_TRIANGLE);
    cv::imshow("THRESH_BINARY", threshold1);
    cv::imshow("THRESH_BINARY_INV", threshold2);
    cv::imshow("THRESH_TRUNC", threshold3);
    cv::imshow("THRESH_TOZERO", threshold4);
    cv::imshow("THRESH_TOZERO_INV", threshold5);
    // cv::imshow("THRESH_MASK", threshold6);
    cv::imshow("THRESH_OTSU", threshold7);
    cv::imshow("THRESH_TRIANGLE", threshold8);
}

void f2(char *image)
{
    cv::Mat gray = imread(image, IMREAD_GRAYSCALE);
    cv::namedWindow("original");
    cv::imshow("original", gray);
    string windowstring = "result 0";
    string imagestring = "result 0.jpg";
    cv::Mat result;
    enum thresholdtype { THRESH_BINARY, THRESH_BINARY_INV, THRESH_TRUNC,
THRESH_TOZERO, THRESH_TOZERO_INV };
    for (int thresh = 0; thresh < 5; thresh++)
    {
        // 0: 二进制阈值。1: 反二进制阈值。2: 截断阈值。3: 0 阈值。4: 反 0 阈值
        threshold(gray, result, 150, 255, thresholdtype(thresh));// 改变参数
实现不同的 threshold
        cv::namedWindow(windowstring);
        cv::imshow(windowstring, result);// 显示输出结果
        cv::imwrite(imagestring, result);
        windowstring[7]++;
        imagestring[7]++;
    }
}
int main(void)
{
    f1((char*)"kt.jpg");
    f2((char*)"threshold.jpg");
    waitKey(0); // 等待按键响应后退出, 0 改为 5000 就是 5 秒后自动退出
    return 0;
```

```
}
```

在上述代码中，定义了两个函数 f1 和 f2 来实现图像的阈值分割。两个函数的基本原理都一样，都是调用 OpenCV 库函数 threshold，并用了不同的参数来达到不同效果。区别就是 f2 中用了一个循环，这样显得代码更加简洁；而 f1 则平铺直叙，显得更加直观，对初学者来讲一目了然。在熟悉了 threshold 函数后，在一线工作中建议用循环的方式。另外，我们分别用两幅图（一幅画面复杂，另一幅画面简单）作为 f1 和 f2 的参数，这样可以让读者看到不同的图片调用 threshold 函数后的不同效果。

步骤 03 保存工程并运行，结果如图 9-3 和图 9-4 所示。

图 9-3

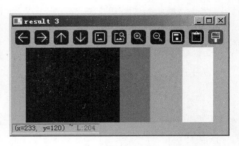

图 9-4

9.5.3 自适应阈值分割

前面所讲的固定阈值分割是一种全局分割，但是当一幅图上面的不同部分具有不同的亮度时，这种全局阈值分割的方法会显得苍白无力，如图 9-5 所示。

图 9-5

显然，这样的阈值处理结果不是我们想要的，那就需要一种方法来应对这样的情况。这种方法就是自适应阈值法。它的思想不是计算全局图像的阈值，而是根据图像不同区域的亮度分布计算其局部阈值，所以对于图像不同区域，能够自适应计算不同的阈值，因此被称为自适应阈值法（其实就是局部阈值法）。自适应阈值分割就是对图像中的各个部分进行分割，即采用邻域分割，在一个邻域范围内进行图像阈值分割。如何确定局部阈值呢？可以通过计算某个邻域（局部）的均值、中值、高斯加权平均（高斯滤波）来确定阈值。值得注意的是，如果用局部的均值作为局部的阈值，就是常说的移动平均法。

在 OpenCV 中，采用 adaptiveThreshold 函数进行自适应阈值分割。该函数声明如下：

```
void adaptiveThreshold(InputArray src, OutputArray dst, double maxValue,int
adaptiveMethod, int thresholdType, int blockSize, double C);
```

其中 src 表示原图像；dst 表示输出图像，与原图像大小一致；maxValue 表示预设满足条件的最大值；adaptiveMethod 表示指定自适应阈值算法，可选择 ADAPTIVE_THRESH_MEAN_C 或 ADAPTIVE_THRESH_GAUSSIAN_C；thresholdType 指定阈值类型，可选择 THRESH_BINARY（二进制阈值）或 THRESH_BINARY_INV（反二进制阈值）；blockSize 表示邻域块大小，用来计算区域阈值，一般选择为 3、5、7 等；C 表示与算法有关的参数，它是一个从均值或加权均值提取的常数，可以是负数。

自适应阈值化计算是为每一个像素点单独计算阈值，即每个像素点的阈值都是不同的，就是将该像素点周围 $B \times B$ 区域内的像素加权平均，然后减去一个常数 C，从而得到该点的阈值。B 由参数 blockSize 指定，常数 C 由参数 C 指定。

ADAPTIVE_THRESH_MEAN_C 为局部邻域块的平均值，该算法是先求出块中的均值，再减去常数 C。ADAPTIVE_THRESH_GAUSSIAN_C 为局部邻域块的高斯加权和，该算法把区域中(x, y)周围的像素根据高斯函数按照它们离中心点的距离进行加权计算，再减去常数 C。

举个例子：如果使用平均值方法，平均值 mean 为 190，差值 delta（即常数 C）为 30。那么灰度小于 160 的像素为 0，大于或等于 160 的像素为 255，如图 9-6 所示。如果是反向二值化，则如图 9-7 所示。

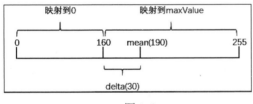

图 9-6

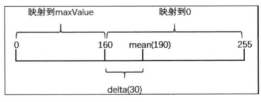

图 9-7

【例 9.2】建筑物图像自适应阈值风格

步骤 01 新建一个控制台工程，工程名是 test。

步骤 02 打开 main.cpp，并输入如下代码：

```cpp
#include <opencv2/core/core.hpp>
#include <opencv2/highgui/highgui.hpp>
#include <opencv2/imgproc/imgproc.hpp>
#include <opencv2\imgproc\types_c.h>
using namespace cv;
int main()
{
    // ------------【1】读取原图像并检查图像是否读取成功------------
    Mat srcImage = imread("build.jpg");
    if (!srcImage.data)
    {
        puts("Fail to open file.");
        system("pause");
```

```
        return -1;
    }
    namedWindow("【原图像】", WINDOW_AUTOSIZE);
    imshow("【原图像】", srcImage);
    // ------------【2】灰度转换------------
    Mat srcGray;
    cvtColor(srcImage, srcGray, CV_RGB2GRAY);
    namedWindow("【灰度图】", WINDOW_AUTOSIZE);
    imshow("【灰度图】", srcGray);
    // ------------【3】初始化相关变量---------------
    Mat dstImage;          // 初始化自适应阈值参数
    const int maxVal = 255;
    int blockSize = 3;      // 取值3、5、7等
    int constValue = 10;
    // 自适应阈值算法
    int adaptiveMethod = 0;// 0:ADAPTIVE_THRESH_MEAN_C,
1:ADAPTIVE_THRESH_GAUSSIAN_C
    int thresholdType = 1;  // 阈值类型, 0:THRESH_BINARY, 1:THRESH_BINARY_INV
    // --------------【4】图像自适应阈值操作------------------------
    adaptiveThreshold(srcGray, dstImage, maxVal, adaptiveMethod,
thresholdType, blockSize, constValue);
    namedWindow("【自适应阈值】", WINDOW_AUTOSIZE);
    imshow("【自适应阈值】", dstImage);
    waitKey(0);
    return 0;
}
```

在上述代码中，首先读取一幅建筑物图片 build.jpg，然后利用函数 cvtColor 进行灰度变换，并显示灰度图，接着初始化自适应阈值函数 adaptiveThreshold 的相关变量，最后调用 adaptiveThreshold 函数对图像进行自适应阈值分割。

步骤 **03** 保存工程并运行，结果如图 9-8 所示。

图 9-8

通过本例可以发现自适应阈值能很好地观测到边缘信息。阈值的选取是算法自动完成的，很方便。

【例 9.3】对比固定阈值和自适应阈值分割

步骤 **01** 新建一个控制台工程，工程名是 test。

步骤 **02**　打开 main.cpp，并输入如下代码：

```cpp
#include <opencv2/core/core.hpp>
#include <opencv2/highgui/highgui.hpp>
#include <opencv2/imgproc/imgproc.hpp>
#include <opencv2\imgproc\types_c.h>
using namespace cv;
int main()
{
    Mat img = imread("chess.jpg");
    Mat dst1;
    Mat dst2;
    Mat dst3;
    cv::cvtColor(img, img, COLOR_RGB2GRAY);// 进行灰度处理
    medianBlur(img, img, 5);// 中值滤波
    threshold(img, dst1, 127, 255, THRESH_BINARY);// 固定阈值分割
    // 自适应阈值分割，邻域均值
    adaptiveThreshold(img, dst2, 255, ADAPTIVE_THRESH_MEAN_C, THRESH_BINARY,
11, 2);
    // 自适应阈值分割，高斯邻域
    adaptiveThreshold(img, dst3, 255, ADAPTIVE_THRESH_GAUSSIAN_C,
THRESH_BINARY, 11, 2); imshow("dst1", dst1);
    imshow("dst2", dst2);
    imshow("dst3", dst3);
    imshow("img", img);
    waitKey(0);
    return 0;
}
```

在上述代码中，首先对图片 test.jpg 进行灰度处理和中值滤波，然后通过 threshold 函数进行固定阈值分割，以得到 dst1，再通过函数 adaptiveThreshold 进行邻域均值的自适应分割和高斯邻域的自适应阈值分割，以得到 dst2 和 dst3。

步骤 **03**　保存工程并运行，结果如图 9-9 所示。

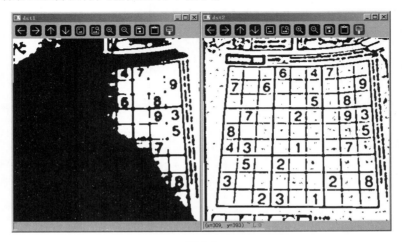

图 9-9

从结果中可以看到，自适应分割的效果大大优于固定阈值分割。自适应阈值分割除了直接调用函数 cv::adaptiveThreshold 外，也可以自己手动实现。

【例 9.4】手动实现自适应阈值分割

步骤 01 新建一个控制台工程，工程名是 test。

步骤 02 打开 main.cpp，并输入如下代码：

```cpp
#include <iostream>
#include <opencv2/core.hpp>
#include <opencv2/highgui.hpp>
#include <opencv2/imgproc.hpp>
#include <opencv2\imgproc\types_c.h>
#include <opencv2/highgui/highgui_c.h>
using namespace cv;
enum adaptiveMethod { meanFilter, gaaussianFilter, medianFilter };
void myAdaptiveThreshold(cv::Mat& src, cv::Mat& dst, double Maxval, int Subsize,
double c, adaptiveMethod method = meanFilter) {
    if (src.channels() > 1)
        cv::cvtColor(src, src, CV_RGB2GRAY);
    cv::Mat smooth;
    switch (method)
    {
    case meanFilter:
        cv::blur(src, smooth, cv::Size(Subsize, Subsize));  // 均值滤波
        break;
    case gaaussianFilter:
        cv::GaussianBlur(src, smooth, cv::Size(Subsize, Subsize), 0, 0); // 高
斯滤波
        break;
    case medianFilter:
        cv::medianBlur(src, smooth, Subsize);   // 中值滤波
        break;
    default:
        break;
    }

    smooth = smooth - c;

    // 阈值处理
    src.copyTo(dst);
    for (int r = 0; r < src.rows; ++r) {
        const uchar* srcptr = src.ptr<uchar>(r);
        const uchar* smoothptr = smooth.ptr<uchar>(r);
        uchar* dstptr = dst.ptr<uchar>(r);
        for (int c = 0; c < src.cols; ++c) {
            if (srcptr[c] > smoothptr[c]) {
                dstptr[c] = Maxval;
            }
            else
                dstptr[c] = 0;
```

```
            }
        }

    }

    int main() {
        cv::Mat src = cv::imread("tt.jpg");
        if (src.empty()) {
            return -1;
        }
        if (src.channels() > 1)
            cv::cvtColor(src, src, CV_RGB2GRAY);

        cv::Mat dst, dst2;
        double t2 = (double)cv::getTickCount();
        myAdaptiveThreshold(src, dst, 255, 21, 10, meanFilter);  //
        t2 = (double)cv::getTickCount() - t2;
        double time2 = (t2 *1000.) / ((double)cv::getTickFrequency());
        std::cout << "my_process=" << time2 << " ms. " << std::endl << std::endl;

        cv::adaptiveThreshold(src, dst2, 255, cv::ADAPTIVE_THRESH_MEAN_C,
cv::THRESH_BINARY, 21, 10);

        cv::namedWindow("src", CV_WINDOW_NORMAL);
        cv::imshow("src", src);
        cv::namedWindow("dst", CV_WINDOW_NORMAL);
        cv::imshow("dst", dst);
        cv::namedWindow("dst2", CV_WINDOW_NORMAL);
        cv::imshow("dst2", dst2);
        cv::waitKey(0);
        return 0;
    }
```

在上述代码中，首先实现了一个自定义函数 myAdaptiveThreshold，它使用其他 OpenCV 函数来实现自适应阈值效果；然后调用 OpenCV 自带的自适应阈值函数 adaptiveThreshold，这样可以对比一下效果。

步骤 03 保存工程并运行，结果如图 9-10 所示。

图 9-10

可见效果相差不大。

9.6 彩色图像分割

灰度图像大多通过算子寻找边缘和区域生长融合来分割图像。彩色图像增加了色彩信息，可以通过不同的色彩值来分割图像。常用彩色空间 HSV/HIS、RGB、LAB 等都可以用于分割图像。本节使用 inRange 函数来实现阈值化，它跟前面的阈值化方法一样，只不过在实现时用阈值范围来替代固定阈值。inRange 函数提供了一种物体检测的手段，用基于像素值范围的方法，在 HSV 色彩空间检测物体，从而达到分割的效果。

图 9-11 所示是 HSV（Hue、Saturation、Value 的首字母，分别表示颜色的色相、饱和度、强度）圆柱体，表示 HSV 的颜色空间。HSV 色彩空间是一种类似于 RGB 的颜色表示方式。Hue 通道是颜色类型，在需要根据颜色来分割物体的应用中非常有效。Saturation 的变化从不饱和到完全饱和，对应图 9-11 所示的灰色过渡到阴影（没有白色成分）。Value 描述了颜色的强度或者亮度。

图 9-11

HSV 是一种比较直观的颜色模型，在许多图像编辑工具中应用广泛。这个模型中颜色的参数分别是：色调（H，Hue）、饱和度（S，Saturation）、明度（V，Value）。

色调用角度度量，取值范围为 0°～360°，从红色开始按逆时针方向计算，红色为 0°，绿色为 120°，蓝色为 240°。它们的补色是黄色为 60°，青色为 180°，品红为 300°。

饱和度表示颜色接近光谱色的程度。一种颜色可以看作某种光谱色与白色混合的结果。其中光谱色所占的比例愈大，颜色接近光谱色的程度就愈高，颜色的饱和度也就愈高。饱和度高，颜色则深而艳。光谱色的白光成分为 0，饱和度达到最高。通常饱和度取值范围为 0%～100%，值越大，颜色越饱和。

明度表示颜色明亮的程度。对于光源色，明度值与发光体的光亮度有关；对于物体色，此值和物体的透射比或反射比有关。通常明度取值范围为 0%（黑）~100%（白）。

HSV 颜色空间模型（圆锥模型）如图 9-12 所示。

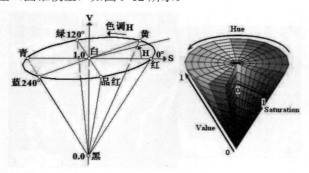

图 9-12

由于 RGB 色彩空间是由 3 个通道来编码颜色，因此难以根据颜色来分割物体。而 HSV 中只有 Hue 一个通道表示颜色，此时可以用函数 cvtColor 将 BGR 转换到 HSV 色彩空间，然后用函数 inRange 根据 HSV 设置的范围检测目标。inRange 函数声明如下：

```
void inRange (InputArray src, InputArray lowerb, InputArray upperb,
OutputArray dst);
```

其中 src 表示输入图像；lowerb 表示 H、S、V 的最小值；upperb 表示 H、S、V 的最大值；dst 表示输出图像，要和输入图像有相同的尺寸且为 CV_8U 类。

OpenCV 中的 inRange() 函数可实现二值化功能（这点类似 threshold 函数），更关键的是可以同时针对多通道进行操作。通俗来讲，这个函数就是判断 src 中每一个像素是否在[lowerb，upperb]区间，注意区间的开闭。如果结果为是，那么在 dst 相应像素位置填上 255，反之填 0。一般我们把 dst 当作一个 mask 来用。对于单通道图像，如果一幅灰度图像的某个像素的灰度值在指定的高、低阈值范围之内，则在 dst 图像中令该像素值为 255，否则令其为 0，这样就生成了一幅二值化的输出图像。对于三通道图像，每个通道的像素值都必须在规定的阈值范围内。下面看一个用函数 inRange 进行颜色分割的例子。

【例 9.5】直接用 HSV 体系进行颜色分割

步骤 01　新建一个控制台工程，工程名是 test。

步骤 02　打开 main.cpp，输入如下代码：

```cpp
#include "opencv2/imgproc.hpp"
#include "opencv2/highgui.hpp"
#include <opencv2/imgproc/types_c.h>
#include <iostream>
using namespace std;
using namespace cv;

// 输入图像
Mat img;
// 灰度值归一化
Mat bgr;
// HSV 图像
Mat hsv;
// 色相
int hmin = 0;
int hmin_Max = 360;
int hmax = 180;
int hmax_Max = 180;
// 饱和度
int smin = 0;
int smin_Max = 255;
int smax = 255;
int smax_Max = 255;
// 亮度
int vmin = 106;
int vmin_Max = 255;
int vmax = 255;
```

```
int vmax_Max = 255;
// 显示原图的窗口
string windowName = "src";
// 输出图像的显示窗口
string dstName = "dst";
// 输出图像
Mat dst;
void callBack(int, void*)// 回调函数
{
    dst = Mat::zeros(img.size(), img.type());   // 输出图像分配内存
    Mat mask; // 掩码
    inRange(hsv, Scalar(hmin, smin, vmin), Scalar(hmax, smax, vmax), mask);
    // 掩码到原图的转换
    for (int r = 0; r < bgr.rows; r++)
        for (int c = 0; c < bgr.cols; c++)
            if (mask.at<uchar>(r, c) == 255)
                dst.at<Vec3b>(r, c) = bgr.at<Vec3b>(r, c);
    // 输出图像
    imshow(dstName, dst);
    // 保存图像
    // dst.convertTo(dst, CV_8UC3, 255.0, 0);
    imwrite("HSV_inRange.jpg", dst);
}
int main(int argc, char** argv)
{
    // 输入图像
    img = imread("myclr.jpg");
    if (!img.data || img.channels() != 3)
        return -1;
    imshow(windowName, img);
    bgr = img.clone();
    // 颜色空间转换
    cvtColor(bgr, hsv, CV_BGR2HSV);
    // 定义输出图像的显示窗口
    namedWindow(dstName, WINDOW_GUI_EXPANDED);
    // 调节色相 H
    createTrackbar("hmin", dstName, &hmin, hmin_Max, callBack);
    createTrackbar("hmax", dstName, &hmax, hmax_Max, callBack);
    // 调节饱和度 S
    createTrackbar("smin", dstName, &smin, smin_Max, callBack);
    createTrackbar("smax", dstName, &smax, smax_Max, callBack);
    // 调节亮度 V
    createTrackbar("vmin", dstName, &vmin, vmin_Max, callBack);
    createTrackbar("vmax", dstName, &vmax, vmax_Max, callBack);
    callBack(0, 0);
    waitKey(0);
    return 0;
}
```

在上述代码中，首先载入图像，然后利用函数 cvtColor 进行颜色空间转换，转换为 HSV 颜色

空间。接着为调节色相 H、饱和度 S 和亮度 V 分别创建滑块，这样就可以通过调节不同的颜色、饱和度、亮度区间来定义信息。最后调用自定义函数 callBack，在 callBack 函数中调用 inRange 进行颜色分割。

步骤 03　保存工程并运行，结果如图 9-13 所示。

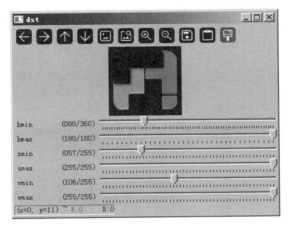

图 9-13

9.7　grabCut 算法分割图像

9.7.1　基本概念

使用 grabCut 算法可以用最小程度的用户交互来分解前景。从用户角度来看，grabCut 算法是怎么工作的呢？首先画一个矩形方块把前景图圈起来，前景区域应该完全在矩形内；然后算法反复进行分割以达到最好的效果。但是，有些情况下分割得不是很好，比如把前景标成背景了，这种情况下用户需要再润色，就是在图像上有缺陷的地方画几笔。这几笔的意思是说"嘿，这个区域应该是前景，你把它标成背景了，下次迭代改过来"或者是反过来。那么下次迭代的结果会更好。比如图 9-14 所示的图像。

图 9-14

首先将球员和足球包含在蓝色矩形框里，然后用白色笔（指出前景）和黑色笔（指出背景）来做一些润色。后台会发生什么呢？

（1）用户输入矩形，矩形外的所有东西都被确认是背景，矩形内的所有东西都是未知的。同样地，任何用户输入指定的前景和背景也都被认为是硬标记，在处理过程中不会变。

（2）计算机会根据我们给的数据做初始标记，它会标记出前景和背景像素。

（3）现在会使用高斯混合模型（GMM）来为前景和背景建模。

（4）根据我们给的数据，GMM 学习和创建新的像素分布，未知像素被标为可能的前景或可能的背景（根据其他硬标记像素的颜色统计和它们之间的关系）。根据这个像素分布创建一幅图，图中的节点是像素。另外还有两个节点，即源节点和汇节点，每个前景像素和源节点相连，每个背景像素和汇节点相连。

（5）源节点和汇节点连接的像素的边的权重由像素是前景或者背景的概率决定。像素之间的权重是由边的信息或者像素的相似度决定。如果像素颜色有很大差异，它们之间的边的权重就比较低。

（6）最小分割算法是用来分割图的，它用最小成本函数把图切成两个分开的源节点和汇节点，成本函数是被切的边的权重之和。切完以后，所有连到源节点的像素称为前景，所有连到汇节点的像素称为背景。

（7）过程持续进行，直到分类覆盖。

整个过程如图 9-15 所示。

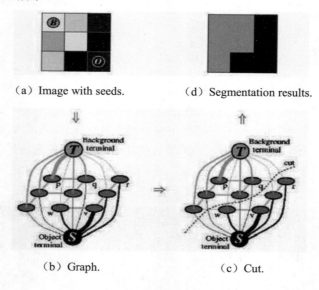

（a）Image with seeds.　　（d）Segmentation results.

（b）Graph.　　（c）Cut.

图 9-15

9.7.2　grabCut 函数

grabCut 算法是 Graphcut 算法的改进，Graphcut 是一种直接基于图割算法的图像分割技术，只需确认前景和背景的输入，该算法就可以完成前景和背景的最优分割。grabCut 算法利用图像中的纹理（颜色）信息和边界（反差）信息，只需少量的用户交互操作，即可获得较好的分割结果。与分水岭算法相比，grabCut 的计算速度较慢，但能够提供更精确的分割结果。如果要从静态图像中提取前景物体（如从一幅图像剪切物体到另一幅图像），采用 grabCut 算法是最好的选择。其用法很简单，只需输入一幅图像，并对一些像素进行标记，指明其属于背景或前景，算法就会根据这些局部标记计算出整个图像中前景和背景的分割线。现在我们用 OpenCV 来实现 grabCut 算法。OpenCV 中有一个函数 grabCut，其声明如下：

```
void grabCut( InputArray img, InputOutputArray mask, Rect rect,
InputOutputArray bgdModel, InputOutputArray fgdModel, int iterCount, int mode =
GC_EVAL );
```

参数说明如下：

- img: 表示输入图像。
- mask: 表示输出掩码，如果使用掩码进行初始化，那么 mask 保存初始化掩码信息。在执行分割的时候，也可以将用户交互所设定的前景与背景保存到 mask 中，然后再传入 grabCut 函数，在处理结束之后，mask 中会保存结果。mask 只能取以下 4 种值：GCD_BGD（=0）表示背景，GCD_FGD（=1）表示前景，GCD_PR_BGD（=2）表示可能的背景，GCD_PR_FGD（=3）表示可能的前景。如果没有手动标记 GCD_BGD 或者 GCD_FGD，那么结果只会有 GCD_PR_BGD 或 GCD_PR_FGD。
- rect: 表示用户选择的前景矩形区域，包含分割对象的矩形 ROL，矩形外部的像素为背景，矩形内部的像素为前景，当参数 mode= GC_INIT_WITH_RECT 时使用。
- bgModel: 表示输出背景图像。
- fgModel: 表示输出前景图像。
- iterCount: 表示迭代次数。
- mode: 表示用于指示 grabCut 函数进行什么操作，可选的值有 GC_INIT_WITH_RECT（=0），表示用矩形窗初始化 grabCut；GC_INIT_WITH_MASK（=1）表示用掩码图像初始化 GrabCut；GC_EVAL（=2）表示执行分割。

可以按以下方式来使用 grabCut 函数：

（1）用矩形窗或掩码图像初始化 grabCut。
（2）执行分割。
（3）如果对结果不满意，在掩码图像中设定前景和（或）背景，再次执行分割。
（4）使用掩码图像中的前景或背景信息。

利用 grabCut 函数做图像分割时，通常还需要和 compare 函数联合作战。compare 函数主要用于在两个图像之间进行逐像素的比较，并输出比较的结果，其声明如下：

```
void compare(InputArray src1, InputArray src2, OutputArray dst, int cmpop);
```

其中参数 src1 表示原始图像 1（必须是单通道）或者一个数值，比如是一个 Mat 或者一个单纯的数字 n；src2 表示原始图像 2（必须是单通道）或者一个数值，比如是一个 Mat 或者一个单纯的数字 n；dst 表示结果图像，类型是 CV_8UC1，即单通道 8 位图，大小和 src1、src2 中最大的那个一样，比较结果为真的地方值为 255，否则为 0；cmpop 表示操作类型，有以下几种类型：

```
enum { CMP_EQ=0,      // 相等
    CMP_GT=1,        // 大于
    CMP_GE=2,        // 大于或等于
    CMP_LT=3,        // 小于
    CMP_LE=4,        // 小于或等于
    CMP_NE=5 };      // 不相等
```

从参数的要求可以看出，compare 函数只对以下 3 种情况进行比较：

1）array 和 array

此时输入的 src1 和 src2 必须是相同大小的单通道图，否则没办法进行比较。计算过程如下：

```
dst(i) = src1(i) cmpop src2(i)
```

也就是对 src1 和 src2 逐像素进行比较。

2）array 和 scalar

此时 array 仍然要求是单通道图，大小无所谓，因为 scalar 只是一个单纯的数字而已。比较过程是把 array 中的每个元素逐一和 scalar 进行比较，所以此时的 dst 大小和 array 是一样的。计算过程如下：

```
dst(i) = src1(i) cmpop scalar
```

3）scalar 和 array

这个就是第 2 种情况的反过程了，只是比较运算符 cmpop 左右的参数顺序不一样而已。计算过程如下：

```
dst(i) = scalar cmpop src2(i)
```

这个函数有一个很有用的地方就是：当你需要从一幅图像中找出某些特定像素值的像素时，可以用这个函数。它与 threshold()函数类似，但是 threshold()函数是对某个区间内的像素值进行操作，而 compare()函数可以只是对某一个单独的像素值进行操作。比如我们要从图像中找出像素值为 50 的像素点，可以像下面这样做：

```
Mat result;
compare(image,50, result, cv::CMP_EQ);
```

【例 9.6】利用 grabCut 做分割

步骤01 新建一个控制台工程，工程名是 test。

步骤02 打开 main.cpp，输入如下代码：

```
#include "opencv2/imgproc.hpp"
#include "opencv2/highgui.hpp"
#include <opencv2/imgproc/types_c.h>
#include <iostream>
using namespace std;
using namespace cv;

int main()
```

```
{
    Mat src = imread("bird.jpg");
    Rect rect(84, 84, 406, 318);// 左上坐标（X,Y）和长宽
    Mat result, bg, fg;

    grabCut(src, result, rect, bg, fg, 1, GC_INIT_WITH_RECT);
    imshow("grab", result);
    /*threshold(result, result, 2, 255, CV_THRESH_BINARY);
    imshow("threshold", result);*/
    // result 和 GC_PR_FGD 对应像素相等时，目标图像中该像素值置为 255
    compare(result, GC_PR_FGD, result, CMP_EQ);
    imshow("result", result);
    Mat foreground(src.size(), CV_8UC3, Scalar(255, 255, 255));
    src.copyTo(foreground, result);// copyTo 有两种形式，此形式表示 result 为 mask
    imshow("foreground", foreground);
    waitKey(0);
    return 0;
}
```

在上述代码中，首先加载了图片 test.jpg，然后使用函数 grabCut 从原图中复制可能的前景到结果图像中。函数 compare 在两个图像之间进行逐像素的比较，并输出比较的结果。这里 result 和 GC_PR_FGD 对应像素相等时，目标图像的像素值置为 255。最后把前景复制到矩阵 foreground 中，并进行显示。

步骤 03 保存工程并运行，结果如图 9-16 所示。

图 9-16

9.8 floodFill（漫水填充）分割

9.8.1 基本概念

Flood Fill（漫水填充）算法是一种在许多图形绘制软件中常用的填充算法。通常情况下，该算法会自动选中与种子像素相连的区域，并利用指定颜色对该区域进行填充。这个算法常用于标记或分离图像的特定部分，以便进行进一步的分析和处理。Windows 画图工具中的油漆桶功能和

Photoshop 的魔术棒选择工具，都是 Flood Fill 算法的改进和延伸。

漫水填充算法的原理很简单，就是从一个点开始遍历附近的像素点，并填充成新的颜色，直到封闭区域内所有像素点都被填充成新颜色为止。floodFill 的实现方法常见的有 4 邻域像素填充法、8 邻域像素填充法、基于扫描线的像素填充方法等。

在 OpenCV 中，漫水填充是填充算法中最通用的方法。使用 C++重写过的 floodFill 函数有两个版本，一个是不带 mask 的版本，另一个是带 mask 的版本。这个 mask 就是用于进一步控制哪些区域将被填充颜色（比如对同一图像进行多次填充时）。这两个版本的 floodFill，都必须在图像中选择一个种子点，然后把临近区域所有相似点填充上同样的颜色；不同之处在于，不一定将所有的邻近像素点都染上同一颜色。漫水填充操作的结果总是某个连续的区域。当邻近像素点位于给定的范围（从 loDiff 到 upDiff）内或在原始 seedPoint 像素值范围内时，floodFill 函数就会为这个点涂上颜色。

9.8.2 floodFill 函数

在 OpenCV 中，漫水填充算法由 floodFill 函数实现，其作用是用指定的颜色从种子点开始填充一个连接域，连通性由像素值的接近程度来衡量。OpenCV 中使用 C++重写的两个 floodFill 函数的声明如下：

```
int cv::floodFill(InputOutputArray image, Point seedPoint, Scalar newVal,
Rect * rect = 0,  Scalar loDiff = Scalar(), Scalar upDiff = Scalar(), int
flags = 4);
    int cv::floodFill  (InputOutputArray image, InputOutputArray mask, Point
    seedPoint, Scalar newVal, Rect * rect = 0, Scalar  loDiff =
Scalar(),Scalar upDiff = Scalar(),int  flags = 4);
```

这两个函数除了第二个参数外，其他的参数都是共用的。其中参数 image 是一个输入/输出参数，表示一通道或三通道、8 位或浮点图像，具体取值由之后的参数指明。参数 mask 也是输入/输出参数，是第二个版本的 floodFill 独享的，表示操作掩码，它应该为单通道、8 位、长和宽上都比输入图像 image 大两个像素点的图像。第二个版本的 floodFill 需要使用以及更新掩码，所以这个 mask 参数我们一定要准备好并填在此处。需要注意的是，漫水填充不会填充 mask 的非零像素区域。例如，一个边缘检测算子的输出可以用来作为掩码，以防止填充到边缘。同样地，也可以在多次的函数调用中使用同一个掩码，以保证填充的区域不会重叠。另外需要注意的是，mask 会比需填充的图像大，所以 mask 中与输入图像(x,y)像素点相对应的点的坐标为$(x+1,y+1)$。参数 seedPoint 表示漫水填充算法的起始点。参数 Scalar 类型的 newVal 表示像素点被染色的值，即像素在重绘区域的新值。参数 rect 的有默认值为 0，一个可选的参数，用于设置 floodFill 函数将要重绘区域的最小边界矩形区域；参数 loDiff 的默认值为 Scalar()，表示当前观察像素值与其部件邻域像素值或者待加入该部件的种子像素之间的亮度或颜色之负差（lower brightness/color difference）的最大值。参数 upDiff 的默认值为 Scalar()，表示当前观察像素值与其部件邻域像素值或者待加入该部件的种子像素之间的亮度或颜色之正差（lower brightness/color difference）的最大值。参数 flags 表示操作标志符，此参数包含 3 个部分：

（1）低八位部分（第 0~7 位）用于控制算法的连通性，可取 4（4 为默认值）或者 8。如果设为 4，表示填充算法只考虑当前像素水平方向和垂直方向的相邻点；如果设为 8，除上述相邻点外，还会包含对角线方向的相邻点。

（2）高八位部分（16~23 位）可以为 0 或者如下两种选项标识符的组合：

- FLOODFILL_FIXED_RANGE：如果设置为这个标识符，就会考虑当前像素与种子像素之间的差，否则就考虑当前像素与其相邻像素的差。也就是说，这个范围是浮动的。
- FLOODFILL_MASK_ONLY：如果设置为这个标识符，函数不会去填充改变原始图像（也就是忽略第三个参数 newVal），而是去填充掩码图像（mask）。这个标识符只对第二个版本的 floodFill 有用，因为第一个版本里面没有 mask 参数。

（3）中间八位部分（8~15 位）用于指定填充掩码图像的值。如果 flags 中间八位的值为 0，则掩码会用 1 来填充。而所有 flags 可以用 or 操作符（即"|"）连接起来。例如，如果想用 8 邻域填充，并填充固定像素值范围，即填充掩码而不是填充原图像，以及设填充值为 38，那么输入的参数是这样的：

```
flags=8 | FLOODFILL_MASK_ONLY | FLOODFILL_FIXED_RANGE | （38<<8）
```

下面来看一个关于 floodfill 的简单的调用范例。

【例 9.7】利用 floodfill 进行图像分割

步骤 01 新建一个控制台工程，工程名是 test。

步骤 02 在 vc 中打开 main.cpp，并输入如下代码：

```cpp
#include "opencv2/imgproc.hpp"
#include "opencv2/highgui.hpp"
#include <opencv2/imgproc/types_c.h>
#include <iostream>
using namespace std;
using namespace cv;
int main()
{
    Mat src = imread("mysky.jpg");
    imshow("src", src);
    Rect ccomp;
    floodFill(src, Point(50, 300), Scalar(155, 255, 55), &ccomp, Scalar(20,
20, 20), Scalar(20, 20, 20));
    imshow("res", src);
    waitKey(0);
    return 0;
}
```

代码很简单，主要就是 floodFill 的调用，读者可以根据实际参数对照 floodFill 的原型调用方法。

步骤 03 保存工程并运行，结果如图 9-17 所示。

图 9-17

下面再来看一个综合例子，它可以根据用户鼠标的单击和滑竿调节来实现不同区域的图像分割。

【例 9.8】功能更强大的 floodFill 分割

步骤 01 新建一个控制台工程，工程名是 test。

步骤 02 在 vc 中打开 main.cpp，并输入如下代码：

```cpp
#include "opencv2/imgproc.hpp"
#include "opencv2/highgui.hpp"
#include <opencv2/imgproc/types_c.h>
#include <QDebug>
#include <iostream>
using namespace std;
using namespace cv;
// 全局变量声明部分
Mat g_srcImage, g_dstImage, g_grayImage, g_maskImage;// 定义原始图、目标图、灰
度图、掩码图
int g_nFillMode = 1;          // 漫水填充的模式
int g_nLowDifference = 20, g_nUpDifference = 20;// 负差最大值，正差最大值
int g_nConnectivity = 4;      // 表示 floodFill 函数标识符低八位的连通值
bool g_bIsColor = true;       // 是否为彩色图的标识符布尔值
bool g_bUseMask = false;      // 是否显示掩码窗口的布尔值
int g_nNewMaskVal = 255;      // 新的重新绘制的像素值
// ===============【onMouse()函数】========================
static void onMouse(int event, int x, int y, int, void *) {
    // 若鼠标左键没有按下，便返回
    if (event != EVENT_LBUTTONDOWN)
        return;

    // ------------------【<1>调用 floodFill 函数之前的参数准备部分】-------------
    Point seed = Point(x, y);
    int LowDifference = g_nFillMode == 0 ? 0 : g_nLowDifference;
    int UpDifference = g_nFillMode == 0 ? 0 : g_nUpDifference;

    // 标识符的 0~7 位为 g_nConnectivity，8~15 位为 g_nNewMaskVal 左移 8 位的值，16~23
位为 CV_FLOODFILL_FIXED_RANGE 或者 0
    int flags = g_nConnectivity + (g_nNewMaskVal << 8) + (g_nFillMode == 1 ?
```

```
FLOODFILL_FIXED_RANGE : 0);

        // 随机生成 BGR 值
        int b = (unsigned)theRNG() & 255;// 随机返回一个 0~255 的值
        int g = (unsigned)theRNG() & 255;
        int r = (unsigned)theRNG() & 255;
        Rect ccomp;// 定义重绘区域的最小边界矩阵区域

        Scalar newVal = g_bIsColor ? Scalar(b, g, r) : Scalar(r*0.299 + g * 0.587
+ b * 0.114);

        Mat dst = g_bIsColor ? g_dstImage : g_grayImage;// 目标图的赋值
        int area;

        // --------------------【<2>正式调用 floodFill 函数】-----------------
        if (g_bUseMask) {
            threshold(g_maskImage, g_maskImage, 1, 128, THRESH_BINARY);
            area = floodFill(dst, g_maskImage, seed, newVal, &ccomp,
Scalar(LowDifference, LowDifference, LowDifference), Scalar(UpDifference,
UpDifference, UpDifference), flags);
            imshow("mask", g_maskImage);
        }
        else {
            area = floodFill(dst, seed, newVal, &ccomp, Scalar(LowDifference,
LowDifference, LowDifference), Scalar(UpDifference, UpDifference, UpDifference),
flags);
        }
        imshow("res", dst);
        qDebug()<< area << " 个像素被重新绘制\n";
    }

    // main()函数
    int main(int argc, char** argv) {
        // 载入原图
        g_srcImage = imread("study.jpg", 1);
        if (!g_srcImage.data) {
            printf("Fail to open file.! \n");
            return false;
        }

        g_srcImage.copyTo(g_dstImage);// 复制原图到目标图
        cvtColor(g_srcImage, g_grayImage, COLOR_BGR2GRAY);// 转为灰度图到
g_grayImage

        g_maskImage.create(g_srcImage.rows + 2, g_srcImage.cols + 2, CV_8UC1);//
用原图尺寸初始化 mask

        namedWindow("res", WINDOW_AUTOSIZE);

        // 创建 Trackbar
```

```
    createTrackbar("负差最大值", "res", &g_nLowDifference, 255, 0);
    createTrackbar("正差最大值", "res", &g_nUpDifference, 255, 0);


    // 鼠标回调函数
    setMouseCallback("res", onMouse, 0);

    // 循环轮询按键
    while (1) {
        // 先显示效果图
        imshow("res", g_bIsColor ? g_dstImage : g_grayImage);

        // 获取按键键盘
        int c = waitKey(0);
        // 判断 ESC 是否被按下，若按下则退出
        if (c == 27) {
            cout << "game over.\n";
            break;
        }

        // 根据不同按键进行不同操作
        switch ((char)c) {
            // 如果键盘 1 被按下，效果图在灰度图和彩色图之间转换
        case '1':
            if (g_bIsColor) {// 若原来为彩色图，则转换为灰度图，并将 mask 所有元素设置
为 0
                qDebug() << "键盘'1'被按下，切换彩色/灰度模式，当前操作将【彩色模式】
切换为【灰度模式】";
                cvtColor(g_srcImage, g_grayImage, COLOR_BGR2GRAY);
                g_maskImage = Scalar::all(0);// 将 mask 的所有元素设置为 0
                g_bIsColor = false;
            }
            else {
                qDebug()<< "键盘'1'被按下，切换彩色/灰度模式，当前操作将【灰度模式】
切换为【彩色模式】";
                g_srcImage.copyTo(g_dstImage);
                g_maskImage = Scalar::all(0);
                g_bIsColor = true;
            }
        case '2':
            if (g_bUseMask) {
                destroyWindow("mask");
                g_bUseMask = false;
            }
            else {
                namedWindow("mask", 0);
                g_maskImage = Scalar::all(0);
                imshow("mask", g_maskImage);
                g_bUseMask = true;
            }
```

```
            break;
        case '3':// 如果键盘 3 被按下，恢复原始图像
            qDebug()<< "按下键盘'3'，恢复原始图像\n";
            g_srcImage.copyTo(g_dstImage);
            cvtColor(g_srcImage, g_grayImage, COLOR_BGR2GRAY);
            g_maskImage = Scalar::all(0);
            break;
        case '4':
            qDebug()<< "键盘'4'被按下，使用空范围的漫水填充\n";
            g_nFillMode = 0;
            break;
        case '5':
            qDebug() << "键盘'5'被按下，使用渐变、固定范围的漫水填充\n";
            g_nFillMode = 1;
            break;
        case '6':
            qDebug() << "键盘'6'被按下，使用渐变、浮动范围的漫水填充\n";
            g_nFillMode = 2;
            break;
        case '7':
            qDebug() << "键盘'7'被按下，操作标识符的低八位使用 4 位的连接模式\n";
            g_nConnectivity = 4;
            break;
        case '8':
            qDebug() << "键盘'8'被按下，操作标识符的低八位使用 8 位的连接模式\n";
            g_nConnectivity = 8;
            break;
        }
    }
    return 0;
}
```

这个例子本质上也是 floodFill 的调用，但输入根据用户而定。

步骤 03　保存工程并运行，通过鼠标滚轮，可以放大或缩小图像，按住鼠标左键可以移动图像，运行结果如图 9-18 所示。

图 9-18

9.9 分水岭分割法

9.9.1 基本概念

在进行图像处理时，我们可能会遇到这样的问题：如何提取图像的一部分区域，或者如何将所需区域用某种颜色（与其他区域的颜色不同）进行标记。这种情况在图像处理领域被称为图像分割。

图 9-19 所示的就是图像分割的一个应用。从图像的前后对比可以看到，人物通过算法被很清晰地分割了出来，方便后续的识别跟踪。

图 9-19

图像分割是按照一定的原则，将一幅图像分为若干个互不相交的小局域的过程，它是图像处理中最基础的研究领域之一。目前有很多图像分割方法，其中分水岭算法是一种基于区域的图像分割算法。分水岭算法因其实现方便，已经在医疗图像、模式识别等领域得到了广泛的应用。

在分割的过程中，分水岭算法会把跟邻近像素间的相似性作为重要的参考依据，从而将在空间位置上相近并且灰度值相近的像素点连接起来，构成一个封闭的轮廓。封闭性是分水岭算法的一个重要特征。其他图像分割方法，如阈值、边缘检测等都不会考虑像素在空间关系上的相似性和封闭性这一概念，像素间互相独立，没有统一性。分水岭算法较其他分割方法更具有思想性，更符合人眼对图像的印象。

分水岭比较经典的计算方法是 L.Vincent 于 1991 年在 *IEEE Transactions on Pattern Analysis and Machine Intelligence*（简称 PAMI）上提出的。传统的分水岭分割方法是一种基于拓扑理论的数学形态学分割技术，其基本思想是将图像视作地理测量中的拓扑地貌。在这一模型中，图像中每个像素的灰度值表示该点的海拔高度。每一个局部极小值及其影响区域被称为集水盆地，而集水盆地的边界则形成分水岭。

分水岭的概念和形成过程可以通过模拟浸入过程来说明。具体来说，在每个局部极小值的表面刺穿一个小孔，然后将整个模型缓慢浸入水中。随着浸入的加深，每个局部极小值的影响区域逐渐向外扩展，当两个集水盆地汇合时，会在汇合处构筑大坝，从而形成分水岭，如图 9-20 所示。

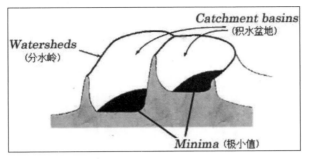

图 9-20

　　然而，基于梯度图像的直接分水岭算法容易导致图像的过分割，产生这一现象的原因主要是：由于输入的图像存在过多的极小区域而产生许多小的集水盆地，从而导致分割后的图像不能将图像中有意义的区域表示出来。因此必须对分割结果的相似区域进行合并。

　　分水岭算法的基本原理就是把图像比喻成一个平面，图像灰度值高的区域被看作山峰，灰度值低的地方被看作山谷。不同区域的山谷可以用不同颜色来标记，但是随着标记区域的不断扩大，会出现一种现象：不同山谷的交汇处区域会出现颜色错乱现象。为了防止这一现象的出现，能做的就是把高峰变得更高（改变灰度值），然后用颜色标记，如此反复，最后完成所有山谷的颜色分割。以上就是分水岭算法的基本原理。说得简单一点，就是根据图像相邻的像素插值将图像分成不同区域，再用分水岭算法将不同区域染成不同颜色。

9.9.2　wathershed 函数

　　OpenCV 中的分水岭算法 cv::wathershed 利用的不是原算法，而是在原算法基础上进行了改进，加上了一步预处理（因为原算法经常会造成图像过度分割）：在分割之前先要设置哪些山谷会出现汇合，哪些不会。如果我们能够确定该点代表的是要分割的对象，就用某种颜色或者灰度值标签标记它；如果不是，就用另一种颜色去标记它。随后的过程就是分水岭算法。当所有山谷区域都分割完毕之后，得到的边界对象值设置为-1。

　　OpenCV 的分水岭算法使用了一系列预定义标记来引导图像分割。要使用 OpenCV 的分水岭算法 cv::wathershed，需要输入一个标记图像，图像的像素值为 32 位有符号正数（CV_32S 类型），每个非零像素代表一个标签。它的原理是对图像中部分像素做标记，表明它的所属区域是已知的。分水岭算法可以根据这个初始标签确定其他像素所属的区域。传统的基于梯度的分水岭算法和改进后基于标记的分水岭算法示意图如图 9-21 所示。

　　从图 9-21 中可以看出，传统的基于梯度的分水岭算法由于局部最小值过多，造成分割后的分水岭较多。而基于标记的分水岭算法，水淹过程从预先定义好的标记图像（像素）开始，较好地克服了过度分割的不足。本质上讲，基于标记点的改进算法是利用先验知识来帮助分割的一种方法。因此，改进算法的关键在于如何获得准确的标记图像，即如何将前景物体与背景准确地标记出来。

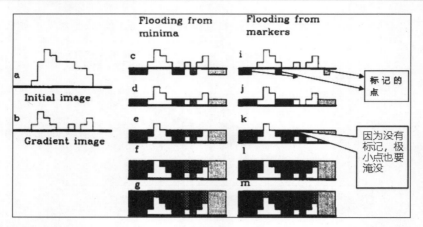

图 9-21

OpenCV 中分水岭算法的函数是 watershed，该函数声明如下：

```
void cv::watershed ( InputArray    image, InputOutputArray   markers );
```

其中参数 image 必须是一个 8 位三通道彩色图像矩阵序列；参数 markers 表示必须包含种子点信息。在执行分水岭函数 watershed 之前，必须对第二个参数 markers 进行处理，它应该包含不同区域的轮廓，每个轮廓有唯一的编号，轮廓的定位可以通过 Opencv 中的 findContours 方法实现。这个是执行分水岭算法的要求，算法会根据 markers 传入的轮廓作为种子（也就是所谓的注水点），对图像上其他的像素点根据分水岭算法规则进行判断，并对每个像素点的区域归属进行划定，直到处理完图像上所有像素点。而区域与区域之间的分界处的值被置为"-1"，以便区分。

简单概括一下，就是第二个入参 markers 必须包含种子点信息。OpenCV 官方例程中使用鼠标划线标记，其实就是在定义种子，只不过需要手动操作，而使用 findContours 可以自动标记种子点。分水岭算法完成之后并不会直接生成分割后的图像，还需要进一步显示处理，如此看来，只有两个参数的 watershed 其实并不简单。

下边通过图示来看一下 watershed 函数的第二个参数 markers 在算法执行前后发生了什么变化，原图如图 9-22 所示。

图 9-22

经过灰度化、滤波、Canny 边缘检测、findContours 轮廓查找、轮廓绘制等步骤后，终于得到了符合 OpenCV 要求的 merkers，我们把 merkers 转换成 8bit 单通道灰度图，看看它里边到底是什么内容。分水岭算法运算前的 merkers 如图 9-23 所示。findContours 检测到的轮廓（即分水岭算法运算后）如图 9-24 所示。

图 9-23

图 9-24

从效果上看，分水岭算法运算前的 merkers 图像基本上跟检测到的轮廓是一样的，也是简单地勾勒出了物体的外形。但如果仔细观察就能发现，图像上不同线条的灰度值是不同的，底部略暗，越往上灰度越高。由于这幅图像边缘比较少，对比不是很明显，下面再来看一幅轮廓数量较多的图。分水岭算法运算前的 merkers 如图 9-25 所示。findContours 检测到的轮廓如图 9-26 所示。

对比这两幅图可以很明显地看到，分水岭算法运算前的 merkers 图像从底部往上，线条的灰度值越来越高，并且由于底部部分线条的灰度值太低，已经观察不到了。相互连接在一起的线条灰度值是一样的，这些线条和不同的灰度值又能说明什么呢？答案是每一个线条代表了一个种子，线条的不同灰度值其实代表了对不同注水种子的编号，有多少不同灰度值的线条，就有多少个种子，图像最后分割后就有多少个区域。

图 9-25

图 9-26

再来看一下执行完分水岭方法之后 merkers 里边的内容发生了什么变化，如图 9-27 所示。

图 9-27

可以看到，执行完 watershed 之后，merkers 里边被分割出来的区域已经非常明显了，空间上临近并且灰度值上相近的区域被划分为一个区域，灰度值是一样的，不同区域被划分开。这其实就是分水岭对图像的分割效果了。

使用 watershed 函数实现图像自动分割的基本步骤如下：

（1）图像灰度化、滤波、Canny 边缘检测。

（2）查找轮廓，并且把轮廓信息按照不同的编号绘制到 watershed 的第二个入参 merkers 上，相当于标记注水点。

（3）watershed 分水岭运算。

（4）绘制分割出来的区域，还可以使用随机颜色填充，或者跟原始图像融合一下，以得到更好的显示效果。

以下是 Opencv 分水岭算法 watershed 实现的完整过程。

【例 9.9】 watershed 分水岭分割

步骤 **01** 新建一个控制台工程，工程名是 test。

步骤 **02** 打开 main.cpp，并输入如下代码：

```cpp
#include "opencv2/imgproc.hpp"
#include "opencv2/highgui.hpp"
#include <opencv2/imgproc/types_c.h>
#include <iostream>
using namespace std;
using namespace cv;

#include "opencv2/imgproc/imgproc.hpp"
#include "opencv2/highgui/highgui.hpp"

#include <iostream>

using namespace cv;
using namespace std;

Vec3b RandomColor(int value);               // 生成随机颜色函数

int main(int argc, char* argv[])
{
    Mat image = imread("girl.jpg");          // 载入 RGB 彩色图像，另外一幅图是
test2.jpg
    imshow("Source Image", image);

    // 灰度化，滤波，Canny 边缘检测
    Mat imageGray;
    cvtColor(image, imageGray, CV_RGB2GRAY);                // 灰度转换
    GaussianBlur(imageGray, imageGray, Size(5, 5), 2);      // 高斯滤波
    imshow("Gray Image", imageGray);
    Canny(imageGray, imageGray, 80, 150);
    imshow("Canny Image", imageGray);

    // 查找轮廓
    vector<vector<Point>> contours;
    vector<Vec4i> hierarchy;
    findContours(imageGray, contours, hierarchy, RETR_TREE,
CHAIN_APPROX_SIMPLE, Point());
    Mat imageContours = Mat::zeros(image.size(), CV_8UC1);  // 轮廓
    Mat marks(image.size(), CV_32S);       // Opencv 分水岭第二个矩阵参数
    marks = Scalar::all(0);
    int index = 0;
    int compCount = 0;
    for (; index >= 0; index = hierarchy[index][0], compCount++)
    {
        // 对 marks 进行标记，对不同区域的轮廓进行编号，相当于设置注水点，有多少轮廓，
就有多少注水点
        drawContours(marks, contours, index, Scalar::all(compCount + 1), 1, 8,
```

```
hierarchy);
        drawContours(imageContours, contours, index, Scalar(255), 1, 8,
hierarchy);
    }

    // 我们来看一下传入的矩阵 marks 里有什么
    Mat marksShows;
    convertScaleAbs(marks, marksShows);
    imshow("marksShow", marksShows);
    imshow("contour", imageContours);
    watershed(image, marks);

    // 我们再来看一下执行分水岭算法之后的矩阵 marks 里有什么
    Mat afterWatershed;
    convertScaleAbs(marks, afterWatershed);
    imshow("After Watershed", afterWatershed);

    // 对每一个区域进行颜色填充
    Mat PerspectiveImage = Mat::zeros(image.size(), CV_8UC3);
    for (int i = 0; i < marks.rows; i++)
    {
        for (int j = 0; j < marks.cols; j++)
        {
            int index = marks.at<int>(i, j);
            if (marks.at<int>(i, j) == -1)
            {
                PerspectiveImage.at<Vec3b>(i, j) = Vec3b(255, 255, 255);
            }
            else
            {
                PerspectiveImage.at<Vec3b>(i, j) = RandomColor(index);
            }
        }
    }
    imshow("After ColorFill", PerspectiveImage);
    // 将分割并填充颜色的结果跟原始图像融合
    Mat wshed;
    addWeighted(image, 0.4, PerspectiveImage, 0.6, 0, wshed);
    imshow("AddWeighted Image", wshed);

    waitKey();
    return 0;
}

Vec3b RandomColor(int value)    // 生成随机颜色函数
{
    value = value % 255;         // 生成 0~255 的随机数
    RNG rng;
    int aa = rng.uniform(0, value);
    int bb = rng.uniform(0, value);
```

```
    int cc = rng.uniform(0, value);
    return Vec3b(aa, bb, cc);
}
```

步骤 03 保存工程并运行，第一幅图像分割效果如图 9-28 所示。按比例跟原始图像融合，如图 9-29 所示。

图 9-28   图 9-29

第二幅图像（test2.jpg）的分割效果如图 9-30 所示。

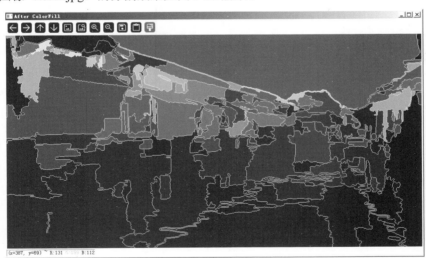

图 9-30

按比例跟原始图像融合如图 9-31 所示。

图 9-31

第 **10** 章

图像金字塔

图像金字塔是一种以多个分辨率来表示图像的有效且概念简单的结构。图像金字塔最初用于机器视觉和图像压缩，一个图像金字塔是一系列以金字塔形状排列、分辨率逐步降低的图像集合。

图像金字塔背后的思想是，在一种分辨率下可能无法检测到的特征，可以在其他分辨率下轻松检测到。例如，如果感兴趣区域尺寸较大，则低分辨率图像或粗略视图就足够了；而对于小物体，以高分辨率检查它们是有意义的。如果图像中同时存在大型和小型物体，以多种分辨率分析图像可能是有益的。

10.1　图像金字塔概述

一般情况下，我们要处理的是具有固定分辨率的图像。但是在有些情况下，我们需要对同一图像的不同分辨率的子图像进行处理。比如，需要在一幅图像中查找某个目标，如脸，我们不知道目标在图像中的大小。在这种情况下，我们需要创建一组图像，这些图像是具有不同分辨率的原始图像。我们把这组图像叫作图像金字塔（简单来说，就是同一图像的不同分辨率的子图集合）。如果把最大的图像放在底部，最小的放在顶部，看起来就像一座金字塔，故而得名图像金字塔，如图10-1 所示。

图像金字塔的底部是原始图像，分辨率最高，而顶部则为其低分辨率的近似图像。通常情况下，每向上移动一级，图像的宽和高都降低为原来的二分之一。

图像金字塔最初用于机器视觉和图像压缩。一个图像金字塔是一系列以金字塔形状排列的、分辨率逐步降低的图像集合。如图 10-2 所示，它包括了四层图像。图像金字塔可以通过梯次向下采样获得，直到达到某个终止条件才停止采样。在向下采样中，层级越高，图像越小，分辨率越低。

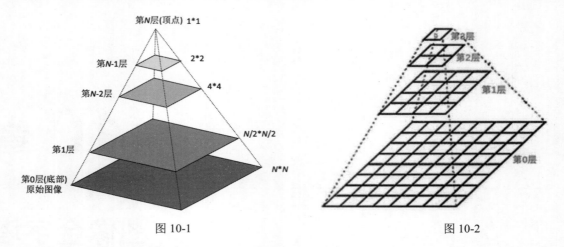

图 10-1 图 10-2

生成图像金字塔主要有两种方式：向下采样和向上采样。

● 向下采样：将图像从 G0 转换为 G1、G2、G3，图像分辨率不断降低。

● 向上采样：将图像从 G3 转换为 G2、G1、G0，图像分辨率不断增大，如图 10-3 所示。

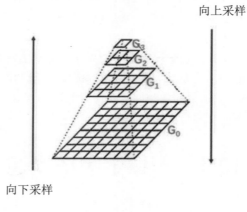

图 10-3

图像金字塔有两种，第一种是高斯金字塔（Gaussian Pyramid），第二种是拉普拉斯金字塔（Laplacian Pyramid）。高斯金字塔用来向下采样，是主要的图像金字塔。拉普拉斯金字塔用来从金字塔低层图像重建上层未采样图像，在数字图像处理中就是预测残差，可以对图像进行最大程度的还原，它配合高斯金字塔一起使用。

两者的简单区别：高斯金字塔用来向下采样图像，而拉普拉斯金字塔则用来从金字塔底层图像中向上采样以重建图像。

10.2 高斯金字塔

高斯金字塔是由底部的最大分辨率图像逐次向下采样得到的一系列图像。最下面的图像分辨率最高，越往上图像分辨率越低。高斯金字塔的向下采样过程是：对于给定的图像先做一次高斯平滑处理，也就是使用一个卷积核对图像进行卷积操作，然后对图像取样，去除图像中的偶数行和偶数列，就得到一幅图片，对这幅图片再进行上述操作，就可以得到高斯金字塔。

OpenCV 官方推荐的卷积核如图 10-4 所示。

$$\frac{1}{256}\begin{bmatrix} 1 & 4 & 6 & 4 & 1 \\ 4 & 16 & 24 & 16 & 4 \\ 6 & 24 & 36 & 24 & 6 \\ 4 & 16 & 24 & 16 & 4 \\ 1 & 4 & 6 & 4 & 1 \end{bmatrix}$$

图 10-4

假设原先的图片的长和宽分别为 M、N，经过一次取样后，图像的长和宽会分别变成$[M+1]/2$、$[N+1]/2$。由此可见，图像的面积变为了原来的 1/4，图像的分辨率变成了原来的 1/4。

我们可以使用函数 pyrDown() 和 pyrUp() 构建图像金字塔。函数 pyrDown() 构建从高分辨率到低分辨率的金字塔，也称向下采样。函数 pyrUp() 构建从低分辨率到高分辨率的金字塔（尺寸变大，但分辨率不变），也称向上采样。如果一幅图片经过下采样，那么图片的分辨率就会降低，图片里的信息就会损失。向上采样与向下采样的过程相反，向上采样先在图像中插入值为 0 的行与列，再进行高斯模糊。高斯模糊所使用的卷积核等于向下采样中使用的卷积核乘以 4，也就是上面给出的卷积核乘以 4。

10.2.1　向下采样

在图像向下采样中，一般分两步：

（1）对图像 G_i 进行高斯卷积核（高斯滤波）。

（2）删除所有的偶数行和列，如图 10-5 所示。

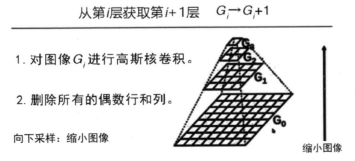

图 10-5

其中，高斯核卷积运算（高斯滤波）就是对整幅图像进行加权平均的过程，每一个像素点的值都由其本身和邻域内的其他像素值（权重不同）经过加权平均后得到。常见的 3×3 和 5×5 高斯核如图 10-6 所示。

$$K(3,3) = \frac{1}{16} \times \begin{bmatrix} 1 & 2 & 1 \\ 2 & 4 & 2 \\ 1 & 2 & 1 \end{bmatrix}$$

$$K(5,5) = \frac{1}{273} \times \begin{bmatrix} 1 & 4 & 7 & 4 & 1 \\ 4 & 16 & 26 & 16 & 4 \\ 7 & 26 & 41 & 26 & 7 \\ 4 & 16 & 26 & 16 & 4 \\ 1 & 4 & 7 & 4 & 1 \end{bmatrix}$$

图 10-6

原始图像 G_i 具有 $M \times N$ 个像素，进行向下采样之后，所得到的图像 G_{i+1} 具有 $M/2 \times N/2$ 个像素，只有原图的四分之一。通过对输入的原始图像不停迭代以上步骤，就会得到整个金字塔。

在 OpenCV 中，向下采样使用的函数为 pyrDown()，其声明如下：

```
void cv::pyrDown (InputArray src, OutputArray dst, const Size & dstsize =
Size(), int borderType = BORDER_DEFAULT );
```

其中参数 src 表示输入图像；dst 表示输出图像，和输入图像具有一样的尺寸和类型；dstsize 表示输出图像的大小，默认值为 Size()；borderType 表示像素外推方法，详见 cv::bordertypes。

【例 10.1】对图像进行一次向下采样

步骤01 打开 Qt Creator，新建一个控制台工程，工程名是 test。

步骤02 打开 main.cpp，输入如下代码：

```cpp
#include <iostream>
#include "opencv2/imgproc/imgproc.hpp"
#include "opencv2/highgui/highgui.hpp"
#include <stdlib.h>
#include <stdio.h>
using namespace cv;

int main()
{
    Mat img, dst;
    img = imread("pig.jpg", IMREAD_COLOR);      // 读取原始图像
    pyrDown(img, dst);                          // 图像向下采样
    imshow("original", img);                    // 显示图像
    imshow("PyrDown", dst);
    waitKey(0);
    destroyAllWindows();                        // 销毁所有窗口
}
```

在上述代码中，使用了函数 pyrDown 进行了向下采样，pyrDown 函数的使用非常简单。

步骤03 保存工程并运行，结果如图 10-7 所示。

图 10-7

上例是一次向下采样，下面再来看多次向下采样。

【例 10.2】对图像进行多次向下采样

步骤 01　打开 Qt Creator，新建一个控制台工程，工程名是 test。

步骤 02　打开 main.cpp，输入如下代码：

```cpp
#include <iostream>
#include "opencv2/imgproc/imgproc.hpp"
#include "opencv2/highgui/highgui.hpp"
#include <stdlib.h>
#include <stdio.h>
using namespace cv;

int main()
{
    Mat img, r1,r2,r3;
    img = imread("pig.jpg", IMREAD_COLOR);      // 读取原始图像
    pyrDown(img, r1);                            // 图像向下采样
    pyrDown(r1, r2);
    pyrDown(r2, r3);

    imshow("original", img);                     // 显示图像
    imshow("PyrDown1", r1);
    imshow("PyrDown2", r2);
    imshow("PyrDown3", r3);

    waitKey(0);
    destroyAllWindows();                         // 销毁所有窗口
}
```

在上述代码中，我们连续做了 3 次向下采样。

步骤 03　保存工程并运行，结果如图 10-8 所示。

图 10-8

10.2.2　向上采样

图像向上采样是由小图像不断放大图像的过程。首先，它将图像在每个方向上扩大为原图像的 2 倍，新增的行和列均用 0 来填充，如图 10-9 所示，它在原始像素 45、123、89、149 之间各新增了一行和一列值为 0 的像素。

$$
\begin{vmatrix} 45 & 123 \\ 89 & 149 \end{vmatrix} \Rightarrow \begin{vmatrix} 45 & 0 & 123 & 0 \\ 0 & 0 & 0 & 0 \\ 89 & 0 & 149 & 0 \\ 0 & 0 & 0 & 0 \end{vmatrix}
$$

图 10-9

然后使用与"向下采样"相同的卷积核乘以 4，再与放大后的图像进行卷积运算，以获得"新增像素"的新值。所有元素都被规范化为 4，而不是 1。值得注意的是，放大后的图像比原始图像要模糊，如图 10-10 所示。

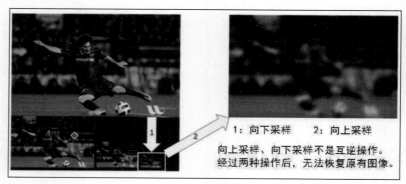

图 10-10

向上采样和向下采样不是互逆操作，经过两种操作后，无法恢复原有图像。

在 OpenCV 中，向上采样使用 pyrUp() 函数，其声明如下：

```
void cv::pyrUp(InputArray src, OutputArray dst, const Size &dstsize=Size(),
int borderType=BORDER_DEFAULT);
```

其中参数 src 表示输入图像；dst 表示输出图像，和输入图像具有一样的尺寸和类型；dstsize 表示输出图像的大小，默认值为 Size()；borderType 表示像素外推方法，详见 cv::bordertypes。

【例 10.3】对图像进行向上采样

步骤 01　打开 Qt Creator，新建一个控制台工程，工程名是 test。

步骤 02　打开 main.cpp，输入如下代码：

```cpp
#include <iostream>
#include "opencv2/imgproc/imgproc.hpp"
#include "opencv2/highgui/highgui.hpp"
#include <stdlib.h>
#include <stdio.h>
using namespace cv;

int main()
{
    Mat img, r1, r2 ;
    img = imread("pig.jpg", IMREAD_COLOR); // 读取原始图像
    pyrDown(img, r1);                       // 图像向下采样
    pyrUp(r1, r2);                          // 图像向上采样

    imshow("original", img);                // 显示图像
    imshow("PyrDown1", r1);
    imshow("PyrUp", r2);

    waitKey(0);
    destroyAllWindows();                    // 销毁所有窗口
}
```

在上述代码中，我们对一幅图像先做了向下采样，再做了向上采样。

步骤 03　保存工程并运行，结果如图 10-11 所示，可以发现向上采样后图像变模糊了。

图 10-11

10.3 拉普拉斯金字塔

拉普拉斯金字塔可以从高斯金字塔计算得来。OpenCV 4 版本中的拉普拉斯金字塔位于 imgproc 模块的 Image Filtering 子模块中。拉普拉斯金字塔主要应用于图像融合。

拉普拉斯金字塔是高斯金字塔的修正版，目的是还原到原图。它通过计算残差图来达到还原。拉普拉斯金字塔第 i 层的数学定义如下：

$$L(i) = G(i) - \mathrm{PyrUp}\big(G(i+1)\big)$$

将向下采样之后的图像再进行向上采样操作，然后与之前还没向下采样的原图做差，以得到残差图，为还原图像做信息的准备。也就是说，拉普拉斯金字塔是通过原图像减去先缩小再放大的图像的一系列图像构成的，保留的是残差。在 OpenCV 中拉普拉斯金字塔的函数原型：

```
CV_EXPORTS_W void Laplacian( InputArray src, OutputArray dst, int ddepth, int
ksize = 1, double scale = 1, double delta = 0, int borderType = BORDER_DEFAULT );
```

其中参数 src 表示原图；dst 表示目标图像；ddepth 表示目标图像的深度；ksize 表示用于计算二阶导数滤波器的孔径大小，大小必须为正数和奇数；scale 用于计算拉普拉斯值的可选比例因子，默认情况下，不应用缩放；delta 表示在将结果存储到 dst 之前添加到结果中的可选增量值；borderType 用于决定在图像发生几何变换或者滤波操作（卷积）时边缘像素的处理方式。

【例 10.4】实战拉普拉斯

步骤 01 打开 Qt Creator，新建一个控制台工程，工程名是 test。

步骤 02 打开 main.cpp，输入如下代码：

```cpp
#include <iostream>
#include "opencv2/imgproc/imgproc.hpp"
#include "opencv2/highgui/highgui.hpp"
#include <stdlib.h>
#include <stdio.h>
#include <opencv2/imgproc/types_c.h>
#include <opencv2/highgui/highgui_c.h>
using namespace std;
using namespace cv;

// 拉普拉斯边缘计算
void TLaplacian()
{
    Mat img1, img2, gray_img, edge_img;

    const char* win1 = "window1";
    const char* win2 = "window2";
    const char* win3 = "window3";
    const char* win4 = "window4";

    namedWindow(win1, CV_WINDOW_AUTOSIZE);
```

```
    namedWindow(win2, CV_WINDOW_AUTOSIZE);
    namedWindow(win3, CV_WINDOW_AUTOSIZE);
    namedWindow(win4, CV_WINDOW_AUTOSIZE);

    img1 = imread("img.jpg"); // 读取图片
    if (img1.empty())
{
        cout << "could not found image" << endl;
        return;
}


    // 高斯模糊，去掉噪点
    GaussianBlur(img1, img2, Size(3, 3), 0, 0);
    // 转为灰度图
    cvtColor(img2, gray_img, CV_BGR2GRAY);
    // 拉普拉斯
    Laplacian(gray_img, edge_img, CV_16S, 3);
    convertScaleAbs(edge_img, edge_img);

    threshold(edge_img, edge_img, 2, 255, THRESH_OTSU | THRESH_BINARY);

    imshow(win1, img1);
    imshow(win2, img2);
    imshow(win3, gray_img);
    imshow(win4, edge_img);
}

int main()
{
    TLaplacian();

    waitKey(0);
    return 0;
}
```

在上述代码中，我们利用函数 Laplacian 进行了拉普拉斯边缘计算。

步骤 **03** 保存工程并运行，结果如图 10-12 所示。

图 10-12

第 11 章

图像形态学

图像形态学是一种数学理论和技术，用于分析和处理图像中的形状和结构。它主要基于数学形态学的概念，通过操作图像中的形状和结构元素（也称为内核或模板），来实现图像的分析、增强、去噪和特征提取等目的。图像形态学通常用于数字图像处理、计算机视觉和模式识别等领域。

11.1　图像形态学概述

图像的形态学处理是以数学形态学（Mathematical Morphology，也称图像代数）为理论基础，借助数学方法对图像进行形态处理的技术。在图像的形态学处理中，图像所具有的几何特性将成为算法中最让人关心的信息。因此，在几何层面上对图像进行分析和处理，也就成了图像形态学所研究的中心内容。由于图像形态学算法大多通过集合的思想实现，在实践中具有处理速度快、算法思路清晰等特点，被广泛应用于许多领域。

图像形态学的基本思想是用具有一定形态的结构元素去度量和提取图像中的对应形状，以达到对图像进行分析和识别的目的。形态学图像处理的数学基础和所用的语言是集合论。形态学图像处理的应用可以简化图像数据，保持它们基本的形状特性，并除去不相干的结构。

形态学图像处理的基本运算有：膨胀、腐蚀、开运算和闭运算、击中与击不中变换、TOP-HAT变换、黑帽变换等。

11.2　形态学的应用

形态学在图像处理上有以下应用：

● 消除噪声、边界提取、区域填充、连通分量提取、凸壳、细化、粗化等。

- 分割出独立的图像元素，或者图像中相邻的元素。
- 求取图像中明显的极大值区域和极小值区域。
- 求取图像梯度。

11.2.1　数学上的形态学

数学形态学是一门建立在格论和拓扑学（topology，或意译为位相几何学）基础之上的图像分析学科，是数学形态学图像处理的基本理论。其基本的运算包括：腐蚀和膨胀、开运算和闭运算、骨架抽取、极限腐蚀、击中击不中变换、形态学梯度、Top-hat 变换、颗粒分析、流域变换等。

数学形态学是由法国巴黎矿业学院博士生赛拉及其导师马瑟荣于 1964 年提出的，他们在理论层面上第一次引入了形态学的表达式，并建立了颗粒分析方法。数学形态学最初应用于铁矿核的定量岩石学分析及预测其开采价值的研究，它是以集合代数为基础、用集合论的方法定量描述几何结构的科学。1985 年后，数学形态学开始应用于数字图像处理领域，成为分析图像几何特征的工具，它的基本思想是用具有一定形态的结构元素去度量和提取图像中的对应形状，以达到分析和识别图像的目的。

数学形态学具有完备的数学基础，这为形态学用于图像分析和处理、形态滤波器的特性分析和系统设计奠定了坚实的基础。数学形态学的应用可以简化图像数据，保持它们基本的形状特性，并除去不相关的结构。数学形态学的算法具有天然的并行实现的结构，实现了形态学分析和处理算法的并行，具有很高的图像分析和处理速度。

数学形态学的基本思想及方法广泛应用于医学诊断、地质探测、食品检验及细胞分析等领域。由于它在理论上的坚实性和应用上的灵活性，被很多学者称为是最严谨却又优美的科学。

11.2.2　格

在数学中，格是指一个偏序集合（poset），其中每个非空有限子集都具有一个上确界（称为并）和一个下确界（称为交）。格也可以被特征化为满足特定公理恒等式的代数结构。由于这两种定义是等价的，格理论从序理论和泛代数中提取了相应的内容。

半格是格的一种特殊情况，此外还包括海廷代数和布尔代数。这些"格样式"的结构都允许用序理论和抽象代数进行描述。

11.2.3　拓扑学

在数学里，拓扑学是一门研究拓扑空间的学科，主要研究空间在连续变化（如拉伸或弯曲，但不包括撕开或黏合）下维持不变的性质。在拓扑学里，重要的拓扑性质包括连通性与紧致性。

拓扑学是从几何学与集合论中发展出来的学科，研究空间、维度与变换等概念。这些术语的起源可追溯至 17 世纪，哥特佛莱德·莱布尼兹提出"位置的几何学"（Geometria Situs）和"位相分析"（Analysis Situs）的说法。莱昂哈德·欧拉的柯尼斯堡七桥问题与欧拉示性数被认为是该领域最初的定理。"拓扑学"一词由利斯廷于 19 世纪提出，但直到 20 世纪初，拓扑空间的概念才开始发展起来。到了 20 世纪中叶，拓扑学已成为数学的一大分支。拓扑学有许多子领域：

（1）一般拓扑学：建立拓扑的基础，并研究拓扑空间的性质，以及与拓扑空间相关的概念。一般拓扑学也被称为点集拓扑学，用于其他数学领域（如紧致性与连通性等主题）之中。

（2）代数拓扑学：运用同调与同伦群等代数结构量测连通性的程度。

（3）微分拓扑学：研究在微分流形上的可微函数，与微分几何密切相关，并一起组成微分流形的几何理论。

（4）几何拓扑学：主要研究流形及其对其他流形的嵌入。几何拓扑学中一个特别活跃的领域为"低维拓扑学"，研究四维以下的流形。几何拓扑学也包括"纽结理论"，主要研究数学上的纽结。

11.2.4　数学形态学的组成

数学形态学是由一组形态学的代数算子组成的，它的基本运算有 4 个：膨胀（或扩张）、腐蚀（或侵蚀）、开启和闭合。它们在二值图像和灰度图像中各有特点。基于这些基本运算还可推导和组合成各种数学形态学实用算法，用它们可以进行图像形状和结构的分析及处理，包括图像分割、特征抽取、边缘检测、图像滤波、图像增强和恢复等。

数学形态学方法利用一个被称作结构元素的"探针"来收集图像的信息。当探针在图像中不断移动时，便可考察图像各个部分之间的相互关系，从而了解图像的结构特征。数学形态学基于探测的思想，与人的 FOA（Focus of Attention）的视觉特点有类似之处。作为探针的结构元素，可直接携带知识（形态、大小，甚至加入灰度和色度信息）来探测和研究图像的结构特点。

11.2.5　数学形态学的应用

数学形态学的基本思想及方法适用于与图像处理有关的各个方面，比如基于击中/击不中变换的目标识别、基于流域概念的图像分割、基于腐蚀和开运算的骨架抽取及图像编码压缩、基于测地距离的图像重建、基于形态学滤波器的颗粒分析等。迄今为止，还没有一种方法能像数学形态学那样既有坚实的理论基础，简洁、朴素、统一的基本思想，又有如此广泛的实用价值。有人称数学形态学在理论上是严谨的，在基本观念上却是简单和优美的。

数学形态学是一门建立在严格数学理论基础上的学科，其基本思想和方法对图像处理的理论和技术产生了重大影响。事实上，数学形态学已经构成一种新的图像处理方法和理论，成为计算机数字图像处理及分形理论的一个重要研究领域，并且已经应用在多门学科的数字图像分析和处理的过程中。这门学科在计算机文字识别、计算机显微图像分析（如定量金相分析、颗粒分析）、医学图像处理（如细胞检测、心脏的运动过程研究、脊椎骨癌图像自动数量描述）、图像编码压缩、工业检测（如食品检验和印刷电路自动检测）、材料科学、机器人视觉、汽车运动情况监测等方面都取得了非常成功的应用。另外，数学形态学在指纹检测、经济地理、合成音乐和断层 X 光照像等领域也有良好的应用前景。形态学方法已成为图像应用领域工程技术人员的必备工具。目前，有关数学形态学的技术和应用正在不断地研究和发展。

11.2.6　操作分类

数学形态学操作可以分为二值形态学和灰度形态学。灰度形态学由二值形态学扩展而来。二值形态学基本操作有腐蚀、膨胀、开运算、闭运算。开运算和闭运算是由腐蚀和膨胀结合而成的。

11.3　结构元素

结构元素（Structuring Element）是一种小的图像模板，用于定义形态学操作的特征和行为。它通常是一个小的二值图像，用于描述待处理图像中的局部结构。常见的结构元素包括方形、圆形、十字形等。

假设有两幅图像 A 和 B。若 A 是被处理的对象，而 B 是用来处理 A 的，则称 B 为结构元素，它又被形象地称作刷子。结构元素通常都是有一定形状的比较小的图像块。在二值形态学中，其像素值为 1，且要指定坐标原点。

11.4　膨　　胀

膨胀是使图像中的目标"生长"或"变粗"的过程。这种特殊的方法和生长程度由一种被称为结构元素的形状来控制。结构元素的原点必须被明确表明。

把结构元素 B 平移 a 后得到 Ba，若 Ba 击中 X，则记下这个 a 点。所有满足上述条件的 a 点组成的集合称作 X 被 B 膨胀的结果。用公式表示为：

$$D(X)=\{a \mid Ba \uparrow X\}=X \oplus B$$

如图 11-1 所示。

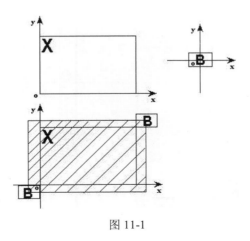

图 11-1

图中 X 是被处理的对象，B 是结构元素。不难知道，对于任意一个在阴影部分的点 a，Ba 击中 X，所以 X 被 B 膨胀的结果就是那个阴影部分。阴影部分包括 X 的所有范围，就像 X 膨胀了一圈似的，这就是为什么叫膨胀的原因。

让我们来看看实际上是怎样进行膨胀运算的，如图 11-2 所示。

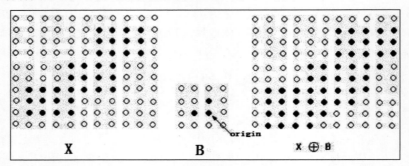

图 11-2

左边是被处理的图像 X（二值图像，我们针对的是黑点）；中间是结构元素 B，标有 origin 的点是中心点，即当前处理元素的位置。膨胀的方法是，拿 B 的中心点（注意必须是中心点）和 X 上的点及 X 周围的点一个一个地对，如果 B 上有一个点落在 X 的范围内，则该点（中心点）就为黑。右边是膨胀后的结果，可以看出它包括 X 的所有范围，就像 X 膨胀了一圈似的。实际编程中可以通过腐蚀来达到膨胀的目的。

11.5 腐　蚀

把结构元素 B 平移 a 后得到 Ba，若 Ba 包含于 X，我们记下这个 a 点，所有满足上述条件的 a 点组成的集合称作 X 被 B 腐蚀（Erosion）的结果。用公式表示为：

```
E(X)={a| Ba X}=X B
```

如图 11-3 所示。

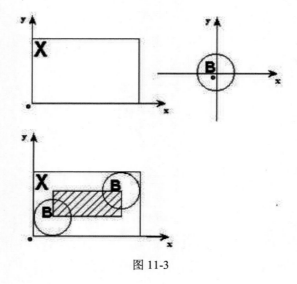

图 11-3

　　图中 X 是被处理的对象，B 是结构元素。不难知道，对于任意一个在阴影部分的点 a，Ba 包含于 X，所以 X 被 B 腐蚀的结果就是那个阴影部分。阴影部分在 X 的范围之内，且比 X 小，就像 X 被剥掉了一层似的，这就是为什么叫腐蚀的原因。

　　值得注意的是，上面的 B 是对称的，即 B 的对称集 $B^v = B$，所以 X 被 B 腐蚀的结果和 X 被 B^v 腐蚀的结果是一样的。如果 B 不是对称的，就会发现 X 被 B 腐蚀的结果和 X 被 B^v 腐蚀的结果不同，如图 11-4 所示。

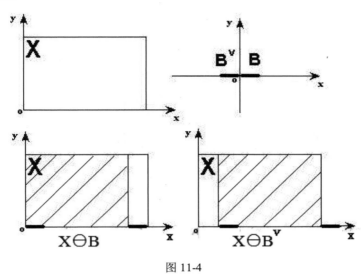

图 11-4

　　图 111-3 和图 11-4 都是示意图，下面来看看实际上是怎样进行腐蚀运算的，如图 11-5 所示。

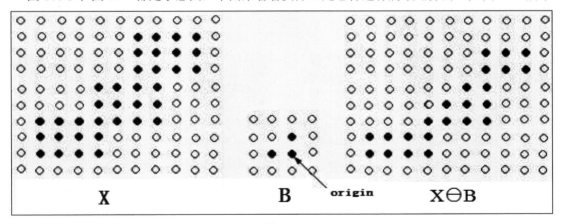

图 11-5

　　左边是被处理的图像 X（二值图像，我们针对的是黑点）；中间是结构元素 B，那个标有 origin 的点是中心点，即当前处理元素的位置。腐蚀的方法是，拿 B 的中心点和 X 上的点一个一个地对比，如果 B 上的所有点都在 X 的范围内，则该点保留，否则将该点去掉。右边是腐蚀后的结果，可以看出它仍在原来 X 的范围内，且比 X 包含的点要少，就像 X 被腐蚀掉了一层。

11.6 开 运 算

开运算通过先进行腐蚀操作，再进行膨胀操作得到。它在移除小的对象时很有用（假设物品是亮色，前景色是黑色），可用来去除噪声。

我们先以二值图为例。如图 11-6 所示，左侧是原始图像，右侧是应用开运算之后的图像。可以看到左侧图像小的黑色空间被填充消失，所以开运算可以进行白色的孔洞填补。可以想象，我们先将黑色区域变大，然后填充部分白色区域，白色小区域这时就会被抹去，然后膨胀，再将黑色区域变回，但是抹去的部分会消失，则会达到这样的效果。

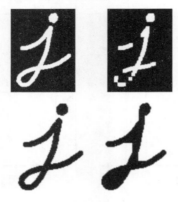

图 11-6

对于彩色图而言，则是将一些小的偏白色孔洞或者区域用周围的颜色进行填补，整体的图像也会模糊化，宛如一幅水彩画。下面两幅图（图 11-7、图 11-8）分别是卷积核为 10 与 50 像素开运算处理后的效果，可以发现眼部与羽毛中的白色部分均被填充，地面上的气泡也接近模糊消失了。

图 11-7

图 11-8

开运算其实就是先腐蚀运算，再膨胀运算（看上去把细微连在一起的两块目标分开了），如图 11-9 所示。

开运算能够除去孤立的小点、毛刺和小桥，而总的位置和形状不便。开运算是一个基于几何运算的滤波器，结构元素大小的不同将导致滤波效果的不同。不同的结构元素的选择导致了不同的分割，即提取出不同的特征。

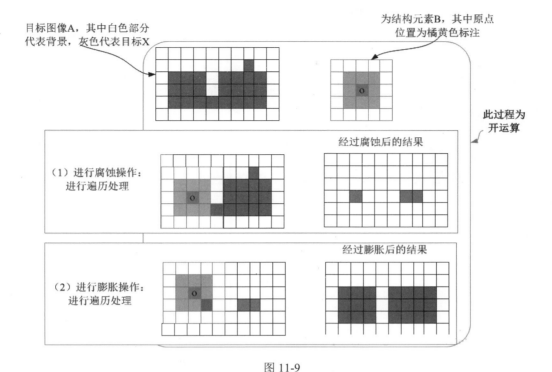

目标图像A，其中白色部分代表背景，灰色代表目标X

为结构元素B，其中原点位置为橘黄色标注

此过程为开运算

（1）进行腐蚀操作：进行遍历处理

经过腐蚀后的结果

（2）进行膨胀操作：进行遍历处理

经过膨胀后的结果

图 11-9

11.7　闭 运 算

闭运算是开运算的相反操作，是先进行膨胀再进行腐蚀操作，通常用来填充前景物体中的小洞，或者抹去前景物体上的小黑点。可以想象，它就是先将白色部分变大，把小的黑色部分挤掉，然后将一些大的、黑色的部分还原回来，整体得到的效果就是抹去前景物体上的小黑点了。

二值图进行闭运算的效果，如图 11-10 所示，左侧是原图，右侧是进行闭运算之后的图。

图 11-10

图 11-11 和图 11-12 分别是卷积核为 10 与 50 像素闭运算处理后的效果，可以发现左眼的黑色部分变小了，并且双腿在大卷积核处理时直接消失了，这是因为腿比较细的原因。另外，图像整体会变

白一些。

图 11-11　　　　　　　　　　　　　　　图 11-12

　　闭运算其实就是先膨胀运算，再腐蚀运算（看上去将两个细微连接的图块封闭在一起），如图 11-13 所示。

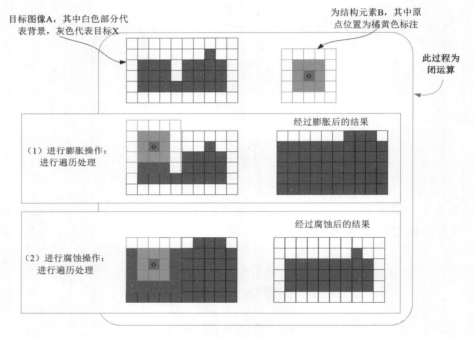

图 11-13

　　闭运算能够填平小湖（即小孔），弥合小裂缝，而总的位置和形状不变。闭运算是通过填充图像的凹角来滤波图像的。结构元素大小的不同将导致滤波效果的不同。不同结构元素的选择导致了不同的分割。

11.8　实现腐蚀和膨胀

　　在 OpenCV 中，函数 erode 可以对输入图像用特定结构元素进行腐蚀操作，该结构元素确定腐蚀操作过程中邻域的形状，各点像素值将被替换为对应邻域上的最小值。函数 erode 声明如下：

```
void erode(const Mat& src, Mat& dst, const Mat& element, Point anchor=Point(-1,
-1), int iterations=1, int borderType=BORDER_CONSTANT, const Scalar&
borderValue=morphologyDefaultBorderValue());
```

其中参数 src 表示原图像；dst 表示腐蚀后的目标图像；element 表示腐蚀操作的内核，如果不指定，则默认为一个简单的 3×3 的方形结构矩阵，否则就要明确指定它的形状，这时可以使用函数 getStructuringElement；anchor 表示内核中心点，默认为 Point(-1,-1)；iterations 表示腐蚀次数；borderType 表示边缘类型；borderValue 表示边缘值。使用 erode 函数，一般只需要填前面的三个参数，后面的四个参数都有默认值，而且往往会结合 getStructuringElement 一起使用。

在 OpenCV 中，函数 dilate 使用像素邻域内的局部极大运算符来膨胀一幅图片，并且支持就地（in-place）操作。该函数声明如下：

```
void erode(const Mat& src, Mat& dst, const Mat& element, Point anchor=Point(-1,
-1), int iterations=1, int borderType=BORDER_CONSTANT, const Scalar&
borderValue=morphologyDefaultBorderValue());
```

腐蚀和膨胀的参数完全一样。

【例 11.1】实现图像的腐蚀和膨胀

步骤 01　打开 Qt Creator，新建一个控制台工程，工程名是 test。

步骤 02　在工程中打开 main.cpp，输入如下代码：

```cpp
#include <iostream>
#include "opencv2/imgproc.hpp"
#include "opencv2/highgui.hpp"
using namespace cv;
using namespace std;
Mat src, erosion_dst, dilation_dst;
int erosion_elem = 0;
int erosion_size = 0;
int dilation_elem = 0;
int dilation_size = 0;
int const max_elem = 2;
int const max_kernel_size = 21;
void Erosion(int, void*);
void Dilation(int, void*);
int main(int argc, char** argv)
{
    src = imread("cat.jpg",IMREAD_COLOR);
    if (src.empty())
    {
        cout << "Could not open or find the image!\n" << endl;
        return -1;
    }
    namedWindow("Erosion Demo", WINDOW_AUTOSIZE);
    namedWindow("Dilation Demo", WINDOW_AUTOSIZE);
    moveWindow("Dilation Demo", src.cols, 0);
```

```
        createTrackbar("Element:\n 0: Rect \n 1: Cross \n 2: Ellipse", "Erosion
Demo",
            &erosion_elem, max_elem,
            Erosion);
        createTrackbar("Kernel size:\n 2n +1", "Erosion Demo",
            &erosion_size, max_kernel_size,
            Erosion);
        createTrackbar("Element:\n 0: Rect \n 1: Cross \n 2: Ellipse", "Dilation
Demo",
            &dilation_elem, max_elem,
            Dilation);
        createTrackbar("Kernel size:\n 2n +1", "Dilation Demo",
            &dilation_size, max_kernel_size,
            Dilation);
        Erosion(0, 0);
        Dilation(0, 0);
        waitKey(0);
        return 0;
    }
    void Erosion(int, void*)
    {
        int erosion_type = 0;
        if (erosion_elem == 0) { erosion_type = MORPH_RECT; }
        else if (erosion_elem == 1) { erosion_type = MORPH_CROSS; }
        else if (erosion_elem == 2) { erosion_type = MORPH_ELLIPSE; }
        Mat element = getStructuringElement(erosion_type,
            Size(2 * erosion_size + 1, 2 * erosion_size + 1),
            Point(erosion_size, erosion_size));
        erode(src, erosion_dst, element);
        imshow("Erosion Demo", erosion_dst);
    }
    void Dilation(int, void*)
    {
        int dilation_type = 0;
        if (dilation_elem == 0) { dilation_type = MORPH_RECT; }
        else if (dilation_elem == 1) { dilation_type = MORPH_CROSS; }
        else if (dilation_elem == 2) { dilation_type = MORPH_ELLIPSE; }
        Mat element = getStructuringElement(dilation_type,
            Size(2 * dilation_size + 1, 2 * dilation_size + 1),
            Point(dilation_size, dilation_size));
        dilate(src, dilation_dst, element);
        imshow("Dilation Demo", dilation_dst);
    }
```

在上述代码中，函数 Erosion 用来实现腐蚀效果，函数 Dilation 用来实现膨胀效果。我们首先
装载图像（可以是 RGB 图像或者灰度图），然后创建两个显示窗口（一个用于膨胀输出，一个用
于腐蚀输出），并为每个操作创建两个 trackbars：第一个 trackbar "Element" 返回 erosion_elem 或
者 dilation_elem，第二个 trackbar "Kernel size" 返回 erosion_size 或者 dilation_size。每次移动标尺，
用户函数 Erosion 或者 Dilation 就会被调用，函数将根据当前的 trackbar 位置更新输出图像。

 保存工程并运行，结果如图 11-14 所示。

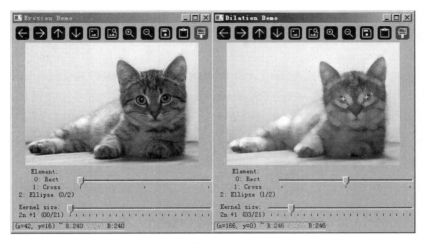

图 11-14

11.9　开闭运算和顶帽黑帽

除了最基本的腐蚀和膨胀两种形态学操作外，还有开运算、闭运算、形态学梯度、顶帽和黑帽等形态学操作。开运算就是先腐蚀，再膨胀，可清除一些小的干扰物（亮的），放大局部低亮度的区域。闭运算就是先膨胀，再腐蚀，可清除小黑点，弥合小裂缝。形态学梯度就是膨胀图与腐蚀图之差，用于提取物体边缘。顶帽（礼帽）：顶帽=原图-开运算，用于分离比邻近点亮一些的斑块，进行背景提取。黑帽：黑帽=闭运算-原图，用来分离比邻近点暗一些的斑块。

为了方便使用，OpenCV 将这些操作集合到了一个函数 morphologyEx 中。要实现不同操作，仅需改变其第三个成员变量形态学运算标识符。该函数声明如下：

```
void morphologyEx(const Mat& src, Mat& dst, int op, const Mat&kernel, Point
anchor=Point(-1, -1), int iterations=1, int borderType=BORDER_CONSTANT,
const Scalar& borderValue=morphologyDefaultBorderValue());
```

其中参数 src 表示输入图像，即原图像，填 Mat 类的对象即可，图像位深应该为以下 5 种之一：CV_8U、CV_16U、CV_16S、CV_32F、CV_64F；dst 表示目标图像，函数的输出参数，需要和原图片有一样的尺寸和类型；op 表示形态学运算的类型，可以是以下标识符：

```
enum MorphTypes{
    MORPH_ERODE    = 0,  // 腐蚀
    MORPH_DILATE   = 1,  // 膨胀
    MORPH_OPEN     = 2,  // 开操作
    MORPH_CLOSE    = 3,  // 闭操作
    MORPH_GRADIENT = 4,  // 梯度操作
    MORPH_TOPHAT   = 5,  // 顶帽操作
    MORPH_BLACKHAT = 6,  // 黑帽操作
    MORPH_HITMISS  = 7   // 击中和非击中
};
```

参数 kernel 表示形态学运算的内核，若为 NULL，则表示使用参考点位于中心的 3×3 的核。我们一般使用函数 getStructuringElement 来配合这个参数的使用，getStructuringElement 函数会返回指定形状和尺寸的结构元素（内核矩阵）；参数 anchor 表示锚的位置，其有默认值(-1,-1)，表示锚位于中心；参数 iterations 表示迭代使用函数的次数，默认值为 1；参数 borderType 用于推断图像外部像素的某种边界模式，注意它有默认值 BORDER_ CONSTANT；参数 borderValue 表示当边界为常数时的边界值，有默认值 morphologyDefaultBorderValue()，一般不用去管它。

另外，可以看一下函数 getStructuringElement，它用于返回指定形状和尺寸的结构元素（内核矩阵）。该函数声明如下：

```
Mat getStructuringElement(int shape, Size ksize, Point anchor = Point(-1, -1));
```

参数 shape 表示形状，比如 MORPH_RECT 表示矩形，MORPH_CROSS 表示交叉形，MORPH_ELLIPSE 表示椭圆形；参数 ksize 表示内核的尺寸；anchor 表示锚点的位置，默认位于中心。getStructuringElement 函数返回指定形状和尺寸的结构元素（内核矩阵）。getStructuringElement 函数的调用示例代码如下：

```
int g_nStructElementSize = 3;                      // 结构元素(内核矩阵)的尺寸
Mat element =getStructuringElement(MORPH_RECT,     // 获取自定义核
        Size(2*g_nStructElementSize+1,2*g_nStructElementSize+1),
        Point(g_nStructElementSize, g_nStructElementSize ));
```

【例 11.2】实现开运算、闭运算、顶帽和黑帽

步骤 01 打开 Qt Creator，新建一个控制台工程，工程名是 test。

步骤 02 在工程中打开 main.cpp，输入如下代码：

```cpp
#include <iostream>
#include "opencv2/imgproc/imgproc.hpp"
#include "opencv2/highgui/highgui.hpp"
#include <stdlib.h>
#include <stdio.h>
using namespace cv;

/// 全局变量
Mat src, dst;
int morph_elem = 0;
int morph_size = 0;
int morph_operator = 0;
int const max_operator = 4;
int const max_elem = 2;
int const max_kernel_size = 21;

const char* window_name = "Morphology Transformations Demo";
void Morphology_Operations(int, void*);
int main(int argc, char** argv)
{
    src = imread("cat.jpg",IMREAD_COLOR);              // 装载图像
    if (!src.data)
        return -1;
```

```
        namedWindow(window_name, WINDOW_AUTOSIZE);        /// 创建显示窗口
        /// 创建选择具体操作的 trackbar
        createTrackbar("Operator:\n 0: Opening - 1: Closing \n 2: Gradient - 3:
Top Hat \n 4: Black Hat", window_name, &morph_operator, max_operator,
Morphology_Operations);

        // 创建选择内核形状的 trackbar
        createTrackbar("Element:\n 0: Rect - 1: Cross - 2: Ellipse", window_name,
            &morph_elem, max_elem,
            Morphology_Operations);

        // 创建选择内核大小的 trackbar
        createTrackbar("Kernel size:\n 2n +1", window_name,&morph_size,
max_kernel_size, Morphology_Operations);

        // 启动使用默认值
        Morphology_Operations(0, 0);
        waitKey(0);
        return 0;
    }
    void Morphology_Operations(int, void*)
    {
        // MORPH_X 的取值范围是 2,3,4,5 和 6
        int operation = morph_operator + 2;
        Mat element = getStructuringElement(morph_elem, Size(2 * morph_size + 1,
2 * morph_size + 1), Point(morph_size, morph_size));
        /// 运行指定形态学操作
        morphologyEx(src, dst, operation, element);
        imshow(window_name, dst);
    }
```

步骤 **03**　保存工程并运行，结果如图 11-15 所示。

图 11-15

11.10　击中击不中

击中击不中（Hit-or-Miss）就是根据给定的结构元素（模式）来寻找二值图像中特定的结构。击中击不中变换是更高级形态学变换的基础，例如图像细化、剪枝等。击中击不中变换是形态检测的一个工具，通过定义形状模板可以在图像中获取同一形状物体的位置坐标。击中击不中变换的算法如下：

（1）用击中结构去腐蚀原始图像，得到击中结果 X（这个过程可以理解为在原始图像中寻找和击中结构完全匹配的模块，匹配上了之后，保留匹配部分的中心元素，作为腐蚀结果的一个元素）。

（2）用击不中结构去腐蚀原始图像的补集，得到击不中结果 Y（即在原始图像上找到击不中结构与原始图像没有交集的位置，保留这个位置的元素，作为腐蚀结果的一个元素）。

（3）X 和 Y 的交集就是击中击不中的结果。

通俗理解就是用一个小的结构元素（击中结构）去射击原始图像，击中的元素保留；再用一个很大的结构元素（击不中，一般取一个环状结构）去射击原始图像，击不中原始图像的位置保留。满足击中元素能击中和（交集）击不中元素不能击中的位置的元素，就是最终的形状结果。

形态学算子都是基于形状来处理图像的，这些算子用一个或多个结构元素来处理图像。前面讲过，最基础的两个形态学操作是腐蚀与膨胀。通过两者的结合，有了更高级的形态学变换、开运算、闭运算、形态学梯度、顶帽变换、黑帽变换等。击中击不中变换用于寻找二值图像 A 中存在的某些结构（模式），即寻找邻域匹配第一个结构元素 B_1，同时不匹配第二个结构元素 B_2 的像素。用数学公式来表达上述操作：

$$A \circledast B = A(A \ominus B_1) \cap (A^c \ominus B_2)$$

因此，击中击不中变换由下面 3 步构成：

（1）用结构元素 B_1 来腐蚀图像 A。
（2）用结构元素 B_2 来腐蚀图像 A 的补集。
（3）前两步结果的与运算。

结构元素 B_1 和 B_2 可以结合为一个元素 B，如图 11-16 所示。

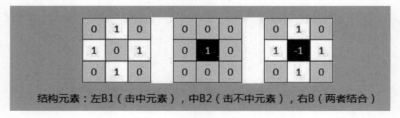

结构元素：左B1（击中元素），中B2（击不中元素），右B（两者结合）

图 11-16

这里我们寻找这样一种结构模式，中间像素属于背景，其上下左右属于前景，其余领域像素忽略不计（背景为黑色，前景为白色）。然后用上面的核在输入图像（见图 11-17）中找这种结构。输出二值图像如图 11-18 所示。从输出图像中可以看到，输入图像中只有一个位置满足要求。

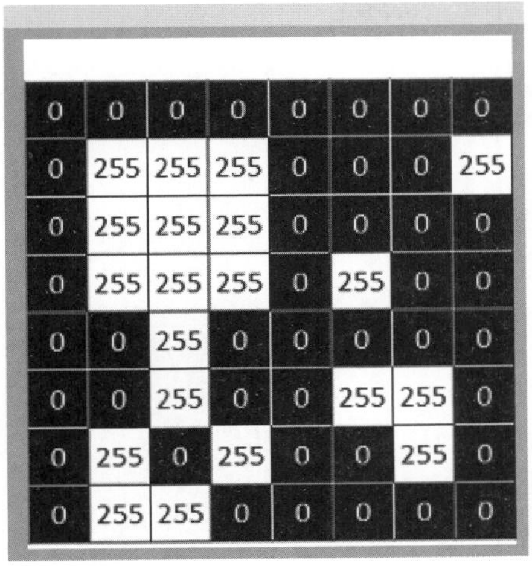

图 11-17

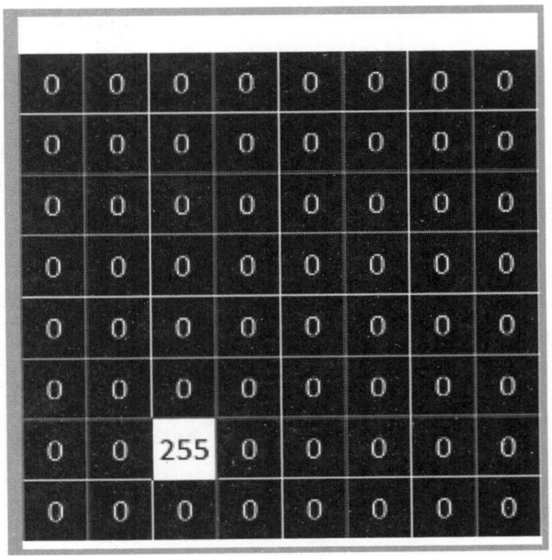

图 11-18

大多数翻译工具都将 Hit-or-Miss 翻译为击中击不中变换，实际上它先在图像中寻找满足第一个结构元素模式的结构，找到之后相当于"击中"；然后用第二个结构元素直接在原图击中的位置进行匹配，如果不匹配，也就是"击不中"。满足以上两点的结构，就是我们要找的，将其中心像素置为 255，作为输出（这里结构元素中表示结构的值都为 1）。

在 OpenCV 中，实现击中击不中变换的函数是 morphologyEx，而且该函数的第三个参数 op 要设置为 MORPH_HITMISS，比如 morphologyEx(input_image, output_image, MORPH_HITMISS, kernel);。该函数前面介绍过了，这里不再赘述。

【例 11.3】击中击不中变换

步骤 01 新建一个控制台工程，工程名是 test。

步骤 02 在工程中打开 main.cpp，输入如下代码：

```cpp
#include <opencv2/core.hpp>
#include <opencv2/imgproc.hpp>
#include <opencv2/highgui.hpp>
using namespace cv;

int main()
{    // 创建输入图像和核
    Mat input_image = (Mat_<uchar>(8, 8) <<
        0, 0, 0, 0, 0, 0, 0, 0,
        0, 255, 255, 255, 0, 0, 0, 255,
        0, 255, 255, 255, 0, 0, 0, 0,
        0, 255, 255, 255, 0, 255, 0, 0,
        0, 0, 255, 0, 0, 0, 0, 0,
        0, 0, 255, 0, 0, 255, 255, 0,
        0, 255, 0, 255, 0, 0, 255, 0,
        0, 255, 255, 255, 0, 0, 0, 0);

    Mat kernel = (Mat_<int>(3, 3) <<
        0, 1, 0,
```

```
     1, -1, 1,
     0, 1, 0);
// 创建输出图像，并进行变换
Mat output_image;
morphologyEx(input_image, output_image, MORPH_HITMISS, kernel);
// 为便于观察，将输入图像、输出图像、核放大 50 倍显示
// 一个小方块表示一个像素
const int rate = 50;
kernel = (kernel + 1) * 127;
kernel.convertTo(kernel, CV_8U);

resize(kernel, kernel, Size(), rate, rate, INTER_NEAREST);
imshow("kernel", kernel);
moveWindow("kernel", 0, 0);

resize(input_image, input_image, Size(), rate, rate, INTER_NEAREST);
imshow("Original", input_image);
moveWindow("Original", 0, 200);

resize(output_image, output_image, Size(), rate, rate, INTER_NEAREST);
imshow("Hit or Miss", output_image);
moveWindow("Hit or Miss", 500, 200);

waitKey(0);
return 0;
}
```

步骤 03 保存工程并运行，结果如图 11-19 所示。

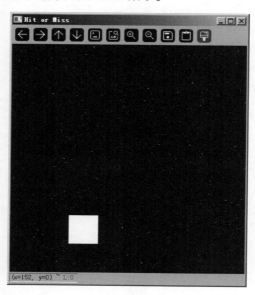

图 11-19

图 11-20 和图 11-21 是不同的核处理同一幅图像得到的结果。核的值为 1，表示图像中的白色结构；值为-1，表示黑色结构；值为 0，表示忽略位置。比如，核在原图中找白色的角（右上角），

有两个位置满足，如图 11-20 所示；核在原图中找一个向左突出的白点，有 3 个位置满足要求，如图 11-21 所示。

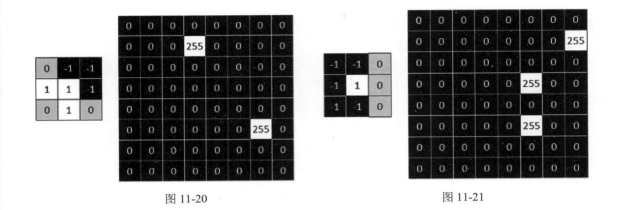

图 11-20　　　　　　　　　　　　　　　　图 11-21

11.11　利用形态学运算提取水平线和垂直线

在图像形态学操作中，可以通过自定义的结构元素来实现对输入图像中一些对象敏感，而对另一些对象不敏感，这样就会让敏感的对象改变，而不敏感的对象保留输出。通过两个基本的形态学操作——膨胀和腐蚀，使用不同的结构元素实现对输入图像的操作，可以得到想要的结果。对于水平线，可以通过定义水平线的结构元素来去除垂直线的干扰；对于垂直线，可以通过定义垂直线的结构元素来去除水平线的干扰。

膨胀和腐蚀可以使用任意形状的结构元素。常见的形状有：矩形、圆、直线、磁盘形状、砖石形状等。提取水平线与垂直线的基本步骤如下：

（1）利用函数 imread 输入彩色图像。

（2）利用函数 cvtColor 将彩色图像转换为灰度图像。

（3）利用函数 adaptiveThreshold 将灰度图像转换为二值图像。

（4）定义结构元素。

（5）使用形态学操作中的开操作（腐蚀+膨胀）提取水平线与垂直线。

其中，函数 adaptiveThreshold 的声明如下：

```
void adaptiveThreshold(Mat src, Mat dest, double maxValue,int adaptiveMethod,
int thresholdType, int blockSize,double C);
```

src 表示输入的灰度图像；dest 表示输出的二值图像；maxValue 表示二值图像的最大值；adaptiveMethod 表示自适应方法，也就是在一个邻域内计算阈值所采用的算法，其取值只能是 ADPTIVE_THRESE_MEAN_C 和 ADAPTIVE_THRESH_GAUSSIAN_C 之一，其中 ADPTIVE_THRESE_MEAN_C 的计算方法是计算出邻域的平均值再减去第六个参数 C 的值，而 ADAPTIVE_THRESH_GAUSSIAN_C 的计算方法是计算出邻域的高斯均匀值再减去第六个参数 C

的 值 ； thresholdType 表示阈值的类型，只有两个取值，分别为 THRESH_BINARY 和 THRESH_BINARY_INV，其中 THRESH_BINARY 表示正向二值化，THRESH_BINARY_INV 表示反向二值化；blockSize 表示块大小；C 可以是正数、0 或负数，这个参数实际上是一个偏移值调整量，用均值和高斯计算阈值后，再减或加这个值就是最终阈值。

【例 11.4】提取水平线、垂直线和字母

步骤 01 新建一个控制台工程，工程名是 test。

步骤 02 在工程中打开 main.cpp，输入如下代码：

```cpp
#include <opencv2/highgui/highgui_c.h>
#include <opencv2/opencv.hpp>
#include <iostream>

using namespace std;
using namespace cv;

int main(int argc, char** argv)
{
    int op = 1;

    printf("extract hline(1),vline(2),letter(3):");
    scanf_s("%d", &op);
    Mat src, dst;
    if(op==3) src = imread("test2.jpg");
    else src = imread("test.jpg");
    if (!src.data)
    {
        cout << "could not load the image..." << endl;
        return -1;
    }
    namedWindow("input image", CV_WINDOW_AUTOSIZE);
    imshow("input image", src);

    char OUTPUT_WIN[] = "result image";
    namedWindow(OUTPUT_WIN, CV_WINDOW_AUTOSIZE);

    // 转换为灰度图像
    Mat gray_src;
    cvtColor(src, gray_src, CV_BGR2GRAY);
    imshow("gray image", gray_src);
    // 转换为二值图像，使用自适应阈值进行转换。注意：灰度图像取反，设置背景为黑色,目标为白色
    Mat binImg;
    adaptiveThreshold(~gray_src, binImg, 255, ADAPTIVE_THRESH_MEAN_C,
THRESH_BINARY, 15, -2);
    imshow("binary image", binImg);

    // 设置膨胀腐蚀结构元素形状——水平线和垂直线
    Mat hline = getStructuringElement(MORPH_RECT, Size(src.cols / 16, 1));  //
```

水平线
垂直线

```
        Mat vline = getStructuringElement(MORPH_RECT, Size(1, src.rows / 16));  //

        if (op == 1)// 提取水平线：开操作（先腐蚀后膨胀）
        {
            Mat temp;
            erode(binImg, temp, hline);
            dilate(temp, dst, hline);
            bitwise_not(dst, dst);  // 颜色翻转与原图一致

            // 提取完后滤波一下可以使图像更圆滑
            blur(dst, dst, Size(3, 3), Point(-1, -1));
            imshow(OUTPUT_WIN, dst);

        }
        else if (op == 2)
        {
            // 提取垂直线，开操作可以调用 morphologyEx()函数
            Mat temp1;
            erode(binImg, temp1, vline);
            dilate(temp1, dst, vline);
            bitwise_not(dst, dst);
            morphologyEx(binImg, dst, CV_MOP_OPEN, vline);// 膨胀操作 API
            bitwise_not(dst, dst);

            // 提取完后滤波一下可以使图像更圆滑
            blur(dst, dst, Size(3, 3), Point(-1, -1));
            imshow(OUTPUT_WIN, dst);
        }
        else if(op==3)
        {
            // 定义一个矩形结构元素，去除干扰线
            Mat kernel = getStructuringElement(MORPH_RECT, Size(7, 7));
            morphologyEx(binImg, dst, CV_MOP_OPEN, kernel);
            bitwise_not(dst, dst);
            imshow(OUTPUT_WIN, dst);
        }
        waitKey(0);
        return 0;
    }
```

代码基本流程就是把输入图像转换为二值图像后，利用形态学函数先腐蚀后膨胀来得到水平线或垂直线。提取垂直线的开操作可以调用 morphologyEx 函数，其参数值 MORPH_OPEN 表示开运算，开运算是对图像先腐蚀再膨胀。提取水平线时使用水平结构元素 hline，提取垂直线时使用垂直结构元素 vline。

步骤03 保存工程并运行，在控制台窗口输入 2，得到的运行结果如图 11-22 所示。

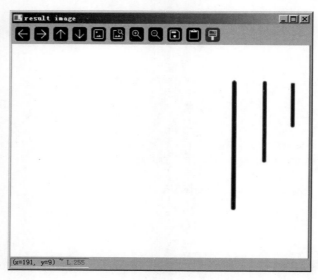

图 11-22

【例 11.5】提取五线谱中的水平线、垂直线和音符等

步骤 **01** 新建一个控制台工程，工程名是 test。

步骤 **02** 在工程中打开 main.cpp，输入如下代码：

```cpp
#include <opencv2/core.hpp>
#include <opencv2/imgproc.hpp>
#include <opencv2/highgui.hpp>
#include <iostream>
void show_wait_destroy(const char* winname, cv::Mat img);// 一直显示图像，直到
用户按键后结束
using namespace std;
using namespace cv;
int main(int argc, char** argv)
{
#ifdef _DEBUG // 调试版本的时候，用一个固定文件，这样方便些
    Mat src = imread( "music.jpg",IMREAD_COLOR);
#else // 正式版本，可以支持命令行输入文件
    CommandLineParser parser(argc, argv, "{@input | notes.png | input image}");
    Mat src = imread(samples::findFile(parser.get<String>("@input")),
IMREAD_COLOR);
#endif
    if (src.empty())
    {
        cout << "Could not open or find the image!\n" << endl;
        cout << "Usage: " << argv[0] << " <Input image>" << endl;
        return -1;
    }
    imshow("src", src);  // 显示原图
    // 如果不是灰度图，则将原图像转换为灰度图
    Mat gray;
    if (src.channels() == 3)
```

```
            cvtColor(src, gray, COLOR_BGR2GRAY);
        else
            gray = src;
        show_wait_destroy("gray", gray);  // 显示灰度图，直到用户按键结束
        // 利用函数 adaptiveThreshold 对灰度图像进行二值化
        Mat bw;
        adaptiveThreshold(~gray, bw, 255, ADAPTIVE_THRESH_MEAN_C, THRESH_BINARY,
15, -2);
        show_wait_destroy("binary", bw); // 显示二值图像，直到用户按键结束
        // 创建用于提取水平线和垂直线的图像
        Mat horizontal = bw.clone();
        Mat vertical = bw.clone();
        int horizontal_size = horizontal.cols / 30;    // 指定水平轴上的大小
        // 通过形态学操作创建用于提取水平线的结构元素
        Mat horizontalStructure = getStructuringElement(MORPH_RECT,
Size(horizontal_size, 1));
        // 应用形态学操作
        erode(horizontal, horizontal, horizontalStructure, Point(-1, -1));// 先
腐蚀
        dilate(horizontal, horizontal, horizontalStructure, Point(-1, -1));// 后
膨胀
        show_wait_destroy("horizontal", horizontal);  // 显示提取的水平线
        int vertical_size = vertical.rows / 30;      // 指定垂直轴上的大小
        // 通过形态学操作创建用于提取垂直线的结构元素
        Mat verticalStructure = getStructuringElement(MORPH_RECT, Size(1,
vertical_size));
        // 应用形态学操作
        erode(vertical, vertical, verticalStructure, Point(-1, -1));  // 先腐蚀
        dilate(vertical, vertical, verticalStructure, Point(-1, -1));  // 后膨胀
        show_wait_destroy("vertical", vertical);  // 显示提取的垂直线
        // 反向垂直图像
        bitwise_not(vertical, vertical);
        show_wait_destroy("vertical_bit", vertical);
        // 根据逻辑提取边缘和平滑图像
        // 1. 提取边缘
        // 2. dilate(edges)
        // 3. src.copyTo(smooth)
        // 4. blur smooth img
        // 5. smooth.copyTo(src, edges)
        // 第一步
        Mat edges;
        adaptiveThreshold(vertical, edges, 255, ADAPTIVE_THRESH_MEAN_C,
THRESH_BINARY, 3, -2);
        show_wait_destroy("edges", edges);
        // 第二步
        Mat kernel = Mat::ones(2, 2, CV_8UC1);
        dilate(edges, edges, kernel);
        show_wait_destroy("dilate", edges);
        // 第三步
        Mat smooth;
```

```
        vertical.copyTo(smooth);
        // 第四步
        blur(smooth, smooth, Size(2, 2));
        // 第五步
        smooth.copyTo(vertical, edges);
        show_wait_destroy("smooth - final", vertical);      // 显示最终结果
        return 0;
}
void show_wait_destroy(const char* winname, cv::Mat img) {  // 该函数显示图像
        imshow(winname, img);
        moveWindow(winname, 500, 0);
        waitKey(0);
        destroyWindow(winname);
}
```

在上述代码中，我们先提取了五线谱中的水平线和垂直线；然后反向垂直图像，所使用的函数是 bitwise_not，bitwise_not 对二进制数据进行"非"操作，即对图像（灰度图像或彩色图像均可）每个像素值进行二进制"非"操作，~1=0，~0=1；最后 5 步，我们提取了图像边缘并平滑了图像。

步骤 03 保存工程并运行，运行后按一次空格，再按一次空格，得到结果如图 11-23 所示。

图 11-23

第12章

视频处理

OpenCV 的视频模块是其核心组成部分之一，主要负责视频文件的读取、处理、分析以及视频流的捕获和输出。这一模块使得开发者能够轻松地处理来自摄像头、文件或其他视频源的视频数据，进行实时或离线的图像处理和计算机视觉任务。

12.1 OpenCV 视频处理架构

OpenCV 的视频 I/O 模块提供了一组用于读写视频或图像序列的类和函数。该模块将 cv::VideoCapture 和 cv::VideoWriter 类作为一层接口面向用户。这两个类下面包括很多不同种类的后端视频 I/O API，有效地屏蔽了各后端视频 I/O 的差异性，简化了用户层的编程。整个视频 I/O 架构如图 12-1 所示。

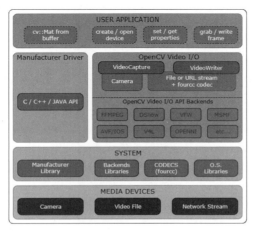

图 12-1

可以看到，用户层（USER APPLICATION）主要是和 VideoCapture 和 VideoWriter 两个类打交道，而无须和底层打交道。在 OpenCV 中，视频的读操作是通过 VideoCapture 类来完成的，视频的写操作是通过 VideoWriter 类来实现的。需要说明的是，本章所有实例都在 Ubuntu 下实现，而前面一直都在 Windows 环境中。

12.2 类 VideoCapture

类 VideoCapture 是 OpenCV 中最基本的视频输入和输出接口，它可以读取视频文件或打开摄像头，提取视频帧，并提供多个函数去获取视频的属性信息，比如帧数。类 VideoCapture 常用的成员函数如表 12-1 所示。

表 12-1　类 VideoCapture 常用的成员函数

类 VideoCapture 常用成员函数	描　　述
open	打开一个视频文件或者打开一个捕获视频的设备（也就是摄像头）
isOpened	判断视频读取或者摄像头调用是否成功，若成功则返回 true
release	关闭视频文件或者摄像头
grab	从视频文件或捕获设备中抓取下一个帧，假如调用成功则返回 true
retrieve	解码并且返回刚刚抓取的视频帧，假如没有视频帧被捕获（照相机没有连接或者视频文件中没有更多的帧），则返回 false
read	读取（捕获并解码）一个视频帧。假如没有视频帧被捕获（照相机没有连接或者视频文件中没有更多的帧），则返回 false。
get	一个视频有很多属性，比如帧率、总帧数、尺寸、格式等，VideoCapture 的 get 方法可以获取这些属性。参数为属性的 ID
set	设置 VideoCapture 类的属性，若设置成功则返回 ture，失败则返回 false

12.3 构造 VideoCapture 对象

类 VideoCapture 既支持从视频文件（.avi 、*.mp4、.mpg 等格式）读取，也支持直接从摄像机（比如计算机自带的摄像头）中读取。要想获取视频，需要先创建一个 VideoCapture 对象。VideoCapture 对象的创建方式有以下 3 种：

（1）从视频文件中读取视频。如果是从文件（.mpg 或.avi 格式）中读取视频，则在定义对象的时候，可以把视频文件的路径作为参数传给构造函数。对象创建以后，OpenCV 将会打开该视频文件并做好准备读取它，并且 VideoCapture 提供了成员函数 isOpened 来判断文件是否打开成功，如果成功将返回 true（建议在打开视频或摄像头时都使用该成员函数判断是否打开成功）。用于读取视频文件的构造函数如下：

```
VideoCapture (const String &filename, int apiPreference=CAP_ANY);
```

其中参数 filename 是视频文件的文件名（可以包含路径），如果不包含路径，则在当前路径下打开文件；apiPreference 表示首选使用的后端捕获 API，默认是使用任意捕获 API，用宏 CAP_ANY 来表示。比如我们定义一个 VideoCapture 对象并打开 D 盘上的 test.avi 文件：

```
cv::VideoCapture capture("D:/test.avi");  // 从视频文件读取
```

（2）从摄像机中读取视频。如果是从摄像机中读取视频，这种情况下，构造函数会给出一个整型索引参数，用于表示想要访问的摄像机。对于摄像机而言，这个索引参数就是一个标志数字，如果只有 1 个摄像机，那么索引参数就是 0；如果系统中有多个摄像机，那么只要将其值向上增加即可。读取摄像头中的视频的构造函数如下：

```
VideoCapture (int index, int apiPreference=CAP_ANY);
```

其中参数 index 表示要打开的视频捕获设备（摄像头）的 ID，如果使用默认后端的默认摄像头，只需传递 0；apiPreference 表示首选使用的后端捕获 API，默认是使用任意捕获 API，用宏 CAP_ANY 来表示，多数情况下，由于我们只有一个摄像机，因此没必要指定摄像机的域，此时使用 cv::CAP_ANY 是一种高效的方式。参数 apiPreference 表示摄像机的类型，这个域值可以是下面任意一个预定义常量：

```
CAP_ANY：自动选择 API
CAP_DSHOW：通过视频输入，例如，摄像头输入
CAP_FFMPEG：使用 FFMPEG 库
CAP_IMAGES：打开一个图像序列（例如，img_%02d.jpg）
```

（3）不带参数构造一个 VideoCapture 对象。使用类 VideoCapture 的不带参数的构造函数来创建一个 VideoCapture 对象，然后用成员函数 open 打开一个视频文件或摄像头。open 函数声明如下：

```
virtual bool open (const String &filename, int apiPreference=CAP_ANY);
virtual bool open (int index, int apiPreference=CAP_ANY);
```

两个 open 函数的参数和前面两个构造函数的参数含义一样，这里不再赘述。

12.4　判断视频是否打开成功

当我们打开一个视频文件或摄像头视频后，可以用成员函数 isOpened 来判断是否打开成功。该函数声明如下：

```
virtual bool isOpened() const;
```

若打开成功，则返回 true，否则返回 false。

比如：

```
VideoCapture capture;
capture.open(0, CAP_DSHOW);      // 打开摄像头
    if (!capture.isOpened())     // 判断打开是否成功
        puts("open failed");
```

12.5　读取视频帧

要播放视频，肯定要把每一帧视频图像都读出来，然后显示出来。读取方式有两种，一种是用运算符>>，直接输出视频帧到 Mat 对象中。>>是一个重载运算符，定义如下：

```
virtual VideoCapture& operator >> (CV_OUT Mat& image);
```

例如：

```
Mat frame;
VideoCapture capture("test.mp4");
while (1) {
    capture >> frame;              // 输出一帧到 Mat 对象中
    if (frame.empty()) {           // 播放完就退出
        printf("播放完成\n");
        break;
    }
    imshow("读取视频", frame);    // 显示帧
    waitKey(20);
}
```

当输出完一帧后，下次就会输出下一帧。

另外一种方式是通过成员函数 read，该函数声明如下：

```
virtual bool read(OutputArray image);
```

参数 image 用来存放读取到的当前视频帧。若读取成功，则返回 true，否则返回 false。例如：

```
Mat frame;
VideoCapture capture(0, CAP_DSHOW);
while (capture.read(frame))
{
    imshow("video-demo", frame);
    char c = waitKey(66);
    if (c == 27)  break;
}
```

12.6　播放视频文件

播放视频文件的基本步骤就是先构造 VideoCapture 对象，再打开视频文件，接着用一个循环逐帧读取并显示读取到的视频帧，然后间隔一段时间读取下一个视频帧并显示，依次循环，直到全部视频帧读取完毕。

【例 12.1】播放 MP4 视频文件

步骤 01 新建一个控制台工程，工程名是 conplay。

步骤 02 打开 main.cpp，并输入如下代码：

```cpp
#include <opencv2/opencv.hpp>
using namespace cv;
#include <QDebug>

void play(const char *filename)
{
    Mat frame;
    int i=0;
    VideoCapture capture(filename);
    if (!capture.isOpened())
    {
        printf("open %s failed",filename);
        return;
    }
    // 获取整个视频帧数
    long  totalFrameNumber = capture.get(CAP_PROP_FRAME_COUNT);
    qDebug()<<"整个视频帧数: "<<totalFrameNumber;
    while (i<totalFrameNumber) {
        capture >> frame;
        if (frame.empty()) break;    // 播放结束就跳出循环
        imshow("read video", frame); // 显示帧
         waitKey(1);
        i++;
    }
     qDebug()<<"播放完成\n";
}
int main() {
    play("/root/hd.mp4");
}
```

在上述代码中，我们首先定义了一个 VideoCapture 对象 capture，并传入视频文件的文件名；然后利用成员函数 get 获取视频的帧数，这样在后面的 while 循环中可以控制播放的帧数。当 frame 为空时，说明视频帧没有了，也就是播放完毕了，此时跳出循环。每一帧其实就是一幅图片，可以用 imshow 函数把图片显示出来。当显示速度很快时，多个图片连续显示，看起来就是视频了。这里我们设置每个帧的显示间隔时间是 1 毫秒。

步骤 03 保存工程并运行，结果如图 12-2 所示。

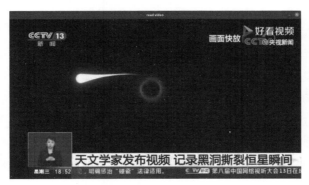

图 12-2

播放摄像头视频的主要流程与之类似，只不过在调用 open 的时候，需要修改一下传入的整型数据。读者可以准备一个 USB 接口的计算机摄像头，然后把 USB 口插入计算机的 USB 插槽中，通常是不需要安装驱动程序的。

12.7　获取和设置视频属性

类 VideoCapture 的成员函数 get 可以用来获取视频文件的一些属性，比如帧数，该函数声明如下：

```
double get(int propId) const;
```

其中参数 propId 表示要获取的属性 ID，通常其值是一个宏，比如 CAP_PROP_FRAME_COUNT 表示获取视频帧数。其他常用属性用法如下：

```
VideoCapture  myVideoCapture;
MyVideoCapture.get(0)  ;   // 视频文件的当前位置（播放），以毫秒为单位
MyVideoCapture.get(1)  ;   // 基于以 0 开始的被捕获或解码的帧索引
MyVideoCapture.get(2)  ;   // 视频文件的相对位置（播放）：0=电影开始，1=影片的结尾
MyVideoCapture.get(3)  ;   // 在视频流的帧的宽度
MyVideoCapture.get(4)  ;   // 在视频流的帧的高度
MyVideoCapture.get(5)  ;   // 帧速率
MyVideoCapture.get(6)  ;   // 编解码的 4 字-字符代码
MyVideoCapture.get(7)  ;   // 视频文件中的帧数
MyVideoCapture.get(8)  ;   // 返回对象的格式
MyVideoCapture.get(9)  ;   // 返回后端特定的值，该值指示当前捕获模式
MyVideoCapture.get(10) ;   // 图像的亮度 (仅适用于照相机)
MyVideoCapture.get(11) ;   // 图像的对比度 (仅适用于照相机)
MyVideoCapture.get(12) ;   // 图像的饱和度 (仅适用于照相机)
MyVideoCapture.get(13) ;   // 色调图像 (仅适用于照相机)
MyVideoCapture.get(14) ;   // 图像增益 (仅适用于照相机)（Gain 在摄影中表示白平衡提升）
MyVideoCapture.get(15) ;   // 曝光 (仅适用于照相机)
MyVideoCapture.get(16) ;   // 指示是否应将图像转换为 RGB 布尔标志
MyVideoCapture.get(17) ;   // 暂时不支持
MyVideoCapture.get(18) ;   // 立体摄像机的矫正标注（目前只有 DC1394 v.2.x 后端支持
这个功能）
```

有获取属性的函数，自然也有设置属性的函数，即 set，该函数声明如下：

```
bool set(int propId, double value);
```

其中参数 propId 表示要设置的属性 ID，value 表示要设置的属性值。

比如设置起始播放的帧：

```
long frameToStart = 300;
capture.set(CAP_PROP_POS_FRAMES, frameToStart);  // 从 300 帧开始播放
```

下面看一个例子，用 get 获取视频帧数和帧率，并用 set 设置起始播放帧，而且在播放过程中支持暂停和退出。

【例 12.2】获取和设置属性并支持暂停和退出

步骤 01 新建一个控制台工程，工程名是 conplay。

步骤 02 打开 main.cpp，并输入如下代码：

```cpp
#include <iostream>
#include <opencv2/opencv.hpp>
using namespace cv;
using namespace std;


int main()
{
    // 打开视频文件，其实就是建立一个 VideoCapture 结构
    VideoCapture capture("/root/hd.mp4");
    // 检测是否正常打开:成功打开时，isOpened 返回 ture
    if (!capture.isOpened())
        cout << "fail to open!" << endl;
    // 获取整个帧数
    long totalFrameNumber = capture.get(CAP_PROP_FRAME_COUNT);
    cout << "整个视频共" << totalFrameNumber << "帧" << endl;

    // 设置开始帧
    long frameToStart = 300;
    capture.set(CAP_PROP_POS_FRAMES, frameToStart);
    cout << "从第" << frameToStart << "帧开始读" << endl;

    // 设置结束帧
    int frameToStop = 400;
    if (frameToStop < frameToStart)
    {
        cout << "结束帧小于开始帧，程序错误，即将退出！" << endl;
        return -1;
    }
    else cout << "结束帧为：第" << frameToStop << "帧" << endl;
    double rate = capture.get(CAP_PROP_FPS);    // 获取帧率
    cout << "帧率为:" << rate << endl;

    // 定义一个用来控制读取视频循环结束的变量
    bool stop = false;
    // 承载每一帧的图像
    Mat frame;
    // 显示每一帧的窗口
    namedWindow("Extracted frame");
    // 两帧间的间隔时间:
    // int delay = 1000/rate;
    int delay = 1000 / rate;

    // 利用 while 循环读取帧
    // currentFrame 是在循环体中控制读取到指定的帧后循环结束的变量
    long currentFrame = frameToStart;
```

```cpp
    // 滤波器的核
    int kernel_size = 3;
    Mat kernel = Mat::ones(kernel_size, kernel_size, CV_32F) /
(float)(kernel_size*kernel_size);

    while (!stop)
    {
        // 读取下一帧
        if (!capture.read(frame))
        {
            cout << "读取视频失败" << endl;
            return -1;
        }

        // 这里加滤波程序
        imshow("Extracted frame", frame);
        filter2D(frame, frame, -1, kernel);

        imshow("after filter", frame);
        cout << "正在读取第" << currentFrame << "帧" << endl;
        // waitKey(int delay=0)当 delay≤0 时会永远等待；当 delay>0 时会等待 delay 毫
秒

        // 在时间结束前没有按键被按下时，返回值为-1；否则返回按键

        int c = waitKey(delay);
        // 按下 Esc 键或者到达指定的结束帧后退出读取视频
        if ((char)c == 27 || currentFrame > frameToStop)
        {
            stop = true;
        }
        // 按下按键后会停留在当前帧，等待下一次按键
        if (c >= 0)
        {
            waitKey(0);
        }
        currentFrame++;
    }
    // 关闭视频文件
    capture.release();
    waitKey(0);
    return 0;
}
```

在上述代码中，我们用 get 函数获取了帧数和帧率，然后用 set 设置起始播放帧，最后在 while 循环中开始播放，并且播放过程中支持暂停和退出。按 C 键视频暂停，按 Esc 键视频退出。

步骤 03 保存工程并运行，结果如图 12-3 所示。

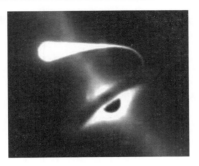

图 12-3

12.8　播放摄像头视频

播放摄像头视频和播放视频文件类似，也是通过类 VideoCapture 来实现，只不过调用 open 的时候传入的是摄像头的索引号。如果计算机安装了一个摄像头，则 open 的第一个参数通常是 0，比如：

```
VideoCapture capture;
capture.open(0);
```

或者直接用构造函数打开摄像头：

```
VideoCapture capture(0);
```

打开成功后，就可以一帧一帧地读取并一帧一帧地播放了，其实就是在一个循环里，间隔地显示一幅一幅视频帧图片，当间隔时间短了，图片动起来了，就感觉是在看视频了。

在编程之前，我们要确保操作系统能打开摄像头并播放摄像头视频，具体步骤如下：

步骤 01　把一个 USB 摄像头插入电脑主机。

步骤 02　设置虚拟机的 USB 控制器。打开 VMware 设置对话框，在硬件列表里选中"USB 控制器"，在右侧的"USB 兼容性"中选择 USB 3.0，如图 12-4 所示。

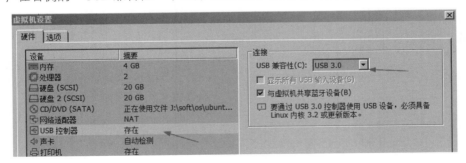

图 12-4

步骤 03　启动并连接 USB 摄像头。由于目前是在 Linux 虚拟机中，因此当我们在主机上插上 USB 摄像头后，需要先连接 USB 摄像头到虚拟机。启动 Linux 虚拟机后，依次单击 VMware 的菜单"虚拟机"→"可移动设备"→"Nintendo USB Camera"→"连接（断开与主机的连接）"，

"连接（断开与主机的连接）"菜单上就会出现一个"√"，说明 USB 摄像头连接到 Linux 虚拟机中了。我们可以用命令查看一下：

```
# ll /dev/video*
crw-rw---- 1 root video 81, 0 8月 31 20:56 /dev/video0
crw-rw---- 1 root video 81, 1 8月 31 20:56 /dev/video1
```

如果显示/dev/video0，则说明摄像头已经连接到 Linux 虚拟机中了。现在在命令行中打开摄像头：

```
# cheese
```

此时就可以看到摄像头视频了，如图 12-5 所示。

图 12-5

系统能打开摄像头了，那么使用程序方式打开也就简单了。这里先关闭这个摄像头窗口。

【例 12.3】播放摄像头视频

步骤 01 新建一个控制台工程，工程名是 test。

步骤 02 在工程配置文件 test.pro 的末尾添加头文件和库文件：

```
INCLUDEPATH += /usr/local/include/opencv4/
LIBS += -L/usr/local/lib -lopencv_highgui -lopencv_imgcodecs -lopencv_imgproc
-lopencv_core -lopencv_videoio
```

注意：配置文件 test.pro 一定要包含库 opencv_videoio，这个库提供和摄像头相关的系统函数。

步骤 03 打开 main.cpp，并输入如下代码：

```cpp
#include <opencv2/opencv.hpp>
using namespace cv;

int main()
{
    VideoCapture capture(0); // 创建一个捕获对象并打开它
    if (!capture.isOpened()) // 判断打开一个捕获视频的设备（也就是摄像头）是否成功
    {
        puts("open failed");
        return -1;
    }
    Mat frame;
```

```
    while (capture.read(frame))          // 读取视频帧
    {
        imshow("video-demo", frame);     // 显示视频帧
        if (waitKey(30) >= 0)            // 延时 30 毫秒，按下任何键就退出
            break;                       // 跳出循环
    }
    return 0;                            // 结束程序
}
```

在上述代码中，首先创建一个捕获对象并打开它，然后判断打开是否成功。如果打开成功，则通过 while 循环逐帧读取并用 imshow 显示该帧图片，在 while 中每隔 30 毫秒循环读取帧并显示，这样看起来就像视频了。用户按下任何键就退出循环结束程序。waitKey(30)表示程序每 30 毫秒检测一次按键。

类 VideoCapture 既支持视频文件的读取，也支持摄像头视频的读取。如果要打开视频文件，则输入视频文件路径名；如果要打开摄像头，则输入摄像头的 ID。

步骤 04 保存工程并运行，结果如图 12-6 所示。

图 12-6

要退出程序，可以在键盘上按任何键，比如空格键。

12.9　录制视频类 VideoWriter

前面我们捕获视频并播放，这相当于一个读取的过程。既然有读，那就有写，写就是把捕获到的视频写到磁盘文件中，也就是录制视频。这也是经常用到的。

OpenCV 专门提供了一个类 VideoWriter，用于写视频到文件中。这个类使用比较简单，只要设置好输出文件路径和一些必需的参数，就可以逐帧保存到文件中了。帧是从 VideoCapture 对象中捕获而来的。

12.9.1　构造 VideoWriter 对象

通常有两种方式构造 VideoWriter 对象，一种带参数，另外一种不带参数。带参数的方式相当于一次性把录制所需的参数都设置好，以后就可以直接写视频帧到 VideoWriter 对象中了；不带参

数的方式仅定义一个 VideoWriter 对象，后面还需要 open 操作才行。open 的作用是设置参数到 VideoWriter 对象中，告诉 VideoWriter 对象录制的视频文件保存在哪里，视频的分辨率是多少等。

带参数的构造函数在实例化 VideoWriter 对象的时候，也把初始化工作一起完成了。带参数的 VideoWriter 构造函数声明如下：

```
cv::VideoWriter::VideoWriter (const String & filename, int  fourcc, double fps,
Size  frameSize,   bool  isColor = true );
```

其中，filename 是输出视频文件的名称，可以带路径，也可以不带路径，不带路径就在当前目录下生成文件；fourcc 表示用于压缩帧的编解码器的 4 字符代码，比如 VideoWriter::fourcc('P','I','M','1') 是一个 MPEG-1 编解码，VideoWriter::fourcc('M','J','P','G') 是一个 motion-jpeg 编解码；fps 表示创建的视频流的帧速率；frameSize 表示视频帧的大小，也就是分辨率；isColor 如果不是 0，编码器将编码彩色帧，否则它将使用灰度帧，默认是彩色帧。

不带参数的构造函数就简单了，其声明如下：

```
cv::VideoWriter::VideoWriter ();
```

比如下列代码构造了一个无参数的 VideoWriter 对象，并用有参数的构造函数实例化后赋值。

```
VideoCapture capture(0);
VideoWriter writer;
int codec = writer.fourcc('M', 'J', 'P', 'G');
Mat frame;
capture >> frame;
writer = cv::VideoWriter("test.avi", codec, 10, Size(frame.cols, frame.rows));
// 实例化后赋值
```

12.9.2　初始化或重新初始化

类 VideoWriter 提供了函数 open 来初始化或重新初始化 VideoWriter 对象，其实就是设置参数给 VideoWriter 对象。open 函数声明如下：

```
virtual bool cv::VideoWriter::open (const String & filename, int  fourcc,
double  fps, Size  frameSize, bool isColor = true);
```

其中参数的含义和带参数的构造函数的参数含义相同，这里不再赘述。如果函数返回 true，则 VideoWriter 对象初始化成功。也可以使用 isOpened 函数来判断是否初始化成功。

12.9.3　连接一个 fourcc 代码

初始化 VideoWriter 对象的时候，需要传 fourcc 代码给 VideoWriter 对象。fourcc 是"four character code"（4 字符编码）的缩写，也称为 4CC。该编码用于指示一个视频的编码压缩格式等信息。一个字符通常占用一个字节，也就是 8 位的存储空间，那么 4 字码通常占用 32 位的大小。4 字符通常都用 ASCII 字符编码，以方便交流。

AVI 是最早被广泛使用的视频格式，其他的 4CC 编码包括 DIVX、XVID、H264、DX50 等，但这些只是数百个被使用的 4CC 编码中的很小一部分。

VideoWriter 提供了一个成员函数 fourcc，可以将 4 个名称字符连接到一个 fourcc 代码，该函数声明如下：

```
static int cv::VideoWriter::fourcc (char c1, char c2, char c3, char c4 );
```

其中参数 c1、c2、c3、c4 分别是编码名称的字符。比如：

```
VideoWriter writer;
int codec = writer.fourcc('M', 'J', 'P', 'G');
```

【例 12.4】录制摄像头视频到文件

（步骤**01**）新建一个控制台工程，工程名是 test。

（步骤**02**）打开 main.cpp，并输入如下代码：

```
#include <opencv2/opencv.hpp>
using namespace cv;

void main()
{
    VideoCapture capture(0);
    VideoWriter writer; // 定义一个无参数的 VideoWriter 对象
    int codec = writer.fourcc('M', 'J', 'P', 'G');
    Mat frame;
    capture >> frame;
    writer = cv::VideoWriter("test.avi", codec, 10, Size(frame.cols,
frame.rows));  // 实例化后赋值
    if (writer.isOpened())
    {
        while (capture.isOpened())
        {
            capture >> frame;
            writer << frame;
            imshow("video", frame);
            if (waitKey(20) == 27) // 每隔 20 微秒录制一帧，按 Esc 键退出
                break;
        }
    }
}
```

在上述代码中，我们分别定义了 VideoCapture 对象和 VideoWriter 对象，然后通过函数 fourcc 获得 fourcc 代码，再用带参数的构造函数实例化一个对象并赋值给 writer。注意，VideoWriter 构造函数的最后一个参数分辨率必须和源视频帧大小相同。初始化完毕后，就开始进入循环录制帧，每隔 20 微秒就把摄像头视频帧保存到 Mat 对象 frame 中，再把 frame 存入 writer 中。如此循环，直到用户按 Esc 键退出循环，结束程序。视频文件将在 VideoWriter 析构函数中自动关闭和释放。

（步骤**03**）保存工程并运行，让程序录制一会，然后按 Esc 键关闭摄像头窗口，接着就可以在可执行的同一目录下看到 test.avi 这个视频文件了，双击打开它就可以播放了，如图 12-7 所示。

这说明我们录制成功了。

图 12-7

12.10 实现一个视频播放器

播放器的基本功能包括播放、暂停、快进、后退、重新播放、停止、拖动进度条等。通过 OpenCV 实现视频播放器，其思路大致就是在线程中使用 OpenCV 的 VideoCapture 循环读取本地视频的每一帧 Mat，然后将其发送到界面转换成 QImage 进行显示；而进度条拖动则用到了 VideoCapture 中的 set 函数；进度条则使用 QSlider，并且通过自定义新的进度条类实现单击跳转功能。

由于本书不是专门讲述 Qt 编程的书，因此一些 Qt 界面设计和线程编程的基础知识这里就不展开讲解了。

【例 12.5】实现一个视频播放器

步骤 01 新建一个 Qt Widgets 应用工程，工程名是 viPlayer。在 "Class Information" 对话框上设置 "Base Class" 为 QWidget，其他保持默认。

步骤 02 设计界面。在 Qt Creator 中双击打开 widget.ui，从控件盒子中拖放 6 个 Tool Button、3 个 Horizontal Spacer 以及 1 个 Horizontal Slider 到窗口上，并设置每个控件的 objectName 以及布局等。最终设计界面如图 12-8 所示。

图 12-8

这些按钮的图片都在项目文件夹的 img 目录下，可以作为资源添加到 IDE 中。

步骤 03　实现滑块功能。在项目中添加 newqslider.h 和 newqslider.cpp。这里需要对 horizontalSlider 的单击事件函数进行重写，实现单击进度条后获取单击处的进度值并更新进度条的功能。

```cpp
#include "newqslider.h"

newqslider::newqslider(QWidget *parent) : QSlider(parent)
{

}
/****************************************************************
* 函数名称：mousePressEvent(QMouseEvent *ev)
* 功能描述：重写鼠标单击事件，实现进度条单击哪儿就跳到哪儿
* 参数说明：  无
* 返回值：    无
****************************************************************/
void newqslider::mousePressEvent(QMouseEvent *ev)
{
    // 先调用父类的鼠标单击处理事件，这样可以不影响拖动的情况
    QSlider::mousePressEvent(ev);
    // 获取鼠标的位置，这里并不能直接从 ev 中取值（因为如果是拖动的话，鼠标开始单击的位置
就没有意义了）
    double pos = ev->pos().x() / (double)width();
    setValue(pos * (maximum() - minimum()) + minimum());
    // 发送自定义的鼠标单击信号
    emit costomSliderClicked();
}
```

步骤 04　实现 OpenCV 采集线程。在项目中添加 videothread.h，代码如下：

```cpp
#include <QObject>
#include <QThread>
#include <opencv2/opencv.hpp>
#include <iostream>
#include <QDebug>
#include <QDateTime>
using namespace std;
using namespace cv;
class videothread : public QThread
{
    Q_OBJECT
public:
    videothread(const char* filename);
    void run();
    // 释放视频采集对象
    void releaseCap();
    // 获取视频总帧数
    int getVideoAllFramecount();
    // 设置当前进度条
    void setCurrentFrame(int value);
```

```
        bool getStop() const;
        // 设置视频结束标识
        void setStop(bool value);
        bool getIsrun() const;
        void setIsrun(bool value);
        // 暂停
        void pauseThread();
        // 继续
        void resumeThread();
        // 停止
        void stopThread();

    signals:
        // 发送当前帧和帧数
        void sendFrame(int currentFrame,Mat frame);
    private:
        // 视频对象
        VideoCapture cap;
        Mat frame;
        // 视频当前帧数
        int currentFramecount;
        // 总帧数
        int allFramecount;
        // 视频帧率
        int fps;
        // 录制视频帧
        int videoWriterFrame;
        // 线程结束标识位
        bool stop;
        // 视频暂停标识位
        bool isrun;
    };
```

在项目中添加 videothread.cpp，代码如下：

```
#include "videothread.h"

videothread::videothread(const char* filename)
{
    this->stop = false;
    this->isrun =false;
    this->currentFramecount=0;
    this->videoWriterFrame=0;
    if(cap.open(filename));// 创建视频对象
    {
        this->allFramecount=cap.get(CAP_PROP_FRAME_COUNT);// 获取视频文件中的总
帧数
        this->fps=int(round(cap.get(CAP_PROP_FPS)));// 获取视频帧率
    }
}
```

```
void videothread::run()
{
    while(stop==false)// 线程运行和停止，卡住线程，暂停时不退出线程
    {
        while(isrun==true)// 视频运行和暂停
        {
            if(cap.read(frame))// 捕获视频帧
            {
                this->currentFramecount++;
                cvtColor(frame, frame, COLOR_BGR2RGB);// 将 opencvBGR 格式转换成
Image 用到的 RGB
                emit sendFrame(currentFramecount,frame);// 发送帧数据

            }
            msleep(40);// 延时

        }
    }

    cap.release();// 释放打开的视频
}

int videothread::getVideoAllFramecount()
{
    return allFramecount;
}


void videothread::setStop(bool value)
{
    stop = value;
}

void videothread::setCurrentFrame(int value)
{
    this->currentFramecount=value;// 当前帧数
    cap.set(CAP_PROP_POS_FRAMES,currentFramecount);// 进度条跳转对应帧
}

bool videothread::getIsrun() const
{
    return isrun;
}

void videothread::setIsrun(bool value)
{
    isrun = value;
}
```

```cpp
void videothread::pauseThread()// 这两个函数用于确保在运行情况下才能切换状态
{
    if(this->isRunning()&&this->isrun==true)// 当前线程运行且视频运行
    {
        this->isrun=false;
    }
}

void videothread::resumeThread()
{
    if(this->isRunning()&&this->isrun==false)// 当前线程运行且视频暂停
    {
        this->isrun=true;
    }
}

void videothread::stopThread()
{
    if(this->isRunning())// 当前线程运行
    {
        this->stop=true;// 结束线程
        // msleep(10);
        releaseCap();
        this->terminate();

    }
}

bool videothread::getStop() const
{
    return stop;
}

void videothread::releaseCap()
{
    if(cap.isOpened()){
        cap.release();
    }
}
```

采集线程中设置了暂停、继续播放、停止功能，并可以获取帧率和帧数量。这个线程实现了核心功能。界面上的按钮事件处理函数和滑块事件处理函数都和线程有关，比如重播按钮的事件处理函数代码如下：

```cpp
void Widget::on_btn_replay_clicked()
{
    pthread->stopThread();           // 结束线程
    qDebug()<<"重新播放";
    if(!pthread->isRunning())         // 线程没有运行
    {
```

```
        if(isend!=true)              // 此时线程结束并已释放，就不再释放
        {
            // 断开连接

disconnect(pthread,SIGNAL(sendFrame(int,Mat)),this,SLOT(receiveFrame(int,Mat))
);// 接收每一帧 Mat
            delete pthread;
            pthread = nullptr;
        }

        // 创建新线程
        QByteArray ba = videoFilePath.toLocal8Bit();
        char* ch = ba.data();
        pthread=new videothread(ch);
        pthread->start();
        pthread->setIsrun(true);// 视频开始

connect(pthread,SIGNAL(sendFrame(int,Mat)),this,SLOT(receiveFrame(int,Mat)));
// 接收每一帧 Mat

        isend=false;// 表明此时线程还未结束
        ui->btn_startPlay->setIcon(QIcon(":/img/24gf-pause.png"));
        ui->btn_backward->setEnabled(true);
        ui->btn_forward->setEnabled(true);
    }

}
```

限于篇幅，其他控件的事件处理函数不在这里给出，具体可以查看本书配套资源中的源码工程中的 widget.cpp。

步骤 05 运行程序，/root/下的 hd.mp4 就可以播放了，按暂停键后的界面如图 12-9 所示。

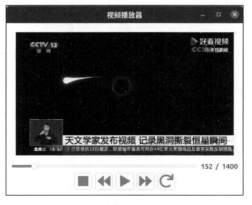

图 12-9

此视频播放器只涉及 OpenCV 加载视频和对视频帧的处理，以及进度条管理等部分功能。在使用中需要注意线程指针的创建和释放以及 OpenCV 采集对象的新建和释放，否则频繁停止和加载会出现野指针和内存泄漏的 bug。

第13章

机器学习

近年来，机器学习（Machine Learning, ML）已经成为科技领域的热门话题，在各个行业的应用越来越广泛和深入。

机器学习是一门多领域交叉学科，涉及概率论、统计学、逼近论、凸分析、算法复杂度理论等多门学科。机器学习专门研究计算机怎样模拟或实现人类的学习行为，以获取新的知识或技能，重新组织已有的知识结构并不断改善自身的性能。它是人工智能的核心，是使计算机具有智能的根本途径。

13.1 机器学习概述

机器学习不仅是人工智能的一个核心研究领域，而且已成为整个计算机领域中最活跃、应用潜力最明显的领域之一，它的作用日益重要。近年来，欧美各国都投入了大量人、财、物进行机器学习的研究和应用，Intel、IBM、波音、微软、通用电器等大型公司也积极开展该领域的研究和开发，而且已有不少研究成果进入产品。

美国航空航天局 JPL 实验室的科学家们在 2001 年 9 月出版的 *Science* 上撰文指出："机器学习对科学研究的整个过程正起到越来越大的支持作用……该领域在今后的若干年内将取得稳定而快速的发展。"机器学习作为人工智能领域的核心技术之一，近年来其市场需求持续高涨。随着大数据、云计算等技术的快速发展，机器学习技术在金融、医疗、零售、制造业等多个行业得到广泛应用，推动了市场规模的不断扩大。据预测，到 2024 年，全球机器学习市场价值预计将达到 967亿美元，显示出强劲的增长势头。在中国，机器学习市场同样呈现出蓬勃发展的态势，市场规模持续增长，成为推动数字经济发展的重要引擎。

1997 年，Tom M. mitchell 在 *Machine Learning* 一书中给出了机器学习的经典定义："计算机利用经验改善系统自身性能的行为。"还有人认为，机器学习是"神经科学（含认知科学）+数学+计算"的有机结合，数学填补了神经科学与计算机之间的鸿沟。与很多新兴学科一样，机器学习也是一个多学科交叉的产物，它吸取了人工智能、概率统计、神经生物学、认知科学、信息论、控制论、计算复杂性理论、哲学等学科的成果。实践证明，机器学习在很多应用领域发挥了重要的实用价值，特别是在数据挖掘、语音识别、图像识别、机器人、车辆自动驾驶、生物信息学、信息安全、遥感信息处理、计算金融学、工业过程控制等领域取得了令人瞩目的成果。

一般来说，机器学习的研究起点最早可追溯到 19 世纪末的神经科学，特别是 James 发现了神经元相互连接的现象。随后，在 20 世纪 30 年代，Mcculloch 和 Pitt 发现了神经元的"兴奋"和"抑制"机制。20 世纪中叶，Hebb 发现了"学习律"。在上述神经生物学研究成果的基础上，机器学习的发展大致可分为两条重要主线。

一条主线是以 Barlow 提出的功能单细胞假设为依据，Rosenblatt 于 1956 年提出了感知器；在随后的近 30 年时间里，Samuel 等人提出的"符号机器学习"方法一直处于主导地位；1969 年 Minsky 开始研究线性不可分问题；1986 年 Rumelhart 提出了著名的后向传播（BP）神经网络；20 世纪 90 年代 Vapnik 等人提出了针对有限样本的统计学习理论和支持向量机。

另一条主线是以 Heb 提出的神经集合体假设为依据，1960 年 Widrow 提出了 Madline 以解决平凡解问题；1984 年 Leslie Valiant 提出了 PAC（Probably Approximately Correct，概率近似正确学习）；1990 年 Schapire 提出了弱学习定理；1995 年 Freund 和 Schapire 提出了 Adaboost 算法，在上述研究成果的基础上，逐渐形成了泛化理论。

需要说明的是，在符号机器学习方面，1959 年 Solomonoff 关于文法归纳的研究应该是最早的符号机器学习；Samuel 将学习限制为结构化数据，由此将学习演变为约简算法，这是现代符号机器学习的基础。如果将每条规则理解为一个分类器，符号机器学习也可算作 Hebb 路线的产物。此外，1967 年哥德尔从数学上证明了符号机器学习是不可能完全实现的。

机器学习使用计算机作为工具，并致力于真实、实时地模拟人类的学习方式，将现有内容进行知识结构划分，以有效提高学习效率。机器学习有下面几种定义：

（1）机器学习是一门人工智能科学，该领域的主要研究对象是人工智能，重点关注如何在经验学习中改善具体算法的性能。

（2）机器学习是对能通过经验自动改进的计算机算法的研究。

（3）机器学习是使用数据或以往的经验，以此优化计算机程序的性能标准。

13.2　机器学习发展历程

机器学习实际上已经存在几十年了，或者也可以认为存在几个世纪了。最早可追溯到 17 世纪，贝叶斯、拉普拉斯关于最小二乘法的推导和马尔可夫链，这些是机器学习能广泛使用的工具和基础。从 1950 年艾伦·图灵提议建立一个学习机器，到 2000 年初有深度学习的实际应用，以及最近的成果（比如 2023 年的 ChatGPT），机器学习有了很大的进展。

从 20 世纪 50 年代研究机器学习以来，不同时期的研究途径和目标并不相同，可以划分为四个阶段。

第一阶段是 20 世纪 50 年代中叶到 60 年代中叶。这个时期主要研究"有无知识的学习"。这类方法主要研究系统的执行能力。这个时期，主要通过对机器的环境及其相应性能参数的改变来检测系统所反馈的数据。就好比给系统一个程序，并改变它们的自由空间作用，系统将会受到程序的影响而改变自身的组织，最后系统将会选择一个最优的环境生存。在这个时期最具有代表性的研究就是 Samuet 的下棋程序，但这种机器学习的方法还远远不能满足人类的需要。

第二阶段从 20 世纪 60 年代中叶到 70 年代中叶。这个时期主要研究如何将各个领域的知识植入系统里。该阶段主要通过机器来模拟人类学习的过程，同时还采用了图结构及其逻辑结构方面的知识进行系统描述。在这一研究阶段，主要用各种符号来表示机器语言，研究人员在进行实验时意识到学习是一个长期的过程，从这种系统环境中无法学到更加深入的知识。因此，研究人员将各专家学者的知识加入系统里，经过实践证明这种方法取得了一定的成效。

第三阶段从 20 世纪 70 年代中叶到 80 年代中叶，称为复兴时期。在此期间，人们从学习单个概念扩展到学习多个概念，探索不同的学习策略和学习方法，且在本阶段已开始把学习系统与各种应用结合起来，并取得很大的成功。同时，专家系统在知识获取方面的需求也极大地刺激了机器学习的研究和发展。在出现第一个专家学习系统之后，示例归纳学习系统成为研究的主流，自动知识获取成为机器学习应用的研究目标。1980 年，在美国的卡内基梅隆大学（CMU）召开了第一届机器学习国际研讨会，标志着机器学习研究已在全世界兴起。此后，机器学习开始得到了大量的应用。1984 年，Simon 等 20 多位人工智能专家共同撰文编写的 *Machine Learning* 文集第二卷出版，国际性杂志 *Machine Learning* 创刊，更加显示出机器学习突飞猛进的发展趋势。这一阶段代表性的工作有 Mostow 的指导式学习、Lenat 的数学概念发现程序、Langley 的 BACON 程序及其改进程序。

第四阶段从 20 世纪 80 年代中叶至今，是机器学习的最新阶段。这个时期的机器学习具有如下特点：

（1）机器学习已成为新的学科，它综合应用了心理学、生物学、神经生理学、数学、自动化和计算机科学等学科，形成了机器学习理论基础。

（2）融合了各种学习方法，且形式多样的集成学习系统研究正在兴起。

（3）机器学习与人工智能各种基础问题的统一性观点正在形成。

（4）各种学习方法的应用范围不断扩大，部分应用研究成果已转化为产品。

（5）与机器学习有关的学术活动空前活跃。

13.3　机器学习研究现状

机器学习是人工智能及模式识别领域的共同研究热点，其理论和方法已被广泛应用于解决工程应用和科学领域的复杂问题。2010 年的图灵奖获得者为哈佛大学的 Leslie Vlliant 教授，其获奖工作之一是建立了概率近似正确学习理论；2011 年的图灵奖获得者为加州大学洛杉矶分校的 Judea Pearll 教授，其主要贡献为建立了以概率统计为理论基础的人工智能方法。这些研究成果都促进了机器学习的发展和繁荣。

机器学习是研究怎样使用计算机模拟或实现人类学习活动的科学，是人工智能中最具智能特征、最前沿的研究领域之一。自 20 世纪 80 年代以来，机器学习作为实现人工智能的途径，在人工智能界引起了广泛的关注，特别是近十几年来，机器学习领域的研究工作发展很快，它已成为人工智能的重要课题之一。机器学习不仅在基于知识的系统中得到应用，而且在自然语言理解、非单调推理、机器视觉、模式识别等许多领域也得到了广泛应用。一个系统是否具有学习能力已成为是否具有"智能"的一个标志。机器学习的研究主要分为两类：第一类是传统机器学习的研究，该类研究主要研究学习机制，注重探索模拟人的学习机制；第二类是大数据环境下机器学习的研究，该类研究主要研究如何有效利用信息，注重从巨量数据中获取隐藏的、有效的、可理解的知识。

经过几十年的发展，机器学习在以深度学习为代表的借鉴人脑的多分层结构、神经元的连接交互信息的逐层分析处理机制，以及自适应、自学习的强大并行信息处理能力等方面，都获得了突破性进展，其中最有代表性的是图像识别领域。

13.3.1 传统机器学习的研究现状

传统机器学习的研究方向主要包括决策树、随机森林、人工神经网络、贝叶斯学习等方面。

1）决策树

决策树是机器学习常见的一种方法。20 世纪末期，机器学习研究者 J. Ross Quinlan 将 Shannon 的信息论引入决策树算法中，提出了 ID3 算法。1984 年 I.Kononenko、E. Roskar 和 I. Bratko 在 ID3 算法的基础上提出了 AS-SISTANT Algorithm，这种算法允许类别的取值之间有交集。同年，A. Hart 提出了 Chi-Squa 统计算法，该算法采用了一种基于属性与类别关联程度的统计量。1984 年 L. Breiman、C.Ttone、R.Olshen 和 J.Freidman 提出了决策树剪枝概念，极大地改善了决策树的性能。

1993 年，Quinlan 在 ID3 算法的基础上提出了一种改进算法，即 C4.5 算法。C4.5 算法克服了 ID3 算法属性偏向的问题，增加了对连续属性的处理，通过剪枝在一定程度上避免了"过度适合"现象。但是该算法在将连续属性离散化时，需要遍历该属性的所有值，降低了效率，并且要求训练样本集驻留在内存，因此不适合处理大规模数据集。

2000 年，RajeevRaSto 等提出了 PUBLIC 算法，该算法是对尚未完全生成的决策树进行剪枝，因而提高了效率。2007 年，房祥飞表述了一种名叫 SLIQ（决策树分类）的算法，这种算法的分类精度与其他决策树算法不相上下，但其执行的速度比其他决策树算法快，它对训练样本集的样本数量以及属性的数量没有限制。SLIQ 算法能够处理大规模的训练样本集，具有较好的伸缩性；执行速度快而且能生成较小的二叉决策树。SLIQ 算法允许多个处理器同时处理属性表，从而实现了并行性。但是 SLIQ 算法依然不能摆脱主存容量的限制。

2010 年，Xie 提出了一种 CART 算法，该算法是描述给定预测向量 X 的条件分布变量 Y 的一个灵活方法，已经在许多领域得到了应用。CART 算法可以处理无序的数据，采用基尼系数作为测试属性的选择标准。CART 算法生成的决策树精确度较高，但是当其生成的决策树复杂度超过一定程度后，随着复杂度的提高，分类精确度会降低，所以该算法建立的决策树不宜太复杂。

近几年模糊决策树也得到了蓬勃发展。研究者考虑到属性间的相关性提出了分层回归算法、约束分层归纳算法和功能树算法。这 3 种算法都是基于多分类器组合的决策树算法，它们对属性间可能存在的相关性进行了部分实验和研究，但是这些研究并没有从总体上阐述属性间的相关性是如何影响决策树性能的。

此外，还有很多其他的算法，如 Zhang.J 于 2014 年提出的一种基于粗糙集的优化算法，Wang.R 在 2015 年提出的基于极端学习树的算法模型等。

2）随机森林

随机森林作为机器学习的重要算法之一，是一种利用多个树分类器进行分类和预测的方法。近年来，随机森林算法研究的发展十分迅速，已经在生物信息学、生态学、医学、遗传学、遥感地理学等多领域开展了应用性研究。

3）人工神经网络

人工神经网络（Artificial Neural Networks，ANN）是一种具有非线性适应性信息处理能力的算法，可以克服传统人工智能方法对于直觉（如模式、语音识别、非结构化信息处理）方面的缺陷。早在 20 世纪 40 年代，人工神经网络就已经受到关注，随后得到了迅速发展。

4）贝叶斯学习

贝叶斯学习是机器学习较早的研究方向，其方法最早起源于英国数学家托马斯·贝叶斯在 1763 年所证明的一个关于贝叶斯定理的特例。之后经过多位统计学家的共同努力，贝叶斯统计在 20 世纪 50 年代逐步建立起来，成为统计学中一个重要的组成部分。

13.3.2　大数据环境下机器学习的研究现状

大数据的价值体现主要集中在数据的转换以及数据的信息处理能力上。在产业飞速发展的今天，大数据时代的到来，对数据转换、数据处理、数据存储等带来了更好的技术支持。产业升级和新产业诞生形成了一种推动力量，让大数据能够针对可发现事物的程序进行自动规划，实现人类用户与计算机信息之间的协调。另外，现有的许多机器学习方法是建立在内存理论基础上的。大数据在无法装载进计算机内存的情况下，是无法进行诸多算法的处理的，因此应提出新的机器学习算法，以适应大数据处理的需要。大数据环境下的机器学习算法，依据一定的性能标准，对学习结果的重要程度可以予以忽视。采用分布式和并行计算的方式进行分治策略的实施，可以规避掉噪声数据和冗余带来的干扰，降低存储耗费，同时提高学习算法的运行效率。

随着大数据时代各行业对数据分析需求的持续增加，通过机器学习高效地获取知识，已逐渐成为当今机器学习技术发展的主要推动力。大数据时代的机器学习更强调"学习本身是手段"，机器学习成为一种支持和服务技术。如何基于机器学习对复杂多样的数据进行深层次的分析，如何更高效地利用信息，成为当前大数据环境下机器学习研究的主要方向。因此，机器学习越来越朝着智能数据分析的方向发展，并已成为智能数据分析技术的一个重要源泉。

另外，在大数据时代，随着数据产生速度的持续加快，数据的体量有了前所未有的增长，而需要分析的新的数据种类也在不断涌现，如文本的理解、文本情感的分析、图像的检索和理解、图形和网络数据的分析等，使得大数据机器学习和数据挖掘等智能计算技术在大数据智能化分析处理应用中起到了极其重要的作用。

13.4　机器学习的分类

经过几十年的发展，研究发表的机器学习方法种类繁多，根据侧重面的不同，可以有多种分类方法。

13.4.1　基于学习策略的分类

1）模拟人脑的机器学习

模拟人脑的机器学习主要有符号学习和神经网络学习。

- 符号学习：模拟人脑的宏现心理级学习过程，以认知心理学原理为基础，以符号数据为输入，以符号运算为方法，用推理过程在图或状态空间中搜索，学习的目标为概念或规则等。符号学习的典型方法有记忆学习、示例学习、演绎学习、类比学习、解释学习等。
- 神经网络学习（或连接学习）：模拟人脑的微观生理级学习过程，以脑和神经科学原理为基础，以人工神经网络为函数结构模型，以数值数据为输入，以数值运算为方法，用迭代过程在系数向量空间中搜索，学习的目标为函数。典型的神经网络学习有权值修正学习、拓扑结构学习。

2）直接采用数学方法的机器学习

主要有统计机器学习。统计机器学习是基于对数据的初步认识以及学习目的分析，选择合适的数学模型，拟定超参数，并输入样本数据，依据一定的策略，运用合适的学习算法对模型进行训练，最后运用训练好的模型对数据进行分析和预测。

统计机器学习有 3 个要素：

- 模型（model）：模型在未进行训练前，可能的参数有多个甚至无穷个，故可能的模型也有多个甚至无穷个，这些模型构成的集合就是假设空间。
- 策略（strategy）：即从假设空间中挑选出参数最优的模型的准则。模型的分类或预测结果与实际情况的误差（损失函数）越小，模型就越好。策略就是误差最小。
- 算法（algorithm）：即从假设空间中挑选模型的方法（等同于求解最佳的模型参数）。机器学习的参数求解通常都会转换为最优化问题，故学习算法通常是最优化算法，例如最快梯度下降法、牛顿法以及拟牛顿法等。

13.4.2　基于学习方法的分类

1）归纳学习

- 符号归纳学习：典型的符号归纳学习有示例学习、决策树学习。
- 函数归纳学习（发现学习）：典型的函数归纳学习有神经网络学习、示例学习、发现学习、统计学习。

2）演绎学习

- 类比学习：典型的类比学习有案例（范例）学习。
- 分析学习：典型的分析学习有解释学习、宏操作学习。

13.4.3　基于学习方式的分类

（1）监督学习（有导师学习）：输入数据中有导师信号，以概率函数、代数函数或人工神经网络为基函数模型，采用迭代计算方法，学习结果为函数。

（2）无监督学习（无导师学习）：输入数据中无导师信号，采用聚类方法，学习结果为类别。典型的无导师学习有发现学习、聚类、竞争学习等。

（3）强化学习（增强学习）：以环境反馈（奖/惩信号）为输入，以统计和动态规划技术为指导的一种学习方法。

13.4.4　基于数据形式的分类

（1）结构化学习：以结构化数据为输入，以数值计算或符号推演为方法。典型的结构化学习有神经网络学习、统计学习、决策树学习、规则学习。

（2）非结构化学习：以非结构化数据为输入。典型的非结构化学习有类比学习、案例学习、解释学习、文本挖掘、图像挖掘、Web 挖掘等。

13.4.5　基于学习目标的分类

（1）概念学习：学习的目标和结果为概念，或者说是为了获得概念的学习。典型的概念学习主要有示例学习。

（2）规则学习：学习的目标和结果为规则，或者为了获得规则的学习。典型的规则学习主要有决策树学习。

（3）函数学习：学习的目标和结果为函数，或者说是为了获得函数的学习。典型的函数学习有神经网络学习。

（4）类别学习：学习的目标和结果为对象类，或者说是为了获得类别的学习。典型的类别学习有聚类分析。

（5）贝叶斯网络学习：学习的目标和结果是贝叶斯网络，或者说是为了获得贝叶斯网络的学习。它又可分为结构学习和多数学习。

13.5　机器学习常见算法

1. 决策树算法

决策树及其变种是一类将输入空间分成不同的区域，每个区域有独立参数的算法。决策树算法充分利用了树形模型，从根节点到一个叶子节点是一条分类的路径规则，每个叶子节点象征一个判断类别。先将样本分成不同的子集，再进行分割递推，直至每个子集得到同类型的样本，从根节点开始测试，到子树再到叶子节点，即可得出预测类别。此方法的特点是结构简单，数据处理效率较高。

2. 朴素贝叶斯算法

朴素贝叶斯算法是一种分类算法。它不是单一算法，而是一系列算法，它们都有一个共同的原则，即被分类的每个特征都与任何其他特征的值无关。朴素贝叶斯分类器认为这些"特征"中的每一个都独立地贡献概率，而不管特征之间的任何相关性。然而，特征并不总是独立的，因此这通常被视为朴素贝叶斯算法的缺点。简而言之，朴素贝叶斯算法允许我们使用概率给出一组特征来预测一个类。与其他常见的分类方法相比，朴素贝叶斯算法需要的训练很少。在预测之前，必须完成的唯一工作是找到特征的个体概率分布参数，这通常可以快速且明确地完成。这意味着即使对于高维数据点或大量数据点，朴素贝叶斯分类器也可以表现良好。

3. 支持向量机算法

支持向量机算法的基本思想可概括如下：首先，利用一种变换将空间高维化，当然这种变换是非线性的；然后，在新的复杂空间取最优线性分类表面。由此种方式获得的分类函数在形式上类似于神经网络算法。支持向量机是统计学习领域中的一个代表性算法，它与传统方式的思维方法很不同，它输入空间，提高维度，从而将问题简短化，使问题归结为线性可分的经典解问题。支持向量机可应用于垃圾邮件识别、人脸识别等多种分类问题。

4. 随机森林算法

控制数据树生成的方式有多种，根据前人的经验，大多数时候更倾向选择分裂属性和剪枝，但这并不能解决所有问题，偶尔会遇到噪声或分裂属性过多的问题。基于这种情况，总结每次的结果可以得到袋外数据的估计误差，将它和测试样本的估计误差相结合，可以评估组合树学习器的拟合及预测精度。此方法的优点有很多，可以产生高精度的分类器，并能够处理大量的变数，也可以平衡分类资料集之间的误差。

5. 人工神经网络算法

人工神经网络与由神经元组成的异常复杂的网络大体相似，由个体单元互相连接而成，每个单元有数值量的输入和输出，形式可以为实数或线性组合函数。它先要以一种学习准则去学习，然后才能进行工作。当网络判断错误时，通过学习可以减少犯同样错误的可能性。此方法有很强的泛化能力和非线性映射能力，可以对信息量少的系统进行模型处理。从功能模拟角度来看，该方法具有并行性，且传递信息的速度极快。

6. Boosting 与 Bagging 算法

Boosting 是一种通用的增强基础算法性能的回归分析算法。它不需要构造一个高精度的回归分析，只需一个粗糙的基础算法，再反复调整基础算法就可以得到较好的组合回归模型。它可以将弱学习算法提高为强学习算法，还可以应用到其他基础回归算法，如线性回归、神经网络等，以提高精度。Bagging 与 Boosting 算法大体相似但又略有差别，其主要思想是给出已知的弱学习算法和训练集。它需要经过多轮的计算，才可以得到预测函数列，最后采用投票方式对示例进行判别。

7. 关联规则算法

关联规则算法使用规则去描述两个变量或多个变量之间的关系，是客观反映数据本身性质的方法。它是机器学习的一大类任务，可分为两个阶段：先从资料集中找到高频项目组，再去研究它们的关联规则。其得到的分析结果即是对变量间规律的总结。

8. EM（期望最大化）算法

在进行机器学习的过程中，需要用到极大似然估计等参数估计方法，在潜在变量的情况下，通常选择 EM 算法。它不是直接对函数对象进行极大估计，而是先添加一些数据进行简化计算，再进行极大化模拟。它是对本身受限制或比较难直接处理的数据的极大似然估计算法。

9. 深度学习

深度学习是机器学习领域中一个新的研究方向，它被引入机器学习使其更接近于最初的目标——人工智能。

深度学习是学习样本数据的内在规律和表示层次，这些学习过程中获得的信息对文字、图像和声音等数据的解释有很大的帮助。它的最终目标是让机器能够像人一样具有分析学习能力，能够识别文字、图像和声音等数据。深度学习是一个复杂的机器学习算法，在语音和图像识别方面取得的效果远远超过先前的相关技术。

深度学习在搜索技术、数据挖掘、机器学习、机器翻译、自然语言处理、多媒体学习、语音、推荐和个性化技术以及其他相关领域都取得了很多成果。深度学习使机器能够模仿视听和思考等人类的活动，解决了很多复杂的模式识别难题，使得人工智能相关技术取得了很大的进步。

13.6 机器学习的研究内容

一般来说，一个典型的机器学习系统包括下面 4 个程序模块：

（1）执行系统（Performance System）：其主要功能是用学会的目标函数来解决给定的任务。

（2）鉴定器（Critic）：它以解答路线或历史记录作为输入，输出目标函数的一系列训练样本。

（3）泛化器（Generalizer）：它以训练样本作为输入，产生一个输出假设，作为它对目标函数的估计。它从特定的训练样本中泛化，猜测一个一般函数，使其能够覆盖这些样本以及样本之外的情形。

（4）实验生成器（Experiment Generator）：它以当前的假设（即当前学到的目标函数）作为输入，输出一个新的问题供执行系统去探索。

设计一个机器学习系统通常要解决如下几方面的问题：

（1）选择训练经验。它包括如何选择训练经验的类型，如何控制训练样本序列，以及如何使训练样本的分布与未来测试样本的分布相似等子问题。

（2）选择目标函数。不难发现，所有的机器学习问题几乎都可以简化为学习某个特定的目标函数的问题，而且这样的简化对解决实际问题是非常有益的。因此，目标函数的学习、设计和选择是机器学习领域的关键问题。

（3）选择目标函数的表示。对于特定的应用问题，在确定了理想的目标函数后，接下来的任务是必须从很多（甚至是无数）种表示方法中选择一种最优或近似最优的表示方法。

TomM. Mitchell 认为，机器学习致力于解决的主要问题有：

（1）存在什么样的算法，能从特定的训练样本中学习一般的目标函数？如果提供了充足的训练样本，在什么条件下会使特定的算法收敛到期望的函数?哪个算法对哪些问题的性能最好?

（2）多少训练样本是充足的?怎样找到假设的置信度与训练样本的数量及提供给学习器的假设空间特性之间的一般关系?

（3）学习器拥有的先验知识是怎样引导从样本进行泛化的过程的?当先验知识仅仅是近似正确的，它们会有帮助吗?

（4）关于选择有效的后续训练经验，什么样的策略最好?这个策略的选择将如何影响学习问题的复杂性?

（5）怎样把学习任务简化为一个或多个函数逼近问题，也就是说，系统试图学习哪些函数?这个过程本身能否自动化?

（6）学习器怎样自动地改变表示法，以提高表示和学习目标函数的能力?

13.7　机器学习的应用

机器学习的应用非常广泛，无论是在军事领域还是民用领域，都有其身影。机器学习的应用主要包括以下几个方面。

1. 数据分析与挖掘

"数据挖掘"和"数据分析"通常被相提并论，并在许多场合被认为是可以相互替代的术语。关于数据挖掘，已有多种文字不同但含义接近的定义，例如"识别出巨量数据中有效的、新颖的、潜在有用的、最终可理解的模式的非平凡过程"。无论是数据分析还是数据挖掘，都是帮助人们收集、分析数据，使之成为信息，并据此做出判断。因此，可以将这两项合称为数据分析与挖掘。

数据分析与挖掘技术是机器学习算法和数据存取技术的结合，利用机器学习提供的统计分析、知识发现等手段分析海量数据，同时利用数据存取机制实现数据的高效读写。机器学习在数据分析与挖掘领域中拥有无可取代的地位，2012 年 Hadoop 进军机器学习领域就是一个很好的例子。

2. 模式识别

模式识别起源于工程领域，而机器学习起源于计算机科学，这两个不同学科的结合带来了模式识别领域的调整和发展。模式识别研究主要集中在下面两个方面。

（1）研究生物体（包括人）是如何感知对象的。这属于认识科学的范畴。

（2）在给定的任务下，如何用计算机实现模式识别的理论和方法。这些是机器学习的长项，也是机器学习研究的内容之一。

模式识别的应用领域非常广泛，包括计算机视觉、医学图像分析、光学文字识别、自然语言处理、语音识别、手写识别、生物特征识别、文件分类、搜索引擎等，而这些领域也正是机器学习大展身手的舞台，因此模式识别与机器学习的关系越来越密切。

3. 在生物信息学上的应用

随着基因组和其他测序项目的不断发展，生物信息学研究的重点正逐步从积累数据转移到如何解释这些数据。在未来，生物学的新发现将极大地依赖我们在多个维度和不同尺度下对多样化的数据进行组合和关联的分析能力，而不再仅仅依赖对传统领域的继续关注。序列数据将与结构和功能数据、基因表达数据、生化反应通路数据、表现型和临床数据等一系列数据相互集成。如此大量的数据，在生物信息的存储、获取、处理、浏览及可视化等方面，都对理论算法和软件的发展提出了迫切的需求。另外，由于基因组数据本身的复杂性，也对理论算法和软件的发展提出了迫切的需求。而机器学习方法，例如神经网络、遗传算法、决策树和支持向量机等，正适合于处理这种数据量大、含有噪声并且缺乏统一理论的数据。

4. 更广阔的应用领域

随着机器学习技术的不断成熟和应用领域的不断拓展，机器学习将在更多的领域发挥重要作用。例如，在医疗领域，机器学习将用于疾病预测、药物研发等方面；在交通领域，机器学习将用于智能驾驶、交通流量管理等方面。

国外的 IT 巨头正在深入研究和应用机器学习，他们把目标定位于全面模仿人类大脑，试图创造出拥有人类智慧的机器大脑。

5. 具体应用领域

（1）虚拟助手。Siri、Alexa、Google Now 都是虚拟助手。顾名思义，当我们使用语音发出指令后，它们会协助查找信息。对于回答，虚拟助手会查找信息，回忆我们的相关查询，或向其他资源（如电话应用程序）发送命令以收集信息。我们甚至可以指导虚拟助手执行某些任务，例如"设置 7 点的闹钟"等。

（2）交通预测。在我们的日常生活中，GPS 导航服务被广泛使用。当我们使用该服务时，我们当前的位置和速度会被记录在中央服务器上，以便进行流量管理。这些数据随后用于构建当前交通状况的地图。通过机器学习可以解决配备 GPS 的汽车数量较少的问题，在这种情况下，机器学习用于根据估计找到交通拥挤的区域。

（3）过滤垃圾邮件和恶意软件。电子邮件客户端使用了许多垃圾邮件过滤方法。为了确保这些垃圾邮件过滤器能够不断更新，使用了机器学习技术。比如，多层感知器和决策树归纳等是由机器学习提供支持的一些垃圾邮件过滤技术。在恶意软件监控方面，由机器学习驱动的系统安全程序可以理解编码模式，因此它们可以轻松检测到 2%～10%变异的新恶意软件，并针对它们提供保护。

13.8　OpenCV 中的机器学习

OpenCV 专门提供了一个机器学习模块来实现机器学习算法。该模块包含常见的机器学习算法：

（1）Bayesian，Normal Bayes Classifier（贝叶斯分类）。

（2）K-Nearest Neighbour Classifier（K-邻近算法）。

（3）SVM，Support Vector Machine（支持向量机）。

（4）Expectation-Maximization（EM 算法）。

（5）Decision Tree（决策树）。

（6）Random Trees Classifier（随机森林算法）。

（7）Extremely Randomized Trees Classifier（绝对随机森林算法）。

（8）Boosted Tree Classifier（Boost 树算法）。

（9）Gradient Boosted Trees（梯度 Boost 树算法）。

（10）ANN，Artificial Neural Networks（人工神经网络）。

OpenCV 机器学习模块中还集成了一些目前比较优秀的算法库，如 libsvm 等，不仅可以用于图像处理，也可以用于解决其他机器学习问题。

13.8.1 支持向量机

1. SVM 概述

支持向量机（Support Vector Machine，SVM，又名支持向量网络）是监督学习中最有影响力的方法之一。它类似于逻辑回归，也是基于线性函数 $w^{\mathrm{T}}x+b$ 的。不同于逻辑回归的是，支持向量机不输出概率，只输出类别。当 $w^{\mathrm{T}}x+b$ 为正时，支持向量机预测属于正类；当 $w^{\mathrm{T}}x+b$ 为负时，支持向量机预测属于负类。

支持向量机的一个重要创新是核技巧（kernel trick）。核技巧观察到许多机器学习算法都可以写成样本间点积的形式。例如，支持向量机中的线性函数可以重写为：

$$w^{\mathrm{T}}x+b = b + \sum_{i=1}^{m} \alpha_i x^{\mathrm{T}} x^{(i)}$$

其中，$x^{(i)}$ 是训练样本，α 是系数向量。学习算法重写为这种形式，允许我们将 x 替换为特征函数 $\emptyset(x)$ 的输出，点积替换为被称为核函数（kernel function）的函数 $k(x,x^{(i)})= \emptyset(x)\cdot\emptyset(x^{(i)})$。运算符·表示类似于 $\emptyset(x)^{\mathrm{T}}\emptyset(x^{(i)})$ 的点积。对于某些特征空间，我们可能不会书面地使用向量内积。在某些无限维空间中，我们需要使用其他类型的内积，如基于积分而非和的内积。使用核估计替换点积之后，我们可以使用如下函数进行预测：

$$f(x) = b + \sum_{i} \alpha_i k(x, x^{(i)})$$

这个函数关于 x 是非线性的，关于 $\emptyset(x)$ 是线性的。α 和 $f(x)$ 之间的关系也是线性的。核函数完全等价于用 $\emptyset(x)$ 预处理所有的输入，然后在新的转换空间学习线性模型。

核技巧十分强大的原因有两个。其一，它使我们能够使用保证有效收敛的凸优化技术来学习非线性模型（关于 x 的函数）。这是可能的，因为我们可以认为 $\emptyset$ 是固定的，仅优化 α，即优化算法可以将决策函数视为不同空间中的线性函数。其二，核函数 k 的实现方法通常比先构建 $\emptyset(x)$ 再算点积高效很多。

在某些情况下，$\emptyset(x)$ 甚至可以是无限维的，对于普通的显示方法而言，这将是无限的计算代价。在很多情况下，即使 $\emptyset(x)$ 是难算的，$k(x,x')$ 也会是一个关于 x 非线性的、易算的函数。支持向量机不是唯一可以使用核技巧来增强的算法，许多其他的线性模型也可以通过这种方式来增强。使用核技巧的算法类别被称为核机器（kernel machine）或核方法（kernel method）。核机器的一个主要缺点是计算决策函数的成本关于训练样本的数目是线性的。因为第 i 个样本贡献 $\alpha_i k(x,x^{(i)})$ 到决策函数。支持向量机能够通过学习主要包含零的向量 α 来缓和这个缺点。那么判断新样本的类别仅需要计算非零 α_i 对应的训练样本的核函数。这些训练样本被称为支持向量。当数据集很大时，核机器的计算量也会很大。

在机器学习中，支持向量机是在分类与回归分析中分析数据的监督式学习模型与相关的学习算法。给定一组训练实例，每个训练实例被标记为属于两个类别中的一个，SVM 训练算法创建一个将新的实例分配给两个类别之一的模型，使其成为非概率二元线性分类器。SVM 模型是将实例表示为空间中的点，这样映射就使得单独类别的实例被尽可能宽的、明显的间隔分开。然后，将新的实例映射到同一空间，并基于它们落在间隔的哪一侧来预测所属类别。

除了进行线性分类之外，SVM 还可以使用所谓的核技巧有效地进行非线性分类，将其输入隐式映射到高维特征空间中。

当数据未被标记时，不能进行监督式学习，需要用非监督式学习，它会尝试找出数据到簇的自然聚类，并将新数据映射到这些已形成的簇。由支持向量机改进的聚类算法被称为支持向量聚类，它经常在工业应用中用作分类步骤的预处理。

更正式地说，支持向量机在高维或无限维空间中构造超平面或超平面集合，可用于分类、回归或其他任务。

2. SVM 的应用

SVM 通常有如下应用：

（1）用于文本和超文本的分类，在归纳和直推方法中都可以显著减少所需要的、有类标的样本数。

（2）用于图像分类。实验结果显示：在经过三到四轮相关反馈之后，比起传统的查询优化方案，支持向量机能够获取更高的搜索准确度。因此，SVM 同样适用于图像分区系统。

（3）用于手写字体识别。

（4）用于医学中分类蛋白质，超过 90% 的化合物能够被正确分类。基于支持向量机权重的置换测试已被建议作为一种机制，用于解释支持向量机模型。支持向量机权重也被用来解释过去的 SVM 模型。

3. OpenCV 中的 SVM

OpenCV 4.10 中给出了支持向量机的实现，即 cv::ml::SVM 类。此类的声明在 include/opencv2/ml.hpp 文件中，实现在 modules/ml/src/svm.cpp 文件中。它既支持两分类，也支持多分类，还支持回归等。OpenCV 中 SVM 的实现源自 libsvm 库。其中：

（1）cv::ml::SVM 类：继承自 cv::ml::StateModel，而 cv::ml::StateModel 又继承自 cv::Algorithm。

（2）create 函数：用来创建一个 SVM 对象。

（3）setType/getType 函数：设置/获取 SVM 公式类型，包括 C_SVC、NU_SVC、ONE_CLASS、EPS_SVR、NU_SVR，用于指定分类、回归等，默认值为 C_SVC。

（4）setGamma/getGamma 函数：设置/获取核函数的 γ 参数，默认值为 1。

（5）setCoef0/getCoef0 函数：设置/获取核函数的 coef0 参数，默认值为 0。

（6）setDegree/getDegree 函数：设置/获取核函数的 degree 参数，默认值为 0。

（7）setC/getC 函数：设置/获取 SVM 优化问题的 C 参数，默认值为 0。

（8）setNu/getNu 函数：设置/获取 SVM 优化问题的 υ 参数，默认值为 0。

（9）setP/getP 函数：设置/获取 SVM 优化问题的 ε 参数，默认值为 0。

（10）setClassWeights/getClassWeights 函数：应用在 SVM::C_SVC 中，设置/获取 weights，默认值是空 cv::Mat。

（11）setTermCriteria/getTermCriteria 函数：设置/获取 SVM 训练时迭代终止条件，默认值是 cv::TermCriteria(cv::TermCriteria::MAX_ITER + TermCriteria::EPS,1000, FLT_EPSILON)。

（12）setKernel/getKernelType 函数：设置/获取 SVM 核函数类型，包括 CUSTOM、LINEAR、POLY、RBF、SIGMOID、CHI2、INTER，默认值为 RBF。

（13）setCustomKernel 函数：初始化 CUSTOM 核函数。

（14）trainAuto 函数：用最优参数训练 SVM。

（15）getSupportVectors/getUncompressedSupportVectors 函数：获取所有的支持向量。

（16）getDecisionFunction 函数：决策函数。

（17）getDefaultGrid/getDefaultGridPtr 函数：生成 SVM 参数网格。

（18）save/load 函数：保存/载入已训练好的 model，支持 XML、YAML、JSON 格式。

（19）train/predict 函数：用于训练/预测。

【例 13.1】利用 SVM 进行机器学习

步骤 01 在 Linux 下打开 Qt Creator，新建一个控制台工程，工程名是 test。

步骤 02 打开 main.cpp，输入如下代码：

```cpp
#include <iostream>
#include "opencv2/imgproc/imgproc.hpp"
#include "opencv2/highgui/highgui.hpp"
#include "opencv2/ml/ml.hpp"
#include "opencv2/opencv.hpp"
using namespace cv;
using namespace cv::ml;


int main()
{
    // 视觉表示数据
    int width = 512, height = 512;
    Mat image = Mat::zeros(height, width, CV_8UC3);

    // 设置训练数据
    // ! [setup1]
    int labels[4] = { 1, -1, -1, -1 };
    float trainingData[4][2] = { {501, 10}, {255, 10}, {501, 255}, {10, 501} };
    // ! [setup1]
    // ! [setup2]
    Mat trainingDataMat(4, 2, CV_32FC1, trainingData);
    Mat labelsMat(4, 1, CV_32SC1, labels);
    // ! [setup2]


    // 训练 SVM
    // ! [init]
```

```cpp
    Ptr<SVM> svm = SVM::create();
    svm->setType(SVM::C_SVC);
    svm->setKernel(SVM::LINEAR);
    svm->setDegree(1.0);
    svm->setTermCriteria(TermCriteria(TermCriteria::MAX_ITER, 100, 1e-6));
    // ! [init]
    // ! [train]
    svm->train(trainingDataMat, ROW_SAMPLE, labelsMat);
    // ! [train]

    // 显示支持向量机给出的决策区域
    // ! [show]
    Vec3b green(0, 255, 0), blue(255, 0, 0);
    for (int i = 0; i < image.rows; ++i)
        for (int j = 0; j < image.cols; ++j)
        {
            Mat sampleMat = (Mat_<float>(1, 2) << j, i);
            float response = svm->predict(sampleMat);

            if (response == 1)
                image.at<Vec3b>(i, j) = green;
            else if (response == -1)
                image.at<Vec3b>(i, j) = blue;
        }
    // ! [show]

    // 显示训练数据
    // ! [show_data]
    int thickness = -1;
    int lineType = 8;
    circle(image, Point(501, 10), 5, Scalar(0, 0, 0), thickness, lineType);
    circle(image, Point(255, 10), 5, Scalar(255, 255, 255), thickness,
lineType);
    circle(image, Point(501, 255), 5, Scalar(255, 255, 255), thickness,
lineType);
    circle(image, Point(10, 501), 5, Scalar(255, 255, 255), thickness,
lineType);
    // ! [show_data]
    // 显示支持矩阵
    // ! [show_vectors]
    thickness = 2;
    lineType = 8;
    Mat sv = svm->getSupportVectors();

    for (int i = 0; i < sv.rows; ++i)
    {
        const float* v = sv.ptr<float>(i);
        circle(image, Point((int)v[0], (int)v[1]), 6, CV_RGB(255, 0, 0),
thickness, lineType);
    }
```

```
    // ! [show_vectors]

    imwrite("result.png", image);          // 保存图片

    imshow("SVM Simple Example", image); // 向用户显示
    waitKey(0);
}
```

在上述代码中，首先设置训练数据，然后训练 SVM。训练完毕后，首先显示支持向量机给出的决策区域，再显示训练数据，最后显示支持矩阵。

步骤 **03** 在 test.pro 的结尾添加头文件路径以及库路径和所需要的库，代码如下：

```
INCLUDEPATH += /usr/local/include/opencv4/
LIBS += -L /usr/local/lib -lopencv_highgui  -lopencv_imgcodecs
-lopencv_imgproc  -lopencv_core -lopencv_ml
```

步骤 **04** 保存工程并运行，结果如图 13-1 所示。

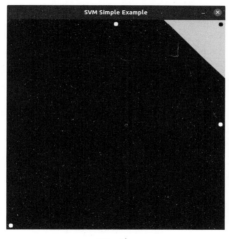

图 13-1

13.8.2 贝叶斯分类器

贝叶斯分类器是各种分类器中分类错误概率最小，或者在预先给定代价的情况下平均风险最小的分类器。它的设计方法是一种最基本的统计分类方法，其分类原理是通过某对象的先验概率，利用贝叶斯公式计算出其后验概率，即该对象属于某一类的概率，选择具有最大后验概率的类作为该对象所属的类。

研究较多的贝叶斯分类器主要有 4 种，分别是 Naive Bayes、TAN、BAN 和 GBN。

贝叶斯网络是一个带有概率注释的有向无环图，图中的每一个节点均表示一个随机变量，图中两节点间若存在一条弧，则表示这两节点相对应的随机变量是概率相依的，反之则说明这两个随机变量是条件独立的。网络中任意一个节点 X 均有一个相应的条件概率表（Conditional Probability Table，CPT），用来表示节点 X 在其父节点取各可能值时的条件概率。若节点 X 无父节点，则 X 的 CPT 为其先验概率分布。贝叶斯网络的结构及各节点的 CPT 定义了网络中各变量的概率分布。

应用贝叶斯网络分类器进行分类主要分成两个阶段：第一阶段是贝叶斯网络分类器的学习，即从样本数据中构造分类器，包括结构学习和 CPT 学习；第二阶段是贝叶斯网络分类器的推理，即计算类节点的条件概率，对分类数据进行分类。这两个阶段的时间复杂性均取决于特征值间的依赖程度，甚至可以是 NP 完全问题，因而在实际应用中，往往需要对贝叶斯网络分类器进行简化。根据对特征值间不同关联程度的假设，可以得出各种贝叶斯分类器。Naive Bayes、TAN、BAN、GBN 就是其中比较典型、研究较深入的贝叶斯分类器。

【例 13.2】利用贝叶斯分类器进行机器学习

步骤 01 在 Linux 下打开 Qt Creator，新建一个控制台工程，工程名是 test。

步骤 02 打开 main.cpp，输入如下代码：

```cpp
#include <iostream>
#include "opencv2/imgproc/imgproc.hpp"
#include "opencv2/highgui/highgui.hpp"
using namespace cv;
#include "opencv2/opencv.hpp"
using namespace cv;
using namespace cv::ml;

int main(int, char**)
{
    int width = 512, height = 512;
    Mat image = Mat::zeros(height, width, CV_8UC3);  // 创建窗口可视化

    // 设置训练数据
    int labels[10] = { 1, -1, 1, 1,-1,1,-1,1,-1,-1 };
    Mat labelsMat(10, 1, CV_32SC1, labels);

    float trainingData[10][2] = { { 501, 150 }, { 255, 10 }, { 501, 255 }, { 10,
501 }, { 25, 80 },
    { 150, 300 }, { 77, 200 } , { 300, 300 } , { 45, 250 } , { 200, 200 } };
    Mat trainingDataMat(10, 2, CV_32FC1, trainingData);

    // 创建贝叶斯分类器
    Ptr<NormalBayesClassifier> model = NormalBayesClassifier::create();

    // 设置训练数据
    Ptr<TrainData> tData = TrainData::create(trainingDataMat, ROW_SAMPLE,
labelsMat);

    // 训练分类器
    model->train(tData);

    Vec3b green(0, 255, 0), blue(255, 0, 0);
    // 显示支持向量机给出的决策区域
    for (int i = 0; i < image.rows; ++i)
        for (int j = 0; j < image.cols; ++j)
        {
```

```
            Mat sampleMat = (Mat_<float>(1, 2) << j, i);  // 生成测试数据
            float response = model->predict(sampleMat);  // 进行预测，返回 1 或
-1

            if (response == 1)
                image.at<Vec3b>(i, j) = green;
            else if (response == -1)
                image.at<Vec3b>(i, j) = blue;
        }

    // 显示训练数据
    int thickness = -1;
    int lineType = 8;
    Scalar c1 = Scalar::all(0);      // 标记为 1 的显示成黑点
    Scalar c2 = Scalar::all(255);    // 标记成-1 的显示成白点
    // 绘图时，先宽后高，对应先列后行
    for (int i = 0; i < labelsMat.rows; i++)
    {
        const float* v = trainingDataMat.ptr<float>(i); // 取出每行的头指针
        Point pt = Point((int)v[0], (int)v[1]);
        if (labels[i] == 1)
            circle(image, pt, 5, c1, thickness, lineType);
        else
            circle(image, pt, 5, c2, thickness, lineType);

    }
    // 显示给用户
    imshow("normal Bayessian classifier Simple Example", image);
waitKey(0);
    return 0;
}
```

从上面代码可以看到，总体步骤和 SVM 训练类似。

步骤 **03** 保存工程并运行，结果如图 13-2 所示。

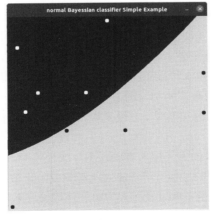

图 13-2

第 **14** 章

数字水印

数字水印技术是信息隐藏学科的一个重要分支，它将特定的标识信息嵌入媒体内容（如图像、音频、视频等）中，用以证明版权所有，防止非法复制或传递秘密信息。这些嵌入的标识信息在不影响原始数据使用价值的前提下，可以是可见的或不可见的。数字水印的基本原理是将一个特定的信息或标识作为水印，通过一定的算法嵌入宿主媒体数据中。嵌入过程需要在不明显影响媒体内容质量的前提下进行，以确保水印信息的隐蔽性。提取水印时，需要一个特定的密钥或算法，用于识别和提取嵌入的水印数据。本章将通过 OpenCV 来实现数字水印。

14.1 数字水印概述

近年来，生成式人工智能（Artificial Intelligence Generated Content，AIGC）的火爆引燃了数字水印（Digital Watermark）。数字水印的作用是什么呢？顾名思义，它和 PDF 中水印的作用差不多，都用于明确版权、防伪验真。然而，不同于传统肉眼可见的水印，数字水印也叫隐藏式水印，能够在人眼几乎无法察觉的情况下将水印信息秘密嵌入音频、图像或视频中。若要复制有数字水印的信号，则所嵌入的信息也会一并被复制。数字水印除了减少对画质的影响外，还有个重要的功能就是保护著作权，使得盗版者无法感知水印存在，让版权鉴定的溯源变得更轻松。

数字水印可分为浮现式和隐藏式两种，前者是可被看见的水印（Visible Watermarking），其所包含的信息可在观看图片或视频时被看见。一般来说，浮现式的水印通常包含版权拥有者的名称或标志。

隐藏式的水印是以数字数据的方式加入音频、图片或视频中，但在一般的状况下无法被看见。隐藏式水印的重要应用之一是保护版权，期望能借此避免或阻止数字媒体未经授权的复制。隐写术（Steganography）也是数字水印的一种应用，双方可利用隐藏在数字信号中的信息进行沟通。数字照片中的注释数据能记录照片拍摄的时间、使用的光圈和快门，甚至是相机的厂牌等信息，这也是数字水印的应用之一。

本章将主要讨论基于 OpenCV 的图片数字水印技术。

14.1.1　数字水印的特点

数字水印是一种信息隐藏技术，它利用人体感官的限制，将数字信号，如图像、文字、符号、数字等一切可以作为标记、标识的信息与原始数据（如图像、音频、视频数据）紧密结合并隐藏其中，并在经历一些不破坏原数据价值的操作后也能保存下来。

一般地，数字水印应具有如下的基本特性：

（1）可证明性：水印应能为受到版权保护的信息产品的归属提供完全和可靠的证据。

（2）不可感知性：不可感知包含两方面的意思，一方面指视觉上的不可感知性（对听觉也是同样的要求），即因嵌入水印而导致的图像变化对观察者的视觉系统来讲应该是不可察觉的，最理想的情况是水印图像与原始图像在视觉上一模一样，这是绝大多数水印算法所应达到的要求；另一方面水印用统计方法也是不能恢复的，比如对于大量的用同样方法和水印处理过的信息产品，即使使用统计方法也无法提取水印或确定水印的存在。

（3）鲁棒性：鲁棒性即健壮性，它对水印而言极为重要。一个鲁棒性强的数字水印应该能够承受大量的、不同的物理和几何失真，包括有意的（如恶意攻击）或无意的（如图像压缩、滤波、扫描与复印、噪声污染、尺寸变化等）。易碎水印技术恰恰与之相反，其鲁棒性很低，它所保护的信息的微小变化都会使得水印被破坏。

14.1.2　图像数字水印

图像数字水印是利用图像作品中普遍存在的冗余数据，在图像的空间域（或变换域），通过一定的算法来改变像素（或变换域系数）的位置或值，在不影响原作品的价值和使用的前提下，将一些版权标记信息（水印）嵌入图像作品中，并且不能被人类视觉系统觉察。只有专用的检测器或阅读器才能提取，以达到保护图像作品版权或完整性验证的目的。

图像数字水印算法必须具有以下基本特性：

（1）透明性：图像水印的嵌入不能引起人类视觉系统的察觉，即不能使得被保护图像作品在质量上发生可感觉到的失真。

（2）鲁棒性：当被保护的图像作品经过某种改动或者攻击（如添加高斯噪声、JPEG 压缩和添加椒盐噪声等）之后，嵌入的水印信息应保持一定的完整性，并能以一定的正确概率被检测到。

（3）安全性：图像水印应该难以被伪造或者加工。同时，未经授权的个体不得阅读和修改水印。理想情况是未经授权的客户将不能检测到产品中的水印。

（4）可证明性：水印必须能为图像作品的归属提供完全和可靠的证据。

14.1.3　数字水印原理

最低有效位（Least Significant Bit，LSB）指的是一个二进制数中的第 0 位（即最低位）。最低有效位信息隐藏指的是，将一个需要隐藏的二值图像信息嵌入载体图像的最低有效位，即将载体图像的最低有效位替换为当前需要隐藏的二值图像，从而实现将二值图像隐藏的目的。由于二值图像处于载体图像的最低有效位上，所以对于载体图像的影响非常不明显，具有较高的隐蔽性。

这种信息隐藏也被称为数字水印，通过该方式可以实现信息隐藏、版权认证、身份认证等功能。例如，如果嵌入载体图像内的信息是秘密信息，就实现了信息隐藏；如果嵌入载体图像内的信息是版权信息，就能够实现版权认证；如果嵌入载体图像内的信息是身份信息，就可以实现数字签名；等等。因此，被嵌入载体图像内的信息也被称为数字水印信息。

数字水印信息可以是文本、视频、音频等多种形式，这里我们仅讨论数字水印信息是二值图像的情况。

最低有效位水印的实现包含嵌入过程和提取过程，下面对具体的实现方法进行简单介绍。

14.1.4 嵌入过程

嵌入过程完成的操作是将数字水印信息嵌入载体图像内，其主要步骤如下：

1）载体图像预处理

读取原始载体图像，并获取载体图像的行数 M 和列数 N。

2）建立提取矩阵

建立一个 $M \times N$ 大小、元素值均为 254 的提取矩阵（数组），用来提取载体图像的高 7 位。

3）保留载体图像的高 7 位，将最低位置零

为了实现该操作，需要将载体图像与元素值均为 254 的提取矩阵进行按位与运算。将一个值在[0,255]区间的像素值 P 与数值 254 进行按位与运算，则会将像素值 P 的最低有效位置 0，只保留其高 7 位。

4）水印图像处理

有些情况下需要对水印进行简单处理。例如，当水印图像为 8 位灰度图的二值图像时，就需要将其转换为二进制二值图像，以方便将其嵌入载体图像的最低位。

5）嵌入水印

将原始载体图像进行"保留高 7 位、最低位置 0"的操作后，我们得到一幅新的图像，将新图像与水印图像进行按位或运算，就能实现将水印信息嵌入原始载体图像内的效果。

6）显示图像

完成上述处理后，分别显示原始载体图像、水印图像、含水印图像。

14.1.5 提取过程

提取过程将完成数字水印的提取，具体步骤如下：

1）含水印载体图像处理

读取包含水印的载体图像，获取含水印载体图像的大小 $M \times N$。

2）建立提取矩阵

定义一个与含水印载体图像等大小的值为 1 的矩阵（数组）作为提取矩阵。

3）提取水印信息

将含水印载体图像与提取矩阵进行按位与运算，提取水印信息。

4）计算去除水印后的载体图像

有时需要删除包含在水印载体图像内的水印信息。通过将含水印载体图像的最低有效位置零，即可实现删除水印信息。

5）显示图像

根据需要，分别显示提取出来的水印图像、删除了水印信息的载体图像。

14.2　相关函数

用 OpenCV 来实现数字水印功能，需要使用一些位操作函数，我们需要先了解一下这些函数。

1. bitwise_and 函数

bitwise_and 函数是 OpenCV 中的位运算函数之一，用于对两幅二值图像进行按位与操作。具体来说，对于每个像素，将两幅输入图像相应位置的像素值分别进行按位与运算，输出的结果图像的对应像素值即为这两幅输入图像对应像素值的按位与结果。

bitwise_and 函数的语法如下：

```
void bitwise_and(InputArray src1, InputArray src2,
OutputArray dst, InputArray mask = noArray());
```

其中，src1 和 src2 表示要进行按位与操作的两幅输入图像；mask 是可选参数，如果指定了掩码，则只对掩码对应位置的像素进行按位与操作；dst 表示按位与运算的结果。

【例 14.1】创建空白图像进行按位与操作

步骤 01　打开 Qt Creator，新建一个控制台项目，项目名称是 test。

步骤 02　在 main.cpp 中输入如下代码：

```cpp
#include "opencv2/opencv.hpp"
using namespace cv;

int main()
{
    // 空白图像创建
    Mat m1 = Mat::zeros(Size(256, 256), CV_8UC3);
    Mat m2 = Mat::zeros(Size(256, 256), CV_8UC3);
    // 在图像内添加矩阵
    rectangle(m1, Rect(100, 100, 80, 80), Scalar(255, 255, 0), -1, LINE_8, 0);
    rectangle(m2, Rect(150, 150, 80, 80), Scalar(0, 255, 255), -1, LINE_8, 0);
```

```
        imshow("m1", m1);
        imshow("m2", m2);
        Mat dst;
        bitwise_and(m1, m2, dst); // 进行与操作，结果存于 dst 中
        imshow("result", dst);
        waitKey();
        return 0;
}
```

通过 bitwise_and 函数就能得到与操作的结果 dst。

步骤03 运行程序，结果如图 14-1 所示。

图 14-1

再看个示例，对现有图片进行按位与操作，代码如下：

【例 14.2】对现成图像进行按位与操作

步骤01 打开 Qt Creator，新建一个控制台项目，项目名称是 test。

步骤02 在 main.py 中输入如下代码：

```
#include "opencv2/opencv.hpp"
using namespace cv;

int main()
{
        Mat dog,cat,img_and;
        resize(imread("cat.png"),cat, Size(400, 360));
        resize(imread("dog.png"),dog, Size(400, 360));
        bitwise_and(cat,dog,img_and); // 与运算 1 & 1 = 1，其他为 0
        imshow("result",img_and);
        waitKey(0);
        return 0;
}
```

步骤03 保存程序并运行，结果如图 14-2 所示。

可以看出，与运算的结果是使图像变小，最后的图像也会偏暗。

图 14-2

2. bitwise_or 函数

在 OpenCV 中进行或运算使用 bitwise_or 函数，其声明如下：

```
void bitwise_or(InputArray src1, InputArray src2, OutputArray dst, InputArray
mask = noArray());
```

其中输入参数 src1 和 src2 可为灰度图或彩色图，src1 和 src2 大小需相同；输出参数 dst 存放或运算的结果，尺寸和类型与 src 保持一致；掩码 mask 可通俗理解为一个遮罩，只对 mask 设定的有效区域进行操作。

或运算 0 | 0 = 0，其他情况为 1。下面将猫和狗的图片进行或运算。

【例 14.3】对现成图像进行按位或操作

步骤 01　打开 Qt Creator，新建一个控制台项目，项目名称是 test。

步骤 02　在 main.cpp 中输入如下代码：

```cpp
#include "opencv2/opencv.hpp"
using namespace cv;

int main()
{
    Mat dog,cat,img_and;
    resize(imread("cat.png"),cat, Size(400, 360));
    resize(imread("dog.png"),dog, Size(400, 360));
    bitwise_or(cat,dog,img_and); // 或运算 1 & 1 = 1，其他为 0
    imshow("result",img_and);
    waitKey(0);
    return 0;
}
```

步骤 03　保存程序并运行，结果如图 14-3 所示。

图 14-3

可以看出，或运算的结果是使图像变大，最后的图像也偏亮。

14.3 代码实现数字水印

前面讲解了数字水印的嵌入过程和提取过程，步骤比较清晰。本节将根据这些步骤，通过代码来实现数字水印的嵌入和提取。

【例 14.4】实现数字水印的嵌入和提取

步骤 **01** 打开 Qt Creator，新建一个控制台项目，项目名称是 test。

步骤 **02** 在 main.cpp 中输入如下代码：

```cpp
#include "opencv2/opencv.hpp"
using namespace cv;

int main()
{
    Mat gray1H7,dst,getWatermark;
    Mat src= imread("src.bmp",0);
    // 读取水印图像
    Mat watermark= imread("watermark.bmp",0);
    // 将水印图像内的正值处理为1，以方便嵌入，相当于把水印图像变成二值图像
    for(int i=0;i<watermark.rows;i++)
    {
        for(int j=0;j<watermark.cols;j++)
        {
            if(watermark.at<uchar>(i,j)>0)
                watermark.at<uchar>(i,j)=1;
        }
    }
    // 读取原始载体图像的行和列
```

```
    int r=src.rows;
    int c=src.cols;

    // --------------------嵌入过程---------------------
    // 生成元素值都是 254 的数组
    Mat t254 = Mat::ones(r, c, CV_8UC1) * 254;
    // 获取 gray1H7 图像的高 7 位
    bitwise_and(src,t254,gray1H7);
    // 将 watermark 嵌入 gray1H7 内
    bitwise_or(gray1H7,watermark,dst);
    // --------------------提取过程---------------------
    // 生成元素值都是 1 的数组
    Mat t1= Mat::ones(r, c, CV_8UC1);
    // 从目标载体图像内提取水印图像
    bitwise_and(dst,t1,getWatermark);
    // 将水印图像内的正值处理为 255，以方便显示
    for(int i=0;i<getWatermark.rows;i++)
    {
            for(int j=0;j<getWatermark.cols;j++)
            {
                if(getWatermark.at<uchar>(i,j)>0)
                    getWatermark.at<uchar>(i,j)=255;
            }
     }
    // ---------显示结果---------
    imshow("srcImg",src);
    imshow("watermark",watermark*255); // 当前 watermark 内最大值为 1
    imshow("dstImg",dst);
    imshow("getWatermark",getWatermark);
    waitKey();
    destroyAllWindows();

    waitKey(0);
    return 0;
}
```

可以看出，上述代码是按照嵌入过程的步骤和提取过程的步骤来实现的。我们把一副水印图像（watermark.bmp）嵌入原始载体图像（src.bmp）中变为目标载体图像（也称含水印的载体图像）dst，然后从 dst 中提取出水印数据存于 getWatermark 中，最后显示 4 种图像。

步骤03　运行程序，结果如图 14-4 所示。

从图 14-4 中可以看到，原始载体图像（src）和含水印的载体图像（dst）肉眼是看不出区别的。下面再看水印图像，如图 14-5 所示。

图 14-4

图 14-5

在图 14-5 中，左边是原来的数字水印图像，右边是从目标载体图像中提取出来的数字水印图像，可以发现两者并没有变化。这样我们就实现了把一副数字水印图像嵌入载体图像再提取出的过程。

第15章

图像加密和解密

图像加密是利用数字图像的二维矩阵特征，在图像的空域（或频域），按某种可逆的变换规则，改变像素（或频域系数）的位置或值，将包含有效信息且可识别的图像转换为不可辨别的类似随机噪声图像，即类似于老式电视机信号不好时所呈现的"雪花"状，接收方只有获得正确密钥才能解密出原始图像，以此来实现保护图像内容安全的目的。该技术旨在保护图像内容在传输或存储过程中不被未授权的人员访问。具体实现时，图像加密通常将原始图像和密钥图像进行运算，得到加密后的图像。图像解密则是将加密后的图像和密钥图像进行相反运算，得到原始图像。

15.1 图像加密和解密原理

通过按位异或运算可以实现图像的加密和解密。将原始图像与密钥图像进行按位异或可以实现加密；将加密后的图像与密钥图像进行按位异或可以实现解密。

异或运算规则可以描述为：

（1）运算数相同，结果为 0；运算数不同，结果为 1。

（2）任何数（0 或 1）与数值 0 异或，结果仍为自身。

（3）任何数（0 或 1）与数值 1 异或，结果变为另外一个数，即 0 变 1，1 变 0。

（4）任何数（0 或 1）与自身异或，结果为 0。

我们用表 15-1 来表示异或运算规则。

表 15-1　异或运算规则

输入 A	输入 B	输出（A XOR B）
0	0	0
0	1	1

（续表）

输入 A	输入 B	输出（A XOR B）
1	0	1
1	1	0

其中，XOR 是异或运算符号。比如有两个数 198 和 219，198 的二进制形式是 1100 0110，219 的二进制形式是 1101 1011，它们异或后得到的二进制形式是 0001 1101，化为十进制数为 29。

具体到图像，每个像素点在图像中都可以通过 RGB（红绿蓝）三个颜色的组合来表示。若要对图像进行加密处理，通常需要先将其转换为灰度图像。在这一过程中，原本由 RGB 三个通道构成的像素值会被转换成一个单一的灰度值，其数值范围通常在 0 到 255 之间。

举例来说，假设有一个像素点的像素值为 216（可以视作明文信息），我们选取一个数值 178 作为密钥（这个密钥由加密者自由设定）。通过将这两个数值的二进制形式进行按位异或运算，就能够完成加密过程，得到加密后的像素值（即密文）106。

当需要解密时，我们只需再次使用密钥 178 的二进制形式与密文 106 进行按位异或运算，即可还原出原始的像素值 216（即明文）。

15.2 相关函数

通过图像加解密原理可知，涉及的主要运算是异或运算，而 OpenCV 提供了库函数 bitwise_xor 来实现异或运算功能，其函数声明如下：

```
void bitwise_xor(InputArray src1, InputArray src2, OutputArray dst, InputArray
mask = noArray());
```

其中，输入参数 src1、src2 可为灰度图或彩色图，src1 和 src2 大小需一样；参数 mask 表示可选操作掩码，可通俗理解为一个遮罩，只对 mask 设定的有效区域进行操作，它是 8 位单通道；输出参数 dst 的尺寸和类型与 src1 保持一致。

下面来看一个 bitwise_xor 函数的示例。

【例 15.1】对图片按位异或运算

步骤 01 打开 Qt Creator，新建一个控制台项目，项目名称是 test。

步骤 02 在 main.cpp 中输入如下代码：

```
#include "opencv2/opencv.hpp"
using namespace cv;
int main()
{
    Mat dog,cat,img_and;
    resize(imread("cat.png"),cat, Size(400, 360)); // 加载图片并调整尺寸
    resize(imread("dog.png"),dog, Size(400, 360)); // 加载图片并调整尺寸
    bitwise_xor(cat,dog,img_and); // 异或运算
    imshow("result",img_and);
    waitKey(0);
```

```
    return 0;
}
```

> **注意**　加载图片并调整尺寸的目的是让两幅图像大小一样，然后调用异或函数 bitwise_xor。

步骤 03　运行程序，结果如图 15-1 所示。

图 15-1

15.3　代码实现图像加解密

15.2 节讲解了图像加解密的原理和 bitwise_xor 函数，本节就使用 bitwise_xor 函数来实现图像的加解密。

【例 15.2】实现图像加解密

步骤 01　打开 Qt Creator，新建一个控制台项目，项目名称是 test。

步骤 02　在 main.cpp 中输入如下代码：

```cpp
#include "opencv2/opencv.hpp"
using namespace cv;
int main()
{
    Mat encryption,decryption;
    // 读取图像并转换为灰度图
    Mat lena = imread("lena.jpg", IMREAD_GRAYSCALE);
    // 获取图像的尺寸
    int r=lena.rows;
    int c=lena.cols;
    int type = CV_8UC1;
    // 创建一个用于存储随机数的矩阵，大小和类型与目标矩阵相同
    Mat key(r, c, type);
    // 设置随机数的上下界
    Scalar lowerb = cv::Scalar::all(0);      // 最小值
```

```
Scalar upperb = cv::Scalar::all(255);    // 最大值
// 生成随机数填充到矩阵中
randu(key, lowerb, upperb);
// 使用异或运算进行加密
bitwise_xor(lena, key,encryption);
// 使用相同的密钥和异或运算进行解密
bitwise_xor(encryption, key,decryption);
// 显示原图像、密钥、加密后的图像和解密后的图像
imshow("Original img", lena);
imshow("Random Key", key);
imshow("Encrypted img", encryption);
imshow("Decrypted img", decryption);
// 等待任意按键被按下后关闭所有窗口
waitKey(0);
destroyAllWindows();

return 0;
}
```

在上面示例中，首先使用 cv2.imread()函数加载一个输入图像（假设是名为 lena.jpg 的文件）并转换为灰度图，然后检查是否成功读取图像，若成功读取，则获取图像尺寸；接着生成随机密钥（也就是一个无意义的二维数据），大小与图像一致，数据类型为无符号 8 位整数。这个密钥不但用于加密，也用于解密，并且加密时的密钥数据和解密时的密钥数据要一致，而且平时要保存好，不能让第三方知道，这种加解密方式称为对称加解密。

通过使用 bitwise_xor()函数对图像进行异或操作来实现加密和解密。加密过程将每个像素的颜色值都与 255 进行按位异或，从而产生加密图像。解密过程与加密过程相同，因为两次按位取反操作可以恢复原始的颜色值。

最后，使用 imshow()函数显示原始图像、密钥数据（图像）、加密后的图像和解密后的图像。waitKey(0)等待用户按下任意键，并使用 destroyAllWindows()关闭所有窗口。

步骤 03 运行程序，结果如图 15-2 所示。

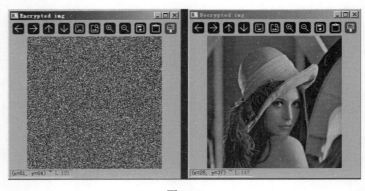

图 15-2

限于篇幅，这里只列出加密后的图像（encrypted img）和解密后的图像（decrypted img），请读者运行代码自行验证。

第 **16** 章

物体计数

在机器视觉中，有时需要对产品进行检测和计数。物体计数在生活中的应用非常广泛，例如每天都要吃维生素片，但有时候忘了今天有没有吃过，就想对瓶子里的药片计数。本章就来介绍一下机器视觉检测和计数的实现。

16.1 物体计数基本原理

本章所说的物体计数是基于形态学的物体检测和计数，是在形态学的基础上衍生出的基于距离变换的分水岭算法，效果更具普遍性。至于什么是形态学，这里不再赘述，因为本章是应用章节，不会讲很多理论。

物体计数的整体实现思路如下：

（1）读取图片。

（2）形态学处理（在二值化前进行适度形态学处理，效果俱佳）。

（3）二值化。

（4）提取轮廓（进行药片分割）。

（5）获取轮廓索引，并筛选所需要的轮廓。

（6）画出轮廓，显示计数。

16.2 在图像上绘制文字

为了方便统计物品，我们在物品计数的结果上通常要写上该物品的序号，这就需要在图像上绘制字符文字。在 OpenCV 中，调用 cv2.putText 函数可添加文字到指定位置。它对于需要在图片中加入文字的场景，提供了一种比较直接、方便的方式。注意：OpenCV 不支持显示中文字符，使用 cv2.putText 添加的文本字符串不能包含中文字符（包括中文标点符号）。该函数在 4.5 节中已经介绍过了，这里不再赘述。

【例 16.1】在现成图片上绘制英文字符

步骤 01 打开 Qt Creator，新建一个控制台项目，项目名称是 test。

步骤 02 在 main.cpp 中输入如下代码：

```cpp
#include "opencv2/opencv.hpp"
using namespace cv;
int main()
{
    Mat img = imread("lena.png");    // 读取彩色图像(BGR)
    putText(img, "lena", Size(100, 40), FONT_HERSHEY_COMPLEX, 1, (0, 255, 0),
2, LINE_AA);
    imshow("test", img);             // 显示叠加图像
    waitKey();                       // 等待按键命令

    return 0;
}
```

步骤 03 运行程序，结果如图 16-1 所示。可以看到，字符串 "lena" 已经显示在图片上了。

图 16-1

下面再看一个示例，在一个自己构造的蓝色背景区域上画文字。

【例 16.2】在定义画布上画文字

步骤 01 打开 Qt Creator，新建一个控制台项目，项目名称是 test。

步骤 02 在 main.py 中输入如下代码：

```cpp
#include "opencv2/opencv.hpp"
using namespace cv;
int main()
```

```
{
    // 创建一个空的 8 位单通道灰度图像，大小为 100×300 像素
    Mat txtImage(100, 300, CV_8UC1, Scalar(0));
    txtImage.setTo(Scalar(128));        // 这里可以设置其他颜色，现在设置为灰色
    putText(txtImage, "hello world", Size(20,30), FONT_HERSHEY_COMPLEX, 1,
(255,255,255), 2);                      // 在画布上画字符串"hello world"
    imshow("result", txtImage);         // 显示图像
    waitKey();                          // 等待按键命令

    return 0;
}
```

在上述代码中，首先创建一个空的 8 位单通道灰度图像，画布大小为 100×300 像素，并用 Scalar(0)初始化为黑色；然后通过函数 setTo(Scalar(128))来设置画布背景为灰色。

步骤03 运行程序，结果如图 16-2 所示。

图 16-2

OpenCV 的 putText 函数需要一个颜色参数，如果直接传递一个灰度图作为背景图像，文本可能不会显示任何颜色。这是因为 OpenCV 中的颜色通常以 BGR 格式表示，而不是常见的 RGB 格式。在灰度图中，每个像素只有一个灰度值，没有色彩信息。解决方法是在绘制文本之前，将灰度图转换为 BGR 图像。我们可以先调用 cvtColor 函数将灰度图转换为 BGR 图像，再使用 putText 函数。看下面的例子。

【例 16.3】在灰度图上使用 putText 函数

步骤01 打开 Qt Creator，新建一个控制台项目，项目名称是 test。

步骤02 在 main.cpp 中输入如下代码：

```
#include "opencv2/opencv.hpp"
using namespace cv;

int main() {
    // 创建一个空白的黑色背景图像
    Mat img(100, 300, CV_8UC1, Scalar(0, 0, 0));
    // 设置文本内容
    std::string text = "Hello, OpenCV!";
    Mat bgr_image;
    // 将灰度图转换为 BGR 图像
    cvtColor(img,bgr_image, COLOR_GRAY2BGR);
    // 设置文本起始坐标（左下角点）
    Point textOrg(10, 50);
```

```
// 设置文本字体
int fontFace = FONT_HERSHEY_SIMPLEX;
// 设置字体缩放比例
double fontScale = 1;
// 设置文本颜色，使用 BGR 格式
Scalar color(255, 0, 255); // 白色文本
// 设置文本线条类型和粗细
int thickness = 2;
// 绘制文本
putText(bgr_image, text, textOrg, fontFace, fontScale, color, thickness);
// 显示图像
imshow("Image with Text", bgr_image);
waitKey(0);
return 0;
}
```

在这个例子中，font_color 被设置为（255, 255, 255），这是白色在 BGR 格式下的表示。cv2.putText 函数将在转换后的 BGR 图像上绘制文本。注意，在展示图像之前，不需要再次将 BGR 图像转换为灰度图。

步骤03 运行程序，结果如图 16-3 所示。

图 16-3

16.3　代码实现药片计数

16.1 节讲解了物体计数的基本原理，下面通过代码来实现药片计数。

【例 16.4】实现药片计数

步骤01 打开 Qt Creator，新建一个控制台项目，项目名称是 test。

步骤02 在 main.cpp 中输入如下代码：

```
#include "opencv2/opencv.hpp"
using namespace cv;
#include <iostream>
using namespace std;

int main(int argc, char** argv)
{
    Mat src, src_binary,dst,src_distance;
```

```
        src = imread("med.png");// 读取药片图像文件，第二个参数省略，则表示返回彩色图像
        imshow("src", src); // 显示原图像
        Mat kernel = getStructuringElement(MORPH_RECT, Size(20, 20), Point(-1,
-1));
        morphologyEx(src, dst, MORPH_OPEN, kernel);// 执行形态学开运算操作
        imshow("morphology",dst);// 显示形态学开运算后的图像
        cvtColor(dst, dst, COLOR_RGB2GRAY);           // 将 RGB 格式的图像转换为灰度图像
        threshold(dst, src_binary, 100, 255, THRESH_OTSU);// 进行图像阈值分割
        imshow("binary", src_binary);                  // 显示二值化后的图像
        vector<vector<Point>> contours;
        findContours(src_binary, contours, RETR_EXTERNAL, CHAIN_APPROX_NONE,
Point(0, 0));
        RNG rng(12345);// 为了后续使用随机函数，这里先设置随机数种子
        double area;
        Point2i PL;
        for (size_t i = 0; i < contours.size(); i++)
        {
            area = contourArea(contours[i]);// 用于计算图像轮廓的面积，参数是图像的轮廓
点
            if (area < 500)continue;          // 如果面积小于 500
            PL = contours[i].front();
            Scalar color = Scalar(rng.uniform(0, 255), rng.uniform(0, 255),
rng.uniform(0, 255));                            // 得到一个随机颜色值
            drawContours(src, contours, i, color, 2, 8);
            putText(src, to_string(i), PL, FONT_HERSHEY_COMPLEX, 1, color, 2);
        }
        imshow("number of drugs", src);
        waitKey(0);
        return 0;
    }
```

　　形态学操作在处理图像时特别有用，尤其在去噪、边缘检测、填充孔洞等场景中。在上述代码中，首先读取图像文件 med.png 并显示。然后调用函数 getStructuringElement 生成一个结构元素，这个结构元素主要用于形态学操作，如膨胀、腐蚀、开运算和闭运算，我们传给它的第一个参数为 MORPH_RECT，表示矩形结构元素，这是最常见的选择，其所有像素的权重都相等。接着，调用函数 morphologyEx 来执行形态学操作，这里传给它的第二个参数是 MORPH_OPEN，表示开运算。开运算操作完毕后显示图像，随后调用函数 cvtColor 将 RGB 格式的图像转换为灰度图像。

　　接下来，调用函数 thresold 进行图像阈值分割，即利用图像中像素值大小的差别，选择一个适当的阈值，将图像分割为目标区域（target_area）与背景区域（background_area），并生成一个我们需要的二值图像，其主要特点是黑白分明。二值图将为我们裁剪目标区域，进行目标识别与分析，剔除不必要的背景区域，以消除不必要区域对于图像处理的干扰。然后显示二值化后图像。

　　接着调用 findContours 函数查找图像轮廓。我们把找到的轮廓放在轮廓列表 contours 中，调用函数 len 就可以知道有多少个轮廓，那么也就知道药片的数量了。

　　最后设计一个 for 循环，在里面首先调用 ContourArea 计算整个或部分轮廓的面积，然后调用函数 drawContours 绘制图像轮廓，再调用函数 putText 在每个药片旁绘制一个数字，来表示序号。

　　步骤03 运行程序，结果如图 16-4 所示。

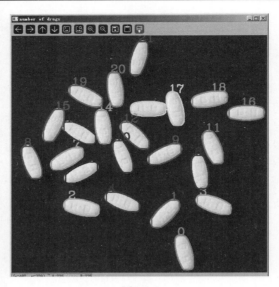

图 16-4

由图 16-4 可知，原图在经过形态学处理后，去除了很多细节，简化了后续的药片分割操作。但是在计数结果图上发现，索引 17 号药片并没有被完全分割。修改形态学的结构元素尺寸（改为 20×20），可以完全分离这两个药片，也就是把函数 getStructuringElement 的调用改为：

```
Mat kernel = getStructuringElement(MORPH_RECT, Size(22, 22), Point(-1, -1));
```

再运行程序，可以发现 17 号药片分割成功了，如图 16-5 所示。

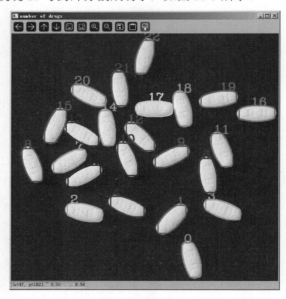

图 16-5

第17章

图像轮廓

在计算机视觉和图像处理中，轮廓通常用于检测物体、分割图像以及提取物体特征。图像轮廓由一系列连续的像素点组成，这些像素点位于物体边界上，因此轮廓可以用来表示物体的形状和结构。轮廓可以是闭合的，也可以是开放的，具体取决于物体的形状。

17.1 图像轮廓概述

图像轮廓可以简单地解释为连接具有相同颜色（在彩色图片中）或强度（灰度图像要转换为二值化图像）的所有连续点（沿边界）的曲线。值得注意的是，图像轮廓指的是图像中连续的像素边界，这些边界通常代表了图像中的物体或者物体的边缘。轮廓是由相同像素值组成的曲线，它们连接相同的颜色或灰度值，并且具有连续性。

这里要强调一下，在 OpenCV 中，查找轮廓就像从黑色背景中找到白色物体，如图 17-1 所示。

图 17-1

对于左图中白色区域的图像，经过程序处理找出轮廓并绘制出来，就得到了右边的轮廓。注意，要找的对象应该是白色，背景应该是黑色。为了获得更高的准确性，要使用二值图像。

17.2 应用场景

轮廓可以用来描述和分析图像中的形状和结构，因此是许多计算机视觉任务（如目标检测、形状识别、图像分割等）的基础。图像轮廓在许多应用场景中都发挥着重要作用，下面列举一些常见的应用场景：

（1）目标检测与识别：轮廓可以用于检测和定位图像中的物体。通过检测物体的轮廓，可以识别出图像中的不同物体并进行分类。

（2）图像分割：轮廓可以用来分割图像中的不同区域或物体。通过提取物体的轮廓，可以将图像分成多个不同的部分，以方便进一步分析和处理。

（3）医学图像分析：在医学图像中，轮廓可以用来标记器官、病变或细胞等结构。这对于诊断和治疗决策具有重要意义。

（4）工业自动化：在工业自动化中，轮廓可用于检测产品的缺陷、测量尺寸和定位部件，从而实现自动化生产和质量控制。

（5）机器人视觉：机器人可以利用图像轮廓来感知环境和物体，从而实现自主导航、抓取物体等任务。

（6）计算机辅助设计（CAD）：在 CAD 领域，图像轮廓可用于从实际物体中获取几何信息，以便在计算机上进行建模和设计。

（7）虚拟现实与增强现实：图像轮廓可以用来实时跟踪物体，将虚拟对象与实际场景进行交互，从而创建更加逼真的虚拟现实或增强现实体验。

（8）图像重建与三维建模：利用物体的轮廓可以进行图像的重建和三维建模，从而生成立体的物体模型。

（9）边缘检测虽然能够检测出边缘，但边缘是不连续的，检测到的边缘并不是一个整体。图像轮廓是指将边缘连接起来形成的一个整体，可用于后续的计算。

图像轮廓是图像中非常重要的一个特征信息，通过对图像轮廓的操作，我们能够获取目标图像的大小、位置、方向等信息。

17.3 OpenCV 中的轮廓函数

17.3.1 查找轮廓 findContours

OpenCV 提供了查找图像轮廓的函数 findContours，该函数能够查找图像内的轮廓信息，其使用形式如下：

```
void cv::findContours(InputOutputArray image, OutputArrayOfArrays contours,
OutputArray hierarchy, int mode, int method, Point offset=Point());
```

该函数在 4.7 节已经介绍过了，这里不再赘述。findContours 函数没有返回值（即返回类型为

void），但它可以通过修改传入的 contours 和（可选的）hierarchy 参数来输出轮廓和层级信息。

之前提到轮廓是一个具有相同灰度值的边界，它会存储形状边界上所有的（x,y）坐标。实际上我们不需要所有的点，比如当需要直线时，找到两个端点即可。对此可以使用 CHAIN_APPROX_SIMPLE，它会将轮廓上的冗余点去掉，压缩轮廓，从而节省内存开支。下面用矩阵来演示，在轮廓列表中的每一个坐标上画一个蓝色圆圈。效果如图 17-2 所示，左图是使用 CHAIN_APPROX_NONE 的效果，一共 734 个点，看起来像围着矩形画了一圈线；右图是使用 CHAIN_APPROX_SIMPLE 的结果，只有 4 个点。

图 17-2

17.3.2　轮廓的基本属性

轮廓具有 4 个基本属性，通过这些属性，我们可以更好地了解图像轮廓的基本信息。这 4 个基本属性具体如下：

1）轮廓的个数

使用如下语句可以获取轮廓的个数：

```
cout << contours.size();
```

2）每个轮廓的点数

每一个轮廓都是由若干个像素点构成的，点的个数不固定，具体个数取决于轮廓的形状。

例如，使用如下语句可以获取某个轮廓内点的个数：

```
cout<<contours[i].size);   // 打印第 i 个轮廓的长度（点的个数）
```

3）轮廓内的点

使用如下语句可以获取第 i 个轮廓中具体点的位置：

```
cout<<contours[i];   // 打印第 i 个轮廓中的像素点
```

4）轮廓层次

hierarchy 可以用来表示图像的拓扑信息（轮廓层次）。图像内的轮廓可能位于不同的位置，比如一个轮廓在另一个轮廓的内部。在这种情况下，我们将外部的轮廓称为父轮廓，内部的轮廓称为子轮廓。按照上述关系分类，一幅图像中所有轮廓之间就建立了父子关系。根据轮廓之间的关系，就能够确定一个轮廓与其他轮廓是如何连接的。比如，确定一个轮廓是某个轮廓的子轮廓，或者是某个轮廓的父轮廓。上述关系被称为层次（组织结构），返回值 hierarchy 就包含上述层次关系。每个轮廓的 contours[i]对应 4 个元素来说明当前轮廓的层次关系，其形式为：

```
[Next, Previous, First_Child, Parent]
```

Next 表示后一个轮廓的索引编号；Previous 表示前一个轮廓的索引编号；First_Child 表示第 1 个子轮廓的索引编号；Parent 表示父轮廓的索引编号。

如果上述各个参数所对应的关系为空，也就是没有对应的关系，则将该参数所对应的值设为 "-1"。使用语句"cout<<hierarchy"来查看 hierarchy 的值。需要注意，轮廓的层次结构是由参数 mode 决定的。也就是说，使用不同的 mode，得到轮廓的编号是不一样的，得到的 hierarchy 也不一样。

17.3.3 绘制轮廓 drawContours

通常光找到轮廓是不够的，一般要将轮廓标记出来，也就是绘制轮廓，这样就可以一目了然了。OpenCV 提供了绘制轮廓函数 drawContours，其原型如下：

```
void cv::drawContours(InputOutputArray image, InputArrayOfArrays contours,
                int contourIdx, const Scalar& color,
                int thickness = 1, int lineType = LINE_8,
                InputArray hierarchy = noArray(),
                int maxLevel = INT_MAX, Point offset = Point());
```

这个函数在 4.7 节已经介绍过了，这里不再赘述。我们把函数原型写在这里，也是为了方便读者就近查阅。

17.3.4 求轮廓面积 contourArea

除了绘制轮廓外，OpenCV 还提供了函数 contourArea，用于计算轮廓的面积。所谓轮廓面积就是轮廓包围起来的区域的面积，如图 17-3 所示。3 个几何图形的白色区域的面积都是轮廓包围起来的面积。

图 17-3

函数 contourArea 对于分析图像中的对象或区域非常有用，其原型如下：

```
double cv::contourArea( InputArray _contour, bool oriented );
```

其中参数 contour 表示这是一个轮廓的点集，通常通过 findContours 函数获得；oriented（可选）表示如果提供了这个参数，就返回有方向的面积，0 表示顺时针方向，正数表示逆时针方向。函数的返回值是轮廓的面积。

17.4　实战轮廓函数

本节将通过实例来演示 findContours、drawContours、contourArea 这 3 个函数的使用。

【例 17.1】查找和绘制轮廓，并计算面积

步骤 **01** 打开 Qt Creator，新建一个控制台项目，项目名称是 test。

步骤 **02** 在 main.cpp 中输入如下代码：

```cpp
#include "opencv2/opencv.hpp"
using namespace cv;
#include <iostream>
#include <vector>
#include <QDebug>

using namespace std;

int main(int argc, char** argv)
{
    Mat thresh,gray;
    vector<std::vector<cv::Point>> contours;
    vector<cv::Vec4i> hierarchy;
    int i;

    // 加载图像并转换为灰度图
    Mat image = imread("test17.jpg");
    cvtColor(image,gray, COLOR_BGR2GRAY);

    // 二值化处理
    threshold(gray,thresh, 127, 255, THRESH_BINARY);
    imshow("bin", thresh);

    // 查找所有图形的轮廓
    findContours(thresh,contours, hierarchy, RETR_TREE, CHAIN_APPROX_SIMPLE);
    for ( i = 0; i < contours.size(); ++i) {  // 遍历所有轮廓
            qDebug()<<"第"<<i<<"个轮廓的面积为"<<contourArea(contours[i])<<",长
度为"<<arcLength(contours[i], true);
            drawContours(image, contours, i, Scalar(0, 0, 255), 3);
        }

    // 查看轮廓的属性
    qDebug()<< "轮廓集合的数据类型: " << typeid(contours).name()<<endl;
    qDebug()<<"轮廓的数量:"<<contours.size(); // 轮廓的个数
    // 获取并打印数据类型名称，获取轮廓 contours 中第 0 个元素的类型
    qDebug() << "第 0 个轮廓内的第 0 个点的数据类型: " <<
typeid(contours[0][0]).name()<<endl;
    size_t count = contours[0].size();// 获取第 0 个轮廓内点的个数
    qDebug() << "第 0 个轮廓有" << count << "个点" << endl;
    cout<<contours[0]; // 打印第 0 个轮廓中的像素点的位置
```

```
imshow("Contours", image);// 显示绘制轮廓的图片
waitKey(0);// 等待用户按键
destroyAllWindows();// 销毁所有窗口
return 0;
}
```

在上述代码中，首先读取工程目录下的图片文件 test17.jpg，并将其转换为灰度图。然后通过函数 threshold 进行二值化处理并显示二值图像，注意函数 threshold 有两个返回值，一个是得到的阈值，另外一个是阈值化后的图像，现在第一个返回值用下画线来忽略掉了，因为后面不需要。二值化处理后，就可以通过 findContours 来查找轮廓了，找到轮廓后，我们通过一个循环来计算每个轮廓的面积，并调用函数 drawContours 绘制轮廓。最后打印第 0 个轮廓的各个属性和绘制轮廓后的图像。

在程序中，我们通过 C++运算符获取了轮廓集合和第 0 个轮廓第 0 个点的数据类型，typeid 的结果可能因编译器而异，并且不同编译器可能给出不同的名称表示。

步骤 03 运行程序，在 Qt Creator 输出窗口的输出结果如下：

```
第 0 个轮廓的面积为 2069.5 ,长度为 181.414
第 1 个轮廓的面积为 3063.5 ,长度为 269.238
第 2 个轮廓的面积为 1893 ,长度为 163.196
轮廓集合的数据类型: St6vectorIS_IN2cv6Point_IiEESaIS2_EESaIS4_EE

轮廓的数量: 3
第 0 个轮廓内的第 0 个点的数据类型: N2cv6Point_IiEE

第 0 个轮廓有 5 个点

[25, 101;
 25, 146;
 71, 146;
 71, 102;
 70, 101]
```

二值图像和绘制后的轮廓图的输出结果如图 17-4 所示。

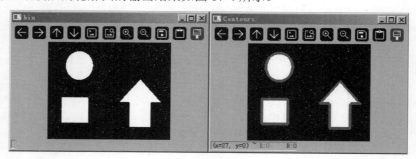

图 17-4

从结果中可以看出，我们在图中找到了 3 个轮廓，并计算出来这 3 个轮廓的面积。

我们再来看另外一个手势图文件，比如加载构建目录下的 test3.jpg 文件，并把打印轮廓 0 的

像素点的那一行代码注释掉，再来运行程序，结果如下：

```
number of contours: 1
```

只有一个轮廓，符合预期，运行效果图如图 17-5 所示。

到这里一切都很顺利，但如果我们让程序读入图 17-6 所示的图像（indexFinger.jpg），会有几个轮廓呢？

读者可以先想一想，估计很多人脱口而出 1 个轮廓。非也，答案是 2 个轮廓。我们把这个图片文件命名为 test2.jpg，然后放到项目目录下，再运行程序，结果如下：

```
number of contours: 2
```

为什么是 2 呢？这是因为在 OpenCV 中，找轮廓就像从黑色背景中找到白色物体。现在图 17-6 的背景是白色，手是黑色，相当于白色区域是要找的物体，黑色区域边缘和图片边缘是白色区域的轮廓，而且这两个轮廓是分离的，因此轮廓是 2 个。我们最后来看一下效果图，如图 17-7 所示。

图 17-5

图 17-6

图 17-7

图 17-7 中果然绘制了 2 个轮廓。那怎么让手势只有一个轮廓呢？很简单，黑白翻转即可，也就是让手势区域是白色，其他区域是黑色。下面来讲解图像处理中的黑白翻转。

17.5 实战黑白翻转

在图像处理领域，黑白翻转是一种简单但常用的图像处理技术，通过将图像中的像素点的灰度值反转来实现。这种技术不仅可以用于艺术创作，还可以用于图像增强和特效处理等应用。

在图像处理中，每个像素点都有一个灰度值，通常表示为 0~255 的一个整数。黑白翻转就是将每个像素点的灰度值取反，即用 255 减去当前的灰度值。这样就可以实现黑色变为白色，白色变为黑色的效果。

知道原理后，下面看一个示例，演示如何使用 OpenCV 库来实现黑白翻转操作。

【例 17.2】实现图片黑白翻转

步骤 01 打开 Qt Creator，新建一个控制台项目，项目名称是 test。

步骤 02 在 main.cpp 中输入如下代码：

```cpp
#include "opencv2/opencv.hpp"
using namespace cv;

int main(int argc, char** argv)
{
    Mat img,img_inverted;
    img = imread("indexFinger.jpg", IMREAD_GRAYSCALE);// 灰度模式读取图片
    img_inverted = 255 - img;                   // 黑白翻转
    // 显示原图和翻转后的图像
    imshow("Original Image", img);              // 显示原图
    imshow("Inverted Image", img_inverted); // 显示翻转后的图像
    imwrite("testRes.jpg", img_inverted);   // 保存黑白翻转后图像文件
    waitKey(0);
    destroyAllWindows();
    return 0;
}
```

在这段代码中，首先使用 imread 函数读取一幅灰度图像（注意第二个参数是 IMREAD_GRAYSCALE，即 0），并将其赋值给 img 变量。然后通过简单的计算 255-img 实现黑白翻转操作，并将结果保存在 img_inverted 变量中。接着使用 imshow 函数显示原图和翻转后的图像，并通过 imwrite 函数保存翻转后的黑白图像文件。最后通过 waitKey(0)等待用户按下任意键后关闭窗口。

步骤03 运行项目，翻转后的图像如图 17-8 所示。

图 17-8

这里提醒读者注意，以后的工作中一定要注意，绘制轮廓的目标区域的颜色是白色，背景是黑色，不要弄反了！

第 18 章

手势识别

长期以来，手势识别一直是计算机视觉社区中的一个非常有趣的项目。这主要是因为从杂乱的背景中分割前景对象是一个具有挑战性的实践问题。最明显的原因是，当人类和计算机看同一图像时，涉及语义差距。人类可以很容易地弄清楚图像中的内容，但对于计算机来说，图像只是三维矩阵。正因为如此，计算机视觉中的手势识别问题仍然是一个挑战。

18.1 手势识别概述

手势识别是一项应用非常广泛且有趣的技术，它可以在许多不同的场景中发挥巨大的作用。手势识别用于识别手势所表示的数值，这在一些需要快速输入数字的场景中特别有用，比如计算、游戏等。

在特定游戏中，手势识别可以让我们更自然地与游戏进行交互。比如，通过识别"石头、剪刀、布"这样的手势，我们可以进行有趣的猜拳游戏；或者通过识别前进、跳跃、后退等手势，我们可以更直观地控制游戏角色的行动。

当然，手势识别不局限于游戏中，在现实生活中，它也有着广泛的应用。例如，识别表示"OK"的手势，可以帮助我们确认一些操作或信息；识别表示胜利的手势，可以让我们在庆祝时更加激动。

总之，手势识别技术正在不断地发展和完善，它将在未来为我们带来更多的便利和乐趣。

18.2 凸包和凸包检测

让我们先从术语的角度来理解"凸"和"包"。一个"凸"对象是指没有内角大于 180° 的对象。非凸的对象称为非凸的或凹的。图 18-1 展示了凸对象和非凸对象的例子。

包的意思是包围物体。因此，一组点或形状的凸包（convex hull）是一个紧贴着这些点或形状的最紧凑的凸边界，图 18-1 中两个图像的凸包如图 18-2 所示。

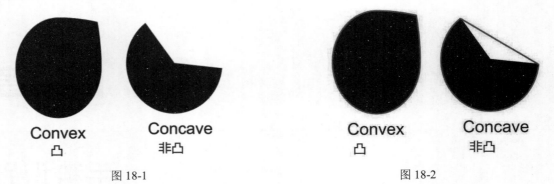

图 18-1   图 18-2

两个黑色形状的凸包用线条描绘。对于凸对象，其凸包就是其边界本身；而对于凹形状，其凸包则是一个最紧致地包围它的凸边界。

凸包是计算机视觉中常用的概念和技术之一，用于检测和处理图像中的凸形状。在计算机视觉、图像处理和几何形状分析中，凸包是一个基础且强大的工具，它可以帮助我们简化问题，比如识别物体的形状，计算物体的边界，或者是在机器学习中作为特征提取的一部分。

在一个实数向量空间 V 中，对于给定集合 X，所有包含 X 的凸集的交集 S 被称为 X 的凸包。X 的凸包可以用 X 内所有点$(X_1,\cdots,X_n)$的线性组合来构造。直观地讲，凸包就是在一个多边形边缘或者内部任意两个点的连线都包含在多边形边界或者内部。比如，图 18-3 所示的图像就是一个凸包，因为符合边缘或者内部任意两个点的连线都包含在多边形边界或者内部。

而图 18-4 所示的图像就是不是一个凸包，因为如果在右边凹进去的一个角的两条线上取两点再连线，就在多边形的外部了，不符合凸包的定义。

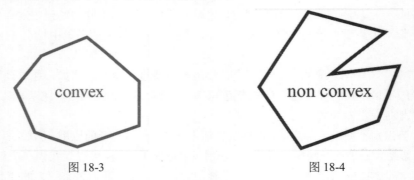

图 18-3   图 18-4

在二维欧几里得空间中，凸包可想象为一条刚好包着所有点的橡皮圈。用不严谨的话来讲，给定二维平面上的点集，凸包就是将最外层的点连接起来构成的凸多边型，它能包含点集中所有的点。比如，假设平面上有 p0~p12 共 13 个点，过某些点画一个多边形，使这个多边形能把所有点都"包"起来。当这个多边形是凸多边形的时候，就把它叫作"凸包"，如图 18-5 所示。

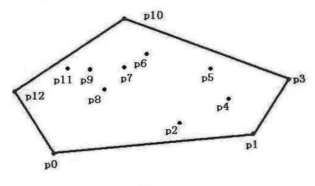

图 18-5

凸包的特点是每一处都是凸的，即在凸包内连接任意两点的直线都在凸包的内部，并且任意连续 3 个点的内角小于 180°。

给定一个点集，如何找出该点集的凸包？找点集的凸包的过程通常称为凸包检测，基本原理是先将一幅图片二值化，然后找到图像中的轮廓，最后找出各个轮廓的凸包（这一步要使用 convexHull 函数找轮廓的凸包）。也就是对二值图像进行轮廓分析之后，可以构建每个轮廓的凸包，构建完成之后会返回该凸包包含的点集。根据返回的凸包点集可以绘制该轮廓对应的凸包。

凸包检测是计算几何中的一个问题，主要是找出一个给定点集的凸包。在二维欧几里得空间中，凸包可想象为一条刚好包着所有点的橡皮圈。用不严谨的话来讲，给定二维平面上的点集，凸包就是将最外层的点连接起来构成的凸多边形，它能包含点集中所有的点。任意二维点集的凸包将是一个凸多边形，或者说，如果顺时针或逆时针沿着凸包移动，那么永远都会朝着开始时的方向前进。

在计算机视觉中，凸包测试主要用于确定图像特征的边界，例如确定一个形状的边界，或者找出一个复杂物体的外轮廓。凸包算法的应用包括：

（1）图像和视频分析：在计算机视觉中，凸包检测常用于目标跟踪和物体识别。凸包提供了一个粗略但通常效果不错的物体边界。

（2）碰撞检测：在计算机游戏和物理模拟中，凸包用于快速进行碰撞检测，因为处理凸的形状比处理凹的形状要简单很多。

（3）数据聚类：在数据分析中，凸包可以用来识别和定义数据群集。

（4）计算几何：在许多其他计算几何问题中，凸包都是主要的构成部分，例如计算点集的直径，寻找两个点集间的最近点对等。

（5）手势识别：在手势识别技术中，凸包用于检测手指的位置和运动，从而解析出特定的手势。

凸包检测是在多个领域都有着广泛应用的算法，它的鲁棒性和有效性使其在处理形状和空间问题时十分有用。

在 OpenCV 中，提供了函数 convexHull 来计算和寻找给定点集的凸包。该函数声明如下：

```
void cv::convexHull(InputArray points,OutputArray hull,  bool   clockwise = false,
    bool    returnPoints = true );
```

参数说明：

- points 表示输入的二维点集，存储在 std::vector 或 Mat 中。
- hull 表示输出的凸包。它可以是一个索引的整数向量或点的向量。在第一种情况下，凸包元素是原数组中凸包点的基于 0 的索引（因为凸包点的集合是原点集的子集）。在第二种情况下，凸包元素即凸包点本身。
- clockwise 是方向标志。如果该标志为真，输出的凸包按顺时针方向排列；否则，按照逆时针方向排列。所采用的坐标系统其 x 轴指向右侧，y 轴指向上方。
- returnPoints 表示操作标志。当输入为矩阵且该标志为真时，函数返回凸包的点坐标。否则，返回凸包点在原点集中的索引。如果输出数组 hull 是 std::vector，该标志将被忽略。

值得注意的是，points（输入点集）和 hull（输出凸包）应该是不同的数组，不支持原地处理。这意味着 cv::convexHull 函数不会直接修改输入的点集数组来存储结果，我们需要提供一个独立的变量来接收计算出的凸包信息。

18.2.1　查找凸包的示例

下面通过代码演示如何画出凸包点集的多边形以及对图片进行凸包检测。

【例 18.1】画出凸包点集的多边形

步骤 01　打开 Qt Creator，新建一个控制台项目，项目名称是 test。

步骤 02　在 main.cpp 中输入如下代码：

```cpp
#include "opencv2/opencv.hpp"
#include <iostream>
using namespace cv;
using namespace std;
int main( int argc, char** argv )
{
    Mat img( 500, 500, CV_8UC3 );              // 定义一个二维矩阵
    RNG& rng = theRNG();                        // 初始化随机种子
    for ( ;; )
    {
        int i, count = ( unsigned )rng % 100 + 1;  // 随机生成点数量
        vector< Point > points;                // 定义点的向量
        for ( i = 0; i < count; i++ )          // 遍历点
        {
            Point pt;
            pt.x = rng.uniform( img.cols / 4, img.cols * 3 / 4 );
            pt.y = rng.uniform( img.rows / 4, img.rows * 3 / 4 );
            points.push_back( pt );
        }
        vector< Point > hull;
        convexHull( points, hull, true );       // 寻找给定点集的凸包
        img = Scalar::all( 0 );                 // 给每个通道都赋值 0
        for ( i = 0; i < count; i++ )// 为每个点画一个红圈，注意 Scalar 颜色顺序是
```

BGR

```
        circle( img, points[ i ], 3, Scalar( 0, 0, 255 ), FILLED, LINE_AA );
        imshow( "original", img ); // 显示原始图像
        polylines( img, hull, true, Scalar( 0, 255, 0 ), 1, LINE_AA ); // 画
一个多边形
        imshow( "hull", img ); // 显示凸包图像
        char key = ( char )waitKey(); // 获取用户按键
        if ( key == 27 || key == 'q' || key == 'Q' ) // 如果用户按了 Esc、q 或 Q
键，就跳出循环
            break;
    }
    return 0;
}
```

首先随机生成点，然后根据这些点去寻找凸包点，再把这些凸包点连接起来。当我们按空格键时，会变换图形。

Mat 不仅是一个很好的图像容器类，同时也是一个通用的矩阵类，所以可以用来创建和操作多维矩阵。

cv::Scalar 的构造函数是 cv::Scalar(v1, v2, v3, v4)，前面三个参数依次是设置 BGR 的，第四个参数设置图片的透明度。Scalar::all(0)表示将四个值全部设为 0。

步骤03　运行程序，选中 hull 窗口，多次按空格键，可以发现随机生成的点的数目不同，从而画出的多边形也不同。运行结果如图 18-6 所示。

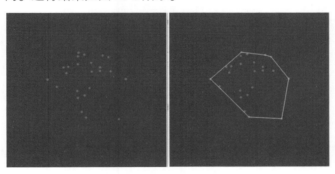

图 18-6

当按下 ESC 键或 q 键时，会退出程序。这个例子比较简单，没有体现出凸包检测的原理，下面对世界地图进行凸包检测。

【例 18.2】对世界地图进行凸包检测

步骤01　打开 Qt Creator，新建一个控制台项目，项目名称是 test。

步骤02　在 main.cpp 中输入如下代码：

```
#include <opencv2/opencv.hpp>
#include <iostream>
#include <math.h>

using namespace std;
using namespace cv;
```

```cpp
    Mat src, src_gray, dst;
    int threshold_value = 200;
    int threshold_max = 255;
    const char* output_win = "convex hull demo";
    void Threshold_Callback(int, void*);

    int main(int argc, char** argv) {
        char filename[256]="";
        cout<<"enter image filename:";  // 比如 map.jpg
        cin>>filename;
        src = imread(filename); // 加载图片
        if (!src.data) { // 判断图像是否为空
            printf("could not load image...\n");
            return -1;
        }
        const char* input_win = "input image";
        namedWindow(input_win, WINDOW_AUTOSIZE); // 命名原窗口
        namedWindow(output_win, WINDOW_NORMAL);// 命名输出窗口
        const char* trackbar_label = "Threshold : ";

        cvtColor(src, src_gray, COLOR_BGR2GRAY); // 将图像转换为灰度图
        blur(src_gray, src_gray, Size(3, 3), Point(-1, -1), BORDER_DEFAULT);// 模
糊图像
        imshow(input_win, src_gray);// 显示原图像
        // 创建滑动条(Trackbar)，为了调节阈值
        createTrackbar(trackbar_label, output_win, &threshold_value,
threshold_max, Threshold_Callback);
        Threshold_Callback(0, 0);// 执行回调函数
        waitKey(0);// 等待用户按键
        return 0; // 退出程序
    }

    void Threshold_Callback(int, void*) {  // 定义滑动条数值变化时的回调函数
        Mat bin_output;
        vector<vector<Point>> contours;        // 定义存储检测到的轮廓的容器
        vector<Vec4i> hierachy;                // 定义轮廓的层次结构
        // 通过给定的阈值将图像中的像素值划分为不同的类别
        threshold(src_gray, bin_output, threshold_value, threshold_max,
THRESH_BINARY);
        // 查找轮廓
        findContours(bin_output, contours, hierachy, RETR_TREE,
CHAIN_APPROX_SIMPLE, Point(0, 0));

        vector<vector<Point>> convexs(contours.size());
        for (size_t i = 0; i < contours.size(); i++) {
            convexHull(contours[i], convexs[i], false, true);// 计算并查找给定点集的
凸包
        }

        // 绘制结果
```

```
    dst = Mat::zeros(src.size(), CV_8UC3);
    vector<Vec4i> empty(0);
    for (size_t k = 0; k < contours.size(); k++) {
        drawContours(dst, contours, k, Scalar(255, 255, 255), 2, LINE_8,
hierachy, 0, Point(0, 0));// 画白色轮廓
        drawContours(dst, convexs, k, Scalar(0, 255, 0), 2, LINE_8, empty, 0,
Point(0, 0));// 画绿色凸包
    }
    imshow(output_win, dst);// 显示结果图像
}
```

在上述代码中，首先输入图片文件名（本例是 map.jpg），然后我们二值化图像。二值化图像包括下面 3 步：将图片转换为灰度图像；通过 blur 函数去除一些噪点；将灰度图像二值化。接着，使用函数 findContour 找到二值图像中的所有轮廓。有读者可能会问：为什么不使用边缘检测？边缘检测出的只是每个边缘的位置，而 findContour 函数返回的是每个轮廓为集合的一个列表，这就是我们需要的。最后，使用 convexHull 函数找轮廓的凸包，因为凸包也是一种轮廓，所以可以使用 OpenCV 中的 drawContours 函数画出来。

（步骤 **03**）运行程序，输入图片文件 map.jpg，结果如图 18-7 所示。可以看到轮廓和凸包都画出来了。

图 18-7

18.2.2　凸缺陷及其意义

获取了凸包之后，可以干什么呢？可以定义凸缺陷。把凸包与轮廓之间的部分称为凸缺陷，如图 18-8 所示。

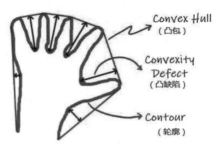

图 18-8

其中较粗的灰色线条表示手的轮廓，最外面的线表示轮廓的凸包，箭头表示轮廓到凸包最远

的点和距离，轮廓和凸包之间的区域为凸缺陷。凸缺陷可用来处理手势识别等问题。我们把凸缺陷标记出来，如图 18-9 所示。

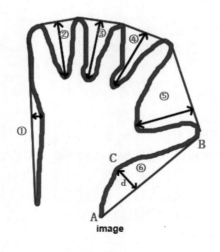

图 18-9

图 18-9 中数字①②③④⑤⑥标识的六个部分，实际上描述了手的轮廓凸包的六个凸包缺陷。这里以⑥为例说明凸缺陷的特征值 start_index、end_index、farthest_pt_index、fixpt_depth 的意义。

- start_index：凸包缺陷的起点，图 18-9⑥中的 A 或 B 就代表起点，A 或 B 都位于轮廓上。
- end_index：凸包缺陷的终点，图 18-9⑥中的 A 或 B 就代表终点，A 或 B 都位于轮廓上。
- farthest_pt_index：凸包缺陷中轮廓与凸包相距的最远点，图 18-9⑥中的 C 点就是凸包缺陷中轮廓与凸包相距的最远点，C 点也位于轮廓上。
- fixpt_depth：图 18-9 中 C 点距离凸包的距离 d。它以 8 位定点小数来近似表示，所以如果要换成浮点数，应该除以 256，即 the floating-point value=fixpt_depth/256.0。

再看下面的真实手掌图，如图 18-10 所示。

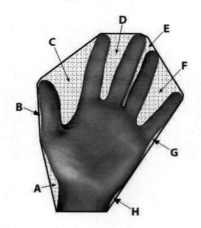

图 18-10

外围的直线为凸包，而凸包与手掌轮廓之间的部分为凸缺陷，有 A~H 个。

OpenCV 提供了函数 convexityDefects 用来查找轮廓的凸缺陷。这个函数的名字很形象，convexity 是凸面的意思，Defects 是缺陷的意思。该函数可以通过输入的轮廓点信息计算出凸缺陷的数量、位置和深度等信息，可以用于手势识别、目标检测等应用场景。该函数要求输入轮廓点信息和凸包点信息等参数，然后通过输出参数获取凸缺陷信息，其语法格式如下：

```
void convexityDefects(InputArray contour, InputArray convexhull, OutputArray convexityDefects);
```

参数说明如下：

- coutour: 输入参数，检测到的轮廓，可以调用 findContours 函数得到。
- convexhull: 输入参数，检测到的凸包，可以调用 convexHull 函数得到。注意，convexHull 函数可以得到 vector<vector<Point>> 和 vector<vector<int>> 两种类型结果，这里的 convexhull 应该为 vector<vector<int>> 类型，否则通不过 ASSERT 检查。
- convexityDefects: 输出参数，检测到的最终结果应为 vector<vector<Vec4i>> 类型，Vec4i 存储了起点、终点、距离凸缺陷最远点以及最远点到凸包的距离。注意: vector< Vec4i > 是一个向量，向量中的每个元素里面放的是 4 个 int 的整数。vector<vector<int>> 的最外面的 vector 也是一个向量，表示 n 个轮廓，每个轮廓中有 m 个凸缺陷。

其实，每一个凸缺陷可以用 1×4 的矩阵表示，每一行包含的值是[起点，终点，最远的点（即边缘点到凸包距离最大点）到最远点的近似距离]，即每个凸缺陷通过这 4 个特征量来标记，前 3 个点都是轮廓索引。也就是说，convexityDefects 的值相当于一个 $n \times 1 \times 4$ 的数组，n 表示不同的图片有不同的 n 个凸缺陷，每个凸缺陷是 1 行 4 列，1 行中的 4 列元素分别代表缺陷的起点 s、终点 e、最远点的索引 f、最远点到凸包的距离 d（返回的距离值放大了 256 倍，所以除以 256 才是实际的距离）。

使用 convexityDefect 函数的步骤如下：

（1）读取图像并转换为灰度图像。
（2）对灰度图像进行二值化处理。
（3）获取图像中的轮廓信息。
（4）对每个轮廓计算凸包点信息。
（5）对每个轮廓计算凸缺陷信息。
（6）遍历所有轮廓的凸缺陷信息，并绘制凸缺陷。

这样就可以计算图像中轮廓的凸缺陷信息，并绘制凸缺陷。总结一下，convexityDefect 函数是 OpenCV 中用于计算轮廓凸缺陷信息的函数，可以用于手势识别、目标检测等应用场景。使用该函数时，需要先获取轮廓和凸包信息，然后使用该函数计算凸缺陷信息，并根据需求对凸缺陷进行处理和绘制。

下面示例对一幅图片查找凸包和凸缺陷。

【例 18.3】查找凸包和凸缺陷并连线

步骤 01　打开 Qt Creator，新建一个控制台项目，项目名称是 test。

步骤 02　在 main.cpp 中输入如下代码：

```cpp
#include <opencv2/opencv.hpp>
#include <iostream>
using namespace std;
using namespace cv;

int main()
{
    Mat srcGary = imread("star.png",0);
    imshow("srcGary", srcGary);
    // 阈值化操作
    Mat threMat;
    int thresh = 128;
    threshold(srcGary, threMat, thresh, 255, THRESH_BINARY);

    // 轮廓检测
    vector<vector<Point> > contours;
    vector<Vec4i> hierarchy;
    findContours(threMat, contours, hierarchy, RETR_TREE, CHAIN_APPROX_SIMPLE,
Point(0, 0));

    // 绘制轮廓
    Mat contours_img(srcGary.size(), CV_8U, Scalar(0));
    drawContours(contours_img, contours, -1, Scalar(255), 1);
    imshow("contours_img", contours_img);

    // 凸包检测和凸缺陷检测
    vector<vector<Point> > pointHull(contours.size());
    vector<vector<int> >  intHull(contours.size());
    vector<vector<Vec4i> > hullDefect(contours.size());
    for (size_t i = 0; i < contours.size(); i++)
    {
        // 输出结果为 Point 类型的凸包检测
        convexHull(Mat(contours[i]), pointHull[i], false);
        // 输出结果为 int 类型的凸包检测
        convexHull(Mat(contours[i]), intHull[i], false);
        // 凸缺陷检测
        convexityDefects(Mat(contours[i]), intHull[i], hullDefect[i]);
    }

    // 绘制凸包及凸缺陷
    Mat convex_hull_img = contours_img.clone();
    cvtColor(convex_hull_img, convex_hull_img, COLOR_GRAY2BGR);
    cout<<contours.size()<<endl; // 输出轮廓个数
    for (size_t i = 0; i < contours.size(); i++)
    {
        Scalar color = Scalar(0, 0, 255);// BGR 顺序,因此是红色
        drawContours(convex_hull_img, pointHull, i, color, 1, 8,
vector<Vec4i>(), 0, Point());// 绘制凸包
        // 绘制凸缺陷
        size_t count = contours[i].size();
```

```
        if (count < 300) // 小于300个点的轮廓略去
            continue;

        cout<<hullDefect[i].size();// 输出当前轮廓的凸缺陷个数
        // 凸缺陷迭代器设置
        vector<Vec4i>::iterator iterDefects = hullDefect[i].begin();
        // 遍历得到凸缺陷的4个特征量并进行绘制
        while (iterDefects != hullDefect[i].end()) // 遍历第i个轮廓上的凸缺陷
        {
            Vec4i& v = (*iterDefects);
            // 起始位置
            int startidx = v[0];
            Point ptStart(contours[i][startidx]);
            // 终止位置
            int endidx = v[1];
            Point ptEnd(contours[i][endidx]);
            // 内凸壳的最远的点缺陷
            int faridx = v[2];
            Point ptFar(contours[i][faridx]);
            // 凸包之间的最远点
            int depth = v[3] / 256;
            if (depth > 10 && depth < 100)   // 根据原图选取正常的凸缺陷
            {
                line(convex_hull_img, ptStart, ptFar, CV_RGB(0, 255, 0), 5);//
起始点到最远点的线用绿色
                line(convex_hull_img, ptEnd, ptFar, CV_RGB(255, 255,255), 10);//
终点到最远点的线用白色
                circle(convex_hull_img, ptStart, 4, Scalar(255, 0, 0), 2);// 起
始点ptStart用蓝色
                circle(convex_hull_img, ptEnd, 4, Scalar(0, 0, 0), 2);// 终点
ptEnd用黑色
                circle(convex_hull_img, ptFar, 4, Scalar(128, 0, 255), 2);// 最
远点ptFar用粉红色
            }
            else line(convex_hull_img, ptStart, ptFar, CV_RGB(255, 255, 0),
30);// 这一句显示不合规的凸缺陷（也就是噪声凸缺陷），纯粹是为了方便理解为何有5个缺陷
            iterDefects++;
        }// while
    }
    imshow("convex_hull_img", convex_hull_img);// 显示最终结果图像
    waitKey(); // 等待用户按键
    return 0;
}
```

　　上述代码首先读取图片，再转换为灰度图，然后对图片 star.png 进行二值化，再查找轮廓，再进行凸包检测，最后获取凸缺陷信息并画线标记出来，即使用 line() 和 circle() 来绘制凸缺陷。画线函数 line 和画圆函数的颜色参数采用 BGR 颜色模式。

　　函数 convexityDefects 返回一个数组并存于 hullDefect 中，表示检测到的最终结果，其中每一行包含的值是[起点，终点，最远的点，到最远点的近似距离]，前 3 个点都是轮廓索引。

值得注意的是，hullDefect[0]的元素个数是 5，也就是有 5 个凸缺陷，这是令人困惑的地方。其实，其中 4 个凸缺陷是正常的，大小也类似，其 depth 处于 10~100 的范围；而有一个缺陷的 depth 为 0，我们认为它是噪声缺陷，正常情况下不会去显示它，但不显示的话，会让读者产生困惑，因此这里故意将其显示出来。虽然我们画的是线（起始点到最远点的线），但看上去就是一个点，因为距离为 0。

步骤 03 运行程序，结果如图 18-11 所示。最右边的那个大圆圈就是故意画出来的噪声缺陷。

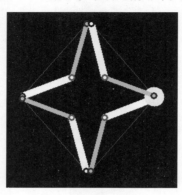

图 18-11

现在，我们通过使用 OpenCV 库函数就能直观地显示凸缺陷点集。以上示例步骤具有一定的通用性。基本步骤如下：读取图像并转换为灰度图；应用阈值化来找到轮廓；计算轮廓的凸包；计算凸缺陷；在图像上绘制凸包和凸缺陷。

凸缺陷在多个领域具有重要意义，主要体现在以下几个方面：

1. 物体完整性检测

凸缺陷可以用于检测各种物体是否存在残缺。例如，在制药行业中，可以利用凸缺陷检测药片是否完整；在包装行业中，可以检测瓶口是否缺损等。这种方法能够快速、准确地识别出物体表面的缺陷，确保产品质量。

2. 手势识别

在手势识别中，凸缺陷扮演着关键角色。通过计算指缝间的凸缺陷个数，可以识别出不同的手势，进而实现手势识别功能。

具体实现：在手势识别过程中，可以利用 OpenCV 等图像处理库来计算轮廓的凸包和凸缺陷信息。根据凸缺陷的数量和位置，可以定义不同的手势。

3. 边界检测与物体识别

简化轮廓：凸包是将最外层的点连接起来构成的凸多边形，它能包含轮廓中的所有点。使用凸包可以简化物体的轮廓，去除不必要的细节，使得边界检测更加准确。

辅助识别：在物体识别领域，凸包和凸缺陷可以作为特征之一，用于辅助识别物体。通过比较物体的凸包形状和凸缺陷数量等特征，可以区分不同类别的物体。

4. 其他应用

图像处理：在图像处理中，凸缺陷检测可用于图像分割、图像压缩等领域。通过去除图像中的凸缺陷部分，可以减少图像的数据量，提高图像的压缩效率。

机器人导航：在机器人导航领域，凸缺陷可用于障碍物检测。机器人可以通过感知环境中的凸缺陷部分来判断障碍物的位置和形状，从而规划出安全的行驶路径。

综上所述，凸缺陷在物体完整性检测、手势识别、边界检测与物体识别等多个领域具有重要意义。随着图像处理技术和计算机视觉技术的不断发展，凸缺陷检测的应用前景将更加广阔。

18.3 手势识别原理

在手势识别中，利用凸缺陷检测来识别手势是一种有效的方法，特别是当手势主要由手指组成时，我们只需要计算手指间的凸缺陷个数，就可以根据这个数值识别出手势所表示的数目，如图18-12 所示。

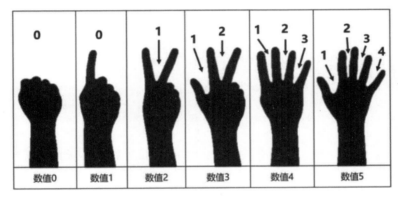

图 18-12

- 当有 4 个手指间凸缺陷时，手势表示数值 5。
- 当有 3 个手指间凸缺陷时，手势表示数值 4。
- 当有 2 个手指间凸缺陷时，手势表示数值 3。
- 当有 1 个手指间凸缺陷时，手势表示数值 2。
- 当有 0 个手指间凸缺陷时，手势可能表示数值 1，也可能表示数值 0。

由此看出，在对手势进行数字识别时，手指间凸缺陷的个数确实是一个有用的特征，特别是当手指间凸缺陷个数不为 0 时，它可以帮助我们区分数字 2~5。然而，当手指间凸缺陷个数为 0 时，这一特征变得不再有效，因为此时手势可能表示数字 0 或 1，无法仅凭手指间凸缺陷的个数来确定具体是哪个数字。因此，在实际应用中，当我们遇到手指间凸缺陷个数为 0 的情况时，需要依赖其他特征或信息来进一步判断手势所表示的数字。这可能包括手势的整体形状、手指的相对位置、手势的动态变化等。通过综合考虑多个特征，我们可以更准确地识别出手势所表示的数字。

在这里要强调的是，上面所说的原理是基于手指间的凸缺陷，注意"手指间"这 3 个字必不可少！为何呢？因为除了手指间凸缺陷，图片中通常还存在其他凸缺陷，这些凸缺陷通常认为是噪声缺陷，应该想办法忽略掉。下面来修改一下【例 18.3】，把一些限制条件和起始点、终点以及与最远点的连线都去掉，只找出所有凸缺陷，这样方便我们观察哪些是噪声缺陷。

【例 18.4】查找所有凸缺陷

步骤 **01** 打开 Qt Creator，新建一个控制台项目，项目名称是 test。

步骤 **02** 在 main.cpp 中输入如下代码：

```cpp
#include <opencv2/opencv.hpp>
#include <iostream>
using namespace std;
using namespace cv;

int main()
{
    Mat srcGary = imread("f2.jpg",0);
    imshow("srcGary", srcGary);
    // 阈值化操作
    Mat threMat;
    int thresh = 128;
    threshold(srcGary, threMat, thresh, 255, THRESH_BINARY);

    // 轮廓检测
    vector<vector<Point> > contours;
    vector<Vec4i> hierarchy;
    findContours(threMat, contours, hierarchy, RETR_TREE, CHAIN_APPROX_SIMPLE,
Point(0, 0));

    // 绘制轮廓
    Mat contours_img(srcGary.size(), CV_8U, Scalar(0));
    drawContours(contours_img, contours, -1, Scalar(255), 1);
    imshow("contours_img", contours_img);

    // 凸包检测和凸缺陷检测
    vector<vector<Point> > pointHull(contours.size());
    vector<vector<int> >   intHull(contours.size());
    vector<vector<Vec4i> > hullDefect(contours.size());
    for (size_t i = 0; i < contours.size(); i++)
    {
        // 输出结果为 Point 类型的凸包检测
        convexHull(Mat(contours[i]), pointHull[i], false);
        // 输出结果为 int 类型的凸包检测
        convexHull(Mat(contours[i]), intHull[i], false);
        // 凸缺陷检测
        convexityDefects(Mat(contours[i]), intHull[i], hullDefect[i]);
    }

    // 绘制凸包及凸缺陷
    Mat convex_hull_img = contours_img.clone();
```

```
        cvtColor(convex_hull_img, convex_hull_img, COLOR_GRAY2BGR);
        cout<<contours.size()<<endl; // 输出轮廓个数
        for (size_t i = 0; i < contours.size(); i++)
        {
            Scalar color = Scalar(0, 255, 0);// BGR 顺序,因此是绿色
            drawContours(convex_hull_img, pointHull, i, color, 1, 8,
vector<Vec4i>(), 0, Point());// 绘制凸包
            // 绘制凸缺陷
            size_t count = contours[i].size();
            cout<<hullDefect[i].size();// 输出当前轮廓的凸缺陷个数
            // 凸缺陷迭代器设置
            vector<Vec4i>::iterator iterDefects = hullDefect[i].begin();
            // 遍历得到凸缺陷的 4 个特征量并进行绘制
            while (iterDefects != hullDefect[i].end())  // 遍历第 i 个轮廓上的凸缺陷
            {
                Vec4i& v = (*iterDefects);
                int faridx = v[2]; // 最远点
                Point ptFar(contours[i][faridx]);
                // 最远点 ptFar 用粉红色
                circle(convex_hull_img, ptFar, 4, Scalar(128, 0, 255), 2);
                iterDefects++;
            }// while
        }
        imshow("convex_hull_img", convex_hull_img);// 显示最终结果图像
        waitKey(); // 等待用户按键
        return 0;
}
```

在上述代码中,我们并不对起点和最远点的距离进行判断,这样可以把所有凸缺陷都标记出来。我们可以把数值 2 手势图片（f2.jpg）放到上例的构建目录下,然后修改程序,加载图片文件 f2.jpg。

步骤 **03** 运行程序,结果如图 18-13 所示。

绿线和手轮廓之间的部分就是凸缺陷,红圈表示凸缺陷的最远点,有多少红圈就有多少凸缺陷。从图18-13 中可以看到,凸缺陷非常多。因此,我们需要把无关的凸缺陷当作噪声给去掉。

在手势识别中,处理除指缝外的其他凸缺陷是一个重要的步骤,特别是当这些凸缺陷可能由图像噪声、手部细节（如皱纹、毛孔）或轮廓检测算法不精确引起时。一个常见的方法是基于凸缺陷的某些特征（如大小、深度或形状）来判断它们是否应被视为噪声。常见的方式有如下几种:

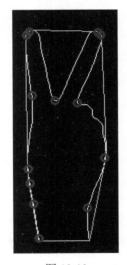

图 18-13

（1）根据凸缺陷的面积来判断,面积相对较小的凸缺陷很可能是噪声。

（2）根据角度。通过分析凸缺陷最远点与起点、终点之间构成的角度来进一步过滤噪声。如果这个角度大于 90°，那么它可能不是由指缝形成的，因为通常指缝间的角度会小于或等于 90°（尽管这也会受到手指弯曲程度和手势复杂度的影响）。

（3）通过计算凸缺陷上的最远点到凸包的近似距离来进行判断。如果这个距离很小，我们可以认为这个凸缺陷是由噪声产生的，并将其处理为噪声。

这些方法可以单独使用，也可以联合起来使用，当然联合起来使用效果更好。

18.4　区分手势 0 和 1

没有凸缺陷的手势所代表的数值通常存在歧义，既可能解读为数值 1，也可能解读为数值 0。鉴于此，仅凭凸缺陷的数量无法明确区分这两种手势，需进一步探索并识别它们之间的其他显著特征或差异。

我们先看一下手势，如图 18-14 所示。

或许还看不出什么，只知道最大的区别是右边有一根手指伸出来了。再画出它们的凸包看看。我们把拳头图片 f0.jpg 放到【例 18.4】构建目录下，修改代码在程序中加载该文件，然后运行程序，得到凸包图片，如图 18-15 所示。再把食指 f1.jpg 放到【例 18.4】的构建目录下，修改代码在程序中加载该文件，然后运行程序，得到凸包图片，最终两张图片如图 18-16 所示。

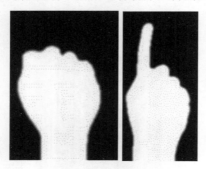 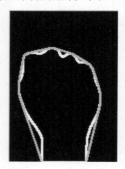 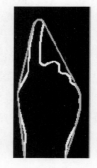

图 18-14　　　　　　　　图 18-15　　　　　　图 18-16

其中，绿线包围的区域是轮廓线包围的区域，而白线包围的整个区域是凸缺陷和轮廓包围区域之和。我们把拳头图片叫作 0 手势图，食指图片叫作 1 手势图。通过仔细观察，发现 1 手势图中凸包线包围的整个区域面积和轮廓包围的区域面积之差，肯定大于 0 手势图中凸包线包围的整个区域面积和轮廓包围的区域面积之差。我们可以用这个特征来设定一个条件，比如：若凸包线包围的整个区域面积和轮廓包围的区域面积之差大于 150，那就认为是手势 1；否则就是手势 0。

【例 18.5】区分手势 0 和手势 1

步骤01　打开 Qt Creator，新建一个控制台项目，项目名称是 test。

步骤02　在 main.cpp 中输入如下代码：

```
#include <opencv2/opencv.hpp>
#include <iostream>
```

```cpp
#include <cmath>
#include <vector>
using namespace std;
using namespace cv;

char* dis01(Mat imgSrc)
{
    Mat srcGary;
    cvtColor(imgSrc,srcGary,COLOR_BGR2GRAY);// 灰度化图片，准备找轮廓
    vector<vector<cv::Point>> contours;
    vector<cv::Vec4i> hierarchy;
    findContours(srcGary, contours, hierarchy, cv::RETR_TREE,
cv::CHAIN_APPROX_SIMPLE);

    // 从所有轮廓中找到最大的，作为手势的轮廓
    double max_area = 0;
    vector<cv::Point> max_contour;
    for (int i = 0; i < contours.size(); ++i) {
        double area = cv::contourArea(contours[i]);
        if (area > max_area) {
            max_area = area;
            max_contour = contours[i];
        }
    }
    vector< Point > hull;
    double areacnt = contourArea(max_contour);    // 获取轮廓面积
    cout<<areacnt;// 可以输出面积
    convexHull(max_contour,hull,true);// 获取轮廓的凸包
    double areahull = contourArea(hull);// 获取凸包的面积
    cout<<areahull;// 可以输出面积
    double dif = areahull - areacnt;// 计算凸包所围区域和轮廓所围区域的面积差
    cout<<dif;// 可以输出面积
    if(dif < 150) return "0";        // 面积差是否小于150,若小于150,则认为是手势0
    else  return "1";// 若面积差大于或等于150,则认为是手势1
}
int main() {
    Mat a = imread("f0.jpg");
    Mat b = imread("f1.jpg");
    // 调用函数识别图片
    char* stra=dis01(a);
    char* strb=dis01(b);
    // 把识别结果输出到原图
    putText(a, stra, Size(30, 120), FONT_HERSHEY_SIMPLEX, 1, Scalar (0,255, 0),
5, LINE_AA);
    putText(b, strb, Size(30, 120), FONT_HERSHEY_SIMPLEX, 1, Scalar (0,255, 0),
5, LINE_AA);

    // 显示最终结果的图片
    imshow("0",a);
    imshow("1",b);
```

```
waitKey();// 等待用户按键
destroyAllWindows();// 销毁所有窗口
return 0;
}
```

在上述代码中，函数 dis01 是一个自定义函数，用于区分手势 0 和手势 1，如果是手势 0，则返回字符 0，否则返回字符 1。这个函数的原理其实很简单，只是判断凸包所围区域的面积和轮廓所围区域的面积之差是否小于 150，如果小于 150，则认为是手势 0，否则认为是手势 1。150 是一个估算值，其实 100 也可以，因为手势 0 的面积差很小，我们从手势 0 的图片就可以看出。得到识别结果后，把字符 0 或 1 输出到原图上。

步骤 **03** 运行程序，结果如图 18-17 所示。

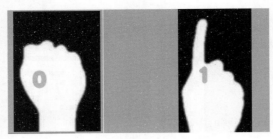

图 18-17

结果符合预期，我们把手势 0 和手势 1 正确区分开来了。

18.5 区分手势 2 到 5

我们把手势 0 和手势 1 区分开来后，接下来就只需区分 2 到 5 这几个数字。原理是根据手指间角度，即通过分析凸缺陷最远点与起点、终点之间构成的角度进行判断，如果这个角度大于 90°，那么它可能不是由指缝形成的，因为通常指缝间的角度会小于或等于 90°；否则就认为这个凸缺陷是手指间凸缺陷，最后统计出手指间的凸缺陷的个数后，再加上 1 就是手指的个数。

另外，要讲一下数学原理：我们把一个手的全部凸缺陷找出来后，针对每一个凸缺陷，可以知道起点、终点和最远点这 3 个点，这 3 个点可以围成一个三角形，然后根据两点间距离公式，可以得到三角形的每条边的长度，接着通过余弦定理和反余弦函数得到起点和最远点之间的边与终点和最远点之间的边的角度，最后把这个角度和 90° 进行比较。这过程涉及两个数学知识。

（1）平面坐标两点距离公式，即已知两个点 A、B 及其坐标分别为 (x_1, y_1)、(x_2, y_2)，则两点间的距离为：

$$d = \sqrt{(x_1 - x_2)^2 + (y_1 - y_2)^2}$$

在 C++中，可以用函数 norm 求两点间距离（两点间的向量模），代码如下：

```
#include <cmath>
#include <vector>
```

```
using namespace std;
#include <QDebug>
int main()
{
    Vec3f A = Vec3f(10, 10, 1);
    Vec3f B = Vec3f(3, 3, 1);
    qDebug()<< "线段 AB 的长度为 = " << norm(A - B) << endl;
    return 0;
}
```

结果为 9.89949，即 sqrt(98)。

（2）已知三角形的三边长度分别为 a、b、c，可以通过余弦定理来求解角度。具体公式如下：

$$\cos\alpha = \frac{b^2 + c^2 - a^2}{2bc}$$

其中 b 和 c 是角 α 的相邻边的长度，a 是角 α 对边的长度。使用反余弦函数 arccos 可以得到角 α 的具体的角度（以弧度为单位）。注意：反余弦值的单位是弧度，值域为[0, π]，其中 π 表示 180°，π/2 表示 90°。

当然，弧度和角度之间是可以互换的。弧度制与角度制的换算公式：1°=π/180≈0.01745 弧度，1 弧度=180°/π≈57.3°。下面程序中把弧度换算为角度时就乘以了 57。

【例 18.6】区分手势 0 到 5

步骤 01　打开 Qt Creator，新建一个控制台项目，项目名称是 test。

步骤 02　在 main.cpp 中输入如下代码：

```
#include <opencv2/opencv.hpp>
#include <iostream>
#include <cmath>
#include <vector>
using namespace std;
using namespace cv;

char* dis01(Mat imgSrc) // 区分手势 0 和 1
{
    // 同例【18.5】，可以复用
}

int main() {
    char imgPath[256]="";
    cout<<"enter image imgPath(f0.jpg---f5.jpg):";
    cin>>imgPath;
    Mat img = imread(imgPath); // 加载图片
    if (!img.data) { // 判断图像是否为空
        cout<<"could not load image...\n"<<endl;
        return -1;
    }
```

```cpp
imshow("src",img);// 显示原图
Mat img_gray,thresh;
vector<vector<Point>> contours;
vector<Vec4i> hierarchy;
cvtColor(img,img_gray,COLOR_BGR2GRAY);// 转换为灰度图
threshold(img_gray,thresh, 127, 255,0) ;// 对灰度图像进行阈值操作得到二值图像
findContours(thresh,contours,hierarchy,2,1);// 查找轮廓

// 从所有轮廓中找到最大的，作为手势的轮廓
double max_area = 0;
vector<Point> max_contour;
for (int i = 0; i < contours.size(); ++i) {
    double area = contourArea(contours[i]);
    if (area > max_area) {
        max_area = area;
        max_contour = contours[i];
    }
}

// 获取凸缺陷
vector<int> hull_indices;
convexHull(max_contour, hull_indices, false);
vector<Vec4i> defects;
convexityDefects(max_contour, hull_indices, defects);
int cn=0; // cn 用于统计竖直手指的个数
// 遍历凸缺陷，判断是否为指间凸缺陷
for (size_t i = 0; i < defects.size(); i++) {
    int s = defects[i][0]; // 起点
    int e = defects[i][1]; // 终点
    int f = defects[i][2]; // 远点

    Point start = (max_contour)[s];
    Point end = (max_contour)[e];
    Point far = (max_contour)[f];

    double a = norm(end - start);
    double b = norm(far - start);
    double c = norm(end - far);

    // 计算手指之间的角度，乘以 57 是将弧度换算为角度
    double angle = acos((b * b + c * c - a * a) / (2 * b * c)) * 57;
    if (angle <= 90 && defects[i][3] > 20) {
        cn++;
        circle(img, far, 3, Scalar(255, 0, 0), -1); // 用蓝色绘制最远点
    }
```

```
        // 绘制手势的凸包
        line(img, start, end, Scalar(0, 255, 0), 2);
    }


    string str;
    if(cn > 0)
    {
        cn+=1 ;// 手指间凸缺陷数+1 后才是手指数
        str = to_string(cn);
        putText(img, str, Size(50, 150), FONT_HERSHEY_SIMPLEX, 1, Scalar(0, 0,
255), 2, LINE_AA);
        imshow("final_img", img);// 显示最终图像
    }
    else // 如果 cn=0，则说明现在的手势可能是 0 或 1，要调用 01 区分函数进行判断
    {
        Mat a = imread(imgPath);
        char *stra = dis01(a);
        str = to_string(cn);
        // 把识别结果输出到原图
        putText(a, stra, Size(50, 150), FONT_HERSHEY_SIMPLEX, 1, Scalar(0, 0,
255), 2, LINE_AA);

        // 显示最终结果的图片
        imshow("final_img", a);
    }

    waitKey();// 等待用户按键
    destroyAllWindows();// 销毁所有窗口
    return 0;
}
```

在得到凸缺陷后，我们首先获得起点、终点、最远点在轮廓上的索引，然后转换为坐标。再通过 norm 函数得到两点间的长度。norm 函数是 C ++ STL 中的内置函数，在头文件中定义，用于获取复数的范数。复数的范数是数字的平方大小。数学中，范数（Norm）是一种函数，用来度量向量的大小。通俗地讲，范数就是一个向量的长度或大小。

为了便于理解，我们把手指间凸缺陷起点、终点和最远点和凸包线都标记出来了，这样对于计算两点间距离和反余弦函数要计算的那个角就很清楚了，也就是要计算的角是凸包线对面的角，即最远点所在位置的角。

利用余弦定理和反余弦函数计算角度，所得的角的单位是弧度，若要换算为角度，则需要乘以 57。如果不想换算为角度，也可以和 π/2 进行比较。函数 dis01 和上例一样，这里不再列出。

步骤 03 运行程序，结果如图 18-18 所示。

图 18-18

若要识别其他手势，只需输入其他手势原图文件名即可，比如 f3.jpg、f0.jpg 等。

第19章

停车场车牌识别系统

　　本章将综合前面各章所讲的知识，通过机器视觉的相关技术实现一个车牌自动识别软件。为了保持本章内容的完整性，也会对前面知识有个总结性的回顾。本章实现的车牌自动识别系统所用的开发软件是 Qt Creator，平台为 Windows 7（客户端+识别端）和 Ubuntu 20（服务端和采集端）。

　　本章首先阐述车牌识别系统的概述和技术发展，然后进一步阐述相关技术细节，最后用源码实现。笔者所用技术并不是最前沿最新的技术，主要目的是对前面各章所学进行综合。读者了解当前技术发展趋势后，可以通过更好更先进的技术来开发更优秀的车牌识别系统。因此，了解一些国内外的相关技术发展也是有必要的。

19.1　车牌识别技术概述

　　近年来，随着社会经济的不断发展，汽车数量也呈逐年上升的态势并变得越来越普及。不难想象，迅猛增长的车辆数目必然导致急剧增大的道路交通流量，以及日益繁忙的道路交通运输状况。因此，我们经常看到公路上会出现交通堵塞的现象，交通事故也经常发生，交通环境有变差的趋势，交通运输问题正在变得越发明显和严重。日益严重的交通状况引起了管理部门的高度重视，修建更加长和宽的道路成为人们考虑得最多的解决该问题的主要措施和途径，但是这种方法的有效性也存在着很多不足，主要是受到了城市空间以及资金的限制。同时，科技在近些年也取得了日益明显的发展，自动化的信息处理水平以及信息处理能力在计算机网络技术、通信技术和计算机技术不断发展的同时，也在不断提高。

　　因此，在节省能源、保护环境、紧急处理交通事故以及解决交通拥挤问题的过程中，人们开始逐步利用这些新技术并取得了显著的效果。在这种大环境下，利用各种高新技术解决道路交通运输管理和监控等问题，越来越受到人们的关注。同时，各国政府及其交通管理部门也十分重视如何在道路交通问题的解决与处理上运用各种高科技手段。在这种背景下，产生了智能交通系统（Intelligent Transport System，ITIS）。该系统以缓和道路堵塞和减少交通事故，提高交通者的方便、舒适为目的，是交通信息系统、通信网络、定位系统和智能化分析与选线的交通系统的总称。当车辆经过某一特定地点时，系统自动识别出车辆的身份证（车牌号码）以及其他诸如汽车类型、颜色、速度等属性，将得出的结果与在线数据库信息进行比较，从而根据历史记录来处理真假车牌、一车多牌、交通肇事、缴费记录等道路交通管理中的诸多问题。智能交通系统已成为被普遍认可的改善交通状况的有效技术途径。

目前，智能交通系统在无须停车进行缴费、交通信息收集与统计、停车场管理以及车路间通信等领域正获得越来越广泛的应用。无人化、智能化和信息化逐渐成为停车场和公路的发展方向，因此，对仪器智能化程度的要求也日益提高。特别是在收费路段和停车场的无人化管理中，要准确识别汽车身份及建立相应的数据库管理系统，精确的汽车牌照识别至关重要。

近年来，许多国家开始试行无人停车收费和停车场无人管理系统，主要依靠无线通信手段。然而，许多未装载通信装置的车辆无法参与，同时也出现了大量无线卡与车辆信息不符的现象。为了解决这些问题，一些国家开始采用基于机器视觉技术的方法，即通过摄像机录像，并依赖事后人工观察进行识别，但这反而导致无人化管理系统需要大量人工辅助操作的问题。为了提高工作效率和实时识别车辆，在 ITS 系统中衍生了一个重要的研究领域——基于机器视觉的车牌自动识别（Automatic License Plate Recognition，ALPR）技术。

目前，车牌自动识别系统应用的主要技术包括图像处理相关技术、一维条形码相关技术、二维数字识别码相关技术、三维立体识别码相关技术，以及 IC 卡识别相关技术等。基于机器视觉技术的车牌自动识别技术的主要任务包括汽车牌照号码的自动识别、汽车监控图像的处理和分析以及相关数据库的智能化管理。其中，图像处理技术的应用是其核心。在监控公路流量、控制出入、管理停车场车辆、黑牌机动车的监测、查询失窃车辆、违章车辆监控以及稽查公路的电子警察等需要进行汽车牌照认证的情况下，可以广泛采用该方法。同时，该方法也可广泛用于高速公路电子收费站，以提高公路系统的运行效率。

车牌自动识别系统的两个关键子系统分别是车牌定位和字符识别。对于车牌定位，国内外的学者提出了很多的理论以及实验，而且这些方法在实验室一般都达到了很高的准确率。然而，由于现实中应用环境不同，这些算法在实际应用中的效果并不是很理想。比如某些倾斜严重、光照不足、表面污浊的车牌都无法正确定位，再加上诸如天气、广告牌等外界因素的影响，使得车牌定位成为一项挑战。

字符识别则是在准确定位的基础上，对车牌上的字符进行逐一识别的过程。由于国内的车牌含有汉字，这就使识别的任务具有很大的难度，这也正是国外很多较为成熟的车牌识别软件无法打入中国市场的原因。因此，字符识别的现实意义十分明显：开发基于机器视觉技术的车牌识别系统，以及研究基于机器视觉技术的车牌识别技术。

19.2　车牌识别技术的宏观分析

19.2.1　国外技术分析

国外相对较早地研究和发展了基于机器视觉技术的车牌识别技术。一些用于车牌自动识别的图像处理方法出现于 20 世纪 80 年代。对车牌自动识别的研究则兴起于 20 世纪 90 年代，但只是应用了一些比较简单的图像处理技术，其中对图像之间的灰度进行比较是主要手段，对汽车牌照具体区域的获得主要基于差分算法来实现。

这些研究成果中，比较有代表性的工作为"综合地面交通效率方案"，该方案经过了美国国会的认可，对于全美 ITMS（Integrated Terminal Management System，终端综合管理系统）的开发工作，则由美国交通部负责运作。从此以后，很多发达国家与美国一样，在自动化管理道路交通的过程中使用了图像处理的相关技术，原因主要是为了适应其国家现代化建设的发展需要。同时，这些国家也开始研究汽车牌照的识别技术，检测车流量以及检测车辆速度是当时主要的两个研究方向。

与美国相比，其他国家的开发则要晚一些，他们对道路交通运输信息化领域的研究直到 20 世纪的 80 年代才开始，但也得取得了一定的成效。

YuntaoCuil 提出了一种具有较高准确率的汽车牌照识别系统，在完成汽车牌照定位之后，该系统依靠马尔科夫随机场对汽车牌照进行二值化处理和特征提取。

R.Mulot 等人开发了一套共享硬件且可用于识别集装箱以及汽车牌照的系统，该系统对汽车牌照的定位以及识别，主要依靠车辆图像中的文字纹理共性来实现。

EunRyung 等人提出并采用了一种进行汽车牌照定位与识别的方法，该方法主要依靠颜色的分量来进行，它运用了 3 种方法对采集所得的几十副样本进行了识别：（1）准确率为 91.25%，基于 HLS 彩色模式的识别方法；（2）准确率为 85%，以灰度变换为基础的识别方法；（3）准确率为 81.25%，基于 Hough 变换的边缘检测的定位识别方法。

Nijhuis 提出的汽车牌照的提取方法主要基于颜色来实现，汽车牌照成像时有着不同表现的区域颜色特征，不同颜色背景和不同颜色的汽车牌照字符构成了汽车牌照区域，这也是该方法的主要依据。但是，该方法也有一定的不足之处：只能适用于某些彩色图像，这些图像中要有不错的光照条件。

Yi 主要依据汽车牌照反光原理开发出了一套汽车牌照识别系统，该系统只能够识别出 5 种英国车牌。

J.Bulas.Cruz 提出一种只能适用于含有较简单背景，并且车辆图像中不含有相似字符结构信息的汽车牌照提取方法，该方法主要基于行扫描实现。

Luis 开发了一套具有 90%汽车牌照识别正确率的汽车牌照识别系统，可运用于公路收费站。

R.Parisi 开发了一套效果不错、运用 DFT（Design for Test，设计用于测试）技术进行字符识别的汽车牌照识别系统，该系统主要利用数字信号处理技术以及神经网络技术来实现。

Paolo 开发出了一套只能适用于意大利的汽车牌照识别系统，该系统具有 91%的识别正确率。

以色列 Hi-tech 公司的 see/car system 系列产品比较成熟，它们是基于机器视觉技术的车牌识别系统。see/car system 系列车牌识别系统可以适用于不同国家汽车牌照识别的需要，并且有较好的汽车牌照识别效果。该系列产品有一个很显著的特点：在不同国家的不同汽车牌照字符方面，多种汽车牌照识别系统均能简单地识别出来。然而，该系统也存在一定的缺点：对于中国汽车牌照中的汉字并不能识别，且其只有 93%的汽车牌照识别正确率。

新加坡 Optasia 公司的 VLPRS 系统有着高达 97%的汽车牌照识别正确率，但是它有一个很大的缺点：无法适用于非新加坡的车牌，即只能适用于新加坡的车牌识别。

19.2.2　国内技术分析

目前，伴随着急剧增加的汽车数量，我国的道路交通中已出现越来越多的问题，因此对汽车牌照自动识别系统的需求越来越迫切。相对于发达国家来说，我国车牌的识别研究起步较晚。自20世纪80年代国外提出汽车牌照识别之后，大量的应用以及研究就已经得以实现与实施，同时一些将汽车牌照识别应用于自动收费以及交通管理的系统也已经被研究和开发出来。然而，阿拉伯数字以及英文字母是当时汽车牌照识别的主要对象，由于我国的车牌有特殊性，因此我国车牌的识别研究和其他国家存在着非常大的差异，具体有以下6个方面：

（1）汉字、字母以及数字是我国汽车牌照的组成部分，而字母和数字是国外大部分汽车牌照的组成部分，所以我国的汽车牌照在识别上来说相对复杂。一般我国车牌由两个部分组成：由一个用以表示省份的汉字加上一个字母构成第一部分，由一个黑点和阿拉伯数字、英文字母构成第二部分。由于汉字的识别与数字、字母有着很大的不同，因而大大增加了识别难度。

（2）仅底色我国汽车牌照就选用了多种颜色，例如黄色、蓝色、白色、黑色等。同时，对于字符颜色，我国汽车牌照也有若干种，例如白色、红色、黑色。因此，从某一种程度上来讲，我国的汽车牌照有着相对丰富的色彩组合，而在国外，一般只有对比度较强的两种颜色存在于汽车牌照中。

（3）根据车辆的用途以及车辆的类型，我国的汽车牌照有多种格式（如汽车牌照上的字符排列、汽车牌照的尺寸等），而在很多其他国家，一般只有一种汽车牌照格式。

（4）国外拍摄的条件相对来说比较理想。国内拍摄的条件则比较复杂。一方面，运动模糊以及失真、天气条件和照明情况会影响采集所得车辆图像中的车身背景信息；另一方面，有时有着十分丰富的自然背景存在于采集所得的车辆图像中。因此，通常采集所得的车辆图像无法获得很高的质量。同时，在汽车牌照图像提取的过程中直接使用颜色特征相关的方法，也不一定能够取得令人满意的效果，主要原因在于颜色对天气光线十分敏感，容易受到不可预期的影响。

（5）我国汽车牌照的规范悬挂位置不唯一，有时由于拍摄位置不恰当，有些车牌边缘被固定的后盖遮住。

（6）由于环境、道路或人为因素造成汽车牌照污损严重，这种情况下国外发达国家不允许上路，而在我国仍可上路行驶。

我国研究如何在车辆管理以及高速公路中使用数字图像处理、通信处理以及计算机的相关技术始于1980年。与汽车牌照识别技术研究相关的课题呈现出一个逐年增加的态势。对于基于机器视觉技术的车牌识别相关技术的研究，也有大量的科研人员在从事这方面的工作。

（1）中国科学院的刘智勇开发出一套相当不错的汽车牌照识别系统，该系统具有94.52%的字符切分正确率以及99.42%的汽车牌照定位正确率。

（2）浙江大学的张引提出了一种汽车牌照的定位方法，该方法结合使用了彩色边缘检测以及区域生成。

（3）对于车辆牌照定位以及去除车辆图像的噪声，广东工业大学的陈景航采用小波变换的方法来实现。对于汽车牌照内的字符的识别，他在结合线性感知器的基础上通过BP神经网络来实现。

（4）对于汽车牌照的定位以及汽车牌照内字符的分割，清华大学的陈寅鹏提出了相应的算法。

对于汽车牌照定位的算法，主要基于综合多种特征的方法来实现；对于汽车牌照内字符的分割，主要基于模板匹配的方法来实现。

（5）采用光学字符识别算法的"汉王眼"系统由北京汉王公司开发并已经得到广泛应用。"汉王眼"系统的汽车牌照识别率比较高，主要是因为优化了汽车牌照字符的特征。

（6）亚洲视觉科技有限公司自主研发的 VECON（慧光）产品为智能交通系统、港口和集装箱码头管理、停车场管理提供了整体解决方案。这些解决方案包括交通和道路巡逻、收费和检查点管理以及超速车辆监控等。基于慧光技术的原理，该产品通过 CCD 摄像机采集影像，利用计算机视觉技术将影像转换为数据，然后通过亚洲视觉科技有限公司开发的软件进行内容（包括各类物体、文字和数字等）分析。对于停泊或行驶中的车辆，VECON 能够实现汽车牌照号码的自动验证与识别。无论是数字还是文字（包括中文、韩文、英文等），该产品均能轻松辨认。该产品的汽车牌照识别准确率高达 95%，识别时间不超过 1 秒，同时要求非车牌宽度在整个图像宽度中的占比不能超过 4/5。

（7）在最新的识别技术和数字图像处理技术基础上，上海高德威智能交通系统有限公司研发了 GWPR9902T 汽车牌照识别器系统。该系统结合了定向反射和自然光的识别原理，能够在复杂环境下实时完成汽车牌照的定位、分割和识别。该产品具备高识别率和稳定性，已通过交通部、公安部等质检部门的检测，并成功应用于公路收费系统和公安交通管理部门。

（8）此外，深圳吉通电子有限公司研发了"车牌通"车牌识别机系统。还有其他公司推出了相应的汽车牌照识别系统产品，例如中智交通用户有限公司也有自己的汽车牌照识别系统，该公司隶属于中国信息产业部。

19.2.3　车牌识别技术的难点

目前，已经有越来越多的汽车牌照识别算法使用基于机器视觉图像处理技术来实现，但很多算法无法满足现实的需求，主要是因为这些算法自身的局限性。误定位一直是汽车牌照定位方面的研究重点。在汽车牌照分割方面，主要研究方向一直是如何获得良好的汽车牌照分割基础，以及快速实现汽车牌照倾斜度的校正。在车牌字符识别方面，如何降低相似字符之间的误识别率和缺损字符的误识别率，是字符识别算法需要进一步完善之处。因此，车牌识别技术的重点是完善和优化汽车牌照识别的算法。

19.2.4　车牌识别系统的开发思路

原始车辆图像采集、汽车牌照区域定位、汽车牌照内字符的分割和汽车牌照内字符的识别，这四部分组成了基于机器视觉技术的车牌识别系统，这四部分的工作有一个先后次序的关系。原始车辆图像采集是第一步，汽车牌照内字符的识别是最后一步。基本开发思路如下：

（1）采集原始车辆图像，主要是通过摄像设备（CCD 工业相机，当然学习阶段不需要购买如此昂贵的设备，只需准备普通的 USB 电脑摄像头即可）。

（2）计算机接收上一步采集所得车辆图像，并在基于机器视觉技术的车牌识别系统图像预处理模块中进行相应处理。

（3）在基于机器视觉技术的车牌识别系统牌照定位模块中实现汽车牌照区域的定位。

（4）在基于机器视觉技术的车牌识别系统牌照内字符分割模块中实现汽车牌照区域内字符的分割。

（5）在基于机器视觉技术的车牌识别系统牌照内字符识别模块实现汽车牌照区域内字符的识别。

（6）给出最终的汽车牌照识别结果。例如所属省份、号码、牌照底色等。

本章案例从车牌定位、车牌字符分割和车牌字符识别这三个方面依次进行研究和开发，并在 Qt 平台上进行实验，实验图片均来自网络或真实照片。

19.3 车牌定位技术

基于机器视觉技术的车牌识别系统的关键技术之一是车牌定位技术，其主要目的是从汽车图像中确定车牌的具体位置，为之后的字符分割和字符识别做准备。也就是通过运行某个定位算法，确定车牌子区域的对角坐标。车牌的定位准确率直接影响字符识别的准确率。由此可见在汽车牌照识别系统中，车牌定位所占的地位是至关重要的，后期汽车牌照字符分割和字符识别要想取得比较好的效果，只有在车牌定位达到一定准确性的基础上才能实现。近年来，如何对现有车牌定位算法进行改进，一直是研究的重点，造成这种现状的主要原因有：对复杂背景下车牌定位的需要越来越高，以及仍有很多相应的问题存在于现有的车牌定位算法中。因此，在对改进的汽车牌照定位技术进行研究之前，分析一下传统的车牌定位研究算法的相关内容就很有必要了。

19.3.1 车牌特征概述

现行的《中华人民共和国机动车号牌》（GA36-2007）标准是我国目前所使用的车牌的制作依据。根据这个标准可知，目前我国所使用的车牌具有以下 4 点特征：

（1）字符特征：字符数在标准的汽车牌照（外交用车、教练用车、警用车、军用车除外）中为 7 位；各省、自治区、直辖市的简称用字符首位来表示，形式为汉字；车辆登记机关代号，即发牌机关代号用字符次位来表示，形式为英文字母；其余五位字符为阿拉伯数字和英文字母的组合或者为全阿拉伯数字，用来表示车牌序号。这些字符水平排列，字符边缘信息在矩形内部比较丰富。基于上述信息，可将待识别的字符模板划分为 3 类：①英文字母；②阿拉伯数字；③汉字。在匹配识别字符、切分字符以及字符特征数据库的构建方面，经常需要利用该部分特征。

（2）形状特征：由线段按照一定规则组合而成的矩形，可以用来表征车牌边缘。通常情况下，由于用于车辆图像采集的摄像机的安装位置一般不变，同时，它在车辆图像采集过程中一般不会随意改变分辨率，而且汽车牌照也具有统一的高宽比例以及尺寸大小，例如一般汽车车牌尺寸都是 440mm×140mm，特殊的大型汽车后牌和挂车号牌尺寸是 440mm×220mm，因此车牌在原始图像中的相对位置比较集中，最大长度和最大宽度是存在的，也就是大小的变化在一定的范围内。在汽车牌照的定位分割方面，经常利用该部分特征。

（3）颜色特征：在我国的汽车牌照中，字符颜色以及车牌底色搭配方式，有 4 种类型。白框线白字黑底为国外驻华使馆、领馆车牌，白框线白字蓝底为小功率汽车车牌，黑框线黑字白底为军车车牌，黑框线黑字黄底为大功率的汽车车牌。以黑字白底作为二值化处理后的结果主要体现在黑字白底车牌和黑字黄底车牌上，而以白字黑底作为二值化处理后的结果则主要体现在白字黑底车牌和白字蓝底车牌上。在对彩色图像汽车牌照的定位中，经常利用该部分特征。

（4）灰度变化特征：汽车车身颜色、汽车牌照边缘颜色及汽车牌照底色的灰度级在图像中的表现是互不相同的，主要因为这些颜色的信息各不相同，这样，灰度突变边界在车牌边缘上就形成了。从实质上来讲，屋脊状是汽车牌照边缘在灰度上的具体表现，而较均匀的波峰波谷是车牌底以及字符在汽车牌照区域内灰度上的具体表现。在对汽车牌照灰度图像中的字符进行分割以及对车辆图像中车牌区域的定位方面，经常利用该部分特征。

19.3.2　车牌定位方法

车牌定位的方法主要分为基于灰度图像的车牌定位方法和基于彩色图像的车牌图像定位方法两大类。其中基于灰度图像的车牌定位方法主要按基于边缘检测的相关原理、基于遗传算法的相关原理、基于纹理特征的相关原理、基于数学形态学的相关原理、基于小波分析和变换的相关原理、基于神经网络的相关原理和基于彩色图像信息的相关原理分为 7 种。

1）基于边缘检测的车牌定位方法

在车辆图像中，牌照区域内含有水平边缘、斜向边缘和垂直边缘，可见边缘信息相当丰富，而这个特点在其他区域内都是不具备的。因此，可以通过查找含有丰富边缘信息区域的方法来实现汽车牌照的准确定位，其核心主要是边缘检测技术的使用。

学者杨蕾等人比较了各种二值化算法和边缘检测算法，首先将图像的灰度图进行二值化，然后运用 Robert 算子进行边缘检测，最后使用基于形状特征的分割法将车牌分割出来。学者王锋等人基于车牌区域丰富的特征边缘，提出了一种改进的定位方法，首先增强原始图像，并对原始图像和增强图像分别利用 Sobel 算子进行边缘提取；然后基于车牌区域边缘均匀、长短有限等特征，滤除背景及噪声边缘点；最后通过投影搜索出车牌区域。

边缘检测的车牌定位方法的优点在于，其不仅能够有效地实现噪声的消除，还具有较短的反应时间以及较高的汽车牌照定位准确性；同时，该方法对于处理一幅图像中含有好几个汽车牌照的情况，处理速度也是比较快的。但是，该方法也存在一定的缺点：定位在褪色明显以及严重的情况下有时会失败，主要原因是对于字符边缘的检测有时无法实现；有时还会得到比实际汽车牌照稍微大一些的汽车牌照区域，主要原因是受到了外界干扰以及车牌倾斜的影响。

2）基于遗传算法的车牌定位方法

20 世纪 60 年代初，学者 Holand J.H 首先提出了遗传算法的基本原理，该算法的数学框架于 20 世纪 60 年代后期被建立起来。Goldberg 于 20 世纪 80 年代将该算法应用于各种类型的优化问题中。

解决问题时有两个关键是遗传算法所特有的：首先需要进行个体编码以及相应基因串编码，个体对象是待解决的问题；继而对个体的好坏进行评价，主要利用合适的适应度函数返回值，同时模拟生物的进化，主要通过选择、交叉和变异这 3 个基本操作来实现。综合前面两点来看，遗传算法是基于一种新的全局优化搜索思想来实现的。

在图像的阈值分割中，有两方面的问题需要在引入遗传算法之前解决：一方面在于如何构造一个适应度函数来度量每条基因串对问题的适应度；另一方面在于如何在基因串中对问题进行解编码操作。假定 $N+1$ 为一幅图像被分割成的类的总数，$t_1, t_2, \cdots, t_N$ 为待求的 N 个阈值，$a=t_1, t_2, \cdots, t_N$ 为一个基因串，该基因串由这些阈值按一定顺序排列起来所构成，二进制被用以表示每个参数。用 8 位二进制代码就可以表示一个 256 级灰度图像的阈值，主要原因在于对于 256 级灰度图像有 $0< t_1< t_2<\cdots<t_N<256$。这时，长度为一定数量的比特位的串构成了每个基因串，这里的数量为 $8\times M$ 个，所以形成的搜索空间大小为 $2^{8\times M}$。

在灰度图像分割中，设 M 表示繁衍代数，N 表示种群数。由于灰度值的范围是 0 到 255，因此某个阈值可以用 8 位二进制码（0 和 1 的组合）来表示。这些二进制码是通过对每个基因串进行编码而得出的。随机性是 N 个阈值初始值的一个典型特征。为了实现个体的优胜劣汰，采用相应的适应度进行选择，父代个体即为被选中的个体。具有更高适应度值的个体将在第一代循环后逐渐被新一代个体所取代。基因串经过多代循环后，最终达到基本收敛，此时最佳值体现在适应度上，所获得的阈值即为最佳阈值。经过该阈值处理后，汽车图像将被分割为一幅二值化图像，该图像中仅包含目标和背景。

车牌的提取本质上是一个在参数空间中寻找最优定位参数的问题。这是因为车牌提取的过程实质上是在复杂图像中查找最符合牌照特征的区域，而遗传算法擅长于在参数空间中寻找全局最优解。遗传算法是一个迭代过程，每次迭代时会保留一组候选解。在这一过程中，变异（mutation）和交叉（crossover）等遗传算子会被应用于这些候选解，从而生成新一代候选解。当达到某种收敛指标时，迭代过程将停止。

从计算模型的角度来看，遗传算法模仿了人类智能处理的特征，具备并行结构和自适应计算原理这两个特点。这与常规的数学优化技术不同。例如，基于梯度的优化技术虽然计算速度较快，但对优化问题有一定要求，通常只能求得局部最优解，并且需要满足可微性条件。而遗传算法则具有更高的概率能够找到全局最优解，并且对优化问题没有可微性的要求。对于复杂的函数优化问题和困难的组合优化问题，遗传算法能够有效求解，因此在汽车牌照定位技术的研究中采用该算法将非常有效。当然，构造一个适当的适应度函数是遗传算法成功应用的关键。读者可能对遗传算法不太熟悉，这里只需了解它可以应用于车牌定位，未来在需要时能想到这一点即可。

该方法不用搜索全部图像就能寻找到牌照，具有很广的适用范围，拥有很强的噪声抵抗能力。同时，经该方法提取出的车牌信息的实用价值很好，不仅完整，而且准确。

3）基于纹理特征的车牌定位方法

车辆牌照含有排列有序的字符，在图像内往往会形成明显区别于背景的纹理特征。有学者就此提出了一种根据汽车车牌区域纹理来确定车牌位置的算法，该方法首先在水平方向利用扫描法确定车牌图像的水平范围，然后在垂直方向利用投影法确定车牌图像的垂直范围，从而得到车牌定位。又有学者通过利用车牌纹理特征来实现车牌定位，对于边缘增强，分别采用一种改进的 Sobel 算子和一种 Canny 算子使得汽车牌照内丰富的纹理特征得以突出，继而汽车牌照位置的确定通过垂直定位和水平定位来实现。简单实用是该方法的一个优点，但是汽车牌照定位在光照不均匀以及环境复杂的情况下则不一定能够做到十分准确。由于车辆牌照含有排列有序的字符，因此在图像中通常会形成明显区别于背景的纹理特征。一些学者提出了一种基于汽车车牌区域纹理来确定原始图像中车牌位置的算法。该方法首先在水平方向上利用扫描法确定车牌图像的水平范围，然后在垂直方向上利用投影法确定车牌图像的垂直范围，从而实现车牌定位。另一些学者则通过利用车牌的纹理特征来进行车牌定位。为了增强边缘特征，他们分别采用了一种改进的 Sobel 算子和 Canny 算子，以突出汽车牌照中的丰富纹理特征，进而通过垂直和水平定位来确定汽车牌照的位置。这种方法的一个优点是简单实用，但在光照不均匀或环境复杂的情况下，汽车牌照的定位准确性可能会受到影响。

对于汽车牌照变形、汽车牌照倾斜、光照强度不均匀、光照强度偏强或者光照强度偏弱等情况，利用字符纹理特征进行汽车牌照的定位所取得的效果比较理想。但在将该方法应用于背景复杂的图像时，一些纹理分布比较丰富的其他非车牌区域也很容易被定位成车牌，较多的汽车牌照候选区域也随之产生，当然，真车牌也包含在内。由于真车牌区域的灰度垂直投影满足一些特殊的统计规律，而这些特殊的统计规律为绝大多数伪车牌区域所不具有，因此纹理分析方法的不足之处可以通过结合垂直投影的方法来弥补。

基于纹理分析的方法一般都是对灰度图像进行处理，它通过车牌区域特点进行分析，如在文字和车牌背景的部分会出现灰度值的跳变等。通常的纹理分析算法实现思路为：

（1）首先扫描行，找出每一行的车牌线段，并记录位置。

（2）如果有连续若干行含有车牌线段，则认为找到了车牌的行可能区域。

（3）行和列扫描，确定宽度和高度。

（4）根据车牌特点的约束条件排除非车牌区域。

基于纹理分析方法的优点在于，可以利用车牌区域内字符纹理丰富的特征定位车牌，它对光照偏弱、偏强、不均匀以及车牌倾斜和变形等情况不敏感。对于纹理分析法的一些缺点与不足，可结合采用垂直投影的方法进行弥补。

4）基于数学形态学的车牌定位方法

两种数学形态（膨胀和腐蚀）是基于数学形态学的车牌定位算法的主要基础。该方法的展开主要通过闭、开运算来进行。若要将其显示出来，只需进行开、闭运算即可，当然，运算需要在目标区域内进行。类似地，对于边缘子图像和空间分辨率的分析，也可以利用数学形态学的基础来实现，如将小波变换与该方法结合使用，目的是得到高频分量和低频分量。高频分量体现在垂直方向上，低频分量体现在水平方向上，目标区域在最后得以定位。尽管在使用数学形态学的情况下能够获得较好的定位效果，但是它对图像背景有一些要求，需要背景相对简单。由此可见，该方法不适用于车辆图片中含有大量复杂背景的汽车牌照定位，同时该方法的处理速度相对较慢，主要是因为受到所拍字符大小的限制。这样，在该方法应用的过程中，就无法很好地去除许多干扰噪声，进而直接影响车牌区域定位的准确性。

目前，已经提出一种基于数学形态学的汽车牌照定位方法，首先对图像进行膨胀运算，将车牌区域横向的峰、谷和峰的纹理特征相互融合，转变为具有一定宽度的脉冲，并检查是否满足评价函数，再进行数学形态学的线性运算，最后对处理以后的车辆图像进行水平和垂直投影，定位出牌照区域。该方法定位效果好、速度快，适用于对有噪声及复杂背景的车牌图像进行分割。

5）基于小波分析和变换的车牌定位方法

该方法主要通过小波多尺度分解来对边缘子图像进行提取。这些边缘子图像的特征为：方向不同、分辨率不同以及纹理清晰。汽车牌照的目标区域用一分量来代表，该分量的水平方向呈现低频，垂直方向呈现高频。继而对小波分解后的细节图像进行一系列的形态运算，主要使用数学形态学对噪声和无用的信息进行进一步的消除，从而准确地定位出汽车牌照的位置。这种汽车牌照定位方法不仅拥有很高的分割精度，而且还有很好的定位效果。当用于被分割定位的汽车牌照图像中含有大量噪声和无用的干扰信息时，采用该方法显然是一个很好的选择。

在对小波的一些特性进行分析的基础上，国内张海燕等人提出了一种基于多分辨率分析的快速车牌定位算法，将分解出的高频图像经过后继处理，即可定位出车牌。这种算法提高了车牌定位的速度和准确率。

6）基于神经网络的车牌定位方法

近年来，神经网络被广泛地应用于诸多领域。它具有组合优化计算能力、模式分类能力以及自适应的学习能力，因此在处理语音、处理图像以及识别文字等方面的应用效果非常明显。

Michael Raus 等人提出，采用神经网络对汽车图像进行滤波操作。该神经网络为三层结构，其中输出神经元的个数为 1，输入神经元的个数为 M，像素在所用"结构模板"内的个数也使用 M 来代表。同时，当变化出现在"结构模板"的尺寸上时，处于隐含层内部的神经元个数也将随之发生变化。

7）基于图像彩色信息的车牌定位方法

前面讲解的几种方法都是基于灰度图像，因此在一定程度上会受到阴影和光照的影响。研究表明，人眼能够分辨的灰度级别仅有 20 多级，而可分辨的色彩种类却高达 35000 种，这表明人类的视觉系统对色彩非常敏感。更多的视觉信息可以通过彩色图像机型提供，这不仅有利于提取目标，还有利于分割图像。与车身颜色特征以及背景颜色特征有所不同，汽车牌照在汽车图像中具有特殊的颜色特征。因此，对于汽车牌照区域的检测，可以依据牌照区域独特的颜色特征来进行。

对彩色汽车图像牌照定位方法的研究，浙江大学的张引等人做了很多工作，他们提出了一种称为 ColorLP 的汽车牌照定位算法，该算法结合使用了区域生长以及彩色边缘检测的方法。这里的彩色边缘检测利用一种被称为 ColorPrewitt 的彩色图像边缘检测算子来进行，用以解决彩色汽车图像牌照定位的问题。首先，对于区域连通的实现，运用了数学形态学中的相关技术，主要是膨胀技术。然后，对于一些候选区域的选取以及标记，主要采用区域生长法来实现。最后，对于真正汽车牌照的最终确定以及伪汽车牌照区域的剔除，主要利用汽车牌照的先验知识来实现。检测彩色图像中汽车牌照区域的 ColorLP 算法的步骤如下：

（1）输入彩色汽车图像 I。

（2）I_e 通过 ColorPrewitt 算子进行计算，I_e 表示二值边缘图像。

（3）I_{area} 通过形态学方法来生成，其中对于 S（结构元素）的选择为该方法的关键，I_{area} 为 I_e 的连通区域图像。

（4）n 个候选汽车牌照区域在采用候选车牌区域标记方法后得到，主要依靠轮廓跟踪。

（5）真正的车牌区域在分解和分析候选区域后被确定下来，汽车牌照最终被提取出来。

基于多级混合集成分类器以及彩色分割的结合使用，赵雪春等人提出了一种汽车牌照定位算法。在他们的研究中，首先对 HIS 图像进行色彩饱和度调整，该 HIS 由 16 位 RGB 彩色图像转换所得；然后使用彩色神经网络分割彩色图像，该彩色图像经过了模式转换处理；最后合理的汽车牌照区域通过投影法被分割出来。该投影法结合了相应的汽车牌照先验知识，例如汽车牌照的长宽比以及汽车牌照的底色等。但不可回避的是，存储量以及计算量在基于彩色图像的定位算法中一般都比较大，这是该方法的最大缺点，会造成定位误差在汽车图像其他部分与汽车牌照有着相似颜色信息的情况下会被放大。同时，在汽车颜色受到光照、天气等条件影响时，汽车牌照定位的难度会增加。

19.3.3　车牌图像预处理

通常情况下，人为因素、气候、光照都会对汽车图像的成像质量造成影响。一般来说，各种复杂的背景环境是汽车牌照图像采集的常见情况，后期车牌图像的处理工作会受到前期采集所得图像质量的严重影响。因此，预处理的相关工作必须在进行汽车牌照定位之前就要完成好。这一点至关重要，做好这一点，最后得到的汽车牌照图像就会相对准确、清晰。

原始图像中的基本特征信息是图像预处理过程的主要对象。之所以要进行预处理，主要是为了得到一个比较准确、清晰的图像，以便进行后期相关的图像分析工作。该过程是一个针对性强的过程，它要相应处理图像中的基本特征信息。滤除干扰噪声的影响以及增强对比度，是预处理过程的目的。

19.3.4　车牌图像的灰度化

在定位汽车牌照时，通过数码相机、摄像机等设备采集得到的汽车图像大部分是彩色的。在进行车牌定位之前，灰度化处理车辆图像是必须进行的步骤，这样做是因为彩色图像处理需要耗费比较多的时间，以及彩色图像需要占用有较大的空间。在图像的 RGB 模型空间中，当分量 $R=G=B$ 时，灰度值可以用此值来表示，此时，一种灰度颜色可以表示彩色。因此，对于每个像素在灰度图像中且在 0 和 255 之间进行值选取的灰度值（又称作亮度值或者强度值）的存放，仅需要 1 字节。

一般有以下 4 种方法能对彩色图像进行灰度化处理。

1）分量法

将彩色图像中的 3 个分量的亮度作为 3 个灰度图像的灰度值，可根据应用需要选取一种灰度图像。

$$p_1=R(x,y) \qquad p_2=G(x,y) \qquad p_3=B(x,y)$$

其中 $P_t(x, y)(t=1,2,3)$ 为转换后的灰度图像在 (x,y) 处的灰度值。下面看一下彩色图像转为 3 种灰度图的效果：首先是彩色图像原图，如图 19-1 所示；然后是 R 分量灰度图，如图 19-2 所示；再次是 G 分量灰度图，如图 19-3 所示；最后是 B 分量灰度图，如图 19-4 所示。

图 19-1

图 19-2

图 19-3   图 19-4

2）最大值法

灰度图的灰度值选用彩色图像中 R、G、B 分量亮度的最大值。

$$p(x, y)=\max(R(x, y),G(x, y), B(x, y))$$

3）平均值法

灰度图通过彩色图像中 R、G、B 分量亮度平均值的求解实现。

$$p(x, y)=(R(x, y)+G(x, y)+B(x, y))/3$$

彩色图像按平均值法转换后的灰度图如图 19-5 所示。

图 19-5

4）加权平均法

加权平均处理在综合相关指标和重要性的基础上，对 R、G、B 分量分别采用有所差别的权值后进行。低敏感于蓝色而高敏感于绿色的特性，是人眼的特性，故一幅比较合理的灰度图像可通过下式运算后得到：

$$p(x,y)=0.30R(x,y)+0.59G(x,y)+0.11B(x,y)$$

本章案例没有用到该法，所以灰度图不再演示。

19.3.5　车牌图像的直方图均衡化

在进行汽车牌照定位之前，可以采用直方图均衡化的方法，实现车牌图像亮度的标准化处理。

这样做的原因在于拍摄所得的车牌图像亮度在实际中有一定的差异。通过均匀分布灰度值并拉开灰度间距，直方图均衡化可以增大图像的对比度，从而增强图像细节，使其更加清晰。

灰度值的调整主要依赖于累计分布函数，这是直方图均衡化的核心方法。通过在图像的各个灰度区间上均匀分布灰度值，可以改善这些区间的表现，使得图像的整体亮度更加均匀。对于同一辆汽车，在不同光照条件下采集的图像可能会出现明显的差异，这主要是因为彩色图像的构建依赖于灰度图像。从汽车牌照图像本身来看，其对比度通常较高，这对图像分析非常有利。直方图均衡化方法能够调整图像在采集过程中因光照条件、环境色差和拍摄角度等因素造成的影响，从而增强图像的对比度。

设 x，y 分别表示原图像灰度和经过直方图修正后的图像灰度，即 $0 \leqslant x$，$y \leqslant 255$。对于任意一个 x，经过增强函数产生一个 y 值，即 $y=T(x)$。

增强函数必须满足下列条件：

（1）在 $0 \leqslant x \leqslant 255$ 区间内，有 $0 \leqslant T(x) \leqslant 255$。

（2）在 $0 \leqslant x \leqslant 255$ 区间内为单值单调增加函数。

在允许的范围以外找不到任何映射后的像素灰度值通过条件（1）得以保证，灰度级的次序（从黑到白）通过条件（2）得以保证。

对于一幅总像素为 P 的图像，令灰度 x 的像素数目为 $P(x)$，为使灰度均衡化，可采取如下思路：对于直方图中的灰度 x，根据其左右两边 $\sum_{t=0}^{x-1} p_t$ 和 $\sum_{t=x+1}^{255} p_t$ 的比值来修正处理后的灰度值，即 $s(255-s)=\sum_{t=0}^{x-1} p_t / \sum_{t=x+1}^{255} p_t$。汽车图像灰度化和直方图均衡化后的对比图如图 19-6 所示。

图 19-6

经过灰度化处理后的汽车图像的直方图和经过直方图均衡化处理后的汽车图像的直方图，如图 19-7 所示。

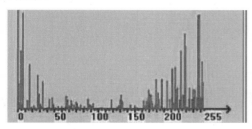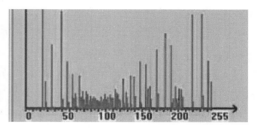

图 19-7

可以从对比图上看出，未经均衡化处理的图像的像素值分布较为不均匀，而且图像的对比度也不高。

19.3.6 车牌图像的滤波

通常情况下，图像会受到多种因素的影响，如大气湍流、相对运动和光学系统失真等，导致图像变得模糊。此外，在图像传输过程中，噪声的干扰也会影响观察效果，无法获得令人满意的结果。此外，缺失或错误的信息有时会在图像处理过程中被提取出来，这种情况通常发生在图像的转换和传送过程中（例如显示、扫描、传输、成像和复制等），从而使图像质量在一定程度上受到损害。因此，有必要改进处理质量受到损害的图像。

改进的方法一般分为两类：第一类是图像复原技术，这种方法旨在对降质因素进行补偿，使改进后的图像尽可能接近原图像；第二类是图像增强技术，这种方法通过抑制不需要的特征并有选择地突出图像中感兴趣的特征来实现。与图像复原不同，图像增强不考虑图像降质的原因，因此改进后的图像不必严格接近原图像，这类方法也被称为图像改善方法。图像增强处理中一种常见的手段是图像滤波。

图像滤波法是一种实用的图像处理技术，一般情况下在空间域内用邻域平均来减少噪声。操作模板是数字图像处理中的一种重要运算方式。例如，数字图像处理中的一种常见的平滑方法是，将原图像中各像素的灰度值和它周围邻近的 8 个像素的灰度值进行加法运算；然后，该像素在新图中的灰度值用求得的平均值来表示。此时操作模版的形式为：

$$\frac{1}{9}\begin{bmatrix} 1 & 1 & 1 \\ 1 & 1 & 1 \\ 1 & 1 & 1 \end{bmatrix}$$

另外，由线性滤波器造成的图像细节模糊，可以在一定条件下利用中值滤波技术来解决。常见的线性滤波器有均值滤波以及最小均方滤波等。同时，对于图像中校验噪声以及脉冲干扰的抑制，中值滤波的作用效果非常明显。中值滤波法通常采用一个滑动窗口来表示，该窗口内含有奇数个像素点。在这个过程中，窗口中心像素原来的灰度值使用经过排序后的该滑动窗口内的像素灰度值的中值来代替，即局部平均值采用局部中值进行代替。如前所述，一个含有奇数个像素点的滑动的窗口，可以用来表示在一维情况下的中值滤波器。灰度在位于滑动窗口正中间的像素点上的值，经过处理后可以用一个数值来表示，该数值取位于滑动窗口中所有像素强度值 1/2 处的数值。例如，若窗口长度为 5，它们的灰度值为（80 90 190 110 120）。按照从小到大排序后，第 3 位为 110，所以中值为 110。于是原来窗口正中的灰度值 190 由中值 110 来代替，即灰度值为（80 90 110 120 190）。如果 190 是一个噪声的尖峰，则它将被滤除；然而，如果它是一个信号，滤波后被消除了，则降低了分辨率。因此，中值滤波在某些情况下能抑制噪声，而在另一些情况下却会抑制信号。与局部平均的方法相比，该方法可以保护图像的边界。

对于二维情况的适应，中值滤波器很容易做到。二维中值滤波中，滤波效果很容易受到窗口尺寸以及窗口形状的影响。一个二维的 1×1 中值滤波器比用 1×1 和 1×1 的两个滤波器分别顺序进行垂直和水平的处理更能抑制噪声，但同时也带来了对信号的更大的抑制。

在应用要求不同和图像不同的场合下，通常采用有差别的窗口尺寸以及窗口形状。近似圆形、正方形、十字形、线状等为常用的中值滤波窗口。根据一般经验可知，近似圆形窗口和正方形窗口适用于含有缓变的较长轮廓线物体的图像；而十字形窗口适用于含有尖顶角物体的图像。对于窗口大小的选择与确定的原则为：小于或者等于图像中最小有效的细线状物体。中值滤波不适用于含有比较多的尖角细节、线以及点的图像。

　　对汽车图像进行中值滤波，是为了消除噪声，突出车牌区域。由于孤立噪声占汽车牌照中背景噪声的绝大部分，同时由许多竖直方向且短的线构成了汽车牌照内的字符，因此采用这个模板：$(1,1,1,1,1)^{\mathrm{T}}$。对图像进行中值滤波，得到消除了大部分噪声的图像，如图 19-8 所示。

图 19-8

19.3.7　车牌图像的二值化

　　确定一个合适的阈值，是对图像进行二值化处理的主要目的。待研究的区域经过二值化处理后，将被分为背景和前景两个部分。而汽车牌照经过二值化处理后，要能做到再现原字符，这是对应用于汽车牌照识别的二值化处理算法的基本要求。同时，不允许出现字符粘连的情况以及字符笔画断裂的情况。另外，二值化还取决于车牌边缘的清晰与否，这些都对后面的分割工作产生决定意义，所以二值化是一个不容忽视的环节。二值化最简单的方法之一就是利用直方图和阈值，但是如果一幅图像直方图的谷不是很明显，就可能需要多个值，而不只是一个。

　　常见的二值化方法有全局阈值分割法、局部阈值分割法和动态阈值分割法。全局阈值分割方法在整幅图像内采用固定的阈值分割图像。Otsu 算法是全局阈值分割方法中较为经典的算法，对于它的推导，主要依据判别最小二乘法来进行与实现。这些二值法在前面章节已经详述过了，这里不再赘述。

　　由于分割出的车牌可能区域的尺寸较小，采用局部阈值分割法继续分割，很可能使得有的子图像落在目标区域或背景区域，就会出现上述的缺点。故本系统中不考虑局部阈值分割法。当图像中有阴影、光照不均匀、各处的对比度不同、突发噪声、背景灰度变化等情况时，全局阈值法由于不能兼顾图像各处的情况而使得分割效果受到影响。这时应该考虑动态阈值法，用与坐标相关的一组阈值（即阈值是坐标的函数）来对图像各部分进行分割。动态阈值法也叫变化阈值法或自适应阈值法，这类算法的时空复杂度比较大，但抗噪能力强，对一些用全局阈值法不易分割的图像（如目标和背景的灰度有梯度变化的图像）有较好的效果。

19.3.8　车牌图像的边缘检测

　　两个灰度值不同的相邻区域之间总会存在边缘，也就是图像中亮度函数发生急剧变化的位置。

边缘检测是图像分割、纹理和形状特征提取等图像分析的基础。图像匹配的特征点可选用图像的边缘，主要由于图像的边缘不会因为灰度发生了变化而随便发生变化。同时，图像的边缘可以用作位置的标志。由此可见，图像匹配基础中的另外一个成员便是图像的边缘提取。幅度以及方向是边缘所具有的两个典型特征，利用图像的区域以及边缘等特征可以求解的图像的其他特征。可以通过求导数的方法，方便地解决检测汽车牌照边缘两侧的灰度急剧变化的问题。边缘检测的方法用来使得目标轮廓更加清晰，便于我们后面的开发。

边缘检测利用求亮度函数的导数来得到边缘。在二维的连续函数中，偏导数表示函数在两个方向上的变化。因此，对于离散的图像函数的变化，使用指向图像最大增长方向的梯度来表示。通常情况下，我们用梯度算子来计算图像的一阶导数，用拉普拉斯算子来计算图像的二阶导数。一种非常有效的方法为零交叉边缘检测方法，该方法由 Hildreth 和 Marr 提出，他们认为图像中出现强度变化可以认定为尺度是不同的。同时，图像的强度突变被认定为一个峰将产生在其一阶导数中，或者等价于一个零交叉产生于其二阶导数中。因此，如果想取得较为理想的检测效果，则需要使用若干算子才可以实现。当然，这些算子的大小各不相同。

在数字图像处理中，图像局部特性的不连续性用来定义图像边缘。这些图像局部特性的不连续性包括纹理结构的突变、颜色的突变以及灰度级的突变等。因此，另一个区域的开始和一个区域的终结，是边缘给人的最为直观的感觉。边缘信息对图像分析和人的视觉来说都是十分重要的。

边缘检测是用于进行图像提取和分割的一种重要手段，也是用于进行图像分析的一种方法。分析图像的边界在图像分割过程中所起的作用尤为重要，是边缘检测的主要工作。图像局部亮度变化最显著的部分是边缘，同时如前所述，边缘的出现形式是图像的局部特征不连续。对于像素点的寻找，是边缘检测的主要思想，这些像素点在像素值上的特征为剧烈变化。这样，图像局部的边缘就可以用这些像素点来表征。在边缘检测过程中，边缘算子经常用来对边缘点集进行提取，以便于后期对边界进行分析。一些边缘点在有间断的情况将被剔除，而另外一些边缘点将通过边缘算子进行添加，最终突显出边界。对于最实用的算子的寻找是边缘检测最重要的工作之一。常用的检测算子有 Sobel 算子、Prewitt 算子、Laplace 算子、LoG 算子、Roberts 算子、Cany 算子和 Krisch 算子。这些算子前面章节已经介绍过，这里不再赘述。

19.3.9　车牌图像的灰度映射

灰度映射是一种对像素点的操作，即根据原始图像中每个像素的灰度值，按照某种映射规则，将其转换为另外一个灰度值。通过对原始图像中每个像素点赋予一个新的灰度值，来达到增强图像的目的。灰度映射的效果主要由映射的规则来决定的。本章考虑的是折线型灰度映射，即获取原始图像中像素点的最小灰度值及最大灰度值，分别标记为 x_1、x_2，之后将 $[x_1, x_2]$ 区间范围的像素值线性拉升至 $[0,255]$ 区间。

19.3.10　车牌图像的改进型投影法定位

投影法对于目标位置的确定，主要采用分析图像投影值的方法来实现。投影值有来自垂直方向的，也有来自水平方向的，是一种常用且实用的方法。对于灰度面积在垂直方向上的值，汽车牌照区域在被二值化处理之后所表现出来的特征为峰、谷、峰。对于灰度面积在水平方向上的值，汽车牌照区域在被二值化处理之后所表现出来的特征为跳变，而且该跳变表现得非常频繁，也非常明显。对于汽车牌照区域的定位，可以依据这种特征来实现。

1）水平投影

水平投影是在已经被二值化处理后的图像中，在宽度范围内计算每一列上的 0 或者 255 的个数。图像在水平方向上的投影结果有点类似灰度直方图。由于车牌中的号码有等高、等宽的特点，不管车牌是否倾斜，车牌在水平方向上的投影都具有明显的规律。对于汽车牌照水平方向上大概位置的确定，可以依据汽车牌照在水平投影后在投影值上表现出来的特征来进行。

● 第一个特征是：水平投影值表现谷点，即表现出较小值与汽车牌照下行和上行附近的位置，而表现出较大值与汽车牌照区域位置。因此，对于汽车牌照搜索范围的缩小以及汽车牌照位置的初步确定，可以通过查找这两个谷点的具体位置来实现。

● 第二个特征是：水平投影值在低于汽车牌照区域的横栏处的值最大。因此，对于汽车牌照位置的进一步确定，可以依据该特征进行。

水平投影的具体步骤如下：

（1）对汽车牌照图像进行一阶差分运算，该运算在水平方向上进行。

（2）累加位于水平差分图像中的像素，累加沿水平方向进行。

（3）产生水平投影表，利用该表并集合如前所述的汽车牌照在水平投影后在投影值上表现出来的特征，以确定汽车牌照的大概位置。

2）垂直投影

垂直投影的方法与水平投影类似，首先对图像做垂直方向的差分运算，然后对得到的差分运算结果用均值法进行平滑，最后得到车牌的左右边界。

3）传统车牌投影顺序

车牌的投影顺序是指车牌水平投影与垂直投影的顺序。传统的车牌投影顺序是水平投影、水平搜索、水平提取、垂直投影、垂直搜索和垂直提取。

4）改进型车牌投影顺序

根据我国车牌特点以及多次实验，发现在车牌方面，水平灰度频率的变化显著且频繁，因此在投影时可以利用累加一阶差分值的方式来进行，这些一阶差分值处于水平方向上。与在常规的水平投影图中进行比较可知，使用该方法后的车牌区域在形成的投影图中显得更加明显。该方法的具体算法如下：

$$S(i,j)=|f(i,j+1)-f(i,j)|$$
$$A(i)=\sum_{j=1}^{n} s(i, j)$$

其中 $i=1,2,\cdots,m$。m 为图像的高度；$j=1,2,\cdots,n$，n 为图像的宽度。

另外，与水平边缘相比，垂直边缘在车牌区域中比较密集，而在车身的其他部分则不太明显，水平边缘相对比较多。假如在进行垂直投影和分割之前首先进行水平投影和分割，则较多的虚假车牌区将会因为边缘断裂等因素的影响而出现；反之，一些虚假车牌在进行水平投影和分割之前首先进行垂直投影和分割，可以被有效剔除。

改进后的投影顺序是垂直投影、垂直搜索、垂直提取、水平投影、水平搜索和水平提取。

基于投影法的车牌定位算法，定位准确，原理简单，定位时间比其他的方法更短，受天气、光照等因素的影响也较小，是一种比较理想的定位方法。

19.4　车牌字符分割技术

在汽车牌照识别系统中，一个十分关键和重要的组成部分是汽车牌照内的字符分割。在正确提取出车牌区域图片的基础上，将车牌区域图像分为 7 个独立的字符子图像，即通过一定的方法及途径，从整个汽车牌照图像中将每个字符分割出来，使之成为单个字符，这是汽车牌照内字符分割的目的。汽车牌照识别结果的准确性直接受到车牌字符分割效果的影响。

图像分割在图像处理中表现为一种技术及过程，其中包含将图像分成各具特色的区域和将感兴趣的目标从这些分割而成的区域中提取出来这两个方面。依据特征（例如纹理信息、颜色信息、像素的灰度信息等）也是图像分割相关算法的核心内容。与此同时，不仅有多个区域与预先定义的目标相对应，还有单个区域与预先定义的目标相对应。因此，对于如何实现车牌字符的有效分割，可以采用图像处理中的图像分割思想的相关方法。

19.4.1　常用车牌字符分割算法

对于汽车牌照内字符分割过程中相关目标的预先定义，经常采用字符的基本特征。同时，图像中一般仅有某些部分内容会令人感兴趣。因此，分离提取出字符的基本特征，主要是为了方便后续工作过程中的分析和辨别。只有做好这一基本工作，对目标的下一步分析才能顺利进行。当前，存在很多字符分类的方法，也有很多字符分割的方法，一般情况下，不同的方法对应于不同的情况，这些方法的划分主要依据处理对象。例如，金融相关部门分割识别支票上的签名所使用的方法，邮政相关部门识别邮政地址以及邮政编码所使用的方法，处理多行文本所使用的方法等，都是不一样的，主要是由于所需要处理的对象不同，即不同的算法应用于不同的具体对象的研究。对于字符自动分割实现过程中相应控制决策以及相应判决准则的定制，主要根据图像中含有的信息进行的。由此可见，与景物相关的一些先验信息以及总体知识在实现字符更好分割过程中所起的作用非常关键。我们的研究对象是车牌，就要依据车牌的结构分割车牌字符。在字符分割方面经常使用的算法通常有如下几个分类。

1）基于识别基础的车牌字符分割法

将识别和分割有效地结合在一起，这是基于识别基础的车牌字符分割法的核心。其中，识别被作为基础，而分割则被作为目的。该方法先进行识别操作，其对象是待分割的图像，继而基于图像识别操作的结果，实现对图像的分割。由此可见，图像识别操作的准确性直接决定着分割结果的质量。从上面的分析可以看出，高准确性的识别对于该方法的应用尤为重要。与此同时，识别和分割的耦合程度也影响着该方法的使用，依据不同的耦合程度，该方法的划分也不同。

例如，高性能的印刷体文字识别系统中的字符分割算法是基于多知识综合判决思想的，字符分割被看作一个决策过程，该过程主要对如何正确切分字符边界位置进行决策，全局的上下文关系以及字符局部识别情况是该决策需要同时考虑的两个关键点。

2）直接分割法

垂直投影分割方法是直接分割法中最常见的一种分割方法，该方法在字符具有固定宽度和固定间隙的情况下被广泛采用，字符的纹理特点经一系列的判决函数和特征函数处理之后得以突出，而这些设计实现的基础是字体、字符数、字符间距等纹理特征的统一性。利用垂直投影实现汽车牌照内字符分割的方法，其主要依据是垂直方向上形成的投影，其实现基础是经过二值化处理后的图像。汽车牌照识别中垂直投影法的原理如下：

（1）二值化处理经过灰度变换后的汽车牌照灰度图。在经过二值化处理后的汽车牌照图像中，只有两个单一的图像像素值，一个是 0，用以代替黑色的图像像素值；一个是 1，用以代替白色的图像像素值。

（2）取得一个值，该值将被用作在汽车牌照字符分割过程中字符尺寸的限制值。这个值主要通过计算和比较汽车牌照中每两个字符之间的距离确定出来，可表述为字符间距局部的最小值。

（3）进行垂直投影，即在列方向上垂直累加车牌像素的灰度值。灰度值在字符之间的部分上都为 0，因为这些部分都是黑色的；同时，投影处的值在完成垂直投影后也为 0。此时，字符部分的投影在投影图上就会以曲线来表征，谷底将会形成在字符处，或者说波峰将会形成在字符之间。因此，汽车牌照内两个字符之间距离的大小，可以作为汽车牌照内字符分割的实现依据。

像素值在字符间距区域的变化相对较弱，这在经过二值化处理后的图像中很容易就能看出来。同时，噪声也会对投影后的图像产生一定程度上的干扰。因此，去除噪声干扰是字符分割前一般要进行的前提性工作。大部分的噪声干扰主要由汽车牌照四角上的铆钉，以及汽车牌照四周的边框所产生。同时，在进行垂直投影的过程中，图像分割会由于内部灰度值在铆钉及边框上为 1 而受到不可预料的干扰。因此，汽车牌照四角上的铆钉以及汽车牌照四周的边框在做垂直投影前一般都要进行去除处理。综合以上分析可知，直接分割法一个明显的不足之处在于其在实施过程中容易因为噪声的干扰而受到较大的影响，从而导致分割的准确性不高，但该方法相对来说比较简单，这是它的一个优点。

3）自适应分割线聚类法

自适应分割线聚类法其实就是一种神经网络，该神经网络主要根据训练样本来进行自适应。顺利建立分类器并得到相应的学习训练，这是利用自适应分割线聚类法完成图像分割的两个前提。

自适应分割线聚类法的实现有以下两步：

（1）设定定义的分割线为图像中的每列。

（2）对分割线进行判断，该步主要使用分类器进行。

但是，对于字符之间有粘连或者断裂的情况来说，字符训练相对来说有些困难，因为无法做到完全正确的分割。因此，这类方法从使用上来说是有局限性的；同时，这类方法相对较复杂，运算量也较大。

基于汽车牌照的先验知识，应用一种基于聚类分析的字符分割算法，该算法遵循连通域由同一字符像素构成的原则，可以有效解决复杂背景条件下的汽车牌照字符分割问题。

另外，目前已有相关算法直接将由字符组成的单词作为一个整体来进行识别。在这些算法中，字符分割被看作没有必要进行的步骤。例如，用于实现文本识别的马尔可夫数学模型方法就是如此。

同时，还有些算法将直接处理应用于灰度图像上，这样做的原因在于考虑到二值化处理可能会造成图像中的字符出现断裂或者粘连模糊的情况，同时还考虑到很多信息有可能会在二值化处理的过程中被丢失。但是这些算法相对复杂，主要是因为它们采用了非线性的分割方法。

19.4.2　车牌倾斜问题

我们拍摄的车牌图像可能会受到一些不确定因素的影响而产生车牌字符倾斜的问题。比如，拍摄所得的车辆图片，由于摄像机的摆放角度偏移而导致在某一方向上存在着一定角度的倾斜，从而对字符的分割造成了影响。

从我们提取到的汽车牌照区域的图像中可以看出，汽车牌照图像发生的倾斜主要分为垂直方向上的倾斜和水平方向上的倾斜。

汽车牌照图像在垂直方向呈现一定角度的倾斜，即为垂直方向上的倾斜。其形成原因主要是汽车牌照所在的平面与用于车辆图像采集的摄像机镜头的中心射线在垂直方向上存在一定的夹角。其实就是汽车图像中的车牌图像在竖直方向上由于车辆图像采集的摄像机的光轴直线与车体前进方向不平行而造成畸变，从而使得牌照中的每个字符看上去都有一定程度向右或者一定程度向左的扭曲，但是车牌的边缘在这种畸变情况下基本是水平的。

车牌图像在水平方向呈现一个倾斜角度，即为水平方向上的倾斜。采集车辆图像时由于摄像机架设的原因而导致一定的角度呈现在水平方向上，就造成采集所得的图像中的车辆从水平方向上来看整体倾斜，从而使得提取出来的车牌图像在水平方向上存在着一个倾斜角度。从直观上来看，就好比绕坐标原点将整个车牌旋转了一个角度，这个旋转可能按逆时针方向进行，也可能按顺时针方向进行。两种倾斜方式如图 19-9 所示。

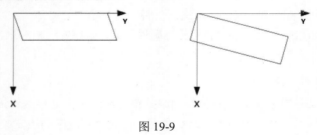

图 19-9

因此，汽车牌照图像的倾斜校正主要分为垂直倾斜校正和水平倾斜校正，如此划分的依据就是汽车牌照图像倾斜的类型。

19.4.3　车牌倾斜度检测方法

我们采用基于行扫描的灰度值跳变点数目变化率来判断车牌是否水平。基于行扫描的跳变点数目变化率判别车牌是否水平的算法如下：

首先对二值化的车牌从下向上做行扫描，同时记录每行中像素灰度值从 0 到 1 或者从 1 到 0 的跳变次数。当某一行的跳变次数大于 9（7 个字符和 2 条垂直边框）时，就认为找到字符串的下边界（我们先假设车牌水平）。将该行的跳变次数与其前 3 行的平均跳变次数按照下式计算并做出判别：

$$\frac{n_i}{\sum\limits_{k=i+1}^{i+3}\frac{n_k}{3}}\begin{cases}\geqslant 2\ 车牌水平\\< 2\ 车牌倾斜\end{cases}$$

其中，n_i 表示第 i 行的跳变次数。判断的依据是如果车牌水平，由于水平布局的字符串下边界的下面是没有纹理特征的，因此跳变次数应该是突变的；而倾斜的车牌其跳跃点的数目是渐变的。其中阈值 2 是经验值。

经过上述的车牌倾斜度检测，如果车牌水平，则进入字符分割阶段；如果车牌倾斜，则检测倾斜角度并进行几何校正。

19.4.4　车牌倾斜度校正方法

对于车牌倾斜度的校正，经常采用的方法是 Hough 变换。Hough 变换是一种形状匹配技术，由 Hough 于 1962 年提出。该方法对于平面内有规律的曲线及直线的检测，主要是运用两个坐标系之间的变换来实现的；同时，对于倾斜角度在整幅图像上的设定，主要是对图像中直线的倾斜角度进行判断实现的。首先，对原始图像中所有的点进行 Hough 变换。然后，对所有点进行角度转换运算，主要通过旋转公式实现。最后，在转换后的空间内找到一个点，该点与原始图像中那些被转换的点集相对应。在转换后的空间上进行一个点的搜寻即为该运算的整个过程。由此可见，在预先知道区域形状的条件下，对于二值图像，利用 Hough 变换可以方便地得到边界直线或曲线。

Hough 变换有很多的优点，其中有两个最主要的优点：一是可以做到不受曲线断裂的影响而抑制干扰噪声，这主要是通过将边缘像素点连接起来实现的；二是对于图像的边界曲线的定位可以很迅速地做到。

Hough 变换的数学原理限于篇幅这里就不展开了，读者只需知道这个变换可以用来对车牌倾斜度进行矫正。

19.4.5　车牌边框和铆钉的去除

由于铆钉和边框的存在会影响字符的分割效果，因此在对字符进行分割前需先去除铆钉和边框的干扰。对车牌图像进行逐行的扫描，当扫描到某一行白色像素点宽度大于某一个阈值时，则可以认为是字符边沿处，去除这一行以下或以上的所有行，就可以消除铆钉和边框的干扰。

19.4.6　车牌字符分割

为了兼顾算法的适用性和实时性，在经过仔细分析比较后，我们最终选用以垂直投影法为主要内容的直接分割法。同时，对于粘连字符的分割以及对于断裂字符的合并，采用特殊方法来完成。

垂直投影法对汽车牌照内字符的分割，实质上是对于某个或者某些对象的查找（这里的某个或者某些对象就是汽车牌照内每个字符的边界），以便于识别工作能够顺利进行到对单个字符的识别上。虽然汽车图像上的一些变形在车辆图像采集的过程中无法避免，但是由于国家已经十分详细地对汽车牌照中字符的排列、字体等进行了规定，基本上很难看到汽车牌照的字符字体有很大的变化。因此，汽车牌照图像中存在字符断裂和字符粘连的现象，就成为汽车牌照中字符分割的主要困难，所以在对这些特殊情况下的字符进行分割的过程中，要采用合并处理和拆分处理的方法。在字符分割过程需要考虑如下问题：

（1）初步垂直切分后的结果和字符尺寸应该基本一致。这个先验条件可以作为合并拆分处理的重要前提条件。

（2）字符拆分。在初步垂直切分所切分出的所有"字符"中，是否存在两个或多个字符粘连的情况，这可以根据求出的字符宽度信息来进行分析。如果确实存在字符粘连的情况，则需要在仔细分析考虑的基础上将其合理拆分开来。

（3）字符合并。在初步垂直切分所切分出的所有"字符"中，是否存在一个字符被错误切分为两个或多个字符的情况，这同样可以根据求出的字符宽度信息来进行分析。如果确实存在字符断裂的情况，则需要在仔细分析考虑的基础上将其合理合并起来。

（4）估计字符间距、字符中心距离等信息。对于字符间距、字符中心距离等系列有用信息的估算，可以以车牌本身的尺寸特点为依据，求出字符的宽度之后进行估算。

19.4.7　基于垂直投影和先验知识的车牌字符分割

对车牌垂直投影的分析要充分利用一些先验知识。例如，了解并利用我国车牌字符的规律：共 7 位字符，第 1 位是汉字，大写的英文字符处于第 2 位，其次是一个圆点间隔，其余 5 位是数字或英文字母。字符的总长度为 409mm，其中，单个子符的宽度为 45mm，第 2、3 个字符间隔宽度为 34mm，小圆点的宽度为 10mm，小圆点与第 2 和第 3 个字符的间隔宽度为 12mm。

1）计算垂直投影

字符区域图像的垂直投影可以按照以下公式计算：

$$Q(t)=\sum_{s=0}^{N} p(s,t)$$

式中 p 表示已经经过预处理的车牌图像，N 是图像 p 的行数。得到的车牌字符区域的垂直投影曲线如图 19-10 所示。

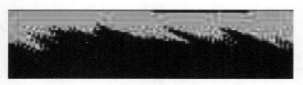

图 19-10

经过二值化处理后的汽车牌照图像中的背景用"0"来表示，字符用"1"来表示。某一行或者某一列的垂直投影在该行或者该列是背景的情况下，其值一定为 0。由图 19-10 不难看出，位于汽车牌照两字符间隔之间的列的纵向投影值为 0，即满足下式：

$$\sum_{s=0}^{N} p(s,t) = 0$$

波谷的值为 0，这是在理想的情况下的值。同时，相应的波谷都应该存在于每两个字符之间。汽车牌照内字符的间隙，可以根据这个重要的特征来确定，这样汽车牌照上的字符块也就很容易被分离开来。前面所述的理想情况是指车辆图像照片已不存在变形和噪声，这种理想情况主要是指车辆图像质量好，变形和噪声在经过定位以及字符分割前的预处理相关的一些操作后基本上被消除。不过，由于在实际拍摄时，车辆图像照片会受到各方面的影响，字符断裂或者字符之间粘连的现象时常会发生。字符间出现粘连现象的另一个原因则是字符间出现的大量伪影，这些伪影是因为汽车牌照褪色现象严重而造成的。此时，字符间隙处就不能满足该式的要求了。

　2）初步垂直切分

初步垂直切分是对于候选字符区域的提取，主要是根据字符串区域的垂直投影来进行的。字符的断裂和粘连现象在初步垂直切分中先不考虑，进行提取的只是在投影图中已经分离的那些区域。

观察图 19-10，明显存在着"峰-谷"交替分布的现象，字符之间的分割位置用波谷位置与之对应。对于如何得到一个字符的切分位置，可以通过搜索每一个波峰的结束位置和起始位置来实现。在图 19-11 中，上部为车牌字符区域图像，下部为其垂直投影图。

图 19-11

由于牌照字符串是按一定间隙排列的，因此当图像中某列白像素点的数目小于字符序列高度的 1/20 时，我们就可以认为这一列为字符的间隙。需要注意，在有些汉字的垂直投影内部也会有这种情况，这就需要进行字符合并。

一般来说，常规字符的高度是其宽度的两倍左右。因此，在初步切分时也要考虑到这个关系。例如，对于字符"1"，其字符宽度还不到常规字符宽度的 1/4，而且与其他字符的间距也较大，这些都要考虑到。

19.4.8　粘连车牌字符的分割

在低质量车牌图像中，二值化处理后出现的字符粘连现象，有时无法被任何一种分割方法消除。同样，有时利用垂直投影也无法分隔开那些粘连的字符。造成这种状况的原因主要在于有时存在大量的噪声，尤其是污迹存在于汽车牌照字符之间。由于投影块的中心区域经常性地成为字符发生粘连现象的位置，因此通过求取垂直投影最小值的方法，可以实现准确地对字符的粘连处进行定位。这个方法的基础思想是基于垂直投影值在字符粘连处最小这一特性，以及区域阈值的设定。首先求得经过垂直投影处理后的区域块的个数，然后在区域块的个数小于车牌字符个数的情况下计算每一个区域块的宽度 ω_i。在 ω_i 大于一定阈值的情况下，求垂直投影的最小值等于第 i 个块的中心区域，同时在最小值处分割该块。重复上述过程，直到宽度均在阈值范围内且块数为 7。

19.4.9　断裂车牌字符的合并

字符不连续或者字符断裂的现象经常会出现在部分车牌图像中，这些车牌图像由于某些原因而出现了缺损的现象。像"苏""沪"这些汉字，其本身就是不连续的，有时是分开的，这增加了汽车牌照字符分割的难度。但是，在中国的汽车牌照中，不可能发生固有断裂字符出现在阿拉伯数字和英文字母上的现象，同时，中国汽车牌照中正常情况下只有一个汉字，所以固有断裂字符出现在两个以上字符中的现象基本不存在。

一些固定的、关于汽车牌照的先验知识可以根据国家标准获得，例如，汽车牌照中两个相邻字符的中线之间的距离是固定的，汽车牌照中字符宽度是固定的等。根据这些先验知识，先将每两个相邻块之间的距离计算出来，在一定的阈值大于这个距离的情况下，可以认为这两个块属于同一个字符并执行块合并过程。

首先求得经过垂直投影处理后的投影块的个数。然后在车牌的字符个数小于投影块个数的情况下，计算每一个块的中线坐标，并将相邻两个投影块之间的最小距离 d 求出来，进而在字符的宽度大于相邻两个投影块之间的最小距离 d 的情况下，合并块 t 和块 $t+1$，同时将块的个数减 1。重复该过程，直到块的宽度均在阈值范围内以及块的个数等于 7。

每个字符的宽在合并的过程中用相邻块的中点中线坐标之间的距离进行取代，这样做的原因在于字符的变化会相应地引起字符宽度的变化，比如其他字符都要比阿拉伯数字 1 来得宽。因此，一种不可靠的做法就是单纯依靠字符宽度来进行分割。图 19-12 所示是汽车牌照经过二值化处理后的图像。

图 19-12

该图像中存在着断裂的字符，右边是它的垂直投影图。不难看到，第二个字符"0"被分为两个投影块，因此需要对其进行相应的合并处理。这两个投影块在合并后，将被看作同一个字符。

19.4.10　对车牌字符的切分结果进行确认

本章前面所设计的基于垂直投影以及先验知识的汽车牌照字符分割方法，在某些情况下并不能完全准确地对字符进行分割，例如字符的一小片在字符的分割过程中可能被切去，造成这个问题的原因在于对于字符分割门限值的选取（例如，确定字符宽度的合理范围）是依据先验知识来进行的。对于前述字符分割方法这一明显不足的弥补，采用了基于连通域思想的字符切分结果确认机制，主要原因是字符区域的准确性由于良好的连通区域分割算法性能以及字符本身所具有的连通性，能够得到很好的保持。当然，这里要排除汉字。该字符结果确认机制的具体实现步骤如下：

（1）搜索连通字符区域：对于字符连通区域的搜索，可以选取一个种子点进行，该种子点可以取在每个字符中的任意一个白色像素上，如此就可以得到 7 个连通字符区域的左右位置以及上下位置。

（2）对字符的垂直切分进行更新和确认：对于字符垂直切分结果的重新分析确认，可以依据连通字符搜索结果以及字符切分结果进行。为了避免一种方法可能造成不足，本章解决方案综合了两种方法的优点。

由此可见，字符切分位置的偏差问题可以通过使用连通法来进行弥补，该偏差问题主要是由于投影法切分在投影波谷检测的过程中选择不当的阈值造成的。

比较理想的字符切分结果可以在经过确认和修正之后得到。同时，识别环节可以接收只是经过简单提取操作的区域图像进行字符识别。

19.5　车牌字符识别技术

影响并导致汽车牌照内字符出现缺损、污染、模糊情况的常见因素，包括照相机的性能、采集车辆图像时光照的差异、汽车牌照的清洁度等，它们会导致汽车牌照字符识别的准确率并不十分令人满意。为了提高汽车牌照字符识别的准确率，本章介绍如何把英文、数字和汉字分开识别。对英文和数字的识别，采用基于边缘的霍斯多夫距离来进行。对于汉字的识别，首先对汽车牌照的原始图像进行归一化、灰度均衡化等相关预处理操作，继而对汽车牌照中汉字字符的原始特征通过小波变换的方法进行提取，之后降维处理汽车牌照中汉字字符的原始特征，最后在最小距离分类器中读入得到的汽车牌照中汉字字符的最终特征，并利用特征模板进行匹配，从而完成汽车牌照中汉字字符的识别。

19.5.1　模式识别

在识别过程的相关研究中，模式识别的相关原理是基础性理论。同时，由许多个分支构成了模式识别的研究体系。其中近几年来得到人们较多关注的分支是字符识别。因此，在研究字符识别相关技术的过程中，模式识别所起的作用极为重要并极具指导性。

1. 模式识别流程

随着计算机技术研究和应用的发展和不断深化，模式识别也在逐步地发展起来。模式就是一种对于某种对象结构的或者定量的描述，描述的对象是一些极其敏感的客体的结构。而模式类其实就是一种集合，该集合由具有某些共同特定性质的模式构成。研究一种把待识别的模式分配到模式类中的技术就是所谓的模式识别，该技术的实现一般是自动的或者需要较少干预。这里对于模式识别的定义是在狭义的角度进行的。

模式识别的流程可以分为以下几个阶段：待识模式、数字化、预处理、特征、模式分类。每个阶段都非常重要，都可能对最终识别结果产生影响。

2. 模式识别方法

模式识别主要包括两方面的研究方法：一方面是生理学家、心理学家、生物学家和神经生理学家的研究内容——研究生物是如何感知的；另一方面已经在信息学专家、数学专家和计算机专家的共同努力下取得了巨大的成功，此方面的主要内容即为如何用计算机完成模式识别的方法与理论，这个实现是在给定任务的条件下进行的。目前模式识别主要有基于神经网络的识别方法、基于句法模式的识别方法、基于统计模式的识别方法和基于模糊模式的识别方法。

1）基于神经网络的识别方法

大量的神经元按照一定规则进行组合和连接，便构成了神经网络，动态性以及非线性是神经网络系统的两个主要特征。由神经网络组成的系统所产生的作用不容小视，主要是因为其具备的功能非常强大。尽管神经元的结构十分简单，但它不仅能够进行决策以及识别，还具有强大的联想、自学习、自组织和容错能力。

2）基于句法模式的识别方法

很多简单的子模式的组合被描述成一个模式，这是句法模式识别法的核心思想。而子模式的组合又可以再从这些简单的子模式分割而得，以此类推直至获取基元为止。这里的基元在模式识别的相关理论中就是通常所说的最底层的模式。句法模式识别法中最为关键的步骤是对基元的选取。选取出的基元不仅要提供一个紧密的描述，这个描述能够准确反映模式结构的关系，还要便于从其中抽取出非句法语法。因此，模式描述语句用来描述模式的基元之间的组合关系以及基元本身。

3）基于统计模式的识别方法

统计模式识别法是选择足够的特征代表它，假定有 X 个特征，这些特征来自被研究的模式中。基于空间距离，对于同类模式及异类模式，采取如下的假定：距离较近的为同类模式，距离较远的为异类模式。对于特征空间的分割，假如采用某种方法进行，则通过使用该方法后，认定特征空间的同一个区域为同类模式，那么可通过检测它的特征向量位于哪一个区域来判定待分类的模式属于哪一类。

4）基于模糊模式的识别方法

模糊模式识别法对于模式识别问题的处理，主要运用模糊模式识别技术来实现。模糊模式识别法在识别上能否取得良好的结果取决于隶属度函数的好坏。模糊模式识别法在目前主要分为直接法和间接法，直接法进行识别的主要根据是最大隶属原则，间接法进行归类的主要根据为择近原则。

19.5.2 字符识别

1. 字符识别原理

匹配判别也是字符识别的基本思想，这与其他模式识别的应用非常类似。字符识别的基本原理就是对字符图像进行预处理、模式表达、判别和字典学习。

2. 字符识别方法

字符识别一般可分为 3 个阶段：

- 第一阶段为初级阶段，这阶段主要是基于一维图像的处理方法实现对二维图像的识别。目前，该阶段的字符识别方法仍然在匹配方法的庞大家族中扮演着很重要的角色。
- 第二阶段为对基础理论进行相关研究阶段。这一阶段主要包括细化思想、链码法和对一些离散图形的拓扑性研究，其中细化思想主要用于结构的分析，链码法主要用于边界的表示。在这一阶段中，不仅形成了能抽取大范围的孔、凹凸区域、连通性等特征的算法，而且形成了能抽取局部特征的算法。同时，本阶段还实现了对于 K-L 展开法相关工作的研究，这里的 K-L 展开法即"特征抽取理论"，是基础理论中的核心。
- 第三阶段为发展阶段。更为复杂的技术在依据实际系统的要求以及设备难以提供的条件的基础上从这一阶段被提了出来，将技术与实际结合起来是这一阶段的主要研究工作。

目前字符识别方法主要包括基于神经网络的识别方法、特征分析匹配法和模板匹配法。

1）基于神经网络的识别方法

神经网络法主要包括 4 个步骤：预处理样本字符，提取字符的特征，对神经网络进行训练，神经网络接收经过相关预处理和特征提取的字符并对这些字符进行识别。

2）特征分析匹配法

特征分析匹配法对于字符的匹配，主要是利用特征平面来进行的，与其他匹配方法进行比较可知，它不仅对噪声具有不明显的反应，而且可以获得效果更好的字符特征。

3）模板匹配法

模板匹配法也是字符识别的一种方法，该方法主要权衡输入模式与标准模式之间的相似程度，因此就终而论，输入模式的类别其实也是标准模式。单从与输入模式相似的程度来讲，这里提到的标准模式最高。对于离散输入模式分类的实现，此方法所起的作用非常明显，也非常奏效。

由于组成汽车牌照的字符大约有 50 个汉字、26 个英文字母和 10 个阿拉伯数字，相对而言，字符数比较少，因此识别这些字符可以通过使用模板匹配法进行，而用于匹配的模板的标准形式可由前面所述的字符制作而成。与其他的字符识别的方法进行比较可知，模板匹配法具有较为简单的识别过程和较快的字符识别速度，只不过该方法的字符识别准确率不是很高。

3. 英文和数字识别

目前小波识别法、模板匹配法与神经网络法等常用作汽车牌照字符识别的主要方法。在汽车牌照的字符集中，数字字符具有最小规模且最简单结构的子集。虽然字母字符相对于数字字符而言并不复杂，但单从字符的结构上来讲，数字字符相对简单一些。一般采用模板匹配法来识别字母字符以及数字字符，但有时采用模板匹配法并不一定能够取得理想的识别效果，例如在字符存在划伤破损、褪色、污迹等质量退化的情况下。本章提出一种高效的算法进行汽车牌照字母及数字字符的识别，该算法采用的匹配模式为两级模板匹配：首先通过一级模板实现对字母及数字字符的匹配，然后基于边缘霍斯多夫距离，采用相应的模板匹配，实现对一级模板匹配不成功的字符的匹配。

19.5.3　汉字识别

相对于数字和英文字符的识别，汽车牌照中的汉字字符的识别难度更大。主要原因有以下 4 个方面：

（1）字符笔画因切分误差而导致非笔画或笔画流失。
（2）汽车牌照被污染，从而导致字符上出现污垢。
（3）采集所得的车辆图像分辨率低下，从而导致多笔画的汉字较难分辨。
（4）车辆图像采集时所受光照影响的差异，从而导致笔画浓淡不一。

综合汉字识别时的这些难点来看，很难被直接提取的是字符的局部特征。笔画是最重要的特征且仅存于汉字之中，这由先验知识可知。如果横、竖、撇、捺这些笔画特征被提取到，则对于汉字字符识别的工作就完成了大部分。在水平方向上，横笔画的灰度值的波动表现为低频，在垂直方向上，横笔画的灰度变化表现为高频。故在汉字字符特征的提取过程中，对于小波的多分辨率特性的利用显然是个不错的选择。

对汉字进行识别的相关工作，在对图像进行预处理以及对图像的特征进行提取等相关操作完成后就可以进行了。预处理原始图像是第一步，第二步是对字符的原始特征进行提取，主要是通过小波变换进行，并降维处理原始特征，主要是采用线性判别式分析（LDA）变换矩阵进行，从而获取字符的最终特征。最后在特征模板匹配和最小距离分类器中读入得到的最终特征，从而获得字符的最终识别结果。

19.6　系统设计

我们要设计的车牌识别系统，首先要在停车场通过摄像头抓拍汽车车牌图像，然后将这些图像通过网络传到办公室端进行处理，识别出车牌字符后，再存入数据库。因此，该系统分为两个程序：

- 一个运行在停车场，主要负责抓拍车牌图像，并将图像传输到办公室。该端程序只需要用到 OpenCV 中的摄像头应用，比如打开摄像头、抓拍图片等。从网络编程的角度上讲，它相当于一个网络服务器程序，负责监听客户端的连接并获取图片。
- 另外一个运行在办公室端，它用到了较多的 OpenCV 知识，因为图像处理和车牌识别都是在这一端进行的。从网络编程的角度来讲，它相当于一个客户端。

由于本书主讲的是 OpenCV 知识，因此对于 Qt 界面编程知识和网络编程知识不会多费笔墨。如果读者没有学过 Qt 编程知识，可以参考清华大学出版社出版的《Qt6.x 从入门到精通》一书。

本章前面讲解了不少车牌定位、字符分割和识别的知识，这里不再阐述。现在准备描述系统的网络通信模块。网络通信我们用得很频繁，如传输文字、语音、文件、图片等，它们的传输方式都差不多。我们的系统会把从摄像头中采集到的图像发送给处理端。图像采集和处理都可以通过 OpenCV 来完成。网络文件传输则基于 Qt 提供的库函数。

Qt 文件传输主要考验对传输的控制，还是需要一点逻辑的。文件传输的大致框架如图 19-13

所示。

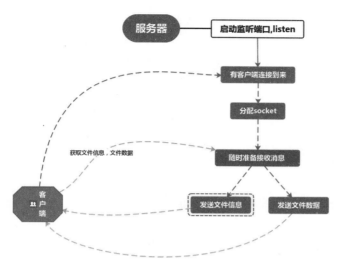

图 19-13

限于篇幅，而且本书不是专门讲解 Qt 编程的书籍，因此只能粗略讲解 Qt 网络编程。TCP 套接字网络编程的基本原理也比较简单，无非就是服务端在套接口上进行监听，客户端发来连接，连接成功后就可以互相传输数据了。

Qt 网络编程主要涉及以下几个类：

1）数据流 QDataStream

通过数据流可以操作各种数据类型，包括类对象，存储到文件中数据可以还原到内存。

2）QTcpServer 和 QTcpSocket

QTcpServer 用于服务器端，QTcpSocket 用于客户端，用来作为文件传输对象。

服务端界面如图 19-14 所示。

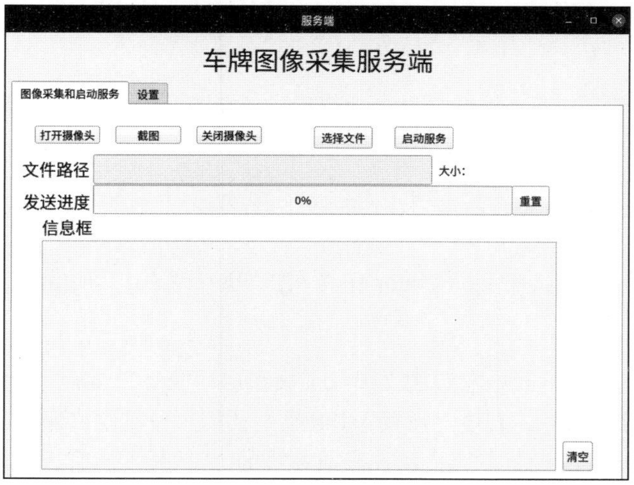

图 19-14

使用步骤是：打开摄像头，截图，关闭摄像头，选择文件，启动服务。为了方便测试，我们不准备一个实物车牌了，而是使用一个现成的车牌图片，所以可以直接从选择文件开始。

19.7　系统拓扑结构

本系统分为停车场数据采集端、办公室图像处理端和机房数据库端，一共要使用 3 台主机。3 台主机用网络相连，能相互 ping 通。其中，数据库使用的是 MySQL，它是跨平台的，所以数据库所在的主机操作系统既可以是 Windows，也可以是 Linux。

考虑到我们现在是在学习，有不少学生读者，为了节省成本，我们只使用一台个人计算机，这台个人计算机装有 Windows 7 系统（Windows 10 也可以），作为客户端和图像处理端，再在这台个人计算机上通过 VMware 安装 Linux 虚拟机作为服务端和图像采集端。至于数据库这里就暂且不用，因为和 OpenCV 的关系不是很大。这是为了简化篇幅和降低学习难度，去掉了与 OpenCV 学习无关的数据库存储，仅把识别出的车牌号码显示在对话框上，存储工作留给读者根据需要自己完成。

如果读者有兴趣，也可以把采集到的车牌号存入数据库，并开始计时，等到该车牌又出现的时候（认为驶出停车场），在数据库中搜索该车牌，然后算出停车费，以此来模拟停车场收费过程。当然，真正的收费系统一般都有自动过程，这里为了方便学习，故意把将自动过程改为手动过程，一个一个步骤地提取并演示出来。当然，把这些手动过程转为自动过程是非常简单的事情。总之，稍加完善，本系统完全可以变成一个商业版的系统。

另外，笔者这里的 Linux 虚拟机的 IP 地址是 192.168.234.128，Windows 主机的 IP 地址是 192.168.234.1，防火墙互相关闭，并能互相 ping 通。IP 地址是设置给服务端和客户端的，它们通过 TCP 连接，并传输图像文件。

19.8　停车场端的详细设计

停车场端（服务端）主要功能是采集视频图片，然后等待办公室端（客户端）的连接和获取图片。详细设计步骤如下：

步骤01 在 Linux 虚拟机下打开 Qt Creator，新建一个名为 QWidget 的项目，项目名是 FileServer。

步骤02 准备设计界面。在 Qt Creator 中，双击 fileserver.ui，从控件工具箱中拖放控件，设计如图 19-15 所示的界面。

主窗口上一共有两个 Tab 页，左边的"图像采集和启动服务"Tab 页是主要的功能区，包括图像采集、文件选择和启动服务。右边"设置"Tab 页主要用来设置网络服务的端口，默认是 8888。网络监听所需的 IP 地址不用设置，会自动在当前主机的 IP 地址上监听远程客户端的连接。

在左边的 Tab 页上，有"打开摄像头""截图""关闭摄像头""选择文件"和"启动服务"按钮。打开摄像头的意思是让摄像头对准好车牌。一般停车场入口的摄像头是固定的,当汽车接近入口时,摄像头就能拍到车牌了。我们测试时,不一定要现场拍摄车牌图片,可以使用现成的车牌图片。直接单击"选择文件"按钮,车牌图像文件的路径就出现在文件路径编辑框中了。"发送进度"是用来指示当前网络文件传输的进度的,也就是传输了多少字节,当达到 100% 时,则说明文件全部传输完毕。"信息框"也是反馈当前网络传输了多少字节。

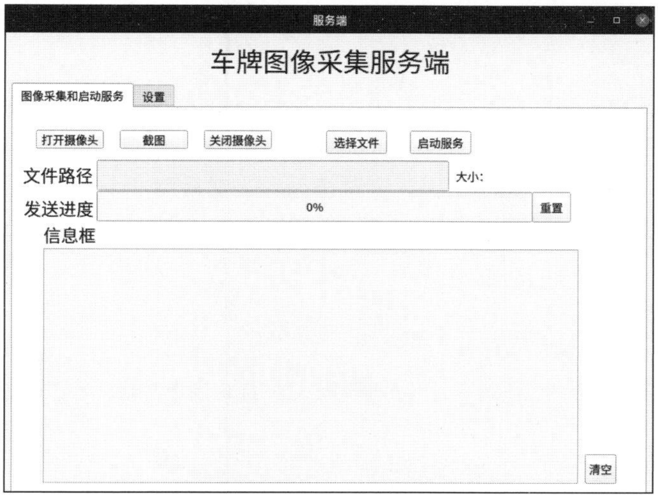

图 19-15

步骤 03 为"打开摄像头"按钮添加代码:

```
void FileServer::on_btnOpenCam_clicked()
{
    VideoCapture capture(0);      // 创建视频捕获对象,这里是摄像头
    Mat frame,srcImage;           // 定义 2 个 Mat 矩阵对象,用于得到视频帧
    capture >> frame;             // 将视频帧存入 cv::Mat 矩阵
    while (capture.isOpened())    // 判断摄像头是否打开成功
    {
        capture >> frame;         // 将视频帧存入 cv::Mat 矩阵
        if (nCloseCam)   break;   // 如果关闭摄像头标记为 1,则跳出循环
        if (nGetPic)              // 如果用户单击"截图"按钮,则执行 if
        {
            nGetPic = 0;          // 截图标记置 0
            // 获取系统当前时间
            QDateTime currentDateTime = QDateTime::currentDateTime();
            // 时间转为字符串
            QString currentTime = currentDateTime.toString("yyyy-MM-dd
hh-mm-ss");
            QString strPath = "/root/"+currentTime+".jpg"; // 组成路径字符串
            capture.read(srcImage);            // 读取视频帧图像
            // imshow("srcImage", srcImage);   // 如果需要,可以查看截取到的图片
            imwrite(strPath.toStdString(), srcImage);   // 把视频图像写入文件
            waitKey(500);    // 等待按键 500ms,起延时作用
            QMessageBox::information(this, "提示", "截取成功!");
```

```
        }
        imshow("video", frame);              // 在窗口中播放摄像头视频
        if (waitKey(20) == 27)               // 每隔 20 微秒录制一帧，按 Esc 键退出
            break;
    }
    capture.release();                       // 释放摄像头资源
    destroyWindow("video");                  // 销毁窗口
    nCloseCam = 0;                           // 关闭摄像头标记置 1
}
```

将视频帧存入 cv::Mat 矩阵中有两种方式：一种是 read()操作；另一种是 ">>"操作。这里使用 ">>"操作。我们在循环播放摄像头视频的时候，用一个全局变量 nCloseCam 来标记用户是否单击了"关闭摄像头"按钮，如果单击了，则跳出循环。然后用一个全局变量 nGetPic 来标记用户是否单击了"截图"按钮，如果单击了，则置 nGetPic 为 1，从而进入 if 进行截图。

步骤 04 为"截图"按钮添加代码：

```
void FileServer::on_pushButton_2_clicked()
{
    nGetPic = 1; // nGetPic 是一个全局变量，标记用户是否单击了"截图"按钮
}
```

步骤 05 为"关闭摄像头"按钮添加代码：

```
void FileServer::on_btnCloseCam_clicked()
{
    nCloseCam = 1;// 全局变量 nCloseCam 标记用户是否单击了"关闭摄像头"按钮
}
```

至此，服务端和 OpenCV 有关的功能就实现完成了。

接下来实现网络功能。网络功能主要是传输文件，代码稍微有点多，限于篇幅我们无法将所有函数都列出，这里只讲核心代码和总体流程。

首先，自定义一个文件对象，用于保存下载的文件信息，如文件名、文件大小、已经接收的字节数等，如图 19-16 所示。

```
class MyFileInfo : public QObject
{
    Q_OBJECT
public:
    explicit MyFileInfo(QObject *parent = nullptr);

    MyFileInfo(const MyFileInfo& other);

    ~MyFileInfo();
    int No;
    QString fileName;
    QString filePath;
    qint64 fileSize; //格式如 1.8M
    QString progressStr; // 0-100 ,上传和下载进度
    long progressByte; // 0-100
    qint64 bytesReceived;//已经接收的字节大小
    QFile localFile;

    void initReadData();
    MyFileInfo& operator=(const MyFileInfo& other);
};
```

图 19-16

然后定义一个枚举的消息类型，用于判断客户端想要哪些信息，是文件信息还是文件数据：

```
// 消息类型
enum MsgType{
    FileInfo,    // 文件信息，如文件名、文件大小等信息
    FileData,    // 文件数据，即文件内容
};
```

服务端的网络模块流程如下：服务端接收到客户端连接后，监听客户端消息，如果收到客户端发送的接收消息类型是 FileInfo，就发送文件信息给它，如果收到客户端发送的接收消息类型是 FileData，就发送文件数据给它。其中，处理消息的函数 dealMsg 定义如图 19-17 所示。

```
void FileServer::dealMsg(QTcpSocket *socket)
{
    QDataStream in(socket);
    int typeMsg;
    in>>typeMsg;
    ui->textBrowser->append(QString("收到客户端发来的消息: %1").arg(typeMsg));

    if(typeMsg == MsgType::FileInfo) {
        // 发送文件信息
        transferFileInfo(socket);
    }
    else if(typeMsg == MsgType::FileData) {
        // 发送文件数据
        transferFileData(socket);
    }
}
```

图 19-17

传输文件信息时，需要获取要发送的文件信息，如文件名、文件大小等，然后将这些信息发送给客户端。客户端处理和存储这些信息即可，这些信息在接收文件数据时需要用到。

其中，发送文件信息的函数 transferFileInfo 定义如下：

```
void FileServer::transferFileInfo(QTcpSocket *socket)
{
    // 获取文件数据，准备发送
    QByteArray  DataInfoBlock = getFileContent(ui->fileEdit->text());

    QThread::msleep(10); // 添加延时
    m_fileInfoWriteBytes = socket->write(DataInfoBlock) - typeMsgSize;
    qDebug()<< "传输文件信息，大小: "<< m_sendFileSize;
    // 等待发送完成，才能继续下次发送，否则发送过快，对方无法接收
    if(!socket->waitForBytesWritten(10*1000)) {
        ui->textBrowser->append(QString("网络请求超时,原
因: %1").arg(socket->errorString()));
        return;
    }

    ui->textBrowser->append(QString("文件信息发送完成，开始对[%1]进行文件传输
------------------")
                    .arg(socket->localAddress().toString()));
    qDebug()<<"当前文件传输线程 id:"<<QThread::currentThreadId();
```

```
        m_localFile.setFileName(m_sendFilePath);
        if(!m_localFile.open(QFile::ReadOnly)){
            ui->textBrowser->append(QString("文件[%1]打开失败!
").arg(m_sendFilePath));
            return;
        }
    }
```

获取文件数据的函数 getFileContent 定义如下：

```
    QByteArray FileServer::getFileContent(QString filePath)
    {
        if(!QFile::exists(filePath)) {
            ui->textBrowser->append(QString("没有要传输的文件! " + filePath));
            return "";
        }
        m_sendFilePath = filePath;
        ui->textBrowser->append(QString("正在获取文件信息
[%1]......").arg(filePath));
        QFileInfo info(filePath);

        // 获取要发送的文件大小
        m_sendFileSize = info.size();

        ui->textBrowser->append(QString("要发送的文件大小：%1 字
节，%2M").arg(m_sendFileSize).arg(m_sendFileSize/1024/1024.0));

        // 获取发送的文件名
        QString
currentFileName=filePath.right(filePath.size()-filePath.lastIndexOf('/')-1);
        QByteArray DataInfoBlock;

        QDataStream sendOut(&DataInfoBlock,QIODevice::WriteOnly);
        sendOut.setVersion(QDataStream::Qt_5_12);
        int type = MsgType::FileInfo;
        // 封装发送的信息到 DataInfoBlock 中
        sendOut<<int(type)<<QString(currentFileName)<<qint64(m_sendFileSize);

        ui->textBrowser->append(QString("文件[%1]信息获取完成!
").arg(currentFileName));
        // 发送的文件总大小中，信息类型不计入
        QString msg;
        if(m_sendFileSize>1024*1024) {
            msg = QString("%1M").arg(m_sendFileSize/1024/1024.0);
        }
        else {
            msg = QString("%1KB").arg(m_sendFileSize/1024.0);
        }
        ui->textBrowser->append(QString("发送的文件名：%1，文件大
小：%2").arg(currentFileName).arg(msg));
```

```
    return DataInfoBlock;
}
```

值得注意的是发送的序列信息的封装，依次为消息类型、文件名和文件大小，相关代码如下：

```
QByteArray DataInfoBlock;

QDataStream sendOut(&DataInfoBlock,QIODevice::WriteOnly);
sendOut.setVersion(QDataStream::Qt_5_12);
int type = MsgType::FileInfo;
// 封装发送的信息到 DataInfoBlock 中
        // 消息类型            文件名              文件大小
sendOut<<int(type)<<QString(currentFileName)<<qint64(m_sendFileSize);
```

封装信息发送给客户端即可，客户端解析时也是按照这个顺序依次解析的。

封装信息发送给客户端后，等待客户端的下一步指令即可。客户端接收到文件信息后，会发送获取文件数据的消息，此时服务器即可进行文件传输。

变量 qint64 payloadSize 用来控制每次文件读取的字节数，progressByte 用来存储发送的进度，这里一次只发送 1024 字节，因为区域网传输太快了，小传输过程不明显，读者可以调节大小，比如 1024×64 字节。代码如下：

```
qint64 payloadSize = 1024*1; // 每一帧发送 1024×64 字节，控制每次读取文件的大小
double progressByte= 0;// 发送进度
qint64 bytesWritten=0;// 已经发送的字节数
```

接着就用 while 循环控制发送流程，直到发送的字节数等于文件的大小，就说明文件数据发送完成。在循环中，要添加几微秒的延时来防止发送的文件帧过快，客户端接收不过来，从而导致丢包。传输文件的代码如下：

```
void FileServer::transferFileData(QTcpSocket *socket)
{
    qint64 payloadSize = 1024*1; // 每一帧发送 1024×64 字节，控制每次读取文件的大小
    double progressByte= 0; // 发送进度
    qint64 bytesWritten=0;  // 已经发送的字节数

    while(bytesWritten != m_sendFileSize) {
        double temp = bytesWritten/1.0/m_sendFileSize*100;
        int  progress =
static_cast<int>(bytesWritten/1.0/m_sendFileSize*100);
        if(bytesWritten<m_sendFileSize){
            QByteArray DataInfoBlock =
m_localFile.read(qMin(m_sendFileSize,payloadSize));
            qint64 WriteBolockSize = socket->write(DataInfoBlock,
DataInfoBlock.size());
            // QThread::msleep(1); // 添加延时，防止服务端发送文件帧过快，若发送过快，
客户端接收不过来，会导致丢包
            QThread::usleep(3); // 添加延时，防止服务端发送文件帧过快，若发送过快，客
户端接收不过来，会导致丢包
            // 等待发送完成，才能继续下次发送
```

```
            if(!socket->waitForBytesWritten(3*1000)) {
                ui->textBrowser->append("网络请求超时");
                return;
            }
            bytesWritten += WriteBolockSize;
            ui->sendProgressBar->setValue(progress);
        }

        if(bytesWritten==m_sendFileSize){
            // LogWrite::LOG_DEBUG(QString("当前更新进度：100%,发送总次
数:%1").arg(count), "server_"+socket->localAddress().toString());
            ui->textBrowser->append(QString("当前上传进度：%1/%2
-> %3%").arg(bytesWritten).arg(m_sendFileSize).arg(progress));
            ui->textBrowser->append(QString("-------------对[%1]的文件传输完成！
------------------").arg(socket->peerAddress().toString()));
            ui->sendProgressBar->setValue(100);
            m_localFile.close();
            return;
        }
        if(bytesWritten > m_sendFileSize) {
            ui->textBrowser->append("意外情况!!! ");
            return;
        }
        if(bytesWritten/1.0/m_sendFileSize > progressByte) {
            ui->textBrowser->append(QString("当前上传进度：%1/%2
-> %3%").arg(bytesWritten).arg(m_sendFileSize).arg(progress));
            progressByte+=0.1;
        }
    }
}
```

到此，服务端的网络模块核心代码基本介绍完了。

步骤 **06** 保存工程并运行，这里准备了一幅现成的车牌图片，位于/root 下，文件名是 **cp.jpg**。
选择该文件后，单击"启动服务"按钮，此时运行结果如图 19-18 所示。

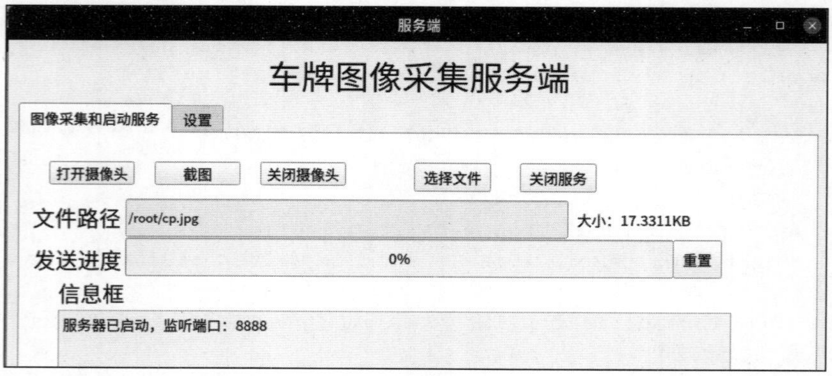

图 19-18

现在就可以等待客户端的网络连接了。

19.9　办公室端的详细设计

办公室端作为网络客户端，其主要功能是获取停车场端发来的车牌图片，识别出车牌字符并存入数据库中。

19.9.1　创建项目

打开 Qt Creator，新建一个 Qt Wigets 工程，工程名是 filemanager。在项目向导的类信息对话框上。设置类名是 FileManager，基类是 QWiget，如图 19-19 所示。

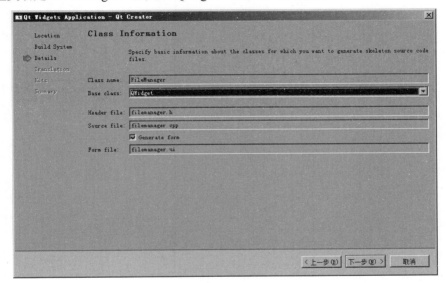

图 19-19

然后一直单击"下一步"按钮直到结束，这样一个 Qt Widget 项目建立起来了。

19.9.2　设计界面

主窗口上分为两个 Tab 页，左边的是主功能区，用于图像文件的下载和数据处理；右边的 Tab 用于设置服务端 IP 地址和端口号，如图 19-20 所示。

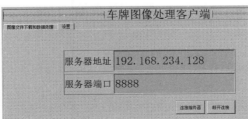

图 19-20

不同的主机其服务器地址不同，图中的 IP 地址只是笔者虚拟机 Linux 的 IP 地址。服务器端口是 8888，要和服务端设置的端口号一致。输入好服务器地址和端口号后，就单击"连接服务器"按钮，如果成功，将会有连接成功的提示。

连接服务器成功后，就可以进入左边的 Tab 页面，即"图像文件下载和数据处理"页面，如图 19-21 所示。

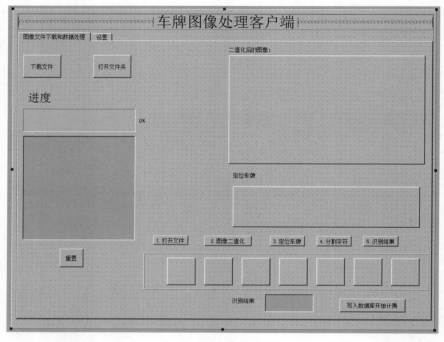

图 19-21

文件下载功能在该 Tab 页的左边，图像处理在该 Tab 页的右边。使用流程是当连接上服务器后，就单击"下载文件"按钮，下载过程中会在"进度"下面出现下载进度条，下载过程的信息也会出现在进度条下方的编辑框中。下载成功后，就可以单击"打开文件夹"按钮，查看下载文件所在的路径。

接着，就可以在该 Tab 页的右边打开下载文件进行处理，处理的步骤在按钮上也注明了，分别是"1.打开文件""2.图像二值化""3.定位车牌""4.分割字符""5.识别结果"。最终识别出来的结果显示在底部的编辑框中，该编辑框在"识别结果"的右边。

另外，"二值化后的图像""定位车牌"下方的两个大矩形控件都是 label 控件，还有"识别结果"上方的 7 个方形控件也是 label 控件，这些控件的 frameShape 属性被设置为 StylePanel，所以看起来凸出来了。这些 label 控件用来显示识别过程中的图像。

19.9.3　实现构造函数

在类 FileManager 的构造函数中添加如下代码：

```
FileManager::FileManager(QWidget *parent) :
```

```
        QWidget(parent),
        ui(new Ui::FileManager)
{
        ui->setupUi(this);
        myFile = new MyFileInfo(this);        // 实例化文件信息类对象
        // 设置下载文件的存放路径是应用程序所在路径的父文件夹下的 mydown 目录，不要有中文
        m_downloadPath = QCoreApplication::applicationDirPath() + "/../mydown";
        isDownloading = false;                // 初始化是否正在下载的标记为 false
        QDir dir;
        if(!dir.exists(m_downloadPath)) {     // 判断文件夹是否存在，不存在则新建
            dir.mkdir(m_downloadPath);        // 新建文件夹
        }
        connectToServer();                    // 实例化套接字对象并尝试连接
        connectSigSlots();                    // 关联一些按钮及其事件处理函数
}
```

这里的构造函数实例化了文件信息类对象和套接字对象，创建下载文件夹，并关联一些按钮和事件处理函数。

19.9.4　文件信息类 MyFileInfo

准备实现文件信息类 MyFileInfo。网络客户端主要是连接服务器并接收文件，首先定义一个文件类对象，用来存储接收文件的对象，每个下载的文件就是一个文件信息类对象。在项目中添加类 MyFileInfo，该类定义如下：

```
class MyFileInfo : public QObject
{
    Q_OBJECT
public:
    explicit MyFileInfo(QObject *parent = nullptr);
    MyFileInfo(const MyFileInfo& other);

    ~MyFileInfo();
    int No;
    QString fileName;          // 文件名
    QString filePath;          // 文件路径
    qint64 fileSize;           // 格式如 1.8MB
    QString progressStr;       // 0~100，上传和下载进度
    long progressByte;         // 0~100
    qint64 bytesReceived;      // 已经接收的字节大小
    QFile localFile;           // QFile 对象

    void initReadData();       // 初始化变量的函数
    MyFileInfo& operator=(const MyFileInfo& other);
};
```

其中函数 initReadData 用于初始化一些变量，其定义如下：

```
void MyFileInfo::initReadData()
```

```
{
    this->No = 0;
    this->fileName = "";
    this->fileSize = 0;
    this->filePath = "";
    this->progressStr = "0";
    this->progressByte = 0;
    this->bytesReceived = 0;
}
```

19.9.5 实现连接服务器函数

准备实现连接服务器函数 connectToServer，它有两个重载形式，一个没有参数，一个有参数。没有参数的版本会实例化套接字对象并尝试连接，其定义如下：

```
void FileManager::connectToServer()
{
    m_tcpSocket = new QTcpSocket(this); // 实例化 TCP 套接字对象
    connectToServer(m_tcpSocket);         // 尝试连接服务器
    // 把套接字和读取服务器数据的函数关联起来，当服务器发来数据时，将调用 readServerMsg
    connect(m_tcpSocket, &QTcpSocket::readyRead, this,
&FileManager::readServerMsg);
    // 把套接字和断开服务器事件关联起来，一旦断开，向编辑框中添加一段提示字符串
    connect(m_tcpSocket, &QTcpSocket::disconnected, this, [=]() {
        ui->textBrowser->append(QString("与服务器断开连接：原
因：%1").arg(m_tcpSocket->errorString()));
    });
}
```

该函数中的 connectToServer(m_tcpSocket);就是有参数的版本，该版本的函数的作用纯粹是连接服务器，其定义如下：

```
bool FileManager::connectToServer(QTcpSocket *socket)
{
    // 根据编辑框中的 IP 地址和端口连接服务器
    socket->connectToHost(ui->serverIpEdit_2->text(),
ui->serverPortEdit_2->text().toInt());
    if(!socket->waitForConnected(2*1000)) { // 等待 2 秒看是否会连接超时
        QMessageBox::warning(this, "警告", "服务器连接失败，原因：
"+m_tcpSocket->errorString());
        return false;// 连接失败则返回 false
    }
    QMessageBox::information(this, "提示", "服务器连接成功！"); // 连接成功则提示
成功
    ui->textBrowser->append("服务器连接成功！"); // 在编辑框中添加连接成功的信息

    return true; // 连接成功返回 true
}
```

19.9.6　关联按钮槽函数

准备实现网络相关的按钮关联槽函数。为类 FileManager 添加成员函数 connectSigSlots，该函数定义如下：

```
void FileManager::connectSigSlots()
{
    // 关联"下载文件"按钮到函数 downLoadFile
    connect(ui->downloadBtn, &QPushButton::clicked, this,
&FileManager::downLoadFile);
        // 关联"连接服务器"按钮到函数 connectToServer
    connect(ui->ConnectBtn, &QPushButton::clicked, this, [=](){
        connectToServer(m_tcpSocket);
    });
    // 关联"断开连接"按钮到函数 disconnectFromHost
    connect(ui->disConnectbutton, &QPushButton::clicked, this, [=](){
        m_tcpSocket->disconnectFromHost();
        ui->textBrowser->append("与服务器断开连接...");
    });
    // 关联"打开文件夹"按钮到函数体，并直接在 connect 中定义函数体
    connect(ui->openFolder, &QPushButton::clicked, this, [=]() {
        // // 打开文件夹，路径中不要有中文
        QDesktopServices::openUrl(QUrl("file:"+ m_downloadPath,
QUrl::TolerantMode));
    });
    // 关联"重置"按钮到函数体，并直接在 connect 中定义函数体
    connect(ui->resetProgress, &QPushButton::clicked, [=]() {
        ui->progressBar->setValue(0); // 进度条设置 0 位置
    });
}
```

与网络功能相关的按钮都是通过 connect 函数来关联的，与图像处理相关的按钮则通过可视化的方式添加槽函数。这里我们设置下载文件存放的路径是应用程序所在路径的父路径下的 mydown 目录，注意路径中不要包含中文字符。

19.9.7　实现文件下载功能

为类 FileManager 添加函数 downLoadFile，实现文件下载功能，该函数定义如下：

```
void FileManager::downLoadFile()
{
    if(m_tcpSocket->state() != QAbstractSocket::ConnectedState) {// 判断套接字
的状态是否已连接
        if(!connectToServer(m_tcpSocket)) { // 没连接则尝试连接服务器
            return; // 连接失败直接返回
        }
    }
    QByteArray data; // 定义字节数组对象
```

```
    int typeMsg = MsgType::FileInfo; // 赋值消息类型为文件信息，FileInfo 是枚举值，
即 0
    QDataStream out(&data, QIODevice::WriteOnly); // 定义只写模式的 QDataStream
对象
    out << typeMsg; // 把消息类型写入流，准备发送
    ui->textBrowser->append(QString("发送消息: %1").arg(typeMsg));
    m_tcpSocket->write(data); // 发送数据
}
```

QDataStream 可以很方便地对文件、网络套接字等进行读写操作。QDataStream 既能够存取 C++
基本类型，如 int、char、short 等，也可以存取复杂的数据类型，如自定义的类。QDataStream 提供
流的形式，性能上一般比直接调用原始 API 好一些。注意：将 QDataStream 对象所关联的 QByteArray
对象清空后，用 QDataStream 对象去继续写入数据到 QByteArray 对象中，结果并不如预期那样从
位置 0 开始写入，而是从之前的位置开始写入。

这里，我们利用 QDataStream 发送消息类型，消息类型是文件信息（FileInfo）枚举值。服务
器接收到这个值后，就会把即将要下载的文件信息发送给客户端。

19.9.8　接收文件信息

当客户端发送 FileInfo 这个枚举值后，服务端就会把即将要下载的文件信息发送过来，此时客
户端会调用已经绑定到套接字的有数据可读的事件函数 readServerMsg，该函数定义如下：

```
void FileManager::readServerMsg()
{
    // 如果正在下载，则收到的全是文件数据，读取即可
    if(isDownloading) {
        fileDataRead();
        return;
    }
    qDebug()<< ".............readServerMsg...............";

    QDataStream in(m_tcpSocket); // 定义用于接收数据的 QDataStream 对象
    in.setVersion(QDataStream::Qt_5_12);// 为了兼容，设置 QDataStream 的数据版本
    int type; // 定义消息类型变量
    in >> type; // 从 QDataStream 读取数据，读取的数据将存入 type 变量中

    if(type == MsgType::FileInfo) { // 接收到的数据是不是文件信息枚举值
        fileInfoRead(); // 读取文件详细信息
        isDownloading = true; // 设置正在下载标记为 true，可以准备开始接收文件数据了
    }
    else {
        qDebug()<<"收到其他消息类型!!! type: "<<type;
    }
}
```

QDataStream 的二进制格式从 Qt 1.0 就开始形成了，很有可能在将来继续进化以反映 Qt 的变
化。当操作复杂数据类型时，我们要确保读取和写入时的 QDataStream 版本是一样的。如果需要向

前和向后兼容，可以在代码中使用硬编码指定流的版本号。

　　如果接收到的消息类型是文件信息枚举值，则调用自定义函数 fileInfoRead 来接收详细的文件信息。该函数定义如下：

```
void FileManager::fileInfoRead()
{
    QDataStream in(m_tcpSocket); // 定义用于接收文件信息的 QDataStream 对象
    in.setVersion(QDataStream::Qt_5_12); // 为了兼容，设置 QDataStream 数据版本

    qDebug()<<"文件信息读取 on_fileInfoRead......";
    in >> myFile->fileName >> myFile->fileSize; // 接收文件名和文件大小

    ui->textBrowser->append(QString("下载文件 %1，文件大
小：%2").arg(myFile->fileName).arg(myFile->fileSize));
        // 构造存储路径并建立文件
    QString filePath = m_downloadPath + "/" + myFile->fileName; // 构造要存储
文件的路径
    myFile->localFile.setFileName(filePath); // 设置文件名
    // 打开文件，准备写入
    if(!myFile->localFile.open(QIODevice::WriteOnly)) {
        qDebug()<<"文件打开失败！";
    }
    // 文件信息获取完成，接着获取文件数据
    QByteArray data;
    int typeMsg = MsgType::FileData; // 把文件数据的枚举值赋给消息类型变量
    QDataStream out(&data, QIODevice::WriteOnly); // 定义用于发送数据的
QDataStream 对象
    out << typeMsg; // 将消息类型变量写入 QDataStream
    m_tcpSocket->write(data); // 发送数据
}
```

　　该函数将接收文件名和文件大小。在打开文件时，如果文件不存在，QFile 会自动创建一个新文件（当使用写入或读写模式时）。如果文件成功打开，open()方法返回 true，否则返回 false。完成文件操作后，应该使用 close()方法关闭文件，以释放资源并确保数据被正确写入。

　　我们收到文件名和文件大小数据后，就可以在客户端本地建立文件。然后向服务端发送文件数据枚举值，意思是告诉服务器，可以把文件本身的内容数据发送过来了。服务器接收到这个文件数据枚举值后就开始将文件数据发送过来，此时客户端将触发服务器有数据可读的函数 readServerMsg。这个函数开头会判断 isDownloading 是否为 true，如果 isDownloading 为 true，则服务器发来的是文件数据，调用 fileDataRead 进行接收，相关代码如下：

```
void FileManager::readServerMsg()
{
    // 如果 isDownloading 为 true，则服务器发来的是文件数据，调用 fileDataRead 进行接收
    if(isDownloading) { // 判断是否为 true
        fileDataRead(); // 接收文件数据
        return;
    }
    ...
```

```
}
```

变量 isDownloading 是在接收完文件信息后（即执行完 fileInfoRead 函数后）被设置为 true 的。

19.9.9 接收文件数据

接收文件数据的函数 fileDataRead 的定义如下：

```
void FileManager::fileDataRead()
{
    qint64 readBytes = m_tcpSocket->bytesAvailable();// 得到要接收数据的字节数
    if(readBytes <0) return; // 如果字节数小于 0（即没有数据可读），则返回

    int progress = 0; // 初始化进度标记为 0
    // 如果已接收的文件数据大小小于要接收的文件大小，那么继续接收，并写入文件
    if(myFile->bytesReceived < myFile->fileSize) {
        // 返回等待读取的传入字节数
        QByteArray data = m_tcpSocket->read(readBytes); // 接收文件数据
        myFile->bytesReceived+=readBytes; // 更新已接收到的文件数据大小
        ui->textBrowser->append(QString("接收进度：%1/%2(字 // 更新编辑框中的提示
信息)").arg(myFile->bytesReceived).arg(myFile->fileSize));
        // 根据已接收到的数据大小和文件总大小，计算进度条的百分比
        progress
=static_cast<int>(myFile->bytesReceived*100/myFile->fileSize);
        myFile->progressStr = QString("%1").arg(progress); // 接收百分比字符串，
显示在进度条旁
        ui->progressBar->setValue(progress); // 更新进度条
        myFile->localFile.write(data); // 向文件写入接收到的数据
    }

    // 接收数据完成时
    if (myFile->bytesReceived==myFile->fileSize){
        ui->textBrowser->append(tr("接收文件[%1]成功！
").arg(myFile->fileName));
        progress = 100; // 进度更新 100
        myFile->localFile.close(); // 关闭文件
        // 更新编辑框中的提示信息
        ui->textBrowser->append(QString("接收进度：%1/%2（字节）
").arg(myFile->bytesReceived).arg(myFile->fileSize));
        ui->progressBar->setValue(progress); // 更新进度条为 100%
        isDownloading = false; // 可以下载文件数据的标记置为 false，因为数据已经接收
完毕了
        myFile->initReadData(); // 重新初始化用于接收文件数据的各个变量
    }
    // 如果收到的文件数据大小大于文件尺寸，则报错
    if (myFile->bytesReceived > myFile->fileSize){
        qDebug()<<"myFile->bytesReceived > m_fileSize";
    }
}
```

至此，客户端接收文件的功能基本介绍完了，下面再看图像处理模块。

19.9.10　图像处理相关的成员变量

为类 FileManager 添加一些成员变量：

```
IplImage *src;              // 指向原始图片
IplImage *pImgCanny;        // 二值化的图
IplImage *pImgResize;       // 归一化的车牌区域灰度图
IplImage *pImgCharOne;      // 指向字符 1 图像
IplImage *pImgCharTwo;      // 指向字符 2 图像
IplImage *pImgCharThree;    // 指向字符 3 图像
IplImage *pImgCharFour;     // 指向字符 4 图像
IplImage *pImgCharFive;     // 指向字符 5 图像
IplImage *pImgCharSix;      // 指向字符 6 图像
IplImage *pImgCharSeven;    // 指向字符 7 图像
```

19.9.11　实现打开文件

接下来为各个按钮添加槽函数。通过可视化方式为"1.打开文件"按钮添加槽函数，代码如下：

```
void FileManager::on_btnOpenFile_clicked()
{
    // 显示文件对话框，让用户选择要打开的车牌图像文件
    QString path = QFileDialog::getOpenFileName(this, "Open Image", ".", "Image
Files(*.jpg *.png)");
    string strPath = path.toStdString();
    if(strPath=="") return;

    Mat m;
    m=imread(strPath, IMREAD_COLOR); // 根据路径，加载图像文件
    imshow("src", m); // 显示图像
    IplImage Iplimg = cvIplImage(m); // 将 Mat 类型转为 IplImage 类型
    IplImage* transIplimage = cvCloneImage(&Iplimg); // 将整个 IplImage 结构复
制到新的 IplImage 中
    src = cvCloneImage(transIplimage); // 再复制到 src 所指内存空间中
    // 创建深度是 8 位的 1 通道图像
    pImgCanny = cvCreateImage(cvSize(src->width, src->height), IPL_DEPTH_8U,
1);          cvCvtColor(src, pImgCanny, CV_RGB2GRAY);  // 转换为灰度图
    // 平滑高斯滤波，滤波后的图片保存在 pImgCanny
    cvSmooth(pImgCanny, pImgCanny, CV_GAUSSIAN, 3, 0, 0);
}
```

IplImage 是 OpenCV 中 CxCore 部分的基础数据结构，用来表示图像，其中 Ipl 是 Intel Image Processing Library 的简写。本质上讲，IplImage 数据结构就是一个 CvMat 对象，只不过还包含一些用来将矩阵解释为图像的成员变量（如图像的宽、高、深度、通道等）。

在 OpenCV 中，Mat、CvMat 和 IplImage 类型都可以代表和显示图像。IplImage 由 CvMat 派

生，而 CvMat 由 CvArr 派生，即 CvArr→CvMat→IplImage。Mat 类型则是 C++版本的矩阵类型（CvArr 用作函数的参数，无论传入的是 CvMat 或 IplImage，内部都是按 CvMat 处理）。

其中 Mat 类型侧重于计算，数学性较高，OpenCV 对 Mat 类型的计算也进行了优化；而 CvMat 和 IplImage 类型更侧重于图像，OpenCV 对其中的图像操作（缩放、单通道提取、图像阈值操作等）进行了优化。很多时候需要三种类型的相互转换。

函数 cvCloneImage 会将整个 IplImage 结构复制到新的 IplImage 中，其中的 ROI 等参数也会一同复制。新的 IplImage 将会和原来的一模一样。在使用函数 cvCloneImage 之前，不用开辟内存。该函数会自己开辟一段内存，然后复制好 image 里面的数据，再把这段内存中的数据返回给我们。

19.9.12　实现图像二值化

为"2.图像二值化"按钮添加槽函数，代码如下：

```
void FileManager::on_btnBin_clicked()
{
    Threshold(pImgCanny, pImgCanny); // 采用 Canny 边缘检测二值化
    DrawPicToHDC(pImgCanny,ui->m_label); // 把图像显示在 label 控件中
}
```

这两个函数都自定义函数。下面添加函数 Threshold 的实现，该函数实现二值化功能，代码如下：

```
/* ------------------------二值化--------------------------------------//
// 输入:
//             IplImage *Image: 图片指针
//             int AdaptiveThreshold(int t,IplImage *Image)  // 自适应阈值法
// 输出:
//             IplImage *Image_O   二值化后的图片
// 描述:
//             采用 Canny 边缘检测二值化
//
----------------------------------------------------------------------*/
void FileManager::Threshold(IplImage *Image, IplImage *Image_O)
{
    // 得到图片的最大灰度值和最小灰度值
    int thresMax = 0, thresMin = 255, i = 0, j = 0, t = 0;
    for (j = 0; j < Image->height; j++)
        for (i = 0; i < Image->width; i++)
        {
            if (CV_IMAGE_ELEM(Image, uchar, j, i) > thresMax) // 像素值大于 255
                thresMax = CV_IMAGE_ELEM(Image, uchar, j, i);// 把元素值赋给
thresMax
            else if (CV_IMAGE_ELEM(Image, uchar, j, i) < thresMin)// 如果小于
0
                thresMin = CV_IMAGE_ELEM(Image, uchar, j, i); // 则改变 thresMin
        }
    // 小阈值用来控制边缘连接，大阈值用来控制强边缘的初始化分割，cvCanny 只接收单通道的输入
    cvCanny(Image, Image_O, AdaptiveThreshold((thresMax + thresMin)*0.5,
Image), thresMax*0.7, 3);
```

```
    }
```

cvCanny 中有一个自定义函数 AdaptiveThreshold，该函数实现自适应阈值法。下面实现函数 AdaptiveThreshold，代码如下：

```
/* -----------------------自适应阈值法-------------------------------//
// 输入：  t: 中心阈值
//          Image: 图片指针
// 输出： return   自适应均值的阈值
// -----------------------------------------------------------------*/
int FileManager::AdaptiveThreshold(int t, IplImage *Image)
{
    int t1 = 0, t2 = 0, tnew = 0, i = 0, j = 0;
    // Allt1 Allt2 保存两部分的和
    int Allt1 = 0, Allt2 = 0, accountt1 = 0, accountt2 = 0;
    // 根据现有 T，将图像分为两部分，分别求两部分的平均值 t1、t2
    for (j = 0; j < Image->height; j++)
    {
        for (i = 0; i < Image->width; i++)
        {
            if (CV_IMAGE_ELEM(Image, uchar, j, i) < t)
            {
                Allt1 += CV_IMAGE_ELEM(Image, uchar, j, i);
                accountt1++;
            }
            else
            {
                Allt2 += CV_IMAGE_ELEM(Image, uchar, j, i);
                accountt2++;
            }
        }
    }
    t1 = Allt1 / accountt1;
    t2 = Allt2 / accountt2;
    tnew = 0.5*(t1 + t2);
    if (tnew == t) // 若 t1、t2 的平均值和 t 相等，则阈值确定
        return tnew;
    else
        AdaptiveThreshold(tnew, Image); // 若不等，则以 t1、t2 的平均值为新阈值迭
代
}
```

下面实现函数 DrawPicToHDC，该函数把图像显示在 label 控件里，代码如下：

```
void FileManager::DrawPicToHDC(IplImage *image,QLabel *plb)
{
    QImage qImg = QImage((const unsigned char*)(image->imageData),
                    image->width,
                    image->height,
                    image->widthStep,
                    QImage::Format_Indexed8).copy();// 构造 QImage 对象
```

```
QPixmap pixmap = QPixmap::fromImage(qImg);// 创建 QPixmap 对象
plb->setPixmap(pixmap);// 在标签中显示图像
}
```

其中，QImage 是 Qt 库中用于存储和处理图像的类。它可以存储多种格式的图像，包括 RGB、RGBA、CMYK 等。QImage 使用一个一维数组来存储像素数据。每个像素由红、绿、蓝三个分量组成，每个分量的取值范围为 0~255。如果图像是彩色的，则每个像素还包含一个 alpha 通道，表示透明度，取值范围也为 0~255。在 QImage 中，像素数据的存储顺序是从左到右、从上到下。对于宽度为 w 和高度为 h 的图像，像素数据的起始地址为(w×h)字节。每个像素的数据占用 4 字节，即 32 位。因此，整个图像的数据大小为 w×h×4 字节。

在屏幕上绘制图像的时候，最快的方法就是使用静态方法 QPixmap。QPixmap::fromImage(QImage img)用于从 QImage 对象中创建一个 QPixmap 对象。

函数 setPixmap 用于在标签控件中显示图像，它的参数是一个 QPixmap 对象。QPixmap 是专为在屏幕上显示而优化的图像表示。它在内部使用像素数据，并且通常用于显示较小的图像和图标。QPixmap 对象在显示时速度较快，因为它们是针对显示设备（如显示器）进行优化的。

19.9.13 实现定位车牌

为"3.定位车牌"按钮添加槽函数，代码如下：

```
void FileManager::on_pushButton_clicked()// 定位车牌
{
    PlateAreaSearch(pImgCanny);    // 车牌定位
    DrawPicToHDC(pImgResize, ui->m_lbPosLic);  // 把定位好的车牌显示出来
}
```

其中函数 PlateAreaSearch 一个自定义函数，用于车牌区域检测。现在我们添加函数 PlateAreaSearch 的实现，代码如下：

```
/*****************************************************
功能：车牌区域检测
输入 : pImg_Image    二值化后的图像
        src           原始图像
输出: pImgResize    归一化后的车牌灰度图像
描述：
            输出归一化图片大小 40*20

定位方法：  水平分割，垂直分割，归一化。
*****************************************************/
int FileManager::PlateAreaSearch(IplImage *pImg_Image)
{
    if (pImg_Image == NULL) { return 0; } // 检测是否有值
    IplImage* imgTest = 0;
    int i = 0, j = 0, k = 0, m = 0;
    bool flag = 0;
    // 关于车牌的一些变量
```

```
        int plate_n = 0, plate_s = 0, plate_e = 0, plate_w = 0;
        int *num_h = new int[max(pImg_Image->width, pImg_Image->height)];
        if (num_h == NULL)
        {
            MessageBox("memory exhausted!");
            return 0;
        } // end if
        // 初始化分配的空间
        for (i = 0; i < pImg_Image->width; i++) { num_h[i] = 0; }
        imgTest = cvCreateImage(cvSize(pImg_Image->width, pImg_Image->height),
IPL_DEPTH_8U, 1);
        cvCopy(pImg_Image, imgTest);

        // 水平轮廓细化
        for (j = 0; j < imgTest->height; j++)
        {
            for (i = 0; i < imgTest->width - 1; i++)
            {
                CV_IMAGE_ELEM(imgTest, uchar, j, i) = CV_IMAGE_ELEM(imgTest, uchar,
j, i + 1) - CV_IMAGE_ELEM(imgTest, uchar, j, i);
                num_h[j] += CV_IMAGE_ELEM(imgTest, uchar, j, i) / 250;
            }
        }


        int temp_1 = 0;
        int temp_max = 0;
        // 这里的 for 循环是找出数据量最大的地方，20 行即车牌区域
        int temp_i = 0;
        for (j = 0; j < imgTest->height - 20; j++)
        {
            temp_1 = 0;
            for (i = 0; i < 20; i++)// 此处 for 循环是为了计算 20 行的总数据量
                temp_1 += num_h[i + j];
            if (temp_1 >= temp_max)
            {
                temp_max = temp_1;
                temp_i = j;// 记录 20 行的最大数据量的开始行
            }
        }
        k = temp_i;
    // 以下两个 while 循环是为了找出车牌的上下边界，当一行的数据量小于某个数值时，设定此行为
分界行
        while (((num_h[k + 1] > POINT_X) || (num_h[k + 2] > POINT_X) || (num_h[k] >
POINT_X)) && k) k--;// 找出上边界行
        plate_n = k + 1;// k+2;
        k = temp_i + 10;
        while (((num_h[k - 1] > POINT_X) || (num_h[k - 2] > POINT_X) || (num_h[k] >
POINT_X)) && (k < imgTest->height)) k++; // 找出下边界行
        plate_s = k;// k-2;
```

```
        // 没找到水平分割线，设置为默认值
        // 行为负值，或者上行大于下行，或者车牌宽度大于设定值，则水平分割失败
        if (!(plate_n && plate_s && (plate_n < plate_s) && ((plate_s -
plate_n)*HIGH_WITH_CAR < imgTest->width*(1 - WITH_X))))
        {
            MessageBox("水平分割失败!");
            return 0;
        }
        else// 找到水平线
        {
            int  max_count = 0;
            int  plate_length = (imgTest->width - (plate_s -
plate_n)*HIGH_WITH_CAR);// 这个地方相信读者可以理解
            plate_w = imgTest->width*WITH_X - 1;// 车牌宽度，默认

            // 垂直方向
            for (i = 0; i < imgTest->width; i++)
                for (j = 0; j < imgTest->height - 1; j++)// 用的方法是差分赋值法
            {
                    CV_IMAGE_ELEM(imgTest, uchar, j, i) = CV_IMAGE_ELEM(imgTest,
uchar, j + 1, i) - CV_IMAGE_ELEM(imgTest, uchar, j, i);
                }
    // 下面这一段代码相当于拿一个车牌大小的矩形区域从左往右滑动，什么时候圈住的数据量最大
        // 就代表找到了车牌的左边界，此时车牌左边界的横坐标是 k
        // 这里 plate_length 有点难理解，它的值是原图像的宽度减去车牌宽度的差值
        for (k = 0; k < plate_length; k++)
        {
            for (i = 0; i < (int)((plate_s - plate_n)*HIGH_WITH_CAR); i++)
                for (j = plate_n; j < plate_s; j++)// 两条水平线之间
                {
                    num_h[k] = num_h[k] + CV_IMAGE_ELEM(imgTest, uchar, j, (i
+ k)) / 250;
                }
            if (num_h[k] > max_count)
            {
                max_count = num_h[k];
                plate_w = k;
            }
        }


        CvRect ROI_rect;        // 获得图片感兴趣区域
        ROI_rect.x = plate_w;
        ROI_rect.y = plate_n;
        ROI_rect.width = (plate_s - plate_n)*HIGH_WITH_CAR;
        ROI_rect.height = plate_s - plate_n;

        if ((ROI_rect.width + ROI_rect.x) > pImg_Image->width)
        {
```

```
                ROI_rect.width = pImg_Image->width - ROI_rect.x;
                MessageBox("垂直方向分割失败!");
                return 0;
            }
        else
            {
                IplImage *pImg8uROI = NULL;      // 感兴趣的图片
                pImg8uROI = cvCreateImage(cvSize(ROI_rect.width,
ROI_rect.height), src->depth, src->nChannels);
                IplImage *pImg8u11 = NULL;         // 车牌区域灰度图
                pImg8u11 = cvCreateImage(cvSize(40 * HIGH_WITH_CAR, 40),
pImg8uROI->depth, pImg8uROI->nChannels);
                cvSetImageROI(src, ROI_rect);// 将 ROI_rect 设置为感兴趣区域
                cvCopy(src, pImg8uROI, NULL);// 把感兴趣区域复制到 pImg8uROI
                cvResetImageROI(src);      // 重新设置感兴趣区域
                pImgResize = cvCreateImage(cvSize(40 * HIGH_WITH_CAR, 40),
IPL_DEPTH_8U, 1);
                // 线性插值归一化，把车牌变成统一大小
                cvResize(pImg8uROI, pImg8u11, CV_INTER_LINEAR);
                // 转为灰度图 Y=0.299*R + 0.587*G + 0.114*B
                cvCvtColor(pImg8u11, pImgResize, CV_RGB2GRAY);
                Threshold(pImgResize, pImgResize);   // 二值化
                cvReleaseImage(&pImg8uROI);
                cvReleaseImage(&pImg8u11);
                cvReleaseImage(&imgTest);
            }
        }
        // 释放内存
        delete[]num_h;
        num_h = NULL;
        return 1;
    }
```

　　类 CvvImage 是自定义类，对一些图像数据操作功能进行了封装，具体实现可以参看源码工程，限于篇幅，这里不再列出。这个类属于辅助功能类，使用时只需要把文件 CvvImage.h 和 CvvImage.cpp 加入工程中即可。

19.9.14　实现分割字符

　　为"4.分割字符"按钮添加槽函数，代码如下：

```
void FileManager::on_btnSeg_clicked() // 分割字符
{
    SegmentPlate();    // 车牌字符分割
    // 在 7 个 label 控件上显示分割后的字符
    DrawPicToHDC(pImgCharOne, ui->IDC_ONE);
    DrawPicToHDC(pImgCharTwo, ui->IDC_TWO);
    DrawPicToHDC(pImgCharThree, ui->IDC_THREE);
    DrawPicToHDC(pImgCharFour, ui->IDC_FOUR);
```

```
    DrawPicToHDC(pImgCharFive, ui->IDC_FIVE);
    DrawPicToHDC(pImgCharSix, ui->IDC_SIX);
    DrawPicToHDC(pImgCharSeven, ui->IDC_SEVEN);
}
```

其中函数 SegmentPlate 用于车牌字符的分割，下面添加函数 SegmentPlate 的实现，该函数利用垂直投影法和车牌的特征分割字符区域，代码如下：

```
// ----------------------字符分割----------------//
// --Input:
//            IplImage * pImgResize :  归一化的车牌区域灰度图
// -- Output:
//            IplImage *pImgCharOne                // 字符图片
//            IplImage *pImgCharTwo
//            IplImage *pImgCharThree
//            IplImage *pImgCharFour
//            IplImage *pImgCharFive
//            IplImage *pImgCharSix
//            IplImage *pImgCharSeven
// -- Description:
//            利用垂直投影法和车牌的特征分割字符区域
// ----------------------------------------------------
int CofficeDlg::SegmentPlate()
{
    if (pImgResize == NULL) { return 0; } // 没有分割成功，直接弹出
    // 开辟空间，一般应该是 width 大小
    int *num_h = new int[max(pImgResize->width, pImgResize->height)];
    if (num_h == NULL)
    {
        MessageBox("字符分割memory exhausted");
        return 0;
    } // end if
    int i = 0, j = 0, k = 0;// 循环变量 12
    int  letter[14] = { 0,20,23,43,55,75,78,98,101,121,124,127,147,167 }; //
默认分割
    bool flag1 = 0;//    1    2    3    4    5    6    7
    // 垂直投影
    for (i = 0; i < 40 * HIGH_WITH_CAR; i++)
    {
        num_h[i] = 0; // 初始化指针
        for (j = 0; j < 17; j++)  // 0-16 /40
        {
            num_h[i] += CV_IMAGE_ELEM(pImgResize, uchar, j, i) / 45;
        }
        for (j = 24; j < 40; j++)  // 24-39 /40
        {
            num_h[i] += CV_IMAGE_ELEM(pImgResize, uchar, j, i) / 45;
        }
    }
    // 初定位，定位点在第 2 个字符末端
    int max_count = 0;
```

```
int    flag = 0;
for (i = 30; i < 40 * HIGH_WITH_CAR; i++)
{
    if (num_h[i] < POINT_Y)// 小于 2
    {
        max_count++;
        if (max_count == 11)
        {
            letter[3] = i - 11; // find letter[3]// 第 2 个字符的开始位置
            while ((num_h[i] < POINT_Y) || (num_h[i - 1] < POINT_Y)) i++;
            letter[4] = i - 1; // find letter[4]  // 第 3 个字符的开始位置
            break;// 只要找到第 2 个字符的末端和第 3 个字符的开始就退出循环
        }
    }
    else
    {
        max_count = 0;
    }
}
// 精定位
for (i = 0; i < 40 * HIGH_WITH_CAR; i++)
{
    for (j = 17; j <= 24; j++)  // 17-24 /40    每一列的 17 到 24 行相加
    {
        num_h[i] += CV_IMAGE_ELEM(pImgResize, uchar, j, i) / 45;
    }
}
// 从第 2 个字符的末端开始，往前找第 1 个和第 2 个字符的起始位置
for (j = letter[3]; j > 0; j--)
{
    // 只要有两个列的 17 到 24 行的值小于 2，即找到第 2 个字符的开始位置
    if ((num_h[j] < POINT_Y) && (num_h[j - 1] < POINT_Y))
    {
        letter[2] = j;      // find letter[2]  第 2 个字符的开始位置
        letter[1] = (j >= 23) ? j - 3 : letter[1]; // 第 1 个字符的结束位置
        letter[0] = (j >= 23) ? j - 23 : letter[0];// 第 1 个字符的起始位置
        break;        // 找到就退出循环
    }
}

j = 2;  flag = 0; flag1 = 0;// 两个标记
for (i = letter[4]; i < 40 * HIGH_WITH_CAR; i++)  // 从第 3 个字符的开始位置
算起
{
    if ((num_h[i] > POINT_Y) && (num_h[i - 1] > POINT_Y) && !flag)
    {
        flag = 1;
        flag1 = 0;
        letter[2 * j] = i - 1; // 这里只记录字符的开始位置
        if (j == 6)  // 判断最后一个字符的结束位置是否越界，如果没有，则
```

```cpp
letter[13]=letter[12]+20
                {
                    letter[2 * j + 1] = ((letter[2 * j] + 20) > 40 * HIGH_WITH_CAR
- 1) ? 40 * HIGH_WITH_CAR - 1 : letter[2 * j] + 20;
                    break;// 退出 for 循环
                }
            }
            else if ((num_h[i] < POINT_Y) && (num_h[i - 1] < POINT_Y) && !flag1 &&
flag)// 如果是空白区域
            {
                flag = 0;
                flag1 = 1;
                letter[2 * j + 1] = i - 1;
                j++; // j 自动加 1
            }                        //    1
        }
        // 删除角点                               1   0   1
        for (i = 0; i < 40 * HIGH_WITH_CAR - 1; i++)
        {                               //      1      删除角点，相当于拿一个半径为 1 的圆去
圈，如果四周有两个是 1，则自己设置为 0


            for (j = 0; j < 39; j++)  // 0-16 /40
            {

                if (CV_IMAGE_ELEM(pImgResize, uchar, j, i) &&
CV_IMAGE_ELEM(pImgResize, uchar, j, i + 1) && CV_IMAGE_ELEM(pImgResize, uchar, j
+ 1, i)) // 01
                    CV_IMAGE_ELEM(pImgResize, uchar, j, i) = 0; // 1
                if (CV_IMAGE_ELEM(pImgResize, uchar, j, i) &&
CV_IMAGE_ELEM(pImgResize, uchar, j, i - 1) && CV_IMAGE_ELEM(pImgResize, uchar, j
+ 1, i))    // 10
                    CV_IMAGE_ELEM(pImgResize, uchar, j, i) = 0;// 1

                if (CV_IMAGE_ELEM(pImgResize, uchar, j, i) &&
CV_IMAGE_ELEM(pImgResize, uchar, j, i - 1) && CV_IMAGE_ELEM(pImgResize, uchar, j
- 1, i))    // 1
                    CV_IMAGE_ELEM(pImgResize, uchar, j, i) = 0;          // 10
                if (CV_IMAGE_ELEM(pImgResize, uchar, j, i) &&
CV_IMAGE_ELEM(pImgResize, uchar, j, i + 1) && CV_IMAGE_ELEM(pImgResize, uchar, j
- 1, i))     // 1
                    CV_IMAGE_ELEM(pImgResize, uchar, j, i) = 0;      // 01
            }
        }

        // 分割出字符图片
        pImgCharOne = cvCreateImage(cvSize(20, 40), IPL_DEPTH_8U, 1);
        pImgCharTwo = cvCreateImage(cvSize(20, 40), IPL_DEPTH_8U, 1);
        pImgCharThree = cvCreateImage(cvSize(20, 40), IPL_DEPTH_8U, 1);
        pImgCharFour = cvCreateImage(cvSize(20, 40), IPL_DEPTH_8U, 1);
        pImgCharFive = cvCreateImage(cvSize(20, 40), IPL_DEPTH_8U, 1);
```

```
pImgCharSix = cvCreateImage(cvSize(20, 40), IPL_DEPTH_8U, 1);
pImgCharSeven = cvCreateImage(cvSize(20, 40), IPL_DEPTH_8U, 1);

CvRect ROI_rect1;
ROI_rect1.x = 0.5*(letter[1] + letter[0]) - 10;
ROI_rect1.y = 0;
ROI_rect1.width = 20;
ROI_rect1.height = 40;
cvSetImageROI(pImgResize, ROI_rect1);
cvCopy(pImgResize, pImgCharOne, NULL); // 获取第 1 个字符
cvResetImageROI(pImgResize);

ROI_rect1.x = 0.5*(letter[3] + letter[2]) - 10;
ROI_rect1.y = 0;
ROI_rect1.width = 20;
ROI_rect1.height = 40;
cvSetImageROI(pImgResize, ROI_rect1);
cvCopy(pImgResize, pImgCharTwo, NULL); // 获取第 2 个字符
cvResetImageROI(pImgResize);

ROI_rect1.x = 0.5*(letter[5] + letter[4]) - 10;
ROI_rect1.y = 0;
ROI_rect1.width = 20;
ROI_rect1.height = 40;
cvSetImageROI(pImgResize, ROI_rect1);
cvCopy(pImgResize, pImgCharThree, NULL); // 获取第 3 个字符
cvResetImageROI(pImgResize);

ROI_rect1.x = 0.5*(letter[7] + letter[6]) - 10;
ROI_rect1.y = 0;
ROI_rect1.width = 20;
ROI_rect1.height = 40;
cvSetImageROI(pImgResize, ROI_rect1);
cvCopy(pImgResize, pImgCharFour, NULL); // 获取第 4 个字符
cvResetImageROI(pImgResize);

ROI_rect1.x = 0.5*(letter[9] + letter[8]) - 10;
ROI_rect1.y = 0;
ROI_rect1.width = 20;
ROI_rect1.height = 40;
cvSetImageROI(pImgResize, ROI_rect1);
cvCopy(pImgResize, pImgCharFive, NULL); // 获取第 5 个字符
cvResetImageROI(pImgResize);

ROI_rect1.x = 0.5*(letter[11] + letter[10]) - 10;
ROI_rect1.y = 0;
ROI_rect1.width = 20;
ROI_rect1.height = 40;
cvSetImageROI(pImgResize, ROI_rect1);
cvCopy(pImgResize, pImgCharSix, NULL); // 获取第 6 个字符
```

```
    cvResetImageROI(pImgResize);

    ROI_rect1.x = 0.5*(letter[13] + letter[12]) - 10;
    ROI_rect1.y = 0;
    ROI_rect1.width = 20;
    ROI_rect1.height = 40;
    cvSetImageROI(pImgResize, ROI_rect1);
    cvCopy(pImgResize, pImgCharSeven, NULL); // 获取第 7 个字符
    cvResetImageROI(pImgResize);
    // 释放内存
    delete[]num_h;
    num_h = NULL;
}
```

19.9.15　实现识别结果

为 "5.识别结果" 按钮添加槽函数，代码如下：

```
void FileManager::on_pushButton_2_clicked()
{
    CodeRecognize(pImgCharOne, 3, 0);
    CodeRecognize(pImgCharTwo, 1, 1);
    CodeRecognize(pImgCharThree, 2, 2);
    CodeRecognize(pImgCharFour, 2, 3);
    CodeRecognize(pImgCharFive, 0, 4);
    CodeRecognize(pImgCharSix, 0, 5);
    CodeRecognize(pImgCharSeven, 0, 6);

    QString outRes = "";
    int i;
    for (i = 0; i < 7; i++) // 把结果放到 outRes 里
    {
        outRes += G_PlateChar[i];
    }
    ui->m_txtRes->setPlainText(outRes);
}
```

其中 CodeRecognize 是自定义函数，用于字符识别，其代码如下：

```
int CofficeDlg::CodeRecognize(IplImage *imgTest, int num, int char_num)
{
    if (imgTest == NULL) { return 0; }

    int i = 0, j = 0, k = 0, t = 0;// 循环变量
    // *PlateCode[TEMPLETENUM] 车牌字符里字母、数字、汉字起始位置
    int char_start = 0, char_end = 0;
    int num_t[CHARACTER] = { 0 };
```

```
switch (num)// 这里这样分，可以提高效率，并且提高识别率
{
case 0:  char_start = 0;          // 数字
    char_end = 9;
    break;
case 1:  char_start = 10;         // 英文
    char_end = 35;
    break;
case 2:  char_start = 0;       // 英文和数字
    char_end = 35;
    break;
case 3:  char_start = 36;         // 中文
    char_end = TEMPLETENUM - 1;
    break;
default: break;
}
// 提取前 8 个特征，前 8 个特征可以说是固定位置的值，固定算法
for (k = 0; k < 8; k++)
{
    for (j = int(k / 2) * 10; j<int(k / 2 + 1) * 10; j++)
    {
        for (i = (k % 2) * 10; i < (k % 2 + 1) * 10; i++)
        {
            num_t[k] += CV_IMAGE_ELEM(imgTest, uchar, j, i) / 255;
        }
    }
    num_t[8] += num_t[k];  // 第 9 个特征，前 8 个特征的和作为第 9 个特征值
}

for (i = 0; i < 20; i++)  // 以下特征也是用固定算法得到的
    num_t[9] += CV_IMAGE_ELEM(imgTest, uchar, 10, i) / 255;
for (i = 0; i < 20; i++)
    num_t[10] += CV_IMAGE_ELEM(imgTest, uchar, 20, i) / 255;
for (i = 0; i < 20; i++)
    num_t[11] += CV_IMAGE_ELEM(imgTest, uchar, 30, i) / 255;

for (j = 0; j < 40; j++)
    num_t[12] += CV_IMAGE_ELEM(imgTest, uchar, j, 7) / 255;
for (j = 0; j < 40; j++)
    num_t[13] += CV_IMAGE_ELEM(imgTest, uchar, j, 10) / 255;
for (j = 0; j < 40; j++)
    num_t[14] += CV_IMAGE_ELEM(imgTest, uchar, j, 13) / 255;

int num_tt[CHARACTER] = { 0 };
int matchnum = 0;  // 可以说是匹配度或相似度
```

```cpp
int matchnum_max = 0;
int matchcode = 0;  // 匹配号
j = 0;
for (k = char_start; k <= char_end; k++)
{
    matchnum = 0;

    for (i = 0; i < 8; i++) // 区域的匹配
    {
        // 与模板里的相应值进行匹配，两者相减，如果绝对值小于 2，则标记匹配成功一次
        if (abs(num_t[i] - Num_Templete[k][i]) <= 2)
            matchnum++;// 标记匹配成功一次
    }

    if (Num_Templete[k][i] - abs(num_t[i]) <= 8)// 对第 9 个特征进行匹配
        matchnum += 2;
    for (i = 9; i < CHARACTER; i++)  // 横竖的匹配
    {
        if (Num_Templete[k][i] >= 5)  // 特征值大于 5
        {
            if (abs(num_t[i] - Num_Templete[k][i]) <= 1)
                matchnum += 2;
        }
        else if (num_t[i] == Num_Templete[k][i])
        {
            matchnum += 2;
        }
    }
    if (matchnum > matchnum_max)
    {
        matchnum_max = matchnum;  // 保留最大的匹配
        matchcode = k;  // 记录识别的字符的索引
        // matchtempnum[j]=matchnum_min
    }
}
// 识别输出，存放输出结果
G_PlateChar[char_num] = PlateCode[matchcode]; // 保存该字符
}
```

不要被垂直投影法和车牌的特征这些说法给吓到了。对于二值图像，水平方向的投影就是每行的非零像素值的个数，在这里就是 1 或者 255；垂直投影就是每列图像数据中非零像素值的个数。车牌特征就是车牌大小，即长宽比例；还有每个字符之间的间隔，第 2 个和第 3 个字符之间间隔大些；车牌里有汉字、数字和字母，第 1 个是汉字，第 2 个是字母，后面是字母和数字，大体就是这么一些特征。

19.9.16　运行程序

首先运行服务端（也就是停车场端），并打开摄像头抓拍车牌图片。这里为了简便，直接使用现成的车牌图片。在服务端上单击"打开文件"按钮，选择/root 下的 cp.jpg，然后单击"启动服务"按钮，此时信息框中会提示"服务器已启动，监听端口：8888"，如图 19-22 所示。

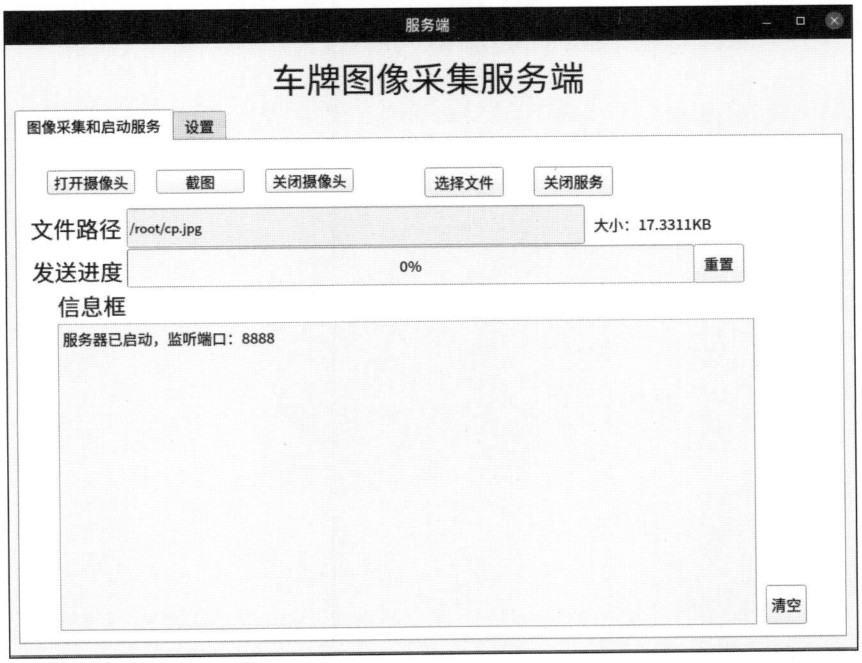

图 19-22

然后准备运行客户端（图像处理端），在运行前注意别忘记把 libopencv_core4100.dll、libopencv_highgui4100.dll、libopencv_imgcodecs4100.dll 和 libopencv_imgproc4100.dll 放在 EXE 文件同一目录下。客户端运行后，在"设置"页面上输入服务器 IP 地址和端口号，如图 19-23 所示。

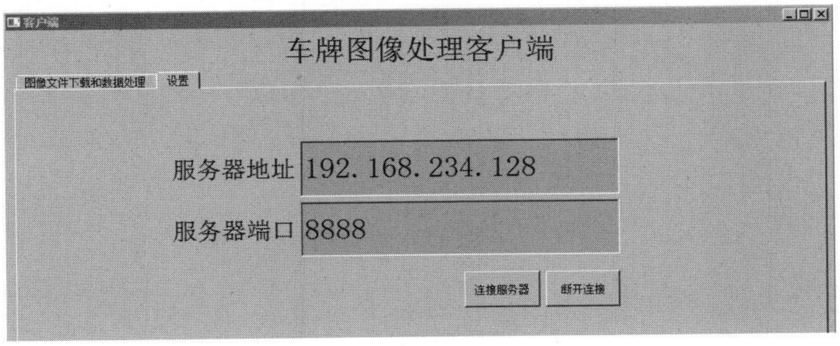

图 19-23

注意：这里的服务器地址是笔者虚拟机 Linux 的 IP 地址，不具有通用性。接着单击"连接服务器"按钮，连接成功后，再切换到"图像文件下载和数据处理"Tab 页，并单击"下载文件"按钮，当进度条显示 100%后，则说明文件下载成功，如图 19-24 所示。

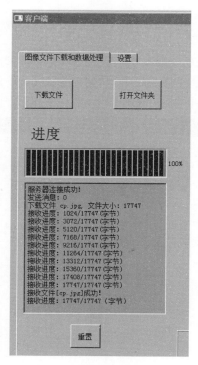

图 19-24

　　下载完毕后，可以单击"打开文件夹"按钮来查看文件路径。接着就可以单击"1.打开文件"按钮来打开 cp.jpg，打开成功后自动显示该图像。然后依次单击"2.图像二值化""3.定位车牌""4.分割字符"和"5.识别结果"按钮，最终显示结果如图 19-25 所示。

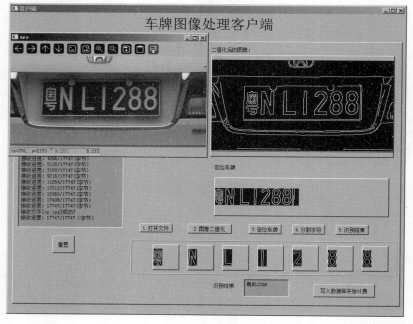

图 19-25

　　最终，我们把车牌字符识别出来并显示在编辑框中。下一步我们就可以将其写入数据库并开始计费或进行其他后续操作。这里只是提供一个后续的完善思路，本节的重点是 OpenCV，因而没有在其他内容上过多介绍，如果读者需要开发车牌字符识别配套的功能，可以在本实战案例的基础上继续完善。另外，cp.jpg 这个车牌文件可以在本章源码目录下找到。